Numerische Algorithmen in Softwaresystemen

– unter besonderer Berücksichtigung der NAG-Bibliothek

Von Prof. Dr. rer. nat. Norbert Köckler
Universität Gesamthochschule Paderborn

B. G. Teubner Stuttgart 1990

Prof. Dr. rer. nat. Norbert Köckler

Geboren 1944 in Detmold. Studium der Mathematik, Physik und Betriebswirtschaft von 1964 bis 1969 an der Johannes-Gutenberg-Universität Mainz und von 1970 bis 1976 wiss. Mitarbeiter; 1976 Promotion. Von 1976 bis 1978 Leiter der technisch-wissenschaftlichen Datenverarbeitung bei der Karrena GmbH in Düsseldorf. Seit 1978 Universitätsprofessor für numerische Mathematik an der Universität Gesamthochschule Paderborn.

CIP-Titelaufnahme der Deutschen Bibliothek

Köckler, Norbert:
Numerische Algorithmen in Softwaresystemen : unter
besonderer Berücksichtigung der NAG-Bibliothek / von
Norbert Köckler. - Stuttgart : Teubner, 1990

ISBN-13: 978-3-519-02963-2 e-ISBN-13: 978-3-322-82980-1
DOI: 10.1007/978-3-322-82980-1

ver

Gesamtherstellung: Zechnersche Buchdruckerei GmbH. Spever
Umschlaggestaltung: P.P.K,S-Konz pte, T. Koch. Ostfildern/Stuttgart

Meinen Kindern
Sebastian, Ricarda und Bettina,
die sich so sehr wünschten,
daß ich ein Märchenbuch schriebe ...

Vorwort

Die Idee zu diesem Text entstammt meinem immer wieder ungläubigen Erstaunen darüber, daß selbst erfahrene Ingenieure, Physiker oder Mathematiker ihre Programme lieber vollständig selbst schreiben als Programmpakete zu benutzen. Ja, selbst einige meiner Numerik-Diplomanden erachten es als eine Zumutung, wenn ich verlange, daß gewisse Teile ihrer Programme durch Bibliotheks-Routinen ersetzt werden. Woran liegt das?

These 1: "Programmpakete sind entweder gut oder leicht bedienbar."

Diese These klingt sehr rigoros, enthält aber sicher einen wahren Kern. Da gibt es benutzerfreundliche Dialog-Systeme zur Lösung numerischer Probleme auf einem PC, die den Benutzer sanft von den Problemstellungen über die Verfahrensauswahl bis zur Parameter-Eingabe und Lösung geleiten, aber nichts zur Fehleranfälligkeit der Algorithmen sagen, ungenaue Funktionen verarbeiten oder zweideutige Routinen enthalten, Beispiele findet man in [30].

Andererseits gibt es Pakete wie NAG[1], die über Hunderte von Routinen verfügen. Sie sind in vielen Jahren Arbeit mit sorgfältiger Problemanalyse, Programmierung und Test entstanden und werden durch neue Releases regelmäßig "gewartet". Ihr Manual füllt aber viele dicke Ordner. Das schreckt viele Benutzer ab. Dabei wird man doch belohnt mit fehlerfreien Programmen, möglichst exakten Ergebnissen, graphischen Darstellungsmöglichkeiten und genau definierten Programmabläufen.

These 2: "Jedes Programm mit mehr als 50 Zeilen ist falsch."

Diese These trifft leider ebenso häufig zu, wie sie auf Widerspruch stößt. Durch die Verfügbarkeit guter Programmpakete ist es immer sinnloser geworden, daß der Mathematiker, der Naturwissenschaftler oder der Ingenieur die Lösungsroutinen für seine numerischen Standardprobleme selbst programmiert.

Dieses Buch soll helfen, die Diskrepanz der ersten These zu mildern, indem es zu knapp geschilderten numerischen Verfahren die Lösung mit Hilfe einer Bibliothek darstellt. Dabei wird hauptsächlich auf das NAG-Paket Bezug genommen.

Die zweite These wird umso seltener zutreffen, je mehr gut getestete Routinen verwendet werden. Damit aber auch die Ergebnisse so genau wie möglich werden, ist ein Grundverständnis der Verfahren und ein Differenzierungsvermögen zwischen verschiedenen Methoden zur Lösung des gleichen Problems notwendig. Deshalb wird in diesem Text die Erklärung der Unterprogramme auf der Darstellung der numerischen Verfahren aufgebaut.

---

[1] NAG ist die Abkürzung für "Numerical Algorithm Group" Ltd., Oxford.

In einem einführenden Kapitel wird der Aufbau dieses Bandes erklärt. Es enthält außerdem einige "philosophische" Bemerkungen zur strukturierten Programmierung, etwas über die von uns eingehaltenen Konventionen bei der Arbeit mit dem NAG-Paket, einen kurzen Abriß der Fehlertheorie und Hinweise zur Benutzung der beiliegenden Diskette. Der Aufbau der folgenden Kapitel orientiert sich an dem im gleichen Verlag erschienenen Band "Numerische Mathematik" von H.R.Schwarz, [70]. Dieser liefert dem interessierten Leser die ausführlichere Darstellung der mathematischen Probleme, die Beweise der grundlegenden Sätze und viele zusätzliche Beispiele und Aufgaben. Die beiden englischen Texte [43] und [60] haben eine ähnliche Zielsetzung wie dieser Band, sind aber nach etwas anderen Konzepten aufgebaut.

Anerkennung und Dank

Besonders dankbar bin ich meinen Mitarbeitern und Studenten Thomas Herchenröder, Rainer Hinder, Andreas Reermann, Thomas Schulze, Matthias Simon und Werner van den Boom, die die technischen Teile (Programme, Systeme, Diskette, Zeichnungen) beigesteuert haben und beim Korrekturlesen behilflich waren. Sie haben geduldig die Planungsschlenker mitgemacht, die für ein solches Projekt vielleicht nicht untypisch sind. Meinen Kollegen J.R.Bunch, UC San Diego, H.D.Mittelmann, ASU Tempe, H.R.Schwarz, Universität Zürich, und R.Walden, Paderborn, danke ich herzlich für zahlreiche Hinweise und Anregungen. Brian Ford von der NAG hat mir alle erdenkliche "Software-Hilfe" und manchen guten Tip gegeben. Thank you, Brian! Meine Studenten haben viel mit den Programmen gearbeitet. Das hat zu Änderungen und Verbesserungen geführt, für die ich dankbar bin. Aber auch Freunde haben mir sehr geholfen: Thomas Lengauer bei manchem Gespräch "von Autor zu Autor", das der Vertiefung in das Sujet diente, Emil, Eric, Helmut, Huck, Humphrey, Joseph, Klaus, Leo, Robert, Uwe, Willi und andere bei der hin und wieder notwendigen Ablenkung vom Sujet. Sabine, Sebastian, Ricarda und Bettina danke ich für ihre Rücksicht und Geduld, obwohl es weder ein Märchenbuch geworden ist noch Computerspiele enthält. Geduld hat auch der Teubner-Verlag gezeigt, und ich danke Herrn Dr.P.Spuhler für die zahlreichen anregenden Gespräche und die gute Betreuung. Frau Buschmeyer hat durch ihre tatkräftige Mitarbeit in der Endphase zur Fertigstellung des Buches wesentlich beigetragen. Auch ihr bin ich sehr dankbar.

Norbert Köckler — Paderborn, im Mai 1990

Inhalt

Fahrplan für eilige Leser

Der Leser, der hauptsächlich an der Benutzung unserer Programme interessiert ist, kann zunächst versuchen, mit den Programmköpfen in Anhang A zurechtzukommen, sollte vielleicht zusätzlich im entsprechenden Hauptabschnitt oder Kapitel den einleitenden Paragraphen "Problemstellung ... " überfliegen und den abschließenden Paragraphen "Programm ... " lesen. Diese beiden Teile bilden die Klammern um den entsprechenden Themenkomplex.

Wer die zugehörige NAG-Routine in einem eigenen Programm verwenden möchte, sollte den oder die Paragraphen "Die NAG-Routine ... " lesen.

Wer sich für das numerische Verfahren und den mathematischen Hintergrund interessiert, sollte den Rest zwischen den genannten Klammern auch noch lesen. Bei großem Interesse kommt er ohne Studium zusätzlicher Literatur meist nicht aus. Aber dann ist er ja auch kein eiliger Leser mehr.

Einführung

Über den Aufbau dieses Buches

Wir wollen uns mit den mathematischen Grundproblemen beschäftigen, die in einem Numerikkurs normalerweise behandelt werden. Dabei sollen die mathematischen Probleme, die numerischen Algorithmen zu ihrer Lösung, Softwareroutinen zu deren Realisierung und schließlich von uns erstellte Programme, die diese Routinen mit einem Dialog zur Ein- und Ausgabe ummanteln, beschrieben werden.

Die Kapitel – bei den großen Kapiteln die Hauptabschnitte – sind wie folgt strukturiert:

- Am Anfang steht die Problemstellung und etwas mathematische Theorie.
- Dann folgen die numerischen Verfahren, die wir für interessant halten. Dabei haben wir nicht auf die klassischen Verfahren verzichtet, haben aber auf die Darstellung der etwas ungewöhnlichen Verfahren, die oft in den Bibliotheksprogrammen benutzt werden, besonderen Wert gelegt.
- Dann folgen die Abschnitte, die ausgewählte Routinen der NAG-Bibliothek erläutern, mit Beschreibung der Parameter in Tabellen und der wesentlichen Eigenschaften ergänzend zum Verfahren im Text.
- Schließlich kommt der Abschnitt über die von uns erstellten FORTRAN-Programme, in denen die vorher beschriebenen NAG-Routinen aufgerufen werden.
- Wir haben viele Beispiele aus den verschiedensten Anwendungsgebieten untersucht und einige in den Text aufgenommen. Diese sind teilweise bei den Verfahren zu finden, meistens jedoch zur Erklärung des Programmdialogs im Abschnitt "Programme und Beispiele" oder in einem eigenen Abschnitt mit "Anwendungen".

Das Ganze stellen wir uns als Zwiebel vor: Die knapp dargestellte Theorie und die kurz erklärten Dialogprogramme bilden die äußere Schale. Bei tieferem

Eindringen von der einen oder anderen Seite erfährt man mehr über Verfahren oder NAG-Unterprogramme.

Bei den detailliert beschriebenen Softwareroutinen haben wir uns auf diejenigen der NAG-Bibliothek, [57], beschränkt[2]. Dieses Softwarepaket enthält über 1400 Unterprogramme. Hinweise auf andere Bibliotheken, Softwaresysteme oder Programmsammlungen werden im nächsten Abschnitt und am Ende jedes Kapitels gegeben. Wir hoffen, daß auch ein IMSL-Benutzer mit Hilfe dieser Zusatzbemerkungen etwas mit diesem Buch anfangen kann. Die IMSL-Bibliothek[1], [45], ist das amerikanische Pendant zur britischen NAG-library und deckt den numerischen Bereich entsprechend ab.

In Anhang A finden sich die Köpfe aller FORTRAN-Programme, also die einleitende Kommentierung, die Spezifikationen und die ersten Eingabeanweisungen. Zusätzlich sind die NAG-Aufrufe wiedergegeben. Wir glauben, daß das einen hinreichenden Eindruck von der Funktion jedes Programms gibt. Die vollständigen Programme sind auf der dem Buch beigefügten Diskette enthalten.

Für die graphische Auswertung von Beispielergebnissen haben wir überwiegend das NAG-GS-Graphikpaket, [58], benutzt. Ihm ist Anhang B gewidmet.

In Anhang C wird noch kurz die Problemlöseumgebung PAN beschrieben, die im Rahmen der Diplomarbeiten meiner Studenten Andreas Reermann und Thomas Herchenröder entstanden ist. Sie ist für den graphischen Bildschirm einer SUN3-Workstation und für das X Window System^{TM} geschrieben und soll die Benutzung der vorhandenen Programme und die Konstruktion zusätzlicher erleichtern. Für partielle Differentialgleichungen hat Wilfried Wagener eine Problemlöseumgebung SPADE geschrieben, die allerdings bis jetzt nur unter SUNVIEW erhältlich ist. Sie ist als Kapitel 9 an PAN angebunden, siehe Kapitel 9.

Pakete, Bibliotheken, Werkzeuge, ...

Zuallererst sind hier die großen numerischen Softwarebibliotheken wie IMSL und NAG zu nennen, die wir oben schon erwähnten. Sie decken den ganzen Bereich der numerischen Mathematik ab, verfügen zu Problemen mit mehreren gleichwertigen Lösungsverfahren über die entsprechenden Algorithmen, sind dabei modular aufgebaut mit einer großen Zahl von Basisroutinen, die von den im Manual beschriebenen Routinen aufgerufen werden. Sie sind für viele verschiedene Rechnertypen erhältlich, werden von kleinen Unternehmen (100 – 300 Mitarbeiter) ständig gepflegt, erweitert und auf verschiedenen Rechnerkonfigurationen getestet. Sie sind damit "relativ fehlerfrei" und "unerreichbar" in Geschwindigkeit und erzielbarer Ergebnisgenauigkeit. Manche Softwaresysteme liegen in verschiedenen Programmiersprachen vor, NAG z.B. neben FORTRAN 77 in den strukturierten Sprachen

[2]Bei den Softwarepaketen FITPACK, IMSL, MATLAB und NAG haben wir auch die Bezugsadressen ins Literaturverzeichnis geschrieben.

ALGOL 60 und ALGOL 68, ein großer Teil dieser Bibliothek liegt in ADA vor, und in C gibt es "ein embryonales Stadium". Das Umschreiben einer solchen Programmbibliothek von einer in eine andere Sprache mit Austesten und Versionserstellung für die gängigsten Hardwarekonfigurationen ist ein Softwareprojekt im Umfang von ca. 100 Personenjahren. Die Bibliotheken liegen oft für Großrechner, Workstations oder Personal Computer in unterschiedlichen Versionen vor.

Die IMSL-Bibliothek setzt sich aus den drei Teilen "Mathematik", "Spezielle Funktionen" und "Statistik" zusammen. Außerdem verfügt IMSL über eine Modulbibliothek in PROTRAN, die zusätzlich Module über "Lineare Optimierung" und "Partielle Differentialgleichungen" enthält. PROTRAN ist eine an FORTRAN angelehnte problemorientierte Sprache, die es dem Benutzer erlaubt, aus den Modulen der Bibliothek geeignete Lösungsprogramme zusammenzusetzen, siehe auch [72].

IMSL und NAG unterscheiden sich noch in der Arbeitsspeicherphilosophie. Während IMSL einen recht großen Arbeitsspeicher über einen COMMON-Block selbst organisiert, ist bei NAG der Arbeitsspeicher gebunden an die anderen Parameter der Routinen, kann also bei weniger umfangreichen Anwendungen klein gehalten werden, er muß dafür vom Benutzer (mit Hilfe des Handbuchs) selbst vereinbart werden.

Für eingeschränkte Problemklassen gibt es eine große Zahl von Paketen ähnlicher Qualität. Hier muß an erster Stelle das "Handbook for Automatic Computation II. Linear Algebra" von Wilkinson und Reinsch, [81], genannt werden, das beispielhaft in vielerlei Hinsicht ist. Es hat eine überzeugende Systematik, die für jedes vorgestellte Programm vom Problem über die Anwendung bis hin zu Testergebnissen alles Wesentliche in einem vernünftigen Umfang vorstellt. Die Programme sind von hervorragender Qualität, einmal, weil sie sehr gut strukturiert sind (Sie sind in ALGOL60 geschrieben!), zum anderen, weil sie gut ausgetestet sind und fehlerfrei laufen. Viele dieser Programme haben nach Übertragung in FORTRAN in die meisten später entstandenen Softwarepakete Eingang gefunden.

Von ähnlicher Pionierleistung ist das Paket LINPACK, [22], zur Lösung linearer Gleichungssysteme, das von vier Mathematikern an vier verschiedenen Orten entwickelt worden ist, und dann im wesentlichen von Jack J. Dongarra am Argonne National Laboratory weitergepflegt wurde. Heute ist man dort unter seiner Leitung dabei, ein Paket LAPACK zu entwickeln, das parallele Algorithmen bei der Lösung der Gleichungssyteme verwendet. Auch LINPACK baut die Lösungsroutinen so weit wie möglich aus Basisroutinen auf. Das sind die BLAS (die Basic Linear Algebra Subroutines), die wir unter anderem im Abschnitt F06 von NAG wiederfinden.

Das entsprechende Paket für Eigenwertprobleme ist EISPACK, [73], das auch im wesentlichen durch die Übertragung der Routinen aus [81] von ALGOL nach FORTRAN entstanden ist.

Für numerische Integration gibt es QUADPACK, [61], für Kurven- und Flächenausgleichung (Approximation) FITPACK[1], [21]. Für die numerische Lösung von partiellen Differentialgleichungen – sicher dem wichtigsten technisch-wissenschaftlichen Anwendungsgebiet – gibt es schließlich eine unübersehbare Zahl von speziellen und allgemeinen Paketen wie ELLPACK, [66], oder PLTMG, [3]. Die meisten benutzen Finite Elemente Methoden (FEM).

Einige Programmsammlungen können über IMSL oder NAG bezogen werden. NAG z.B. vertreibt neben seinem Graphikpaket, [58], eine "Werkzeugsammlung" TOOLPACK und das FEM-Paket des Rutherford Appleton Laboratories, [35].

IMSL vertreibt die Programmsammlungen B-SPLINE (nach [17]), EISPACK, GRAPHPACK, eine Sammlung mehrdimensionaler Methoden der graphischen Darstellung, LINPACK, LLSQ (14 linear least square-Programme), QUADPACK und einige andere.

Dann gibt es eine Vielzahl von Programmsammlungen, die im Zusammenhang mit Büchern (wie diesem) entstanden sind, und die heute meist auf Disketten beiliegen oder erhältlich sind. Hier muß man aus verständlichen Gründen meist Abstriche bei der Zuverlässigkeit machen. Hinter solchen Programmen steht kein großer Apparat. Trotzdem wollen wir einige erwähnen. Da findet man auch PASCAL und Numerik wie in [19], da gibt es die "numerischen Rezepte", [63], in FORTRAN oder PASCAL, mit denen wir gute Erfahrungen gemacht haben, und da gibt es für den deutschsprachigen Leser die numerischen "Formelsammlungen", z.B. [25], von Frau Engeln–Müllges, in der eine beachtliche Zahl von Algorithmen inzwischen in 8 (acht!) Programmiersprachen implementiert sind.

Hauptsächlich für den PC-Bereich wurden interaktive Werkzeuge entwickelt, die mit nur wenigen leicht erlernbaren Sprachkonstrukten Probleme im Dialog lösen. Ein sehr schönes solches System ist MATLAB[1], [55], das insbesondere für Probleme der linearen Algebra geschrieben wurde, die meisten anderen Teilbereiche der Numerik aber auch abdeckt. Unter den vielen Hilfsmitteln, die es zur Lösung numerischer Probleme gibt, zeichnet sich MATLAB besonders durch Zuverlässigkeit, gute Benutzerführung, hervorragende graphische Möglichkeiten und erstaunlich kurze Rechenzeiten aus. Die Dialogbefehle können ergänzt werden durch selbst geschriebene Programme in einer eigenen MATLAB-Sprache, die man schnell am Beispiel lernt. Sie werden interpretiert, sind deshalb nicht so schnell wie die eingebauten Befehle, aber leicht einbindbar in den interaktiven Prozess. Strukturell ist dies ein ganz anderes Werkzeug als eine große FORTRAN-Unterprogramm-Bibliothek. Aber MATLAB kann doch bei erstaunlich vielen Problemstellungen mit den großen Brüdern konkurrieren. Und MATLAB hat eine nicht zu unterschätzende technische Qualität: Es gibt keine Probleme mit verschiedenen Graphikkarten (die werden selbst erkannt) oder Druckertreibern. Alles Technische klappt auf Anhieb. Jeder PC-Hacker weiß, wie ungewöhnlich und vorteilhaft das ist. Eine gründliche Einführung in Anwendungen von MATLAB stellt [40] dar. Andererseits ist das Handbuch [55], das mit MATLAB ausgeliefert wird, sehr gut lesbar und anschaulich, wenn auch lange nicht so ausführlich wie [40].

Zum Schluß sollen auch die Formelmanipulationssyteme erwähnt werden, die man nicht als Kontrast zu numerischen Algorithmen, sondern als Ergänzung auffassen sollte. Zu erwähnen sind hier MACSYMA, REDUCE, MAPLE, MATHEMATICA, SCRATCHPAD, MATHCAD oder DERIVE. Damit sind wir von großen Systemen, die nur auf entsprechend ausgestatteten Rechnern verwendet werden können, zu schönen kleinen PC-tools herabgestiegen, deren mathematische Fähigkeiten begrenzt sein müssen. Die meisten von ihnen können inzwischen auch numerische Verfahren interaktiv aufrufen, aber sie tun dies natürlich nicht effektiv. Dann hängt es vom Problem und vom Rechner ab, ob das den Benutzer stört. Die Möglichkeiten bei ergänzender Benutzung zeigen aber eigentlich erst die Stärken solcher Systeme.

Strukturierte Programmierung

Als Seymour Cray gefragt wurde, welche Programmiersprache wohl im Jahr 2000 am weitesten verbreitet sein werde, antwortete er:

> "Ich weiß nicht, welche Sprache es sein wird, aber
> ich bin sicher, daß sie FORTRAN heißen wird."

Den Streit über die "beste" Programmiersprache gibt es, seit es zwei Programmiersprachen gibt. Bei dieser Diskussion kann man leicht ins Fettnäpfchen treten. Da ist die Fraktion der fanatischen Neusprachler, für die nur PASCAL oder die jeweils letzte strukturierte Sprache in Frage kommt und für die die Software dieser Welt alle zwei Jahre umgeschrieben werden muß. Und da gibt es die Ignoranten, die sich um die Strukturen ihrer Programme ebensowenig kümmern wie um die schönen Möglichkeiten neuer Sprachen und Softwaresysteme. Wenn man noch schwarz-weißer malen will, sagt man, die einen sitzen in den Universitäten und erzeugen Chaos durch immer neue, falsche Programme für dasselbe Problem, die anderen sitzen in der Anwenderindustrie und erzeugen das Chaos durch unstrukturierte, unkommentierte Programmgiganten, die genau eine Person verstehen, ändern und implementieren kann. Sitzen alle Chaoten ruhig zusammen, so herrscht sicher schnell Einigkeit über einige Punkte:

- In jeder Programmiersprache kann weitestgehend strukturiert und modular programmiert werden, lesenswert hierzu ist die Einleitung von [63].
- Es gibt Programmiersprachen, die besser sind nicht nur durch den Zwang zur Strukturierung, sondern vor allem durch Möglichkeiten, die andere Sprachen nicht besitzen wie *Rekursion*, *Zeiger* oder elegante *Stringverarbeitung*.
- Es ist nur selten wirtschaftlich, gut organisierte und dokumentierte Programmsysteme um- oder neu zu schreiben, solange sie funktionstüchtig und erfolgreich im Einsatz sind.

- Ein wichtiges Problem ist das der hybriden Programmierung. FORTRAN-Unterprogramme können mit einigen Anpassungen in C oder in PASCAL (mit größeren Schwierigkeiten) aufgerufen werden. Die hybriden Programme sind aber meistens dann nicht mehr portabel auf andere Rechnertypen.

Bei der Benutzung großer Softwarebibliotheken mit wenig zusätzlicher eigener Programmierung ist es naheliegend, die Sprache der Bibliothek zu wählen, weil man damit vielen Problemen aus dem Wege geht. Deshalb haben wir für die Programme im Anhang dieses Bandes FORTRAN gewählt. Wir haben versucht, trotzdem strukturiert zu programmieren, indem wir uns an gewisse Regeln gehalten haben, die im nächsten Abschnitt und im Vorspann des Anhang A nachgelesen werden können.

Konventionen

Wir beschränken uns bis auf eine Ausnahme auf den Bereich der reellen Zahlen. Mathematisch sind viele Methoden leicht auf den komplexen Zahlenraum übertragbar, und auch FORTRAN 77 kennt den Typ COMPLEX. Aber bei den meisten Anwendungen kommt man mit reeller Rechnung aus.

Die Typdeklaration der Parameter in den NAG-Routinen hängt vom benutzten Rechner bzw. Compiler ab. Wir benutzen durchgehend die doppelte Genauigkeit. Um die Parameterbeschreibung in den Tabellen einheitlich und kurz zu gestalten, haben wir folgende Bezeichnungen gewählt:

Bezeichnung	Typ bei doppelter	bei einfacher Genauigkeit
real	REAL*8 bzw. DOUBLE PRECISION	REAL*4
array	dimensioniertes REAL*8	dimensioniertes REAL*4
integer	INTEGER	INTEGER
int.array	dimensioniertes INTEGER	dimensioniertes INTEGER
function	REAL*8 FUNCTION	REAL*4 FUNCTION
logical	LOGICAL	LOGICAL

Bei der Beantwortung der Dialogfragen kann der Benutzer seinen Gefühlen fast freien Lauf lassen:

`j, J, 1, y, Y` als erstes Zeichen der Antwort bedeutet "ja", also zum Beispiel `jau`, `1234567` oder `YEAH`,

alles andere wie `Quatsch` oder `wowww` bedeutet "nein".

Die Felddimensionierung geschieht fast ausschließlich über PARAMETER-Anweisungen, sodaß ein Programm mit wenigen Änderungen von "klein" auf "groß" umgestellt werden kann. Alle Programme verfügen über die Möglichkeit der Dateneingabe über Dateien. Wird diese Möglichkeit gewählt, dann müssen nur noch wenige Antworten zur Dialogsteuerung am Terminal eingegeben werden. Dabei lauten die vorgesehenen Dateinamen

#_IN , wenn das Programm KAPn_#

heißt, also GAUSS_IN zum Programm KAP1_GAUSS.

Ansonsten haben wir versucht, die Programme einerseits strikt nach dem Standard FORTRAN 77 zu schreiben, andererseits sprachlich so einfach wie möglich aufzubauen, damit auch eingeschränkte Compiler mit ihnen fertig werden. Die Programme sind besonders am Anfang ausführlich kommentiert, sodaß bei ein wenig Problemkenntnis die Benutzung ohne weitere Informationen möglich sein sollte.

Bei der Beschreibung der NAG-Routinen haben wir die Parameter in der von uns benutzten Form aufgeführt. Das gibt dann nicht die vollen Möglichkeiten der Routine wieder, erleichtert aber den Umgang im Zusammenhang mit unseren Programmen.

Fehlertheorie

Zur Behandlung mathematischer Probleme mit numerischen Methoden gehört naturgemäß die Betrachtung der möglichen Fehler hinzu. Eine ausführliche Behandlung dieses Gebiets würde den Rahmen dieses Bandes übersteigen. Aber es sollen doch hier wenigstens die wichtigsten Begriffe erläutert werden, die im Laufe des Textes hin und wieder benutzt werden.

Ein *Algorithmus* ist eine eindeutig festgelegte Abfolge von Rechenoperationen unter Einbeziehung mathematischer Funktionen und Bedingungen. Der Algorithmus, mit dem man letztlich ein mathematisches Problem numerisch angenähert löst, ist nur ein Glied in einer Kette von Modellierungen und Vereinfachungen, die wir an Hand eines "physikalischen Problems" einmal durchgehen wollen:

Problemschritte	**Beispiel**
1. Physikalisches Problem	– Brückenbau
2. Physikalisches Modell	– Spannungstheorie
3. Mathematisches Modell	– Differentialgleichung
4. Numerisches Verfahren	– Auswahl: z.B. Finite Elemente Methode
5. Algorithmus	– Genauer Rechenablauf incl. Ein/Ausgabe
6. Programm	– Eigene oder Fremdsoftware (Auswahl)
7. Rechnung	– Datenorganisation
8. Fehlertheorie	– Abschätzung mit den konkreten Daten

Meistens wird man nur wenige dieser Schritte selbst vollziehen und auf andere keinen Einfluß haben. Auch die verschiedenen Fehlermöglichkeiten innerhalb dieser Kette – z.B. vom physikalischen Problem zum physikalischen Modell – werden in der Regel nicht alle berücksichtigt und abgeschätzt werden können. Ein Bewußtsein für sie ist aber äußerst wichtig, für den modellierenden Ingenieur ebenso wie für den Mathematiker, der ein Verfahren zur Lösung auswählt.

In diesem Band beschäftigen wir uns mit den Schritten 3. bis 6. des Schemas oben. Und für diese Schritte wollen wir einige *Fehlerarten* erklären.

Datenfehler
sind Fehler, die aufgrund fehlerhafter Eingabedaten - z.B. Messungen - in den Algorithmus einfließen. Sie werden deshalb auch manchmal *Meßfehler* genannt.

Abbruchfehler
werden die Fehler genannt, die dadurch entstehen, daß ein kontinuierliches mathematisches Problem "diskretisiert", d.h. endlich gemacht wird. Dabei werden zum Beispiel unendliche Summen bei der Berechnung "abgebrochen".

Rundungsfehler
sind die beim Rechnen mit reellen Zahlen auf einem Rechner entstehenden Fehler. Ihre Fortpflanzung von Rechenoperation zu Rechenoperation ist die häufigste Quelle für numerische Instabilität, d.h. für schlechte Ergebnisse in vielen Beispielfällen.

Neben diesen Fehlerarten unterscheidet man bei einer fehlerhaften reellen Zahl zwei Begriffe. Es sei $x \neq 0$ eine reelle Zahl, für die $\tilde{x} \in \mathbb{R}$ ein Näherungswert sein soll. Dann heißt

$$\Delta x := x - \tilde{x} \qquad \text{absoluter Fehler und} \qquad (0.1)$$

$$\varepsilon_x := \frac{x - \tilde{x}}{x} \qquad \text{relativer Fehler.} \qquad (0.2)$$

Auf einer Rechenanlage wird eine reelle Zahl $x \in \mathbb{R}$ dargestellt als

$$x = \operatorname{sign}(x) \cdot a \cdot E^b \qquad (0.3)$$

mit der *Basis* $E \in \mathbb{N}, E > 1$, meistens $E = 2$, dem ganzzahligen *Exponenten* $b \in \mathbb{Z}$ und der *Mantisse*

$$a = a_1 E^{-1} + a_2 E^{-2} + \cdots + a_k E^{-k}. \qquad (0.4)$$

Dabei ist k die Mantissenlänge und die a_i sind Ziffern des Zahlensystems, also 0 oder 1 im Dualsystem mit der Basis 2, allgemein $0 \leq a_i \leq E - 1$. Den Punkt (oder das Komma) muß man sich also vor der ersten Ziffer vorstellen. Ist die Zahl ungleich 0, so soll auch die erste Ziffer ungleich 0 sein, d.h.

$$\text{entweder} \quad E^{-1} \leq a < 1 \quad \text{oder} \quad a = 0\,. \qquad (0.5)$$

x heißt dann *k-stellige normalisierte Gleitpunktzahl zur Basis E*. Das Rechnen mit solchen Zahlen heißt *Rechnung mit k wesentlichen Stellen*.

Die meisten Rechner haben für die arithmetischen Rechenoperationen ein langes Akkumulationsregister. Nach jeder Operation wird aus diesem Register heraus das Ergebnis gerundet (oder abgeschnitten) mit einem Fehler

$$|rd(x) - x| \leq \frac{E}{2} E^{-(k+1)} E^b \text{ (max.absoluter Fehler bei Rundung)}$$

und für $x \neq 0$: (0.6)

$$\frac{|rd(x) - x|}{|x|} \leq \frac{E}{2} E^{-k} \qquad \text{(max.relativer Fehler bei Rundung)}$$

Die obere Schranke für den relativen Fehler kennzeichnet die Genauigkeit, mit der die reellen Zahlen verarbeitet werden. Sie heißt deshalb *Maschinengenauigkeit* τ:

$$\tau := \frac{E}{2} E^{-k} . \tag{0.7}$$

Wird ein numerischer Algorithmus instabil, so hat das in den meisten Fällen seinen Grund im Informationsverlust durch Subtraktion. Werden nämlich zwei positive (oder negative) Zahlen, die etwa gleich groß sind, voneinander abgezogen, so besitzt das Ergebnis eine große Zahl führender Nullen, die den Informationsverlust kennzeichnen. Diesen Effekt nennt man *Auslöschung*.

Mit einem Beispiel für diesen wichtigen Begriff wollen wir diesen kurzen Ausflug in die Fehlertheorie beenden:

Beispiel 0.1 Es ist

$$99 - 70\sqrt{2} = \sqrt{9801} - \sqrt{9800} = \frac{1}{\sqrt{9801} + \sqrt{9800}} = 0.00505063...$$

Die drei Formeln für den einen Zahlenwert sind drei Algorithmen unterschiedlicher Stabilität, was eine kleine Rechnung mit unterschiedlicher Genauigkeit schön zeigt:

Anzahl wesentlicher Stellen	$99 - 70\sqrt{2}$	$\sqrt{9801} - \sqrt{9800}$	$1/(\sqrt{9801} + \sqrt{9800})$
2	1.0	0.0	0.0050
4	0.02000	0.01000	0.005051
6	0.00530000	0.00510000	0.00505063

Der Grund für die numerische Instabilität der ersten beiden Algorithmen ist die Subtraktion der beiden fast gleichen Zahlen, also Auslöschung. Es gehen alle bzw. 3 bzw. 4 Stellen verloren, was durch die angehängten Nullen verdeutlicht werden sollte.

Zur Diskette

Dem Buch liegt eine 5.25 Zoll Diskette mit 360 KB für IBM PC und kompatible Rechner bei. Sie enthält eine PAN-Demonstration, die FORTRAN77-Programme und die PAN-Informationsdateien in komprimierter Form, sowie ein Installationsprogramm INSTALL.EXE. Der Benutzer dieser Diskette sollte folgendes wissen:

Für Rechner mit einer Festplatte:
Install benötigt mehr als 700 KB freien Speicherplatz. Legen Sie die Diskette in Laufwerk A und starten Sie die Installation mit `A:INSTALL`. Install richtet einen Katalog ein und kopiert dorthin alle notwendigen Dateien und Unterkataloge. Bei mehr als 1 MB freiem Speicherplatz richtet Install zusätzlich einen Unterkatalog mit allen FORTRAN-Programmen ein.

Für Rechner mit einem 720 KB, 1.2 MB oder 1.44 MB Laufwerk:
Mit einer neu formatierten Diskette läuft die Installation wie oben ab.

Nach der Installation wechselt INSTALL.EXE in den eingerichteten Katalog. Mit PAN starten Sie dann ein Hauptmenue, von dem aus Sie die PAN-Demonstrationen anschauen oder, durch ein Menue gesteuert, alle PAN-Informationsdateien lesen können. Die Demos sind auf einem Rechner mit einem der Graphikmodi HGC, VGA, EGA oder CGA lauffähig. Alle Programme arbeiten auch einzeln und geben Ihnen ausführliche Bedienungshilfen. Die Datei README enthält zusätzlich eine Bedienungsanleitung für alle Programme.

Für Rechner mit zwei 360 KB Laufwerken:
Legen Sie die Originaldiskette in Laufwerk B und eine formatierte Diskette in Laufwerk A. Wechseln Sie mit A: in Laufwerk A und geben Sie `B:PROGRAMS` ein. Das Archiv PROGRAMS.EXE kopiert dann die in ihm enthaltenen Dateien auf das Laufwerk A. In der Datei README finden Sie eine ausführliche Beschreibung, wie Sie die PAN-Demonstration auf Ihrem Rechner installieren können.

Die Archivdatei FORTRAN.EXE enthält alle FORTRAN77-Programme. In dem Archiv PANTEXTE.COM befinden sich die PAN-Informationsdateien. Sie können die in diesen Archiven komprimierten Dateien in ASCII Format in einen beliebigen Katalog kopieren. Wechseln Sie dazu in diesen Katalog und legen Sie die Diskette in Laufwerk A. Geben Sie dann nur noch `A:FORTRAN` oder `A:PANTEXTE` ein.

Alle auf der Diskette und auf dem beim Autor erhältlichen Band enthaltenen Programme wurden nach bestem Wissen sorgfältig erstellt. Fehler sind aber nicht auszuschließen (siehe These 2). Deshalb ist das auf Diskette und Band enthaltene Material mit keiner Verpflichtung oder Garantie irgend einer Art verbunden. Autor und Verlag übernehmen infolgedessen keine Verantwortung und werden keine daraus folgende oder sonstige Haftung übernehmen, die auf irgend eine Art aus der Benutzung des Programm-Materials oder Teilen davon entsteht.

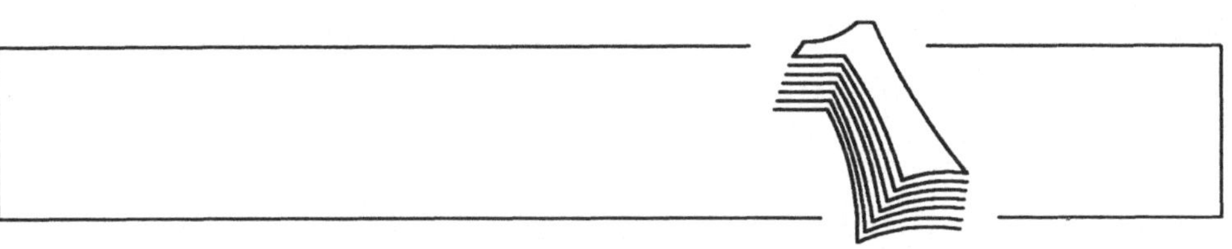

Lineare Gleichungssysteme

Lineare Gleichungssysteme sind das häufigste Endprodukt von Lösungsverfahren der numerischen Mathematik zu linearen Anwendungsproblemen aus allen technischen und wissenschaftlichen Bereichen. Zu ihrer numerischen Lösung stehen dementsprechend viele Verfahren zur Verfügung, deren Wahl von den Eigenschaften der zugehörigen Matrizen abhängt wie:

- Regulär quadratisch
- Symmetrisch und positiv-definit (SPD)
- Bandstrukturiert
- Sehr groß mit nur wenigen Elementen $\neq 0$, kurz: *dünn* besetzt
- Singulär oder nicht quadratisch

Grob kann man zwei Verfahrensklassen unterscheiden:

- Die *direkten* Methoden, die das lineare Gleichungssystem in endlich vielen Rechenschritten exakt lösen würden, wenn es keine Rundungsfehler gäbe.
- Die *iterativen* Methoden, die für große, dünn besetzte Matrizen Gleichungssysteme wichtig sind und deshalb hauptsächlich im Zusammenhang mit der Lösung von partiellen Differentialgleichungen angewendet werden.

Die meisten direkten Methoden sind *Eliminationsverfahren*. Sie formen die Koeffizientenmatrix und die rechte Seite des Gleichungssystems mit elementaren Operationen so um, daß die Lösung durch sukzessives Einsetzen schnell berechnet werden kann.

1.1 Quadratische Systeme mit regulärer Matrix Der Gaußalgorithmus

1.1.1 Problemstellung

Gegeben seien eine Matrix $A \in \mathbb{R}^{n,n}$ und die rechte Seite, ein Vektor $b \in \mathbb{R}^n$.

Gesucht ist ein Vektor $x \in \mathbb{R}^n$, die Lösung von :

$$Ax = b. \tag{1.1}$$

Bei den meisten Systemen, die aus praktischen Anwendungen entstehen, sind die Matrizen *regulär*, d.h., die Determinante der Matrix ist ungleich Null bzw. der Rang$(A) = n$. Dann gibt es genau eine Lösung x. Die Regularität der Matrix wollen wir in diesem Abschnitt voraussetzen. Erfüllt eine Matrix diese Bedingung nicht, heißt sie *singulär*. Auf Gleichungssysteme mit singulären Matrizen gehen wir in Abschnitt 1.5 ein.

Das Gauß'sche Eliminationsverfahren bewirkt mathematisch eine Faktorisierung der Matrix A in zwei Dreiecksmatrizen:

$$A = L \cdot R. \tag{1.2}$$

Dabei ist L eine linke untere, R eine rechte obere Dreiecksmatrix. Leider existiert eine solche Zerlegung nicht für jede reguläre Matrix A.

Beispiel 1.1

$$\text{Sei } A = \begin{pmatrix} 0 & 1 \\ 1 & 1 \end{pmatrix}.$$

A ist regulär, $\det(A) = -1$. Trotzdem gibt es keine Dreiecksmatrizen L und R, so daß (1.2) gilt. Denn es müßte ja

$$l_{11} \cdot r_{11} = a_{11} = 0$$

sein, also $l_{11} = 0$ oder $r_{11} = 0$. Dann wäre aber L oder R singulär und damit auch ihr Produkt A, was der Regularität von A widerspricht.

Nun ändert sich aber an dem Gleichungssystem nichts, wenn man die Gleichungen umnumeriert oder – auf A und b bezogen – eine Zeilenvertauschung durchführt. Dies ist auch aus Stabilitätsgründen sinnvoll. Mathematisch ergibt das eine Zerlegung

$$P \cdot A = L \cdot R, \tag{1.3}$$

wo P eine *Permutationsmatrix* ist.

Das ist eine Matrix, die in jeder Zeile und jeder Spalte genau eine 1 und sonst Nullen enthält und damit die Zeilenvertauschungen bewirkt.

Beispiel 1.2 Sei

$$P = \begin{pmatrix} 0 & 1 \\ 1 & 0 \end{pmatrix}.$$

Dann ist in Beispiel 1.1

$$P \cdot A = \begin{pmatrix} 1 & 1 \\ 0 & 1 \end{pmatrix},$$

und für diese Matrix existiert natürlich eine $L \cdot R$-Zerlegung:
Es ist einfach $L = I$ (die Einheitsmatrix) und $R = PA$.

Eine Zerlegung (1.3) gibt es für jede reguläre Matrix A:

Satz 1.1 *Sei $A \in \mathbb{R}^{n,n}$ eine reguläre Matrix. Dann gibt es immer eine Permutationsmatrix P, eine linke untere Dreiecksmatrix L und eine rechte obere Dreiecksmatrix R, so daß*

$$P \cdot A = L \cdot R.$$

1.1.2 Elimination und Rücksubstitution

Wir betrachten das *Gauß'sche Eliminationsverfahren* der Einfachheit halber zunächst ohne Vertauschungen. Es besteht aus $n-1$ Schritten:
Im k-ten Schritt werden in der k-ten Spalte von A unterhalb des Diagonalelementes Nullen erzeugt, indem man jeweils die k-te Zeile mit einem geeigneten Faktor multipliziert und von den folgenden Zeilen subtrahiert. Matrix A und rechte Seite b werden von den neu berechneten Elementen überschrieben:

Eliminationsschritt k

Für $i = k+1, \cdots, n$:

$$a_{ik} := \frac{a_{ik}}{a_{kk}}$$

Für $j = k+1, \cdots, n$

$$a_{ij} := a_{ij} - a_{ik}a_{kj}$$

$$b_i := b_i - a_{ik}b_k$$

Am Ende stehen in der Matrix A die Zerlegungsmatrizen L – ohne Diagonalelemente, die alle gleich 1 sind – und R:

$$A = [L \setminus R]. \tag{1.4}$$

Dadurch entsteht das Gleichungssystem

$$Rx = b \quad \text{mit} \quad R = \begin{pmatrix} a_{11} & a_{12} & \cdots & a_{1n} \\ 0 & a_{22} & \cdots & a_{2n} \\ \vdots & \ddots & \ddots & \vdots \\ 0 & \cdots & 0 & a_{nn} \end{pmatrix}, \tag{1.5}$$

das zum ursprünglichen Gleichungssystem äquivalent ist.

Es kann leicht gelöst werden durch *Rücksubstitution*:

Rücksubstitution

$x_n := b_n/a_{nn}$
Für $i = n-1(-1)1$:

$$x_i := (b_i - \sum_{k=i+1}^{n} a_{ik}x_k)/a_{ii} \tag{1.6}$$

1.1.3 Pivotstrategien

Die Matrixelemente a_{kk}, durch die im k-ten Eliminationsschritt dividiert werden muß, nennt man *Pivotelemente*. Ihre Größe bestimmt wesentlich die numerische Stabilität des Algorithmus. Ein Pivotelement kleinen Betragswertes führt zu großen Matrixelementen, die im Verlauf der weiteren Eliminationsschritte und der Rücksubstitution zu starker Rundungsfehlerfortpflanzung führen können.

Bei der *Zeilenvertauschung* wird man also versuchen, das betragsgrößte Element der k-ten Spalte auf oder unterhalb der Diagonalen auszuwählen, also eine *Spaltenpivotwahl* durchzuführen. Ist dieses Element gleich Null, so ist die Matrix nicht regulär. Auch wenn sein Betrag kleiner als eine Genauigkeitsschranke ε ist, z.B. die 10-fache Maschinengenauigkeit, ist die weitere Durchführung des Verfahrens nicht mehr sinnvoll.

Spaltenpivotsuche im k-ten Schritt

Bestimme l so, daß
$|a_{lk}| = \max_{i=k,\cdots,n} |a_{ik}|$
(a_{lk} ist das Pivotelement)
Ist $|a_{lk}| < \varepsilon \rightarrow$ Abbruch des Verfahrens

Zeilenvertauschung im k-ten Schritt
Setze für $j = 1, \cdots, n$: $s := a_{kj},\ a_{kj} := a_{lj},\ a_{lj} := s$
$s := b_k,\ b_k := b_l,\ b_l := s$
$p_k := l$

Außer Matrix und rechter Seite wird hier noch ein ganzzahliger Vektor p besetzt. In seiner k-ten Komponente wird vermerkt, welche Zeile im k-ten Eliminationsschritt Pivotzeile war. Dies ist der *Buchhaltervektor*. Er enthält die gesamte Information, die in der Permutationsmatrix P enthalten wäre, deren Speicherung aber überflüssig ist.

Durch *Zeilenpivotwahl = Spaltenvertauschung* erreicht man eine der Spaltenpivotwahl entsprechende Stabilisierung. Sie entspricht einer Umnumerierung der Lösungsvariablen bzw. Zerlegung $A \cdot Q = L \cdot R$ mit einer Permutationsmatrix Q.

Ist man bereit, sowohl die Zeilen des Gleichungssystems zu vertauschen als auch die Variablen umzunumerieren, so bekommt man eine *vollständige Pivotsuche*:

Vollständige Pivotsuche im k-ten Schritt
$\lvert a_{lm}\rvert = \max\limits_{i,j=k,\cdots,n} \lvert a_{ij}\rvert$
(a_{lm} ist das Pivotelement)
Ist $\lvert a_{lm}\rvert < \varepsilon \rightarrow$ Abbruch des Verfahrens

und muß anschließend Zeile l mit Zeile k *und* Spalte m mit Spalte k vertauschen. Man bekommt also eine Zerlegung $P \cdot A \cdot Q = L \cdot R$ mit Permutationsmatrizen P und Q. Zwei Buchhaltervektoren speichern die entsprechenden Vertauschungen. Warum die meisten Softwaresysteme nicht diese stabilste Pivotstrategie benutzen, werden wir im übernächsten Abschnitt sehen.

1.1.4 Skalierung

Die numerische Stabilität des Eliminationsverfahrens kann empfindlich gestört werden durch Zeilen (bzw. Spalten) in der Matrix A, die von stark unterschiedlicher Größenordnung sind. Nun ändert sich die Lösung des Systems bekanntlich nicht, wenn einzelne Gleichungen mit einem Faktor multipliziert werden. Die Multiplikation einer Spalte von A entspricht einer "Dimensionsumrechnung" der entsprechenden Variablen. Nutzt man beide Möglichkeiten aus, so bekommt man eine Matrix ausgeglichener Größenordnung. Diesen Vorgang nennt man *Skalierung*. Mathematisch entspricht er zwei Matrixmultiplikationen mit Diagonalmatrizen

$$A' = D_1 \cdot A \cdot D_2 \qquad \text{mit} \tag{1.7}$$

$$D_i = \operatorname{diag}(d_{i1}, \cdots, d_{in}), \quad i = 1, 2.$$

Führt man eine Skalierung explizit durch, sollte man nur Faktoren wählen, die Potenzen der Zahlenbasis des Rechners sind, im Dualsystem also Zweierpotenzen. So vermeidet man überflüssige zusätzliche Rundungsfehler.

1.1.5 Implizite Skalierung = Relative Pivotwahl

Skalierung und Pivotstrategie können kombiniert werden. Das führt zu großer numerischer Stabilität bei relativ geringem Aufwand. Dabei beschränkt man sich meist auf *Zeilenvertauschungen*, wählt aber das Pivotelement relativ zur Norm der entsprechenden Zeile:

Relative Pivotwahl

Berechne die Zeilennormen: $s_k := \sqrt{\sum_{i=1}^{n} a_{ki}^2}$

Spaltenpivotsuche im k-ten Schritt

Bestimme l so, daß

$$\frac{|a_{lk}|}{s_l} = \max_{i=k,\cdots,n} \frac{|a_{ik}|}{s_i}$$

Diese Methode der impliziten Skalierung findet man in den meisten Routinen zur $L \cdot R$-Zerlegung der großen Softwarepakete, z.B. in der NAG-Routine F03AFF. Als Programmiertrick wird dort der Buchhaltervektor mit den inversen Normen s_k^{-1} vorbesetzt und bekommt erst im Laufe der Vertauschungen die Pivotzeilennummern als Komponenten (siehe 1.1.8).

1.1.6 Nachiteration

Die durch Elimination mit relativer Pivotwahl und Rücksubstitution berechnete Lösung $\tilde{x}$ ist in der Regel nicht die exakte Lösung des linearen Gleichungssystems $Ax = b$. Sie kann aber noch verbessert werden, wenn man die Möglichkeit hat, Skalarprodukte (das sind innere Produkte von Vektoren, z.B. $x \cdot y = \sum_{i=1}^{n} x_i \cdot y_i$) mit doppelter Genauigkeit zu bilden.

Dazu berechnet man das *Residuum*

$$r := b - A\tilde{x}. \tag{1.8}$$

Seine Komponenten $b_i - \sum_{j=1}^{n} a_{ij}x_j$ müssen doppelt genau berechnet werden, um die Auslöschung bei einfacher Genauigkeit zu verhindern. Es genügt aber, die r_i in der normalen Genauigkeit zu speichern und so weiterzurechnen. Mit diesem r löst man das lineare Gleichungssystem

$$Az = r. \tag{1.9}$$

$$\tilde{\tilde{x}} = \tilde{x} + z \tag{1.10}$$

ist die verbesserte Lösung, denn es ist ja (ohne Berücksichtigung von Rundungsfehlern)

$$A(\tilde{x} + z) = b - r + r = b. \tag{1.11}$$

Die Lösung des Gleichungssystems (1.9) ist nicht sehr aufwendig, da es dieselbe Koeffizientenmatrix A hat, von der schon eine Dreieckszerlegung vorliegt. Man vertauscht zunächst die rechte Seite mit P und löst dann

$$Ly = Pr \quad \text{(Vorwärtssubstitution)} \tag{1.12}$$

und dann

$$Rz = y \qquad \text{(Rücksubstitution)} \tag{1.13}$$

Algorithmisch sind das folgende Operationen:

Pivotvertauschung der rechten Seite

Setze für $j = 1, \cdots, n : s := r_j,\ r_j := r_{p(j)},\ r_{p(j)} := s$

Vorwärtssubstitution

$y_1 := r_1$ ($l_{ii} = 1$)
Für $i = 2(1)n$:

$$y_i := r_i - \sum_{k=1}^{i-1} l_{ik} y_k$$

Rücksubstitution

$z_n := y_n / r_{nn}$
Für $i = n - 1(-1)1$:

$$z_i := (y_i - \sum_{k=i+1}^{n} r_{ik} z_k)/r_{ii}$$

Die Methode der Nachiteration kann mehrfach angewendet werden bis zum Erreichen einer gewissen Genauigkeit. Allerdings bringt in der Regel schon der erste Schritt einen großen Genauigkeitsgewinn. Dieser Genauigkeitsgewinn ist nur möglich durch den Informationszuwachs, den man durch die erhöhte Genauigkeit bei der Berechnung des Residuums erhält.

Sind die Variablen eines Programms schon in doppelter Genauigkeit – in FORTRAN REAL*8 oder DOUBLE PRECISION – vereinbart, so bedeutet die doppelt genaue Berechnung des Residuums vierfach genaue Akkumulation der inneren Produkte $\sum_{j=1}^{n} a_{ij} x_j$. Ob dieses möglich ist, hängt vom Paket, vom benutzten Rechner und vom eingesetzten Prozessor ab. Im NAG-Paket gibt es hierfür die Routinen X03AAY und X03AAY1, außerdem für einige Rechner Assembler-Routinen. Bei der Implementation des Paketes muß sorgfältig darauf geachtet werden, daß die richtige Routine geladen wird. Man sollte dies auch testen. Die Nachiteration ist nahezu wirkungslos, wenn diese Routinen nicht korrekt arbeiten. Und nicht nur sie, denn das Skalarprodukt mit "erhöhter Genauigkeit" kommt in vielen Algorithmen vor.

Alle großen Softwarepakete, die eine genaue Lösung versprechen, benutzen die Nachiteration mit einer Genauigkeitsabfrage zur Iterationssteuerung.

1.1.7 Mehrere rechte Seiten. Matrixinversion

Bei der Nachiteration haben wir ausgenutzt, daß nach der Dreieckszerlegung ein lineares Gleichungssystem mit derselben Koeffizientenmatrix A leicht gelöst werden kann durch Vorwärts- und Rücksubstitution, (1.12) und (1.13). Alle Probleme mit mehreren rechten Seiten wird man so lösen.

Ein spezielles Problem dieser Art ist die *Matrixinversion*:

Gegeben sei eine Matrix $A \in \mathbb{R}^{n,n}$.

Gesucht ist eine Matrix $X \in \mathbb{R}^{n,n}$ mit:

$$AX = I. \tag{1.14}$$

Dabei ist I die Einheitsmatrix. Sie hat als Spalten die Einheitsvektoren, also die Vektoren $e_i \in \mathbb{R}^n$ mit einer 1 als i-ter Komponente:

$$e_i = (0, \cdots, 0, 1, 0, \cdots, 0)^T.$$

Die Spalten $x_i \in \mathbb{R}^n$ der Matrix X kann man durch Lösen der Gleichungssysteme

$$Ax_i = e_i \quad i = 1, \cdots, n \tag{1.15}$$

finden. Man muß also n Gleichungssysteme mit derselben Koeffizientenmatrix A lösen und dann die Inverse $X = A^{-1}$ aus ihren Spalten x_i zusammensetzen. Das ist das einfachste und stabilste Verfahren zur Matrixinversion auch für die in den folgenden Abschnitten behandelten Spezialfälle.

1.1.8 Der Algorithmus

Den Gesamtalgorithmus wollen wir noch einmal zusammenstellen:

Gaußelimination

mit relativer Spaltenpivotwahl und Nachiteration

Besetze den Buchhaltervektor p mit den inversen Zeilennormen:

$$p_k := \left(\sqrt{\sum_{i=1}^{n} a_{ki}^2}\right)^{-1}, \quad k = 1, \cdots, n$$

Für $k = 1, 2, \cdots, n$:

(1) **Spaltenpivotsuche**

Bestimme l so, daß

$|a_{lk}|p_l = \max_{i=k,\cdots,n} |a_{ik}|p_i.$

Ist $|a_{lk}| < \varepsilon \to$ Abbruch des Verfahrens.

(2) **Zeilenvertauschung**

Setze für $j = 1, \cdots, n$: $s := a_{kj},\ a_{kj} := a_{lj},\ a_{lj} := s.$

$s := b_k,\ \ b_k := b_l,\ \ b_l := s.$

$p_l := p_k,\ p_k := l.$

(3) **Elimination**

Für $i = k + 1, \cdots, n$:

$a_{ik} := \dfrac{a_{ik}}{a_{kk}}.$

Für $j = k + 1, \cdots, n.$

$a_{ij} := a_{ij} - a_{ik}a_{kj}.$

$b_i := b_i - a_{ik}b_k.$

(4) **Rücksubstitution**

$x_n := b_n / a_{nn}.$

Für $i = n - 1(-1)1$:

$$x_i := (b_i - \sum_{k=i+1}^{n} a_{ik}x_k)/a_{ii}.$$

(5) **Nachiteration**

Berechne $r := b - Ax$ (doppelt genau !).

Löse $Ly = Pr$.

Löse $Rz = y$.

Setze $x := x + z$.

Wiederhole Nachiteration, bis $\|r\| < \varepsilon$.

1.1.9 Die NAG-Routine F04AEF

A	array	Feld für die Koeffizientenmatrix A.
NMAX	integer	Zeilen-Dimension von A: A(NMAX,NMAX). Dabei muß NMAX ≥N sein.
B	array	Feld für die Matrix der rechten Seiten B.
NMAX	integer	Zeilen-Dimension von B: B(NMAX,NMAX).
N	integer	Ordnung des zu lösenden Gleichungssystems. Es muß N ≤NMAX sein.
L	integer	Anzahl der rechten Seiten, L ≤ NMAX.
X	array	Feld für die Matrix der Lösungen X.
NMAX	integer	Zeilen-Dimension von X: X(NMAX,NMAX).
WORK	array	Arbeitsfeld der Mindestlänge NMAX.
H1	array	Feld mit den Matrizen [L,R].
NMAX	integer	Zeilen-Dimension von H1: H1(NMAX,NMAX).
H2	array	Feld für die Matrix der Residuen H2.
NMAX	integer	Zeilen-Dimension von H2: H2(NMAX,NMAX).
IFAIL	integer	Fehlerparameter Vor Aufruf der Routine IFAIL=–1 setzen.
	Folgende Fehlermeldungen sind möglich: IFAIL=1 Fehler in F03AFF: Die Matrix ist numerisch singulär. IFAIL=2 Fehler in F04AHF: Keine Verbesserung durch Nachiteration, Matrix schlecht konditioniert.	

Tabelle 1.1: **Die Parameter der Routine F04AEF**

Die NAG-Routine

F04AEF(A,NMAX,B,NMAX,N,L,X,NMAX,WORK,H1,NMAX,H2,NMAX,IFAIL)

berechnet die Lösung eines oder mehrerer linearer Gleichungssysteme mit der Koeffizientenmatrix A und den rechten Seiten $b_i \in \mathbb{R}^n$, $i = 1, \cdots, l$, die in den Spalten der Matrix B gespeichert sind, d.h., sie löst

$$AX = B \qquad \text{für} \qquad A \in \mathbb{R}^{n,n}, \quad B, X \in \mathbb{R}^{n,l}. \tag{1.16}$$

Die Lösung wird allerdings nicht in F04AEF berechnet, sondern durch Aufruf verschiedener Routinen gesteuert. Zunächst wird durch Aufruf von X02AAF die kleinstmögliche Genauigkeitsschranke ε bestimmt. Dann wird die Matrix A auf den Arbeitsbereich $H1$ umgespeichert, und es wird dann $H1$ durch die Dreieckszerlegung überschrieben. A wird ja zur Berechnung des Residuums noch benötigt.

Die $L \cdot R$-Zerlegung wird in F03AFF durchgeführt. F03AFF ruft die elementaren BLAS-Routinen (siehe 0.2) DTRSV (=F06PJF) und DGEMV (=F06PAF) auf, die die Elimination durchführen. F03AFF berechnet die Croutzerlegung, die zum Gauß'schen Algorithmus äquivalent ist. Bei dieser Zerlegung hat die rechte obere Dreiecksmatrix R die 1-Diagonale, nicht L.

Zur Lösung der Gleichungssysteme mit Vorwärts- und Rücksubstitution sowie Nachiteration wird dann F04AHF aufgerufen. F04AHF führt die Speicherung der Lösungen und die Genauigkeitssteuerung der Nachiteration durch. Zur Lösung der Dreieckssysteme ruft F04AHF den Dreieckslöser F04AJF auf. F04AJF wiederum benutzt die BLAS-Routine DTRSV.

Dieser zelluläre Aufbau der Lösung eines linearen Gleichungssystems zeigt, wie ökonomisch in einem Paket die Routinen eingesetzt werden. Es wird kein Teilalgorithmus zweimal in verschiedenen Algorithmen programmiert, sondern jeder Algorithmus wird aus den einmal programmierten Basis-Algorithmen zusammengesetzt. Diese wiederum sollten optimal bezüglich Genauigkeit und Aufwand sein. Ihre Qualität zahlt sich dann entsprechend oft aus.

Da alle diese Routinen dem Benutzer zur Verfügung stehen, kann er sich seinen Gleichungslöser auch selbst zusammensetzen. Insbesondere hat er dabei Zugriff auf mehr Parameter als bei F04AEF, u.a. auf das zur Genauigkeitssteuerung verwendete ε. Er kann z.B. den Abbruch des Eliminationsverfahrens mit einem anderen ε steuern als die Genauigkeit der Nachiteration. Wir beschränken uns hier auf die Parameter von F04AEF.

1.1.10 Programm und Beispiel

Das Programm KAP1_GAUSS, Anhang A, Seite 303, löst quadratische reguläre Gleichungssysteme bis zu einer Dimension $N = 30$. Diese Dimensionsbeschränkung wird über eine Parameter-Anweisung für NMAX gesteuert, kann also leicht geändert werden. Die Genauigkeit, mit der die Lösung in Testfällen geliefert wird, liegt selbst bei schlecht konditionierten Matrizen an der Grenze der Maschinengenauigkeit. Sie wird im wesentlichen durch ungenaue Ein- oder Ausgabe begrenzt. Wir erkennen daran den Erfolg der Stabilisierungsmethoden. Wir wollen zur Demonstration des Programmablaufes ein einfaches Beispiel rechnen. Es soll gelöst werden

$$\begin{pmatrix} 10 & 8 & 1 \\ 0.001 & -0.001 & 0 \\ 1234 & 2334 & 56987 \end{pmatrix} \begin{pmatrix} x_{11} & x_{12} \\ x_{21} & x_{22} \\ x_{31} & x_{32} \end{pmatrix} = \begin{pmatrix} 19 & 29 \\ 0 & -0.001 \\ 60555 & 176863 \end{pmatrix}.$$

Das sind zwei 3×3-Gleichungssysteme mit den Lösungen

$$x_1 = (1,1,1)^T \qquad \text{und} \qquad x_2 = (1,2,3)^T.$$

Die Programmdaten wollen wir über die Datei GAUSS_IN eingeben. Sie sieht – bis auf die erklärenden Texte rechts – so aus:

```
3                                   N
2                                   L
1.0D1      8.0D0      1.0D0         1.Zeile von A
1.9D1      2.9D1                    1.Zeile von B
1.0D-3     -1.0D-3    0.0D0         2.Zeile von A
0.0D0      -1.0D-3                  2.Zeile von B
1.234D3    2.334D3    5.6987D4      3.Zeile von A
6.0555D4   1.76863D5                3.Zeile von B
```

Aufruf des Programms KAP1_GAUSS erzeugt dann folgenden Dialog:

```
Sie haben das Programm GAUSS gestartet.
GAUSS loest das Gleichungssystem Ax=b fuer
nxn-Matrizen A und nxl-Matrizen b.
Soll die Eingabe vom File GAUSS_IN erfolgen?
[y]
1  . Spalte von x:
1.00000000000000
1.00000000000000
1.00000000000000
2  . Spalte von x:
1.00000000000000
2.00000000000000
3.00000000000000
Alles OK ?
```

Ein <RETURN> beendet den Dialog.

1.2 Symmetrisch positiv-definite Systeme Das Choleskyverfahren

1.2.1 Problemstellung

Das Problem (1.1) soll jetzt unter der zusätzlichen Voraussetzung, daß A eine symmetrische, positiv-definite Matrix ist, gelöst werden.

Definition 1.2 *Eine Matrix $A \in \mathbb{R}^{n,n}$ heißt symmetrisch, wenn*

$$a_{i,j} = a_{j,i} \quad \text{für } i,j = 1,\cdots n \quad \text{oder kurz:}$$

$$A^T = A.$$

Definition 1.3 *Eine Matrix $A \in \mathbb{R}^{n,n}$ heißt positiv-definit, wenn*

$$x^T Ax > 0 \ \forall x \in \mathbb{R}^n \quad \text{mit } x \neq 0. \tag{1.17}$$

Diese Definition wird anschaulich, wenn man daran denkt, daß für Vektoren $x \neq 0$ die reelle Zahl $x^T x = \|x\|_2^2 > 0$ ist. Die Matrix A – zwischen x^T und x geschoben – erhält also diese Normeigenschaft. Oder umgekehrt: A ist positiv-definit, wenn $\sqrt{x^T Ax}$ eine Norm ist.

Der Begriff läßt sich noch weiter erläutern:

Satz 1.4 *1. Die folgenden Bedingungen sind äquivalent:*

(a) Die Matrix $A \in \mathbb{R}^{n,n}$ ist symmetrisch positiv-definit.

(b) Alle Hauptminoren sind positiv. Das sind die Determinanten

$$|a_{11}|, \begin{vmatrix} a_{11} & a_{12} \\ a_{21} & a_{22} \end{vmatrix}, \cdots, \mathrm{Det}(A).$$

(c) Alle Eigenwerte (siehe Kapitel 6) von A sind positiv.

2. Die Matrix $A \in \mathbb{R}^{n,n}$ sei symmetrisch positiv-definit. Dann gilt:

(a) $a_{ik}^2 < a_{ii} \cdot a_{kk} \quad \forall i \neq k$.

(b) Das absolut größte Element der Matrix liegt auf der Diagonalen.

Positive Definitheit und Symmetrie sind keine künstlichen mathematischen, sondern für viele Anwendungen typische Eigenschaften. Deshalb ist ein stabiles Verfahren zur Lösung solcher Gleichungssysteme von großer praktischer Bedeutung. Die Anwendung des Gaußalgorithmus würde den Vorteil der zusätzlichen Voraussetzungen nicht nutzen. Vertauschungen sind nicht notwendig, und es ist eine symmetrische Zerlegung möglich.

Satz 1.5 *Die Matrix $A \in \mathbb{R}^{n,n}$ sei symmetrisch und positiv-definit. Dann gibt es eine linke untere Dreiecksmatrix L mit positiven Diagonalelementen, so daß*

$$L \cdot L^T = A. \tag{1.18}$$

1.2.2 Das Choleskyverfahren

Dieses Verfahren liefert die Matrix L der Zerlegung aus Satz 1.5:

Wenn $a_{11} < \varepsilon \rightarrow$ Abbruch des Verfahrens
$l_{11} := \sqrt{a_{11}}$
Für $k = 2, \cdots, n$:
$$l_{k1} := \frac{a_{k1}}{l_{11}}$$
Für $i = 2, \cdots, n$:
Setze $s := a_{ii} - \sum_{p=1}^{i-1} l_{ip}^2$
Wenn $s < \varepsilon \rightarrow$ Abbruch des Verfahrens
$l_{ii} := \sqrt{s}$
Für $k = i + 1, \cdots, n$:
$$l_{ki} := \frac{1}{l_{ii}} \left(a_{ki} - \sum_{p=1}^{i-1} l_{ip} l_{kp} \right)$$

Eine Alternative zu diesem Algorithmus ist die wurzelfreie Zerlegung $A = L \cdot D \cdot L^T$ mit einer Diagonalmatrix D und mit Einsen auf der Diagonalen von L.

Das Choleskyverfahren für positiv-definite Matrizen ist numerisch stabil. Das kann man auch daran sehen, daß gilt:

$$l_{ip}^2 \leq a_{ii} \quad \forall i, p.$$

Die Elemente der Dreiecksmatrix L werden also relativ zu A nicht groß.

Natürlich muß man die positive Definitheit prüfen. Das tut man nicht etwa durch Berechnung der Hauptminoren nach Satz 1.4, sondern mit dem geringsten Aufwand durch Anwendung des Choleskyverfahrens. Die positive Definitheit ist genau dann verletzt, wenn die zu berechnenden Wurzelausdrücke nicht positiv sind. Auch hier ist es sinnvoll, auf ε statt auf 0 abzufragen wie im Algorithmus oben.

1.2.3 Die NAG-Routine F03AEF

Die NAG-Routine

F03AEF(N,A,NMAX,P,MANT,EXPO,IFAIL)

berechnet die Dreieckszerlegung $A = L \cdot L^T$ und mit Hilfe von L die Determinante von A. Sie wird als (m, e) ausgegeben, wo m und e Mantisse und Exponent sind:

$$\text{Det}(A) = m \cdot 2^e \,. \tag{1.19}$$

N	integer	Ordnung des zu lösenden Gleichungssystems. Es muß N $\leq$NMAX sein.
A	array	Feld für die Koeffizientenmatrix A.
NMAX	integer	Zeilen-Dimension von A: A(NMAX,NMAX).
P	array	Inverse der Diagonale von L: P(NMAX)
MANT	real	Mantisse der Determinante von A, (1.19)
EXPO	integer	Exponent der Determinante von A, (1.19)
IFAIL	integer	Fehlerparameter Vor Aufruf der Routine IFAIL=-1 setzen.
	Folgende Fehlermeldungen sind möglich: IFAIL=1 Die Matrix ist numerisch nicht positiv-definit	

Tabelle 1.2: **Die Parameter der Routine F03AEF**

Da A in einem zweidimensionalen Feld gespeichert wird, ist es möglich, die Dreiecksmatrix L ohne Diagonale im unteren linken Teil von A zu speichern. Die Inverse der Diagonale von L steht in P. F03AEF benutzt die BLAS-Routine DGEMV (=F06PAF).

1.2.4 Die NAG-Routine F04AFF

Die NAG-Routine

F04AFF(N,L,A,NMAX,P,B,NMAX,EPS,X,NMAX,R,NMAX,IT,IFAIL)

berechnet die Lösung eines oder mehrerer linearer Gleichungssysteme mit der Koeffizientenmatrix A und den rechten Seiten b_i, $i = 1, \cdots, l$, die in den Spalten der Matrix B gespeichert sind. Sie entspricht damit F04AEF im letzten Abschnitt, (1.16). Es muß A mit F03AEF vorher zerlegt sein, so daß unterhalb der Diagonale von A die Dreiecksmatrix L gespeichert ist, deren reziproke Diagonalelemente im Vektor P stehen.

F04AFF ruft F04AGF zum Lösen der Dreieckssysteme und X03AAF zur Berechnung der doppelt genauen Residuen bei der Nachiteration auf.

EPS ist eine Abfrageschranke, in der Regel wird EPS := ε (Maschinengenauigkeit) gesetzt, also auf die kleinste positive Zahl, für die im Rechner $1 + \varepsilon > 1$ gilt. Sie wird von der NAG-Routine X02AAF bereitgestellt.

N	integer	Ordnung des zu lösenden Gleichungssystems. Es muß N ≤NMAX sein.
L	integer	Anzahl der rechten Seiten, L ≤ NMAX.
A	array	Feld für die Koeffizientenmatrix A.
NMAX	integer	Zeilen-Dimension von A: A(NMAX,NMAX).
P	array	Inverse der Diagonale von L.
B	array	Feld für die Matrix der rechten Seiten B.
NMAX	integer	Zeilen-Dimension von B: B(NMAX,NMAX).
EPS	real	Maschinengenauigkeit.
X	array	Feld für die Matrix der Lösungen X.
NMAX	integer	Zeilen-Dimension von X: X(NMAX,NMAX).
R	array	Feld für die Matrix der Residuen R.
NMAX	integer	Zeilen-Dimension von R: R(NMAX,NMAX).
IT	integer	Anzahl benötigter Nachiterationen
IFAIL	integer	Fehlerparameter Vor Aufruf der Routine IFAIL=−1 setzen.
	Folgende Fehlermeldungen sind möglich: IFAIL=1 : Matrix zu schlecht konditioniert	

Tabelle 1.3: **Die Parameter der Routine F04AFF**

1.2.5 Programm und Beispiel

Das Programm KAP1_CHOLES, Anhang A, Seite 303, löst symmetrisch positiv-definite Gleichungssysteme bis zu einer Dimension $N = 40$.

Der Programmablauf entspricht dem von KAP1_GAUSS, nur müssen die Matrixelemente wegen der Symmetrie mit den Diagonalelementen beginnend eingegeben werden.

Wir wollen ein Beispiel aus der Schaltkreistheorie durchrechnen: Aufgrund der Gesetze von Kirchhoff und Ohm ergeben sich für ein Netzwerk von elektrischen Verbindungen mit Spannungsquellen und Widerständen verschiedene Beziehungen, die man in ein symmetrisches, positiv-definites Gleichungssystem mit den Potentialen als Unbekannten umformen kann. Aus den berechneten Potentialen kann man dann auch die Stromstärken und Spannungen in allen Zweigen des Netzes berechnen. Die technischen Einzelheiten findet man z.B. in [53]. Wir betrachten als Beispiel das Netzwerk der Zeichnung 1.1.

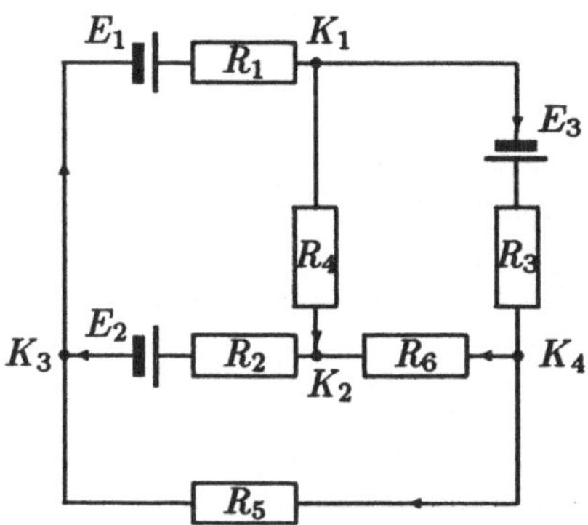

Zeichnung 1.1: **Stromkreis mit 4 Knoten und 6 Zweigen**

Gegeben seien die Spannungen (unter Berücksichtigung der Polung)

$$E_1 = 10V, \quad E_2 = -15V, \quad E_3 = 20V, \quad E_4 = E_5 = 0V$$

und die elektrischen Widerstände

$$R_1 = R_2 = \cdots = R_6 = 10\Omega.$$

Jetzt stellt man die *Inzidenzmatrix* $T \in \mathbb{R}^{4,6}$ auf, in der für jeden Knoten K_i der Beginn eines Zweiges (R_j) mit -1 und das Ende eines Zweiges mit $+1$ gekennzeichnet wird, also für unser Beispiel:

$$T = \begin{pmatrix} 1 & 0 & -1 & -1 & 0 & 0 \\ 0 & -1 & 0 & 1 & 0 & 1 \\ -1 & 1 & 0 & 0 & 1 & 0 \\ 0 & 0 & 1 & 0 & -1 & -1 \end{pmatrix}.$$

Dann wird die Inverse der Diagonalmatrix der Widerstände aufgestellt:

$$R^{-1} := \text{diag}(0.1, \cdots, 0.1), \quad R^{-1} \in \mathbb{R}^{6,6}.$$

Die Matrix des gesuchten Gleichungssystems ergibt sich dann aus

$$B = T \cdot R^{-1} \cdot T^T,$$

indem man für den Bezugspunkt, hier Knoten K_4, das Potential Null setzt und die entsprechende Zeile und Spalte der Matrix B streicht. Das ergibt

$$A = \begin{pmatrix} 0.3 & -0.1 & -0.1 \\ -0.1 & 0.3 & -0.1 \\ -0.1 & -0.1 & 0.3 \end{pmatrix}.$$

Die rechte Seite ergibt sich als $b = -TR^{-1}E$ mit anschließender Streichung der letzten Komponente:

$$b = (1.0, -1.5, 2.5).$$

Entsprechend kann man auch bei komplizierteren Netzen vorgehen oder ein Dialogprogramm zur Konstruktion solcher Netze mit Lösung der entstehenden Gleichungssysteme schreiben. Die Matrix muß dabei symmetrisch und positiv-definit werden, sonst hat man etwas falsch gemacht, z.B. einen Widerstand Null gesetzt.

Das entstandene Gleichungssytem lösen wir mit KAP1_CHOLES:

```
Sie haben das Programm CHOLES gestartet.
CHOLES loest das Gleichungssystem Ax=b fuer symmetrisch-
positiv-definite nxn-Matrizen A und nxl-Matrizen b.
Soll die Eingabe vom File CHOLES_IN erfolgen?
nein
Eingabe n: (1<=n<=  40  )
3
Eingabe l: (1<=l<=  40  )
1
Bitte  1  . Zeile von A ab Diagonalelement eingeben:
0.3 -0.1 -0.1
Bitte  1  . Zeile von b eingeben:
1.0
----------------------------------------
Bitte  2  . Zeile von A ab Diagonalelement eingeben:
0.3 -0.1
Bitte  2  . Zeile von b eingeben:
-1.5
----------------------------------------
Bitte  3  . Zeile von A ab Diagonalelement eingeben:
0.3
Bitte  3  . Zeile von b eingeben:
2.5
----------------------------------------

1  . Spalte von x:
7.50000000000000
1.25000000000000
11.2500000000000
```

Die Potentiale sind also $P_1 = 7.5$, $P_2 = 1.25$, $P_3 = 11.25$, $P_4 = 0$. Mehrere rechte Seiten ergeben sich, wenn man dasselbe Netz für verschiedene Spannungen E_i durchrechnen will.

1.3 Systeme mit Bandmatrizen

1.3.1 Problemstellung

Für viele Anwendungen typisch ist das Auftreten vieler Nullen in der Koeffizientenmatrix des entstehenden linearen Gleichungssystems. Man sagt: A ist dünn besetzt. Oft sind die Matrizen darüber hinaus bandstrukturiert, d.h., sie haben ganze Dreiecke von Nullen oben rechts und unten links. Für solche Matrizen wollen wir jetzt das Gleichungssystem (1.1) betrachten. Dabei berücksichtigen wir unterschiedliche Typen von Bandstrukturierung, die wir zunächst definieren und an Beispielen erläutern wollen.

Definition 1.6 *Wir betrachten eine Matrix $A \in \mathbb{R}^{n,n}$.*

1. *A hat die (feste) Bandbreite $2m+1$, falls m die kleinste Zahl ist, für die gilt:*

$$a_{ij} = 0, \qquad \text{falls} \qquad |i-j| > m. \tag{1.20}$$

2. *A hat die Sub- und Superbandbreiten m_1 und m_2, falls dies die kleinsten Zahlen sind, für die gilt*

$$a_{ij} = 0, \qquad \text{falls} \qquad i > j + m_1 \qquad \text{oder} \qquad j > i + m_2. \tag{1.21}$$

3. *Eine symmetrische Matrix A hat variable Bandbreite, falls die Zeilenbandbreiten m_i links der Diagonale unterschiedlich sind:*

$$a_{ij} = 0, \qquad \text{falls} \qquad i > j + m_i. \tag{1.22}$$

In Fall 1 der Definition wird hin und wieder von der Bandbreite m gesprochen. Das sollte aber aus dem jeweiligen Fall klar hervorgehen.

Beispiel 1.3 Die Matrix

$$A = \begin{pmatrix} 4 & 0 & -1 & 0 & 0 & 0 \\ 0 & 4 & 0 & -1 & 0 & 0 \\ -1 & 0 & 4 & 0 & -1 & 0 \\ 0 & -1 & 0 & 4 & 0 & -1 \\ 0 & 0 & -1 & 0 & 4 & 0 \\ 0 & 0 & 0 & -1 & 0 & 4 \end{pmatrix}$$

hat die Bandbreite 5, es ist $m = 2$. Es genügt daher, 24 statt 36 Matrixelemente zu speichern, bzw. 15 bei Ausnutzung der Symmetrie, siehe 1.3.4.

Beispiel 1.4 Die Matrix

$$A = \begin{pmatrix} 4 & -1 & 0 & 0 & 0 & 0 \\ 0 & 4 & -1 & 0 & 0 & 0 \\ -1 & 0 & 4 & -1 & 0 & 0 \\ 0 & -1 & 0 & 4 & -1 & 0 \\ 0 & 0 & -1 & 0 & 4 & -1 \\ 0 & 0 & 0 & -1 & 0 & 4 \end{pmatrix}$$

hat auch die Bandbreite 5, bei Unterscheidung von Sub- und Superbandbreite sind $m_1 = 2$ und $m_2 = 1$, es genügt also, 20 Elemente zu speichern.

Beispiel 1.5 Die Berücksichtigung variabler Bandbreite bei symmetrischen Matrizen lohnt sich nur bei stark unterschiedlichen Zeilenbandbreiten:

$$A = \begin{pmatrix} 4 & -1 & 0 & 0 & 0 & -1 \\ -1 & 4 & 0 & -1 & 0 & 0 \\ 0 & 0 & 4 & 0 & -1 & 0 \\ 0 & -1 & 0 & 4 & 0 & 0 \\ 0 & 0 & -1 & 0 & 4 & -1 \\ -1 & 0 & 0 & 0 & -1 & 4 \end{pmatrix},$$

kann nur mit variablen Bandbreiten als Bandmatrix behandelt werden. Sie hat die Zeilenbandbreiten

$$m_i = (0, 1, 0, 2, 2, 5),$$

und es müssen nur 16 Elemente gespeichert werden.

Der Unterschied in der Anzahl zu speichernder Elemente wird natürlich erst bei größeren Ordnungen signifikant. Die Bandbreite sollte, damit Rechen- und Speicherersparnis sich gegenüber dem höheren Verwaltungsaufwand lohnen, klein im Vergleich zur Ordnung n der Matrix A sein.

Ist A zwar dünn besetzt – Anzahl Elemente klein gegen n^2 –, aber nicht günstig bandstrukturiert, so sollte man eines der im nächsten Abschnitt diskutierten Verfahren in Betracht ziehen.

Die Art der Speicherung werden wir für die drei in der Definition genannten Fälle von Bandstruktur genauer ansehen. Dabei soll jeder Fall mit einer mathematischen Eigenschaft des Gleichungssystems fest verknüpft sein:

- Variable Bandbreite – symmetrisch positiv-definite Matrix
- Feste Bandbreite – symmetrisch positiv-definite Matrix
- Sub- und Superbandbreite – regulär quadratische Matrix

In den ersten beiden Fällen wird der Cholesky-, im letzten Fall der Gaußalgorithmus angewendet.

Alle drei Fälle können mit dem Programm KAP1_BAND behandelt werden. Dabei ist ein wesentlicher algorithmischer Gesichtspunkt, daß die bei der Zerlegung entstehenden Dreiecksmatrizen keine (Cholesky) oder keine starke (Gauß) Bandweitenvergrößerung erleiden. Dies ist das Problem des *fill-in*.

1.3.2 Das Choleskyverfahren bei variabler Bandbreite

Es sind pro Zeile $m_i + 1$ Werte zu speichern. Die Anzahlen $m_i + 1$ schreibt man in einen ganzzahligen Vektor NROW. A wird dann in einem eindimensionalen Feld gespeichert, indem man diese $m_i + 1$ Elemente zeilenweise hintereinanderschreibt. Das Feld hat die Länge

$$l = \sum_{i=1}^{n}(m_i + 1). \tag{1.23}$$

Für Beispiel 1.5 bekommen wir:

$$NROW = (1,2,1,3,3,6) \qquad \text{und}$$

$$A = (4, \quad -1,4, \quad 4, \quad -1,0,4, \quad -1,0,4, \quad -1,0,0,0,-1,4)$$

Das Choleskyverfahren wird entsprechend umformuliert. Außerhalb der *Hülle* von A gibt es kein fill-in, d.h. die Zeilenbandbreite ist für L dieselbe wie für A. Man speichert deshalb L in einem eindimensionalen Feld genauso wie A.

1.3.3 Die NAG-Routinen F01MCF und F04MCF

Die NAG-Routine

F01MCF(N,A,MMAX,NROW,LL,D,IFAIL)

berechnet die Dreieckszerlegung $A = L \cdot D \cdot L^T$. Dabei wird gegenüber dem in 1.2.2 beschriebenen Choleskyverfahren eine Diagonalmatrix D zwischen L und L^T eingefügt, dafür hat L eine Einser-Diagonale. Diese Zerlegung wird für die NAG-Routine

F04MCF(N,LL,MMAX,D,NROW,L,B,N,ISELCT,X,N,IFAIL)

benötigt, die nach der Zerlegung verschiedene Gleichungssysteme mit jeweils mehreren rechten Seiten lösen kann:

$$\begin{array}{lll} (1) & L \cdot D \cdot L^T \cdot X & = B \qquad \text{für} \qquad L, D \in \mathbb{R}^{n,n}, \quad B, X \in \mathbb{R}^{n,l}, \\ (2) & L \cdot D \cdot X & = B, \\ (3) & D \cdot L^T \cdot X & = B, \\ (4) & L \cdot L^T \cdot X & = B, \\ (5) & L \cdot X & = B, \\ (6) & L^T \cdot X & = B. \end{array} \tag{1.24}$$

N	integer	Ordnung des Gleichungssystems.
A	array	Feld für die Matrix A entsprechend 1.3.2.
MMAX	integer	Dimension von A: A(MMAX). Es muß MMAX $\geq \sum_{i=1}^{N}$ NROW(i) sein.
NROW	int.array	Zeilenlänge bis zur Diagonalen von A.
LL	array	Dreiecksmatrix L, aufgebaut wie A.
D	array	Vektor der Diagonalelemente von D.
L	integer	Anzahl der rechten Seiten.
B	array	Feld für die Matrix der rechten Seiten B.
ISELCT	integer	Auswahl-Anzeiger entsprechend (1.24).
X	array	Feld für die Matrix der Lösungen X.
IFAIL	integer	Fehlerparameter Vor Aufruf der Routinen IFAIL=–1 setzen.
	In F01MCF sind folgende Fehlermeldungen möglich: IFAIL=1 Beziehung zwischen N, MMAX und NROW verletzt. IFAIL=2 A numerisch nicht positiv-definit, Zerlegung unvollständig. IFAIL=3 A numerisch nicht positiv-definit, Zerlegung vollständig, aber eventuell ungenau. In F04MCF sind folgende Fehlermeldungen möglich: IFAIL=1 Beziehung zwischen N, MMAX und NROW verletzt. IFAIL=2 Es ist nicht L $\geq$ 1. IFAIL=3 Es ist nicht 1 $\leq$ ISELCT $\leq$ 6. IFAIL=4 D ist singulär. IFAIL=5 LL hat nicht nur Einsen auf der Diagonalen.	

Tabelle 1.4: **Die Parameter der Routinen F01MCF und F04MCF**

Von diesen sechs Fällen ist sicher der erste der wichtigste, der auch am häufigsten auftritt. Wir wollen nur diesen Normalfall betrachten. Die NAG-Routine F04MCF steuert die Fallunterscheidung und ruft als Lösungsroutine F04MCZ auf. F04MCZ ist eine interne Routine, die im Handbuch nicht beschrieben ist. Die Parameter von F01MCF und F04MCF findet man gemeinsam in Tabelle 1.4.

1.3.4 Das Choleskyverfahren bei fester Bandbreite

Hier können A und L in einem $n \times (m+1)$-Feld gespeichert werden:

$$\begin{pmatrix} x & \cdots & \cdots & x & a_{11} \\ \vdots & \cdots & x & a_{21} & a_{22} \\ \vdots & \cdots & a_{31} & a_{32} & a_{33} \\ \vdots & \cdots & \cdots & \vdots & \vdots \\ x & \cdots & \cdots & \vdots & \vdots \\ a_{m+1,1} & \cdots & \cdots & a_{m+1,m} & a_{m+1,m+1} \\ \vdots & \cdots & \cdots & \vdots & \vdots \\ a_{n,n-m} & \cdots & \cdots & a_{n,n-1} & a_{nn} \end{pmatrix} \text{ für Beispiel 1.3} = \begin{pmatrix} x & x & 4 \\ x & 0 & 4 \\ -1 & 0 & 4 \\ -1 & 0 & 4 \\ -1 & 0 & 4 \\ -1 & 0 & 4 \end{pmatrix}.$$

Die mit x besetzten Speicherplätze sind ohne Belang.

1.3.5 Die NAG-Routine F04ACF

A	array	Feld für die Matrix A entsprechend 1.3.4.
N	integer	Ordnung des Gleichungssystems.
B	array	Feld für die Matrix der rechten Seiten B.
M	integer	Anzahl der Subdiagonalen von A.
L	integer	Anzahl der rechten Seiten.
X	array	Feld für die Matrix der Lösungen X.
LL	array	Dreiecksmatrix L, aufgebaut wie A.
IFAIL	integer	Fehlerparameter Vor Aufruf der Routine IFAIL=−1 setzen.
	Folgende Fehlermeldungen sind möglich: IFAIL=1 A numerisch nicht positiv-definit.	

Tabelle 1.5: **Die Parameter der Routine F04ACF**

Die NAG-Routine

F04ACF(A,N,B,N,N,M,L,X,N,LL,N,M+1,IFAIL)

löst das Gleichungssystem

$$AX = B \qquad \text{für} \qquad A \in \mathbb{R}^{n,n}, \;\; B, X \in \mathbb{R}^{n,l}$$

mit mehreren rechten Seiten $b_i \in \mathbb{R}^n$, $i = 1, \cdots, l$. Dabei ist A eine symmetrisch positiv-definite Bandmatrix der festen Bandbreite 2M+1. F04ACF ruft F03AGF zur Choleskyzerlegung auf und F04ALF zur Berechnung der Lösung der entstehenden Dreieckssysteme.

1.3.6 Das Gaußverfahren mit Sub- und Superbandbreite

Die Speicherung erfolgt in einem zweidimensionalen $(m_1+m_2+1)\times n$-Feld. Dabei werden aus Effizienzgründen für die Weiterverarbeitung die Zeilen als Spalten in der folgenden Form gespeichert:
Sei für das jeweilige i: $mu := \min(i-m_1, 1)$ und $mo := \max(i+m_2, n)$. Dann wird

$$\text{für} \quad \left.\begin{array}{l} i = 1,\cdots,n \\ j = mu,\cdots,mo \end{array}\right\} \left\{\begin{array}{ll} a_{ij} \to A(j,i), & \text{für } i \le m_1 \\ a_{ij} \to A(m_1+j-i+1,i) & \text{für } i > m_1. \end{array}\right.$$

Damit sind alle Matrixelemente innerhalb des Bandes gespeichert. Wir wollen das für $m_1 = 2$ und $m_2 = 1$ allgemein und auf Beispiel 1.4 angewendet ansehen:

$$A \to \begin{pmatrix} a_{11} & a_{21} & a_{31} & a_{42} & a_{53} & \cdots & a_{n,n-2} \\ a_{12} & a_{22} & a_{32} & a_{43} & a_{54} & \cdots & a_{n,n-1} \\ x & a_{23} & a_{33} & a_{44} & a_{55} & \cdots & a_{n,n} \\ x & x & a_{34} & a_{45} & a_{56} & \cdots & x \end{pmatrix}$$

$$\text{für Beispiel 1.4}: \begin{pmatrix} 4 & 0 & -1 & -1 & -1 & -1 \\ -1 & 4 & 0 & 0 & 0 & 0 \\ x & -1 & 4 & 4 & 4 & 4 \\ x & x & -1 & -1 & -1 & x \end{pmatrix}.$$

Das Gaußverfahren kann ohne fill-in durchgeführt werden, wenn keine Vertauschungen notwendig sind. Die Dreiecks-Bandmatrizen L und R können dann in einem entsprechenden Feld gespeichert werden. Wir wissen aber, daß eine Pivotwahl vorgesehen werden muß. Die relative Pivotwahl (= implizite Skalierung) aus 1.1.5 soll auch hier angewendet werden.

Im k-ten Eliminationsschritt werden die Zeilenvertauschungen auf die $(n-k+1)\times n$-Restmatrix angewendet. Dadurch bekommt R maximal m_1 zusätzliche Superdiagonalen, kann also in einer $(m_1+m_2+1)\times n$-Matrix gespeichert werden. Das ist aber gerade die Feldgröße von A, so daß A mit R überschrieben werden kann.

L ist aufgrund der Vertauschungen keine Bandmatrix mehr. Da es aber höchstens m_1 Faktoren pro Zeile gibt, kann L in einer $m_1 \times n$-Matrix gespeichert werden (ohne die Einsen auf der Diagonale). Der Buchhaltervektor enthält die Informationen über die Zuordnung der Komponenten.

1.3.7 Die NAG-Routinen F01LBF und F04LDF

Die NAG-Routine

F01LBF(N,M1,M2,A,M1+M2+1,LL,M1+M2+1,IN,IV,IFAIL)

berechnet die Dreieckszerlegung $P\cdot A = L\cdot R$ mit dem Gaußverfahren für eine reguläre quadratische Bandmatrix mit der Subbandbreite M1 und der Superbandbreite M2 mit der in 1.3.6 beschriebenen Speicherung und mit relativer Spaltenpivotwahl. Mit Hilfe der in F01LBF berechneten Dreieckszerlegung löst die NAG-Routine

F04LDF(N,M1,M2,L,A,M1+M2+1,LL,M1+M2+1,IN,B,N,IFAIL)

das zugehörige Gleichungssystem mit mehreren rechten Seiten

$$AX = B \qquad \text{für} \qquad A \in \mathbb{R}^{n,n}, \quad B, X \in \mathbb{R}^{n,l}.$$

N	integer	Ordnung des Gleichungssystems.
M1	integer	Subbandbreite von A, siehe Definition 1.6(2.), S.29.
M2	integer	Superbandbreite von A.
A	array	Feld für die Matrix A entsprechend 1.3.6.
LL	array	Dreiecksmatrix L, aufgebaut wie A.
IN	int.array	Buchhaltervektor der Zeilenvertauschungen.
IV	integer	Fehlerpunkt-Information, siehe IFAIL.
L	integer	Anzahl der rechten Seiten.
B	array	Vor F04LDF Matrix der rechten Seiten B, nach F04LDF Matrix der Lösungen X.
IFAIL	integer	Fehlerparameter Vor Aufruf der Routinen IFAIL=−1 setzen.
	In F01LBF sind folgende Fehlermeldungen möglich: IFAIL=1 Es ist verletzt: N<1 oder 0< M1,M2 ≤ N−1. IFAIL=2 A besitzt eine Zeile voller Nullen, in IV steht die Zeilennummer. IFAIL=3 A ist numerisch nicht regulär, in IV steht die Nummer des Eliminationsschrittes. In F04LDF sind folgende Fehlermeldungen möglich: IFAIL=1 Es ist verletzt: N<1 oder 0< M1,M2 ≤ N−1.	

Tabelle 1.6: **Die Parameter der Routinen F01LBF und F04LDF**

1.3.8 Programm und Beispiel

Das Programm KAP1_BAND, Anhang A, Seite 304, benutzt die beschriebenen NAG-Routinen, um ein oder mehrere lineare Gleichungssysteme mit Bandstruktur zu lösen.

Die NAG-Bibliothek unterscheidet bei den Gleichungssystem-Lösern zwischen *genauen* ("accurate") und *angenäherten* ("approximate") Routinen. In den Abschnitten 1.1 und 1.2 haben wir uns jeweils für die Routine mit dem genauen Algorithmus entschieden, d.h. für die Algorithmen mit Nachiteration und erhöhter Genauigkeit bei den elementaren Routinen der numerischen linearen Algebra (BLAS), insbesondere beim Skalarprodukt (X03AAF).

Bandmatrizen sind oft aufgrund der Anwendungen, denen sie entstammen, recht gut konditioniert, also fehlerunanfällig. Deshalb kann meistens auf Nachiteration verzichtet werden.

Bandstrukturierte lineare Gleichungssysteme kommen in vielen Anwendungen vor, z.B. bei der ein- oder mehrdimensionalen Splineinterpolation oder bei der Lösung von partiellen Differentialgleichungen. Hier soll an einem kleinen Beispiel der Dialog-Aufbau des Programms dargelegt werden. Es zerfällt in drei große Blöcke, die den Abschnitten 1.3.2/1.3.3, 1.3.4/1.3.5 und 1.3.6/1.3.7 entsprechen. Die Steuerung, in welchem Block gerechnet wird, übernimmt der Dialog. Soll die Eingabe über die Eingabedatei BAND_IN erfolgen, so müssen die Daten entsprechend der Aufgabe strukturiert sein, da für die drei Problemstellungen die Matrizen unterschiedlich gespeichert werden.

Im Programm KAP1_BAND ist die Matrix A eindimensional vereinbart, damit alle drei Fälle behandelt werden können. Der Aufruf der NAG-Routinen, in denen A zweidimensional vereinbart ist, nutzt die Tatsache aus, daß zweidimensionale Felder in FORTRAN spaltenweise abgespeichert werden. Dadurch ist immer eine eindeutige Zuordnung möglich.

Wir lösen das Gleichungssystem (nach Beispiel 1.5)

$$\begin{pmatrix} 4 & -1 & 0 & 0 & 0 & -1 \\ -1 & 4 & 0 & -1 & 0 & 0 \\ 0 & 0 & 4 & 0 & -1 & 0 \\ 0 & -1 & 0 & 4 & 0 & 0 \\ 0 & 0 & -1 & 0 & 4 & -1 \\ -1 & 0 & 0 & 0 & -1 & 4 \end{pmatrix} \begin{pmatrix} x_1 \\ x_2 \\ x_3 \\ x_4 \\ x_5 \\ x_6 \end{pmatrix} = \begin{pmatrix} 2 \\ 2 \\ 3 \\ 3 \\ 2 \\ 2 \end{pmatrix}.$$

Es hat die Lösung $x = (1, 1, 1, 1, 1, 1)^T$.

Die Eingabedatei BAND_IN sieht dann so aus:

6	Ordnung N
1	Anzahl rechter Seiten L
1	1.Zeile: 1.Spalte mit Element $\neq 0$
4	1.Zeile
2	1. rechte Seite
1	2.Zeile: 1.Spalte mit Element $\neq 0$
-1 4	2.Zeile
2	2. rechte Seite

`3`	3.Zeile: 1.Spalte mit Element $\neq 0$
`4`	3.Zeile
`3`	3. rechte Seite
`2`	4.Zeile: 1.Spalte mit Element $\neq 0$
`-1 0 4`	4.Zeile
`3`	4. rechte Seite
`3`	5.Zeile: 1.Spalte mit Element $\neq 0$
`-1 0 4`	5.Zeile
`2`	5. rechte Seite
`1`	6.Zeile: 1.Spalte mit Element $\neq 0$
`-1 0 0 0 -1 4`	6.Zeile
`2`	6. rechte Seite

Und so der zugehörige Dialog:

```
Sie haben das Programm BAND gestartet.
BAND loest das Gleichungssystem Ax=b fuer
nxn-Bandmatrizen A und nxl-Matrizen b.
Soll die Eingabe vom File BAND_IN erfolgen?
ja
Ist A symmetrisch-positiv-definit ?
ja
Ist die Bandweite variabel ?
ja

1  . Spalte von x:
1.00000000000000
1.00000000000000
1.00000000000000
1.00000000000000
1.00000000000000
1.00000000000000
```

1.4 Große Systeme mit dünn besetzten Matrizen

1.4.1 Problemstellung

Mit dem Übergang von Bandmatrizen zu solchen, die dünn besetzt sind, ohne eine signifikante Bandstruktur zu besitzen, kommen wir zu Anwendungsproblemen, die den Rahmen dieses Buches eigentlich übersteigen. Wir wollen aber ein Programm auch für diesen Fall zur Verfügung stellen und uns bei der Darstellung des Hintergrundes kurz fassen bzw. auf Literaturhinweise beschränken.

Das Hauptanwendungsgebiet für dünn besetzte, große lineare Gleichungssysteme sind lineare partielle Differentialgleichungen, siehe Kapitel 9. Doch auch bei deren numerischer Behandlung entstehen in der Regel Bandmatrizen. Bei großen Systemen haben diese aber eine große Bandbreite, und auch innerhalb des Bandes gibt es viele Nullen. Ob man dann einen Bandalgorithmus – meist Cholesky mit variabler Bandbreite – oder eines der Verfahren aus diesem Abschnitt wählt, hängt vom Einzelfall ab und ist nicht immer leicht zu entscheiden, ganz abgesehen davon, daß es eine unübersehbare Zahl von Lösern gibt, die oft nur auf spezielle Typen von Anwendungen zugeschnitten sind.

Viele Verfahren zur numerischen Lösung von partiellen Differentialgleichungen in ebenen Gebieten überdecken zunächst das Gebiet mit einem Gitter. Das Gleichungssystem entsteht dann durch Beziehungen "benachbarter" Gitterpunkte im Innern des Gebietes. Benachbart sind Punkte, die direkt neben- oder untereinander liegen (andere Möglichkeiten wollen wir hier nicht betrachten). Diese Beziehungen zwischen Gitterpunkten ersetzen die durch die Differentialgleichung festgelegten Beziehungen aller Punkte des Gebietes. Die inneren Punkte des Gitters werden durchnumeriert, z.B. zeilenweise von links nach rechts. Zu jedem Gitterpunkt gehört ein Lösungswert. Also stimmt die Ordnung des linearen Gleichungssystems mit der Anzahl der inneren Gitterpunkte überein. In der Matrix des Systems stehen dann an den Stellen (i, j) Nullen, für die die Punkte Nr.i und Nr.j nicht benachbart sind.

Beispiel 1.6 Das Gitter der Zeichnung 1.2 liefert eine Matrix der Ordnung n=23 mit folgender Struktur ($\times$ steht für ein Element $\neq 0$):

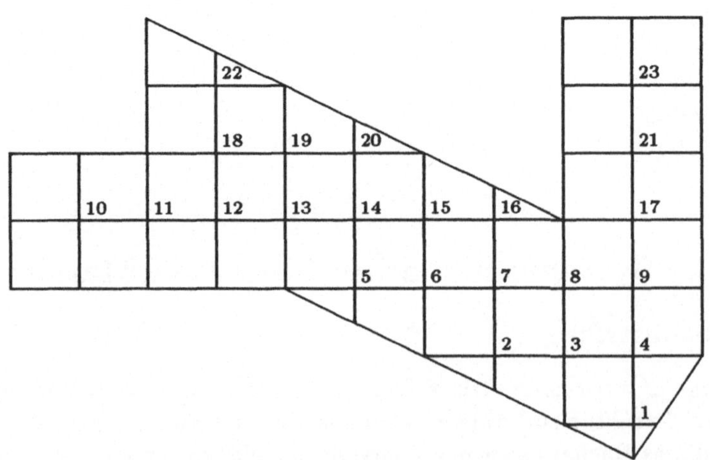

Zeichnung 1.2: **Punktgitter für zweidimensionales Gebiet**

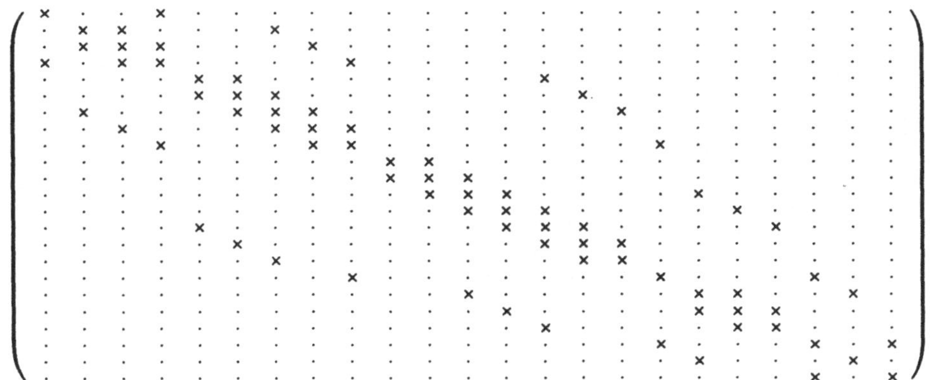

Bei diesem System finden sich innerhalb des breiten Bandes viele Nullen, hier durch Punkte gekennzeichnet. Insgesamt enthält die symmetrische Matrix bei Ausnutzung der Symmetrie 51 Elemente ungleich Null im rechten oberen Dreieck. Bei Lösung mit dem Choleskyverfahren variabler Bandbreite würde man 109 Elemente mitführen. Dieser Unterschied wird wieder um so deutlicher, je größer das System wird. Wird z.B. der Gitterabstand um den Faktor 2 verfeinert, so bekommt man ein Gleichungssystem der Ordnung n=115, also eine Matrix mit 13 225 Elementen. Von diesen sind bei Ausnutzung der Symmetrie 308 Elemente ungleich Null. Das Choleskyverfahren mit variabler Bandbreite müßte 1282 Elemente berücksichtigen.

1.4.2 Unvollständige Choleskyzerlegung Vorkonditioniertes konjugiertes Gradientenverfahren

Dieser Algorithmus für symmetrisch positiv-definite lineare Gleichungssysteme gehört zur Gruppe der iterativen Löser mit Vorkonditionierung. Wir beschreiben ihn nur kurz. Für einen Überblick über die vielen Methoden dieser Gruppe verweisen wir auf [2].

Dieses Verfahren ist in der in [56] beschriebenen Form in den NAG-Routinen F01MAF (Punkte 1. bis 3.) und F04MAF (Punkt 4.) implementiert worden. Wir wollen die zahlreichen Parameter dieser Routinen ausnahmsweise nicht beschreiben, sondern nur das von uns erstellte Programm KAP1_DUENN. Dort sind alle technischen Parameter dieser Routinen so vorbesetzt, daß viele Anwendungsfälle gerechnet werden können. Der Benutzer, der über den damit gesteckten Rahmen hinausgehen will, sollte sich sowohl mit der Originalliteratur als auch mit der Beschreibung der Routinen in den Handbüchern beschäftigen.

1. Bestimme eine Diagonalmatrix $W \in \mathbb{R}^{n,n}$ so, daß die Matrix $W \cdot A \cdot W$ Einsen auf der Diagonalen hat.

2. Zerlege
$$WAW = C + E.$$
Dabei enthält E die weit außen liegenden Elemente von WAW und – falls notwendig – Diagonalelemente so, daß C eine symmetrisch positiv-definite Matrix ist.

3. Berechne eine Choleskyzerlegung
$$C = P \cdot L \cdot D \cdot L^T \cdot P^T.$$
Dabei sind L eine linke untere Dreiecksmatrix mit Einser-Diagonale, D eine Diagonalmatrix und P eine Permutationsmatrix, die zusammen mit der Anwendung von P^T von rechts symmetrisch Zeilen und Spalten so vertauscht, daß der fill-in des Verfahrens minimal wird.

4. Wende die Methode der konjugierten Gradienten (siehe z.B. [75], 8.7), mit der Vorkonditionierungs-Matrix $W^{-1} \cdot C \cdot W^{-1}$ auf das Gleichungssystem
$$(WAW)(W^{-1}x) = Wb \Longleftrightarrow Ax = b$$
an. Die Iteration soll abgebrochen werden, sobald für das Residuum $r = b - Ax$
$$\|Wr\|_2 \leq \varepsilon$$
gilt.

1.4.3 Nicht-symmetrische dünn besetzte Systeme Gaußelimination mit vollständiger Pivotstrategie

Die meisten linearen Gleichungssysteme, deren Koeffizientenmatrix groß und dünn besetzt ist, sind symmetrisch und positiv-definit. Ist die Symmetrie nur leicht gestört, so kann man trotzdem den Algorithmus des letzten Abschnitts in leicht geänderter Version anwenden, wenn man die unsymmetrischen Anteile so in die Korrekturmatrix E bei Punkt 2. des Verfahrens oben stecken kann, daß C symmetrisch positiv-definit wird.

Ist die Asymmetrie systematisch und die Matrix A auch in günstiger Näherung nicht positiv-definit, so kann dieser Weg beim anschließenden Iterationsverfahren zu Konvergenzschwierigkeiten führen und sollte daher nicht gewählt werden.

Stattdessen kann man einen Gaußalgorithmus anwenden, dessen Pivotstrategie nicht nur zur numerischen Stabilisierung des Verfahrens, sondern auch zur Minimierung des fill-in verwendet wird. Dazu ist eine vollständige Pivotstrategie notwendig:

$$P \cdot A \cdot Q = L \cdot R. \tag{1.25}$$

Dieses Verfahren wird in [24] näher beschrieben und in der NAG-Routine F01BRF realisiert. Die gefundene Zerlegung wird dann in F04AXF benutzt, um das Gleichungssystem mit Vorwärts- und Rücksubstitution zu lösen. Wir wollen auch hier auf die Beschreibung der Routinenparameter verzichten und uns auf die Beschreibung des Programms KAP1_DUENN beschränken.

1.4.4 Programm und Beispiele

Das Programm KAP1_DUENN, Anhang A, Seite 306, löst dünn besetzte lineare Gleichungssysteme mit Hilfe der beschriebenen Verfahren.

Es benutzt die NAG-Routinen F01MAF/F04MAF für den symmetrisch positiv-definiten Fall und F01BRF/F04AXF für den nicht-symmetrischen Fall.

Im Kopfteil des Programms sind Dimensions- und Steuerungsparameter für die NAG-Routinen festgelegt. Es können Gleichungssysteme bis zu einer Ordnung NMAX=150 mit bis zu MMAX-1 = 599 Elementen und mit einer rechten Seite gelöst werden. Die Daten für ein großes lineares Gleichungssystem wird man normalerweise nicht am Terminal eingeben, sondern auf einer Datei vorbereiten, die vom Programm eingelesen wird. Nur dieser Fall soll hier beschrieben werden.

Die Datei DUENN_IN sieht in beiden Fällen gleich aus. Im symmetrischen Fall dürfen aber nur die Matrixelemente des oberen Dreiecks einschließlich der Diagonalen eingegeben werden. Die Matrixelemente werden in der Form

INTEGER	INTEGER	DOUBLE PRECISION
Zeilenindex	Spaltenindex	Matrixelement
i	j	a_{ij}
...	...	...
0	0	0

eingegeben. Die Eingabe der Matrixelemente schließt mit einer Zeile aus drei Nullen ab. Anschließend werden die Elemente b_i der rechten Seite nacheinander eingegeben, getrennt durch Blank, Komma oder <RETURN>.

Da die Eingabe-Datei für Beispiel 1.6 etwas lang würde, beschränken wir uns auf das Beispiel aus 1.3.8, bei dem die Koeffizientenmatrix positiv-definit ist.

Die Datei DUENN_IN muß dann so aussehen:

```
6              Ordnung N des Systems
1 1 4          Erstes Matrixelement
1 2 -1
1 6 -1
2 2 4
2 4 -1
3 3 4
3 5 -1
4 4 4
5 5 4
5 6 -1
6 6 4          Letztes Matrixelement
0 0 0          Ende Matrixelementeingabe
2 2 3 3 2 2    rechte Seite b
```

Wir kommen also hier mit 11 Elementen aus (statt 16 in 1.3).

Der Dialog sieht dann folgendermaßen aus:

```
Sie haben das Programm DUENN gestartet.
DUENN loest das Gleichungssystem Ax=b
fuer duenn besetzte nxn-Matrizen A und
Vektoren x,b.
Soll die Eingabe vom File DUENN_IN erfolgen?
[ja]
Ist A symmetrisch-positiv-definit ?
[ja]

Loesung x:
x(  1  )=    1.00000000000000
x(  2  )=    1.00000000000000
x(  3  )=    1.00000000000000
x(  4  )=    1.00000000000000
x(  5  )=    1.00000000000000
x(  6  )=    1.00000000000000
```

Für Beispiel 1.6 (Zeichnung 1.2) wollen wir einige Zahlen zur unvollständigen Choleskyzerlegung mit anschließendem konjugierten Gradientenverfahren nennen. Bei der Zerlegung $A = C + E$ werden 30 der 51 Elemente von A in C, die restlichen in E gespeichert. Dann werden noch 11 Iterationsschritte benötigt, um die Lösung auf 15 Dezimalstellen genau zu berechnen.

1.5 Rechteckige oder singuläre Systeme Die Methode der kleinsten Quadrate

1.5.1 Problemstellung

Bisher haben wir uns in diesem Kapitel nur mit linearen Gleichungssystemen beschäftigt, die quadratisch und regulär waren. Diese beiden Voraussetzungen sollen in diesem Abschnitt entfallen. Damit kommen wir zu neuen Problemklassen, im wesentlichen den beiden folgenden:

- *Homogene Systeme*, also

$$Ax = 0 \qquad \text{mit} \qquad A \in \mathbb{R}^{m,n}. \tag{1.26}$$

Hier ist $x = 0$ immer eine Lösung. Ist $m = n$ und A regulär, so ist $x = 0$ eindeutige Lösung. Ist A singulär oder $m \neq n$, so kann es entweder unendlich viele Lösungen $x \neq 0$ geben oder gar keine.

- *Rechteckige Systeme*, also

$$Ax = b \qquad \text{mit} \qquad A \in \mathbb{R}^{m,n}, b \in \mathbb{R}^m \quad \text{und dem gesuchten} \quad x \in \mathbb{R}^n. \tag{1.27}$$

Insbesondere können die Gleichungssysteme unter- oder überbestimmt sein; in diesen Fällen existieren unendlich viele oder gar keine Lösungen.

Für alle Probleme dieser Klassen bekommt man Lösungen, wenn man das Gleichungssystem ersetzt durch das verwandte Problem der kleinsten Quadrate:

$$Ax = b \quad \longrightarrow \quad \|Ax - b\|_2 \to \min_x .$$

Dieses Problem hat immer mindestens eine Lösung. Es hat genau eine Lösung, wenn man unter allen Lösungen diejenige auswählt, die die kleinste euklidische Länge hat. Für das homogene Problem ist das nicht sinnvoll, da ja $x = 0$ immer die Lösung kleinster Länge ist und man gerade eine Lösung $x \neq 0$ sucht. Hier muß zunächst festgestellt werden, ob überhaupt eine Lösung $x \neq 0$ möglich ist. Das ist der Fall, wenn $\text{Rang}(A) = r < n$ ist. Man bestimmt dann unter den unendlich vielen Lösungen $n - r$ linear unabhängige, z.B. mit $\|x\|_2 = 1$. Auch dies ist mit den unten angegebenen Algorithmen für das Problem der kleinsten Quadrate möglich.

Definition 1.7 *1.* Lösung kleinster Quadrate von $Ax = b$ *oder lss (least squares solution) heißt jeder Vektor $\tilde{x} \in \mathbb{R}^n$, für den gilt*

$$\|A\tilde{x} - b\|_2 = \min_{x \in \mathbb{R}^n} \|Ax - b\|_2. \tag{1.28}$$

2. Die lss kleinster Norm
ist diejenige Lösung $\hat{x}$ von (1.28), für die gilt

$$\|\hat{x}\|_2 = \min_{\tilde{x}} \|\tilde{x}\|_2,$$

also

$$\hat{x}: \quad \|\hat{x}\| = \min_{\tilde{x}}\{\|\tilde{x}\| \;\Big|\; \|A\tilde{x} - b\|_2 = \min_{x \in \mathbb{R}^n} \|Ax - b\|_2 \;\}. \tag{1.29}$$

Natürlich löst die lss kleinster Norm auch alle in den letzten Abschnitten betrachteten linearen Gleichungssysteme, aber mit einem erheblich höheren Aufwand. Deshalb sollte man quadratisch-reguläre Systeme nur im fast-singulären Fall mit der Methode der kleinsten Quadrate lösen.

Satz 1.8 *Sei $\tilde{x} \in \mathbb{R}^n$ eine Lösung von (1.28). Dann ist $\tilde{x}$ auch Lösung des linearen Gleichungssystems*

$$A^T A x = A^T b. \tag{1.30}$$

Das System der Gleichungen (1.30) nennt man auch Normalgleichungssystem (NGS). Die Matrix $A^T A \in \mathbb{R}^{n,n}$ ist quadratisch, symmetrisch und positiv semidefinit. Sie ist genau dann positiv-definit, wenn Rang$(A) = n$. Genau dann gibt es also eine eindeutige lss. Trotzdem sollte man das Problem der kleinsten Quadrate nur in Ausnahmefällen über das NGS lösen, da dieser Weg numerisch instabil sein kann. (Die Kondition der Matrix $A^T A$ ist das Quadrat der Kondition von A.)

Der stabilste Lösungsweg des Problems der kleinsten Quadrate ist der über eine Singulärwertzerlegung (SVD). Da sie eine zentrale Rolle in der numerischen linearen Algebra spielt, wollen wir ihr den nächsten Abschnitt widmen. Ist $m \geq n$ und Rang(A)=n, also auch $A^T A$ positiv-definit, so ist als Lösungsweg auch eine QR-Zerlegung von A sinnvoll, wo Q eine orthogonale und R eine reguläre obere Dreiecksmatrix ist, siehe auch 5.1. Diese liefert die NAG-Routine F04JGF oder in sehr genauer Form, mit Pivotwahl und Nachiteration F04AMF. Auf diesen Fall wollen wir aber ebensowenig eingehen wie auf den Fall dünn besetzter Matrizen beim Problem der kleinsten Quadrate (NAG: F04QAF).

Ein sehr schönes Buch zu diesem Problemkreis mit vielen Algorithmen und zugehörigen Programmen ist [50].

1.5.2 Singulärwertzerlegung und Pseudoinverse

Definition 1.9 *1. Eine Matrix $U \in \mathbb{R}^{n,n}$ heißt* orthogonal *, falls*

$$U^T U = I, \tag{1.31}$$

also $U^{-1} = U^T$.

2. Sei $w \in \mathbb{R}^n$ und $\|w\|_2 = 1$. Dann heißt die symmetrische orthogonale Matrix

$$U = I - 2ww^T \tag{1.32}$$

Householdermatrix.

Satz 1.10 *Sei $A \in \mathbb{R}^{m,n}$ eine Matrix vom Rang r. Dann gibt es zwei orthogonale Matrizen $U \in \mathbb{R}^{m,m}$ und $V \in \mathbb{R}^{n,n}$ und eine Diagonalmatrix $S \in \mathbb{R}^{m,n}$, so daß*

$$U^T AV = S \qquad \text{und} \qquad A = USV^T. \tag{1.33}$$

Die Diagonalelemente von S können in nichtwachsender Reihenfolge angeordnet werden. r von ihnen sind positiv, die restlichen gleich Null:

$$S = \operatorname{diag}(\sigma_1, \sigma_2, \cdots, \sigma_r, 0, ...0) = \begin{bmatrix} \hat{S} & 0 \\ 0 & 0 \end{bmatrix} \qquad \text{mit} \qquad \hat{S} \in \mathbb{R}^{r,r}. \tag{1.34}$$

Die Diagonalelemente von S heißen Singulärwerte *von A.*

Die Singulärwerte von A sind eindeutig bestimmt, die Orthogonalmatrizen U und V nicht.

Satz 1.11 *Die Matrix $A \in \mathbb{R}^{m,n}$ habe den Rang r, und $A = USV^T$ sei eine Singulärwertzerlegung von A. Weiter sei der Vektor $d \in \mathbb{R}^m$ definiert als*

$$U^T b =: d = \begin{bmatrix} d_1 \\ d_2 \end{bmatrix}, \quad d_1 \in \mathbb{R}^r,\ d_2 \in \mathbb{R}^{m-r}$$

und eine neue Variable $y \in \mathbb{R}^n$ als

$$V^T x =: y = \begin{bmatrix} y_1 \\ y_2 \end{bmatrix}, \quad y_1 \in \mathbb{R}^r,\ y_2 \in \mathbb{R}^{n-r}.$$

Es sei $\hat{y}_1 := \hat{S}^{-1} d_1$.
Dann gilt:

1. Alle lss sind bestimmt durch

$$\tilde{x} = V \begin{bmatrix} \hat{y}_1 \\ y_2 \end{bmatrix} \qquad \text{mit} \quad y_2 \quad \text{beliebig} \quad .$$

2. Jede solche Lösung liefert denselben Residuenvektor

$$\tilde{r} := b - A\tilde{x} = U \begin{bmatrix} 0 \\ d_2 \end{bmatrix} \qquad \text{mit} \qquad \|\tilde{r}\|_2 = \|d_2\|_2.$$

3. Die eindeutige lss kleinster Norm ist gegeben durch

$$\hat{x} = V \begin{bmatrix} \hat{y}_1 \\ 0 \end{bmatrix}.$$

Definition 1.12 *Sei $A \in \mathbb{R}^{m,n}$. Dann ist die* Pseudoinverse $A^\dagger \in \mathbb{R}^{n,m}$ *von A diejenige Matrix, deren j-te Spalte z_j die eindeutige lss kleinster Norm von $Az_j = e_j$ ist, wo e_j die j-te Spalte der Einheitsmatrix I_m ist.*

Satz 1.13 *1. Die lss kleinster Norm von $Ax = b$ ist gegeben durch*

$$\hat{x} = A^\dagger b. \tag{1.35}$$

2. Sei $B \in \mathbb{R}^{n,n}$ und Rang $(B) = n$. Dann ist

$$B^\dagger = B^{-1}. \tag{1.36}$$

3. Hat $A \in \mathbb{R}^{m,n}$ die Singulärwertzerlegung $A = USV^T$, dann ist die Pseudoinverse von A gegeben durch

$$A^\dagger = VS^\dagger U^T, \tag{1.37}$$

wo $S^\dagger = diag\ \{s_i^\dagger\}$ mit

$$s_i^\dagger = \begin{cases} s_i^{-1} & \text{falls} \quad s_i > 0 \ \ (i = 1, \cdots, r) \\ 0 & \text{falls} \quad s_i = 0. \end{cases}$$

Wir wollen den bekanntesten Algorithmus zur Berechnung der Singulärwertzerlegung einer Matrix $A \in \mathbb{R}^{m,n}$ vorstellen, [33]. Die Arbeit [32] stellt Algorithmen und Anwendungen in einer lesenswerten Übersicht zusammen. Es gibt eine Reihe anderer Methoden (Hestenes, Lanczos, Kogbetliantz), die insbesondere in jüngster Zeit für die Progammierung auf Parallelrechnern wieder interessant geworden sind.

Für die Matrix $A \in \mathbb{R}^{m,n}$ soll vorausgesetzt werden:

$$m \geq n. \tag{1.38}$$

Die Singulärwertzerlegung kann dann dargestellt werden als

$$A = U \begin{bmatrix} \tilde{S} \\ 0 \end{bmatrix} V^T \quad \text{mit} \quad A \in \mathbb{R}^{m,n}, U \in \mathbb{R}^{m,m}, S \in \mathbb{R}^{n,n}, V \in \mathbb{R}^{n,n}.$$

Der Fall $m < n$ kann leicht durch Transformation erhalten werden. Die Schritte des Algorithmus wollen wir zunächst zusammenfassen, um sie dann kurz einzeln zu erläutern:

1. Transformation von A in eine bidiagonale Matrix $\begin{bmatrix} B \\ 0 \end{bmatrix}$ mit höchstens $2n-1$ Householdertransformationen.
2. Berechnung einer Singulärwertzerlegung von $B = \hat{U}\hat{S}\hat{V}^T$.
3. Ordnen von $\hat{S}$ zu einer nichtnegativen Diagonalmatrix S mit nichtwachsenden Komponenten.
4. Zusammensetzung der berechneten Matrizen zur Singulärwertzerlegung $A = USV^T$.

Bidiagonalisierung von A

Mit $2n-1$ Householdertransformationen wird erreicht

$$\begin{bmatrix} B \\ 0 \end{bmatrix} = Q_n(\cdots((Q_1 A)H_2)\cdots H_n) =: Q^T A H \tag{1.39}$$

mit

$$B = \begin{bmatrix} q_1 & e_2 & & & \\ & q_2 & \ddots & & \\ & & \ddots & \ddots & \\ & & & & e_n \\ & & & & q_n \end{bmatrix}. \tag{1.40}$$

Die Transformationsmatrizen Q_i werden so gewählt, daß die Elemente der $i+1$-ten bis zur m-ten Zeile der i-ten Spalte verschwinden. Die Transformationsmatrizen H_i werden so gewählt, daß die Elemente der $i+1$-ten bis zur n-ten Spalte der $i-1$-ten Zeile verschwinden. Dabei ist $H_n = I$, und es ist $Q_n = I$, falls $m = n$.

Singulärwertzerlegung von B

Es soll die Zerlegung

$$B = \hat{U}\hat{S}\hat{V}^T \tag{1.41}$$

berechnet werden, wo B die Bidiagonalmatrix (1.41) ist. Die Singulärwertzerlegung von B wird iterativ berechnet:

$$\begin{aligned} B_1 &= B \\ B_{k+1} &= U_k^T B_k V_k \qquad k = 1, 2, \cdots \end{aligned}$$

Hier sind U_k und V_k orthogonal, und alle B_k sind bidiagonal wie B. U_k und V_k werden so gewählt, daß die Matrix

$$\hat{S} = \lim_{k\to\infty} B_k$$

existiert und diagonal ist. Die Elemente von $\hat{S}$ werden dabei i.a. weder nichtnegativ noch geordnet sein. Das Sortieren dieser Elemente stellt einen zusätzlichen Verfahrensschritt dar. Das Iterationsverfahren entspricht dem QR-Algorithmus von Francis für die Matrix $B^T B$, [27], siehe auch 5.1. Es wurde von Golub/Reinsch für das Singulärwertproblem so eingerichtet, daß nur mit der Matrix B statt $B^T B$ gearbeitet werden muß, [33].

Zusammensetzung der Singulärwertzerlegung

Die negativen Elemente der Matrix $\hat{S}$ müssen mit -1 multipliziert werden. Anschließend wird $\hat{S}$ geordnet. Das ergibt S. Diese Operationen entsprechen der Multiplikation mit einer Diagonal- und einer Permutationsmatrix (von links und rechts). Diese Matrizen sind auch orthogonal. Schließlich werden alle orthogonalen Matrizen, die in den verschiedenen Schritten des Verfahrens von links oder rechts auf A angewendet wurden, multiplikativ zusammengefaßt. Das ergibt die Matrizen U und V, die zusammen mit S die Singulärwertzerlegung von A darstellen:

$$A = USV^T.$$

Lösung des homogenen Problems

Die Lösungen des homogenen Problems ergeben sich jetzt sofort aus Satz 1.11(1.). Es ist $b = 0$, also auch $\hat{y}_1 = 0$. Setzt man jetzt für das beliebige y_2 nacheinander die $n - r$ Einheitsvektoren ein, so sieht man, daß die letzten $n - r$ Spalten v_i $(i = n-r+1, \cdots, n)$ von V die gesuchten Lösungen sind. Man sagt: Sie sind eine Basis des Lösungsraums. Denn jede Linearkombination

$$\sum_{i=n-r+1}^{n} \alpha_i v_i$$

mit beliebigen Zahlen α_i ist eine Lösung, und jede Lösung läßt sich als solche Linearkombination schreiben.

1.5.3 Die NAG-Routinen F04JAF und F04JDF

Diese beiden Routinen lösen das Problem der kleinsten Quadrate mit Hilfe der SVD. Zur Berechnung der Singulärwertzerlegung rufen sie die Routinen F02WAF bzw. F02WBF auf. Die NAG-Routinen

F04JAF (M,N,A,MMAX,B,TOL,SIGMA,IRANK,WORK,LWORK,IFAIL) und
F04JDF (M,N,A,MMAX,B,TOL,SIGMA,IRANK,WORK,LWORK,IFAIL)

berechnen die lss kleinster euklidischer Länge für die Fälle $m \geq n$ und $m \leq n$. In beiden Fällen wird zunächst eine SVD der Form

$$A = USV^T \tag{1.42}$$

erstellt. Dabei sind $U \in \mathbb{R}^{m,m}$ und $V \in \mathbb{R}^{n,n}$ orthogonale Matrizen, also $U^T U = I$ und $V^T V = I$. Im Fall $m \geq n$ ist

$$S = \begin{bmatrix} \tilde{S} \\ 0 \end{bmatrix},$$

im Fall $m \leq n$

$$S = \left[\tilde{S}|0\right].$$

M	integer	Zeilenzahl von A.
N	integer	Spaltenzahl von A.
A	array	Feld für die Matrix A: A(MMAX,NMAX). MMAX ≥ M, NMAX ≥ N. Nach dem Aufruf der Routinen stehen in A die Rechtsingulärvektoren zeilenweise, also die Matrix V^T.
MMAX	integer	Zeilendimension von A.
B	array	Feld für rechte Seite und Lösung : B(MMAX+NMAX).
TOL	real	Relative Toleranz für Rangbestimmung.
SIGMA	real	Mittlerer Fehler des Ergebnisses.
IRANK	integer	Rang(A).
WORK	array	Arbeitsspeicher : WORK(LWORK).
LWORK	integer	Länge des Arbeitsspeichers, F04JAF: LWORK ≥ 4· N. F04JDF: LWORK ≥ M·(M+4).
IFAIL	integer	Fehlerparameter. Vor Aufruf der Routinen IFAIL = –1 setzen.
	Folgende Fehlermeldungen sind möglich: IFAIL=1 Eine der Bedingungen an N,M,LWORK wurde verletzt. IFAIL=2 Der QR-Algorithmus konvergiert noch nicht nach 50·N Iterationen.	

Tabelle 1.7: **Die Parameter der Routinen F04JAF und F04JDF**

Dabei ist mit $p := \min(m, n)$ $\tilde{S} \in \mathbb{R}^{p,p}$ die Diagonalmatrix der Singulärwerte:

$$\tilde{S} = \text{diag}(\sigma_1, \sigma_2, \cdots, \sigma_p)$$

mit

$$\sigma_1 \geq \sigma_2 \geq \cdots \geq \sigma_p \geq 0.$$

Abhängig von dem Parameter TOL wird der Rang(A) festgelegt. TOL sollte eine Schätzung für den größten relativen Fehler in den Elementen von A sein. Wenn σ_{k+1} zu vernachlässigen ist bezüglich TOL, σ_k aber nicht, wird Rang(A) $:= k$ gesetzt und

$$\hat{S} := \text{diag}(\sigma_1, \sigma_2, \cdots, \sigma_k).$$

Die lss kleinster Norm von $Ax = b$ wird dann berechnet als

$$\hat{x} = V \begin{bmatrix} \hat{S}^{-1} & 0 \\ 0 & 0 \end{bmatrix} U^T b. \tag{1.43}$$

Im homogenen Fall wird der Lösungsraum von den letzten $n - k$ Spalten von V aufgespannt, die in den Zeilen $n-k+1$ bis n der Matrix A stehen. Weiter berechnen die Routinen einen mittleren Fehler

$$SIGMA := \begin{cases} \sqrt{\dfrac{\|r\|_2}{m-k}}, & \text{falls} \quad m > k \\ 0, & \text{falls} \quad m = k. \end{cases} \tag{1.44}$$

1.5.4 Programm und Beispiele

Das Programm KAP1_LSS, Anhang A, Seite 307, löst rechteckige oder homogene lineare Gleichungssysteme nach der Methode der kleinsten Quadrate. Es findet also eine "least squares solution" (lss), und zwar bei mehreren möglichen Lösungen diejenige lss kleinster Norm. Dazu werden die NAG-Routinen F04JAF oder im Fall $m \leq n$ F04JDF aufgerufen, die mit Hilfe von F02WAF bzw. F02WBF eine Singulärwertzerlegung der Koeffizientenmatrix A berechnen, aus der dann die Lösung berechnet wird.

Vorsicht ist geboten bei Eingabe der Toleranz TOL, die zur Berechnung des Ranges der Matrix A benötigt wird. Eine zu kleine Toleranz kann in einzelnen Fällen zu einer völlig falschen Lösung führen, weil sie bei der Rangbestimmung einen zu hohen Wert – und damit künstliche Lösungsanteile – liefert. " TOL=0 ", also Genauigkeitssteuerung durch die Routine selbst, ist auch bei Matrizen mit Höchstrang nur dann eine vernünftige Wahl, wenn die Singulärwerte nicht zu unterschiedlich sind, d.h., wenn $\sigma_1/\sigma_k >> \tau$ (Maschinengenauigkeit).

Für die Singulärwertzerlegung und die Methode der kleinsten Quadrate gibt es eine große Zahl von Anwendungen, z.B. in der "Ausgleichsrechnung", der Anpassung beobachteter Werte an eine Funktionsform. Hier sind mit Hilfe einer großen Zahl von Beobachtungen einige wenige Funktionsparameter zu bestimmen. Wir wollen aus diesem Bereich ein praktisches Beispiel durchrechnen, das wir [53] entnommen haben.

Ein neu entdeckter Himmelskörper, der sich auf einer Umlaufbahn um die Sonne bewegt, wurde an 10 Positionen beobachtet. Die kartesischen Koordinaten

(x_i, y_i), $i = 1, \cdots, 10$, dieser Positionen, dargestellt in einem angepaßten Koordinatensystem in der Bahnebene, sind in der folgenden Tabelle wiedergegeben:

Beobachtung Nr.	x_i	y_i
1	-1.024940	-0.389269
2	-0.949898	-0.322894
3	-0.866114	-0.265256
4	-0.773392	-0.216557
5	-0.671372	-0.177152
6	-0.559524	-0.147582
7	-0.437067	-0.128618
8	-0.302909	-0.121353
9	-0.155493	-0.127348
10	-0.007464	-0.148885

Die Bahn des Himmelskörpers ist eine Ellipse mit der Sonne in einem der beiden Brennpunkte:

$$x^2 = ay^2 + bxy + cx + dy + e. \tag{1.45}$$

Setzen wir in diese Darstellung die beobachteten Positionen ein, so bekommen wir 10 lineare Gleichungen für die 5 unbekannten Koeffizienten a, b, c, d, e, die in Matrix-Form folgendermaßen aussehen:

$$\begin{pmatrix} y_1^2 & x_1y_1 & x_1 & y_1 & 1 \\ \vdots & \vdots & \vdots & \vdots & \vdots \\ y_{10}^2 & x_{10}y_{10} & x_{10} & y_{10} & 1 \end{pmatrix} \begin{pmatrix} a \\ b \\ c \\ d \\ e \end{pmatrix} = \begin{pmatrix} x_1^2 \\ \vdots \\ x_{10}^2 \end{pmatrix}. \tag{1.46}$$

Dieses System von 10 Gleichungen mit 5 Unbekannten können wir mit dem Programm KAP1_LSS lösen. Dazu erstellen wir eine Datei LSS_IN mit folgenden Daten:

```
10                              Zahl der Gleichungen
5                               Zahl der Unbekannten
Die Matrixelemente zeilenweise:
0.151530354 0.398977369 -1.024940 -0.389269 1
0.104260535 0.306716365 -0.949898 -0.322894 1
0.070360746 0.229741935 -0.866114 -0.265256 1
0.046896934 0.167483451 -0.773392 -0.216557 1
0.031382831 0.118934893 -0.671372 -0.177152 1
0.021780447 0.082575671 -0.559524 -0.147582 1
0.016542590 0.056214683 -0.437067 -0.128618 1
0.014726551 0.036758916 -0.302909 -0.121353 1
```

```
0.016217513 0.019801723 -0.155493 -0.127348 1
0.022166743 0.001111278 -0.007464 -0.148885 1
Die rechte Seite:
1.050502004 0.902306210 0.750153461 0.598135186 0.450740362
0.313067107 0.191027563 0.091753862 0.024178073 5.5711296D-5
```

Mit dem Programm KAP1_LSS führen wir dann folgenden Dialog:

```
Sie haben das Programm LSS gestartet.
LSS loest (auch unter- oder ueberbestimmte) lineare
Gleichungssysteme Ax=b.
Im Fall homogener Systeme werden eine Basis des Loesungs-
raumes und der Rang von A ausgegeben. Im Fall inhomo-
gener Systeme wird die least squares solution, der
Standardfehler und der Rang von A mitgeteilt.
Wollen Sie ein homogenes Gleichungssystem loesen?
[n]
Wollen Sie die Daten der Matrix A und des Vektors b
aus dem File LSS_IN lesen?
[y]
Geben Sie eine relative Toleranz TOL zur Rangbe-
stimmung der Matrix A ein. Sind die Eingaenge der
Matrix auf l Stellen exakt, so wird TOL = 5*10**(-l)
empfohlen. Geben Sie einen Wert ausserhalb
(Maschinengenauigkeit,1)
ein, so wird TOL = Maschinengenauigkeit gesetzt.
(Dieser Wert ist oft zu klein).
[1.0D-8]
Ergebnis :
Loesungsvektor x :

-1.38334885532705
-0.66464964424184
-0.67112854528061
-3.37090754868159
-0.47504214519530

Standardfehler =    8.0221579754908d-04
Rang der Matrix A =  5
```

Dasselbe Ergebnis erhalten wir für TOL = 0.

Die aufgrund der Lösung definierte Ellipse haben wir mit Hilfe der NAG-Routine J06CCF (siehe Anhang B) gezeichnet. Die Kreuze kennzeichnen die gegebenen Datenpunkte.

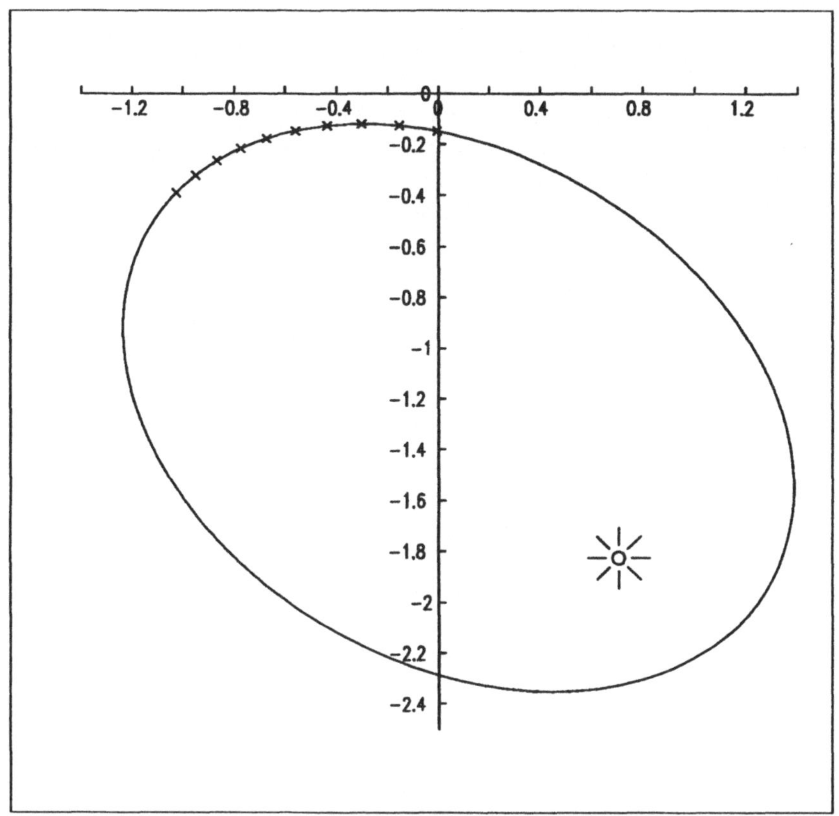

Zeichnung 1.3: **Bahn eines Himmelskörpers: An 10 Punkte angepaßte Ellipse**

1.6 Lineare Gleichungen bei IMSL und MATLAB

Alle Routinen der IMSL-Bibliothek gibt es in vier Ausfertigungen: Eine für einfache und eine für doppelte Genauigkeit. Von diesen beiden Möglichkeiten kann man wiederum zwischen automatischer Arbeitsspeicherbelegung und Übergabe des Arbeitsspeichers per Parameter wählen. Bei NAG hat man diese Wahl nicht. Alle NAG-Routinen rechnen je nach Implementation entweder in einfacher oder in doppelter Genauigkeit, und der Arbeitsspeicher muß meistens mit Parametern übergeben werden.

1.6.1 Allgemeine reelle lineare Gleichungssysteme

Die IMSL-Routine LSARG entspricht der NAG-Routine F04AEF. Im Unterschied zu F04AEF löst LSARG lineare Gleichungssysteme nur für eine rechte Seite. Beide benutzen das gleiche Verfahren, d.h. erst LR-Zerlegung, dann Nachiteration. Die Fehlerbehandlung ist identisch. Will man mit IMSL ein lineares Gleichungssystem mit mehreren rechten Seiten lösen, so muß man die Matrix zuerst mit der Routine LFTRG zerlegen und dann für jede rechte Seite die Routine LFIRG aufrufen.

1.6.2 Symmetrisch positiv-definite Gleichungssysteme

Die IMSL-Routine LFCDS entspricht der NAG-Routine F03AEF. Beide berechnen die Choleskyzerlegung einer Matrix. LFCDS kennt die beiden Fehler "Die Eingabematrix ist numerisch singulär" und "Die Eingabematrix ist eindeutig nicht positiv definit", während F03AEF nur den Fehler "Die Matrix ist numerisch nicht positiv definit" kennt und somit die beiden Fehler von LFCDS zusammenfaßt.

Die NAG-Routine F04AFF entspricht der IMSL-Routine LFIDS; beide lösen Gleichungssysteme mit zerlegten Matrizen und mit Hilfe der Nachiteration. LFIDS braucht der Parameter EPS (=Maschinengenauigkeit) und IT (Ausgabeparameter, Anzahl der benötigten Nachiterationen) nicht übergeben zu werden. LFIDS kann im Gegensatz zu F04AFF nur Systeme mit einer rechten Seite lösen; bei mehreren rechten Seiten muß man diese Routine mehrmals aufrufen. Die Fehlerbehandlung dieser beiden Routinen ist identisch. Bei relativ wenigen rechten Seiten (d.h. die Ordnung des Systems ist klein gegenüber der Anzahl der rechten Seiten) benötigt man mit IMSL jedoch etwa doppelt so viel Speicherplatz wie bei NAG. Dies liegt daran, daß man bei IMSL die ursprüngliche Matrix A und die Dreiecksmatrix R auf separaten Feldern speichern muß , denn die Routine LFCDS berechnet die rechte obere Dreiecksmatrix R so, daß $A = R^T R$ ist; die Routine LFIDS benötigt für die Nachiteration R und die rechte obere Hälfte der Matrix A; würde man für A und R dasselbe Feld verwenden, so würde LFCDS die von LFIDS benötigte obere rechte Hälfte von A mit R überschreiben. Es ist somit, im Gegensatz zu NAG, unmöglich, für R und A dasselbe Feld zu verwenden. Die Fehlerbehandlung von LFIDS und F04AFF sind identisch.

1.6.3 Symmetrisch positiv-definite Bandsysteme

Mit IMSL ist es nicht möglich, Systeme mit variabler Bandbreite zu lösen. Der NAG-Routine F04ACF zum Lösen von Systemen mit fester Bandbreite entspricht die IMSL-Routine LSLQS. Auch hier kann die IMSL-Routine nur Systeme mit eine rechten Seite lösen; will man mit IMSL Systeme mit mehreren rechten Seiten lösen, so muß man mit LFTQS die Choleskyzerlegung berechnen und pro rechte Seite mit einem Aufruf von LFSQS den zugehörigen Lösungsvektor bestimmen. In IMSL gibt es für Matrizen mit fester Bandbreite Routinen, die mit Nachiteration arbeiten.

LSLQS unterscheidet die Fehlerfälle "Die Eingabematrix ist zu schlecht konditioniert, die Lösung ist möglicherweise ungenau" und "Die Eingabematrix ist nicht positiv definit", während F04ACF nur die Fehlermeldung "Die Eingabematrix ist nicht positiv definit" kennt.

1.6.4 Gleichungssysteme mit Bandmatrizen fester Bandbreite

Die IMSL-Routine LFTRB zum Zerlegen von Bandmatrizen entspricht der NAG-Routine F01LBF. LFTRB kennt nur die Fehlermeldung "Die Eingabematrix ist singulär". Die IMSL-Routine LFSRB zur Berechnung der Lösung des zerlegten Systems entspricht der NAG-Routine F04LDF. In IMSL gibt es, im Gegensatz zu NAG, eine Routine LFIRB, die das zerlegte System mit Nachiteration löst. Da die IMSL-Routine LFSRF im Gegensatz zu F04LDF nur Systeme mit einer rechten Seite löst, muß man bei mehreren rechten Seiten diese Routine für jede rechte Seite einmal aufrufen.

1.6.5 Dünn besetzte, große lineare Gleichungssysteme

Zum Lösen unsymmetrischer, dünn besetzter Systeme hat IMSL keine Routinen. Die IMSL-Routine PCGRC, die symmetrisch-definite Systeme mit vorkonditioniertem Gradientenverfahren löst, entspricht den NAG-Routinen F01MAF und F04MAF. PCGRC kann auch negativ-definite Systeme lösen. PCGRC verwendet reverse Kommunikation, d.h., die Matrix A braucht nicht abgespeichert zu werden, sondern man muß A durch wiederholtes Berechnen von $Z = AX$ "übergeben". (X und Z sind dabei Vektoren). Der Vektor X wird von der Routine dem Hauptprogramm übergeben, danach muß das Hauptprogramm die Routine wieder aufrufen und ihr dabei Z übergeben, so daß sie auf diesem Wege Informationen über A erhält. Dieser Vorgang wiederholt sich viele Male. Im Gegensatz dazu wird bei den NAG-Routinen A abgespeichert, und zwar in Form von drei Feldern, IRN, ICN und A. In IRN werden die Zeilennummern, in ICN die Spaltennummern und in A die Werte sämtlicher Matrixelemente, welche ungleich null sind, gespeichert.

1.6.6 Rechteckige oder singuläre lineare Gleichungssysteme

Die IMSL-Routinen LSQRR und LSBRR entsprechen den NAG-Routinen F04JAF und F04JDF. Die IMSL-Routinen benutzen im Gegensatz zu den NAG-Routinen keine Singulärwertzerlegung, sondern die QR-Zerlegung. LSBRR verwendet im Gegensatz zu LSQRR Nachiteration. Die Routine F04JAF (anwendbar, falls Zeilenanzahl m größer gleich Spaltenanzahl n) braucht wesentlich weniger Arbeitsspeicher ($32n$ Bytes) als LSQRR und LSBRR ($8mn+28n-8$ bzw. $8mn+28n+2m-8$ Bytes).

1.6.7 Ein MATLAB-Beispiel

Wir wollen die Arbeitsweise von MATLAB, [55], an einem kleinen Beispiel demonstrieren. Kennt man zu einem linearen Gleichungssystem $Ax = b$ eine Näherungslösung $\tilde{x}$, so gilt die Abschätzung

$$\|x - \tilde{x}\|_2 \leq \|A^{-1}\|_2 \|b - A\tilde{x}\|_2. \tag{1.47}$$

Das Gleichungssytem

$$\begin{pmatrix} 5.0 & 4.0 \\ 2.4 & 2.0 \end{pmatrix} \begin{pmatrix} x_1 \\ x_2 \end{pmatrix} = \begin{pmatrix} 14.0 \\ 6.8 \end{pmatrix}$$

hat offensichtlich die Lösung $x = (2, 1)^T$. Wählen wir $\tilde{x} = (1.99, 1.01)^T$ als Näherungslösung, dann liefert der folgende MATLAB-Dialog die Abschätzung nach 1.47:

```
A=[5 4; 2.4 2]
                A =
                        5.0000      4.0000
                        2.4000      2.0000
b=[14.6;6.8];
xs = [1.99;1.01];
r=b-A*xs
                r =
                        0.0100
                        0.0040
A1=inv(A)
                A1 =
                        5.0000     -10.0000
                       -6.0000      12.5000
norm(A1)*norm(r)
                ans =
                        0.1918
```

Dabei stehen die Benutzereingaben linksbündig, die Systemantworten nach rechts herausgerückt. Das Semikolon am Ende eines Befehls bewirkt das Unterlassen der Antwort auf dem Bildschirm. Die Zahlen hätten noch in zwei anderen Formaten dargestellt werden können. Der Rest des Dialogs erklärt sich selbst.

Lineare Optimierung

Optimierung ist ein eigenständiges Gebiet der angewandten Mathematik. Es beschäftigt sich mit der Minimierung und Maximierung von Funktionen mit oder ohne Nebenbedingungen und hat viele unterschiedliche Anwendungen. Ein großer Teil dieser Anwendungen liegt in den Wirtschaftswissenschaften, dort innerhalb des Gebietes *Operations Research*. Dementsprechend gibt es zur Optimierung eigene Softwarepakete bzw. Abschnitte in Softwarepaketen zu wirtschaftswissenschaftlichen Problemen. Trotzdem wird die Lösung einfacher Optimierungsprobleme auch in vielen Lehrbüchern der numerischen Mathematik behandelt. In den großen mathematischen Softwarepaketen findet man immer auch ein Kapitel über Optimierung. Bei NAG sind dies 46 Routinen in Abschnitt E04 und 2 Routinen zur ganzzahligen Optimierung in Kapitel H. Bei IMSL sind es 32 Routinen in Kapitel 8.

In den wirtschaftswissenschaftichen Anwendungen spielen groß dimensionierte und ganzzahlige Optimierungsprobleme und spezielle für diese Problemklassen entwickelte Verfahren eine führende Rolle. Wir wollen nur einfache lineare Probleme betrachten.

2.1 Problemstellung und Beispiel

Die allgemeine Aufgabenstellung der Optimierung lautet:

Gegeben seien Funktionen

$$\begin{aligned} f(x): \mathbb{R}^n &\to \mathbb{R} \\ g(x): \mathbb{R}^n &\to \mathbb{R}^s \\ h(x): \mathbb{R}^n &\to \mathbb{R}^t. \end{aligned} \tag{2.1}$$

Gesucht ist ein Vektor $\hat{x} \in \mathbb{R}^n$, der erfüllt:

$$\begin{aligned} f(\hat{x}) &= \min_{x \in \mathbb{R}^n} f(x) \\ g(\hat{x}) &= 0 \\ h(\hat{x}) &\leq 0. \end{aligned} \tag{2.2}$$

$f(x)$ heißt *Zielfunktion*, $g(x) = 0$ sind die *Gleichungs-Nebenbedingungen*, $h(x) \leq 0$ die *Ungleichungs-Nebenbedingungen*. Die Maximierungsaufgabe braucht nicht gesondert behandelt zu werden, da sie durch Multiplikation der Zielfunktion mit -1 auf die Minimierungsaufgabe zurückgeführt werden kann. Entsprechendes gilt für "$h(x) \geq 0$" statt "$h(x) \leq 0$".

Sind alle Funktionen $f(x), g(x)$ und $h(x)$ *linear*, so liegt ein Problem der *linearen Optimierung* vor. Dieses wird auch LP-Problem genannt (Linear Programming Problem).

Die Problemstellung für LP-Probleme kann man dann so schreiben:

Gegeben seien ein Koeffizientenvektor $b \in \mathbb{R}^n$, zwei Grenzvektoren $l, u \in \mathbb{R}^{m+n}$ sowie die Matrix der Nebenbedingungen $A \in \mathbb{R}^{m,n}$.

Gesucht ist ein Vektor $\hat{x} \in \mathbb{R}^n$, der erfüllt:

$$\begin{aligned} b^T\hat{x} &= \min_{x \in \mathbb{R}^n} b^T x \\ l &\leq \begin{bmatrix} \hat{x} \\ A\hat{x} \end{bmatrix} \leq u. \end{aligned} \tag{2.3}$$

Gleichungen als Nebenbedingungen entstehen durch $l_i = u_i$. Die Werte $l_i = -\infty$ und $u_i = +\infty$ sind zugelassen. Dadurch entfällt die zugehörige Ungleichungsbedingung.

Typische LP-Probleme sind Produktions- und Transportprobleme, siehe [13] oder [70]. Wir wollen ein biologisches Problem als Beispiel nehmen, das den Einfluß des Menschen auf die Population einer Tier- oder Pflanzenart beschreibt. Dieses Modell wurde zuerst in [23] beschrieben, weitere Beispiele dazu findet man in [15].

Beispiel 2.1 Betrachtet wird eine natürliche Population von Pflanzen oder Tieren, in deren Entwicklung der Mensch durch "Ernte" eingreift. Ziel ist die Maximierung der Erträge bei Erhalt der Population in einer festen Größenordnung.

Die Population werde zu festen Zeitpunkten $t \in \mathbb{N}$, z.B. einmal im Jahr, gezählt. Dabei werden n Altersklassen $C_1, \cdots, C_n$ unterschieden. Die entsprechenden Werte bilden den Vektor $x(t) \in \mathbb{R}^n$. Also ist z.B. $x_5(2)$ die Anzahl Spezies der 5. Altersklasse zum zweiten Zählzeitpunkt. *Gesucht* ist ein über die Perioden konstanter Vektor $x = x(t) = x(t+1)$, der die Maximierung der Erträge bewirkt.

F_i sei die Geburtenrate pro Periode in der Altersklasse C_i, S_i die Überlebenswahrscheinlichkeit. Dann kann die Entwicklung der Population in einer Periode (z.B. vom Zeitpunkt t zum Zeitpunkt $t+1$) durch ein Matrixmodell beschrieben werden:

$$x(t+1) = P \cdot x(t) \tag{2.4}$$

mit der *Lesliematrix*

$$P = \begin{pmatrix} F_1 & F_2 & F_3 & \cdots & \cdots & F_n \\ S_1 & 0 & 0 & \cdots & \cdots & 0 \\ 0 & S_2 & 0 & \ddots & \ddots & 0 \\ \vdots & \ddots & \ddots & \ddots & \ddots & \vdots \\ 0 & \cdots & 0 & S_{n-2} & 0 & 0 \\ 0 & 0 & \cdots & 0 & S_{n-1} & S_n \end{pmatrix}.$$

In jeder Periode fischt, erntet, holzt der Mensch einen (für unser Modell festen) Anteil jeder Altersklasse ab. Der Prozentsatz der Überlebenden in der Altersklasse C_k sei H_k. Dann ändert sich die Populationsentwicklung zu

$$x(t+1) = H \cdot P \cdot x(t), \tag{2.5}$$

wenn H die Diagonalmatrix der Überlebensraten ist:

$$H = \text{diag}(H_1, H_2, \cdots, H_n).$$

Durch die Arterhaltungsbedingung $x = x(t) = x(t+1)$ ist die Erntepolitik, also die Matrix H, festgelegt, sobald man x berechnet hat:

$$HPx = x \Longrightarrow H_k = \frac{x_k}{y_k}, \quad \text{wenn } y = Px. \tag{2.6}$$

Nun sind die Erträge oder Werte w_k der Spezies in den verschiedenen Altersklassen C_k unterschiedlich. Sei w der entsprechende Vektor

$$w = (w_1, w_2, \cdots, w_n)^T$$

und I die Einheitsmatrix, dann ergibt sich der Gesamtertrag T einer Periode wegen (2.6) zu

$$T = w^T \cdot (I - H)Px = w^T(P - I)x. \tag{2.7}$$

Da dieser Ertrag maximiert werden soll, ist $-T$ die Zielfunktion.

Nebenbedingungen

1. Biologisch trivial, mathematisch notwendig:

$$x \geq 0 \quad \text{(komponentenweise)}$$

2. Wachstum in allen Alterklassen:

$$Px - x \geq 0 \quad \text{(komponentenweise)}$$

3. Normierung der Gesamtpopulation:

$$\sum_{i=1}^{n} x_i = 1,$$

d.h., die x_i sind nicht die absoluten Zahlen, sondern die Altersklassen-Anteile. Diese Bedingung verhindert eine Lösung im Unendlichen.

Zusammen bekommen wir folgendes LP-Problem:

$$\begin{array}{rrcl} & \text{Minimiere} & & -w^T(P-I)x \\ \text{unter den Nebenbedingungen} & & & \\ & x & \geq & 0 \\ & (P-I)x & \geq & 0 \\ & \sum_{i=1}^{n} x_i & = & 1. \end{array}$$

Das ergibt folgende Parameter für die Form (2.3) des LP-Problems:

$$\begin{aligned} b &= (I - P^T)w \\ A &= \begin{pmatrix} P-I \\ 1 \cdots 1 \end{pmatrix} \in \mathbb{R}^{m,n} \text{ mit } m = n+1 \end{aligned} \tag{2.8}$$

$$\begin{aligned} l_1 = l_2 = \cdots = l_{2n} &= 0 \\ l_{2n+1} &= 1 \\ u_1 = u_2 = \cdots = u_{2n} &= \infty \\ u_{2n+1} &= 1. \end{aligned} \tag{2.9}$$

Für $n = 1, 2, 3$ kann man das LP-Problem graphisch lösen. Das wollen wir an einem Beispiel zum Populationsmodell durchführen. Die Populationsentwicklung sei nur von zwei Altersklassen (z.B. Geschlechtsreife, -unreife) abhängig mit der Lesliematrix

$$P = \begin{pmatrix} 0 & 5 \\ \frac{2}{3} & 0 \end{pmatrix}.$$

Die Wertigkeiten seien $w_1 = 1$ und $w_2 = 3$. Dann ergibt sich die Zielfunktion

$$b^T x = -T = w^T(I-P)x = (1,3)\begin{pmatrix} 1 & -5 \\ -\frac{2}{3} & 1 \end{pmatrix} \cdot \begin{pmatrix} x_1 \\ x_2 \end{pmatrix} = -x_1 - 2x_2 \to \min.$$

Das Gebiet der zulässigen Lösungen ergibt sich durch die Nebenbedingungen

Nebenbedingung	Gebiet
$x_1 \geq 0$	oberhalb der x_1-Achse
$x_2 \geq 0$	rechts von der x_2-Achse
$-x_1 + 5x_2 \geq 0$	oberhalb der Geraden $x_2 = \frac{1}{5}x_1$
$\frac{2}{3}x_1 - x_2 \geq 0$	unterhalb der Geraden $x_2 = \frac{2}{3}x_1$
$x_1 + x_2 = 1$	auf der Geraden $x_2 = 1 - x_1$

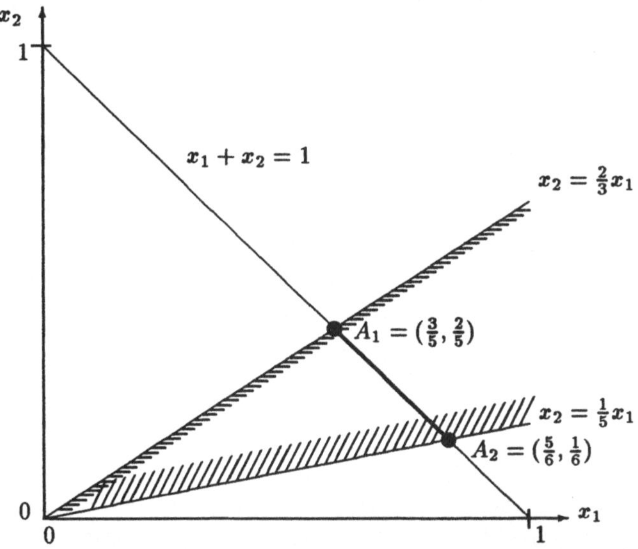

Zeichnung 2.1: **Nebenbedingungen und zulässiges Gebiet**

Die Bedingungen ergeben zusammen als Gebiet zulässiger Lösungen das in Zeichnung 2.1 fettgedruckte Geradenstück. Aus der Theorie der linearen Programmierung weiß man, daß nur Eckpunkte dieses Gebietes als Lösungspunkte in Frage kommen. Das sind die Punkte $A_1 = (\frac{3}{5}, \frac{2}{5})$ und $A_2 = (\frac{5}{6}, \frac{1}{6})$. In ihnen beträgt der Wert der Zielfunktion

$$\begin{aligned} -T(A_1) &= -\frac{7}{5}, \\ -T(A_2) &= -\frac{7}{6}. \end{aligned}$$

Also ist A_1 der gesuchte Lösungspunkt.

Das heißt: Populationsanteile von $\frac{3}{5}$ und $\frac{2}{5}$ in den beiden Altersklassen versprechen den besten Ertrag. Die Überlebensraten ergeben sich zu $H_1 = \frac{x_1}{y_1} = 0.3$ und $H_2 = \frac{x_2}{y_2} = 1$. Als Erntepolitik muß also gewählt werden: Die Geschlechtsunreifen werden zu 70% "geerntet", die Geschlechtsreifen bleiben vollständig am Leben.

2.2 Der Simplexalgorithmus

Die wesentliche Idee für einen Algorithmus zur numerischen Lösung des LP-Problems können wir schon dem Beispiel entnehmen:

1. Untersuche die Menge der zulässigen Punkte, d.h. der Punkte, die alle Nebenbedingungen erfüllen. Gibt es solche Punkte, so bilden sie einen konvexen Polyeder (Ecken-Kanten-Gebiet).

2. Bestimme die Ecke (Regelfall) oder Kante (Ausnahmefall) dieses Gebietes, in der die Zielfunktion den kleinsten Wert hat.

Beide Teilaufgaben werden durch die notwendige Behandlung von möglichen Sonderfällen kompliziert. Auf die Darstellung des vollständigen Simplexalgorithmus für den allgemeinen Fall soll deshalb verzichtet werden. Jedes gute Programm sollte natürlich diesen allgemeinen Fall lösen können. Wir wollen hier nur die Entscheidungsschritte und den Kern des Algorithmus darstellen. Eine gut verständliche, schrittweise aufgebaute Darstellung des vollständigen Problems und seiner numerischen Lösung mit dem Simplexalgorithmus findet man in [13].

Wir betrachten zunächst die Aufgabenstellung

$$\begin{array}{rcll} \tilde{b}^T\tilde{x} & \rightarrow & \min & \text{(Zielfunktion)} \\ \tilde{A}\tilde{x} & \leq & u & \text{(Nebenbedingungen)} \\ \tilde{x} & \geq & 0 & \text{(Vorzeichenbedingungen)} \end{array} \tag{2.10}$$

Die Nebenbedingungen kann man in Gleichungsbedingungen umformen, indem man m neue Variablen y_i einführt, die *Schlupfvariablen*. Sie werden zusammen mit $\tilde{x}$ so bestimmt, daß

$$\tilde{A}\tilde{x} + y = u.$$

Das wird umformuliert mit

$$x := \begin{pmatrix} \tilde{x} \\ y \end{pmatrix}, \quad A := \begin{pmatrix} \tilde{A} & I \end{pmatrix}, \quad b := \begin{pmatrix} \tilde{b} \\ 0 \end{pmatrix}$$

zu

$$\begin{array}{rcl} b^Tx & \rightarrow & \min \\ Ax & = & u \\ x & \geq & 0. \end{array} \tag{2.11}$$

Für diese Form der Aufgabe wollen wir die alten Dimensionsbezeichnungen ansetzen:

$$x, b \in \mathbb{R}^n \quad A \in \mathbb{R}^{m,n} \quad u \in \mathbb{R}^m.$$

Die Problemstellung (2.3) läßt sich in diese Form leicht überführen. Das rechteckige Gleichungssystem $Ax = u$ kann eine, keine oder unendlich viele Lösungen haben, siehe 1.5. Seine Lösungen mit positiven Komponenten bilden die Menge M der zulässigen Lösungen:

$$M := \{x \in \mathbb{R}^n | Ax = u, x \geq 0\}. \tag{2.12}$$

Für die weitere Problembehandlung muß man folgende Fälle unterscheiden:

1. M ist leer
   $\Longrightarrow$ Es gibt keine Lösung des LP-Problems.

2. M ist eine unbeschränkte Menge. Dann gibt es zwei Möglichkeiten:

   (a) $b^T x$ ist auf M nicht nach unten beschränkt
   $\Longrightarrow$ Es gibt keine Lösung.

   (b) $b^T x$ ist auf M nach unten beschränkt
   $\Longrightarrow$ Es gibt eine Lösung.

3. M ist eine nichtleere, beschränkte Menge des $\mathbb{R}^n$
   $\Longrightarrow$ Es gibt eine Lösung.

Diese drei Fälle sind in der folgenden Zeichnung veranschaulicht, wobei die Schraffur an einer Kante die Seite der Zulässigkeit der zugehörigen Bedingung andeutet:

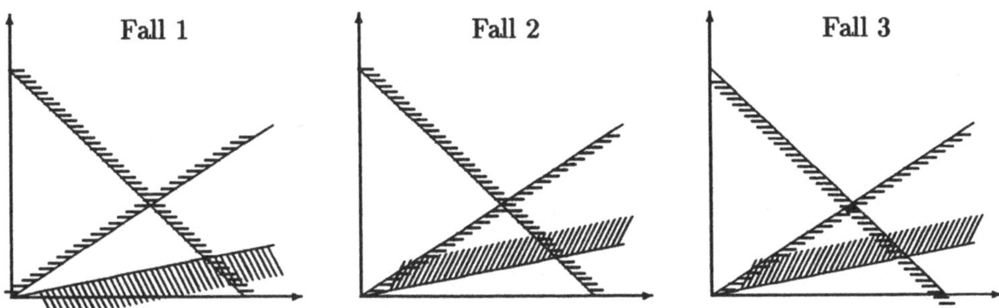

Wir wollen wieder nur den Normalfall, den Fall 3, betrachten. Der Fall 2.b läßt sich in diesen Fall umformen. Im Fall 3 ist M ein beschränkter konvexer Polyeder, also ein von Hyperebenen (im $\mathbb{R}^2$ Geraden) berandetes, beschränktes Gebiet, in dem mit zwei Punkten auch deren Verbindungsgerade enthalten ist. Das gesuchte Minimum kann nur in einer Ecke oder auf einer Kante liegen. Es liegt auf einer Kante und ist damit nicht eindeutig, wenn die Zielfunktion $b^T x$ parallel zu dieser Kante verläuft. In unserem einführenden Beispiel wäre das z.B. für die Zielfunktion $x_1 + x_2$ der Fall gewesen, wie man an Zeichnung 2.1 leicht sieht.

Unter Vernachlässigung von Sonderfällen (wie: unbeschränktes Gebiet, entartete Ecken, Zeilenzahl von A größer als Spaltenzahl, Rang(A) kleiner als Zeilenzahl) haben wir jetzt zwei algorithmische Schritte zu beschreiben:

- Bestimmung einer Ausgangsecke
- Austausch zweier Ecken mit Verminderung des Wertes der Zielfunktion

Da der konvexe Polyeder nur endlich viele Ecken hat, haben wir damit einen Lösungsweg gefunden, der das gesuchte Minimum in endlich vielen Schritten findet, wenn sich die Schritte nicht zyklisch wiederholen.

Wir setzen also jetzt für $A \in \mathbb{R}^{m,n}$ voraus:

$$m \leq n \quad \text{und} \quad \text{Rang}(A) = m.$$

Die Spaltenvektoren von A bezeichnen wir als $a^k \in \mathbb{R}^m$. Sei $x \in \mathbb{R}^n$ ein Vektor mit den Komponenten $x_k \geq 0$. Dann gilt:

1. x ist zulässiger Punkt, wenn $\sum_{k=1}^n a^k x_k = u$.
2. x ist Ecke von M, wenn in der Darstellung $\sum_{k=1}^n a^k x_k = u$ die zu *positiven* Komponenten $x_k > 0$ gehörenden Vektoren a^k linear unabhängig sind. Man nennt diese Vektoren *Basis der Ecke* x.

Aus 2. folgt, daß eine Ecke x höchstens m positive Komponenten x_k haben kann. Wir wollen *genau* m positive Komponenten x_k für jede Ecke voraussetzen. Hat eine Ecke x weniger als m positive Komponenten, so nennt man sie *entartete Ecke*.

2.2.1 Bestimmung einer Ausgangsecke

Oft ist eine Ecke des zulässigen Gebietes schon durch die behandelte Anwendung bekannt (z.B. der Nullpunkt). Dann nimmt man diese als Ausgangsecke.

Hat man als Aufgabe das Problem (2.10), also nur Ungleichungen als Nebenbedingungen, und ist außerdem die rechte Seite der Nebenbedingungen nichtnegativ, also $u \geq 0$, so ist nach Einführung der Schlupfvariabeln y eine Ecke gegeben durch

$$\tilde{x} := 0 \quad y := u, \tag{2.13}$$

da ja die zu y gehörigen Basisvektoren die linear unabhängigen Einheitsvektoren sind.

Schließlich kann zum Problem (2.11), also dem zuletzt betrachteten Problem mit Gleichungen als Nebenbedingungen, eine Ecke durch Lösung eines neuen LP-Problems folgendermaßen konstruiert werden:

1. Alle Gleichungen in $Ax = u$ mit einer negativen rechten Seite, $u_k < 0$, werden mit -1 durchmultipliziert. Setzen wir also $u \geq 0$ voraus.

2. Löse das LP-Problem

$$\begin{aligned} \sum_{i=1}^{m} z_i &\rightarrow \min \\ Ax + z &= u \\ x &\geq 0 \\ z &\geq 0. \end{aligned} \tag{2.14}$$

Als Ausgangsecke kann hier $x = 0$, $z = u$ gewählt werden. In der Lösung dieses Problems müssen alle z-Komponenten Null sein, da sonst das ursprüngliche Problem keine Lösung besitzt. Die x-Komponenten der Lösung bilden dann für das ursprüngliche Problem eine Ecke.

2.2.2 Austausch von Ecken

Unter den Voraussetzungen der letzten Abschnitte sei x^0 eine Ecke. Die Basis dieser Ecke bestehe der einfacheren Darstellung halber aus den Vektoren $a^k, k = 1, \cdots, m$. Also ist $x_k^0 = 0$ für $k = m+1, \cdots, n$, und es gilt

$$\sum_{k=1}^{m} x_k^0 a^k = u.$$

Da die $a^k, k = 1, \cdots, m$ linear unabhängig sind, können auch die Spalten von A mittels dieser a^k dargestellt werden:

$$a^i = \sum_{k=1}^{m} c_{ki} a^k, \quad i = 1, \cdots, n.$$

Jetzt versucht man einen Basisaustausch in der Ecke x^0 durchzuführen, der eine neue Ecke x^1 liefert. Dazu sucht man ein Indexpaar k, j mit $1 \leq k \leq m$ und $m+1 \leq j \leq n$ so, daß die neue Ecke x^1 durch Wegnehmen von a^k aus der Basis und Hinzufügen von a^j zur Basis entsteht. Dabei darf der Zielfunktionswert nicht vergrößert werden. Gibt es kein solches Indexpaar mehr, so ist die Ecke x^0 eine Lösung des LP-Problems, oder es existiert keine Lösung.

Die Einzelheiten eines solchen Austauschschritts findet man etwa in [13]. Die interessante Verwandtschaft mit dem Gauß'schen Eliminationsverfahren wird in [13], [70] und [74] näher untersucht.

Das Simplexverfahren besteht in der Nacheinanderausführung solcher Eckenaustausche, bis ein Minimum gefunden ist. Das ist nach endlich vielen Schritten der Fall, wenn wir wieder von dem sehr seltenen Sonderfall des Zyklus absehen (keine Änderung in $b^T x$ trotz Basistausch, zyklische Wiederholung der Basen).

2.3 Die NAG-Routine E04MBF

ITMAX	integer	Obere Grenze für Anzahl Iterationen. ITMAX:=50, falls ITMAX $\leq$ 0.
MSGLVL	integer	Parameter zur Drucksteuerung.
N	integer	Anzahl Variablen, 1 $\leq$ N $\leq$ NMAX.
M	integer	Anzahl Nebenbedingungen, 0 $\leq$ M $\leq$ MMAX.
NCTOTL	integer	NCTOTL = N + M, NCTOTL $\leq$ NMAX + MMAX =: NCTOTM.
NROWA	integer	Zeilendimension von A, NROWA $\geq$ max(1,M).
A	array	Nebenbedingungs-Matrix : A(NROWA,NMAX).
BL	array	Vektor der unteren Grenzen: BL(NCTOTM).
BU	array	Vektor der oberen Grenzen: BU(NCTOTM).
CVEC	array	Koeffizienten der Zielfunktion: CVEC(NMAX).
LINOBJ	logical	.TRUE.: Fall A, .FALSE.: Fall B (s.u.)
X	array	Vorher: Schätzung der Lösung, z.B. Nullvektor, Nachher: Lösung des LP-Problems (A) , zulässiger Punkt (B).
ISTATE	int.array	Stadium der Nebenbedingungen im Endpunkt X (s.o.): ISTATE(NCTOTM).
OBJLP	real	A: Wert der Zielfunktion im Endpunkt X. B: $\sum y_i$ aus (2.12), im zulässigen Punkt also =0.
CLAMDA	array	A: Lagrangefaktoren : CLAMDA(NCTOTM):
IWORK	int.array	Arbeitsspeicher: IWORK(LIWORK).
LIWORK	integer	Länge des Vektors IWORK, LIWORK $\geq$ 2N.
WORK	array	Arbeitsspeicher: WORK(LWORK).
LWORK	integer	Länge des Vektors WORK, LWORK $\geq 2(M+1)^2$+6N+4M+NROWA, LWORK $\geq 2N^2$+6N+4M+NROWA, falls N $\leq$M,
IFAIL	integer	Fehlerparameter, vor Aufruf IFAIL=–1 setzen.
	Folgende Fehlermeldungen sind möglich: IFAIL=1 Kein zulässiger Punkt gefunden. IFAIL=2 Unbeschränkte Lösung. IFAIL=3 Wahrscheinlich Zyklus. IFAIL=4 Mehr als ITMAX Austauschschritte. IFAIL=5 Unzulässiger Eingabeparameter.	

Tabelle 2.1: **Die Parameter der Routine E04MBF**

Die NAG-Routine

E04MBF(ITMAX,MSGLVL,N,M,NCTOTL,NROWA,A,BL,BU,CVEC,LINOBJ,X,
ISTATE,OBJLP,CLAMDA,IWORK,LIWORK,WORK,LWORK,IFAIL)

löst lineare Optimierungsprobleme der Form (2.3) mit den dort beschriebenen Möglichkeiten für die Nebenbedingungen.

Für den erfahrenen Benutzer stellt NAG die Routine E04NAF bereit, die mit mehr Parametern einen stärkeren Eingriff des Benutzers in den Ablauf des Verfahrens ermöglicht. E04NAF kann darüber hinaus auch quadratische Programmierungsprobleme lösen, das sind Probleme mit quadratischer Zielfunktion

$$b^T x + \frac{1}{2} x^T H x \qquad \text{mit} \qquad H \in \mathbb{R}^{n,n}$$

und linearen Nebenbedingungen in derselben Form wie in (2.3).

Darüber hinaus gibt es im NAG-Paket das Kapitel H "Operations Research". Es besteht aus zwei Routinen, die ganzzahlige LP-Probleme lösen. Das sind Probleme, bei denen nur ganze Zahlen als Lösungswerte in Frage kommen. Zusätzlich wird dort vorausgesetzt, daß auch alle Parameter des Problems, also A, b, l, u, nur ganzzahlige Komponenten haben können. Eine der beiden Routinen löst das klassische Transportproblem, das als spezielles ganzzahliges LP-Problem dargestellt wird.

Mit der Routine E04MBF ist es außerdem möglich, ohne Lösung des LP-Problems nur einen zulässigen Punkt zu den gegebenen Nebenbedingungen zu bestimmen. Die möglichen Werte $\pm\infty$ für die unteren bzw. oberen Grenzen werden durch "große" Werte ersetzt, bei der DOUBLE PRECISION-Version für die SUN durch $\pm$1.0D20.

Nach erfolgreichem Aufruf von E04MBF oder nach Fehlerabbruch mit IFAIL<5 wird man über die Erfüllung der Nebenbedingungen im ganzzahligen Vektor ISTATE informiert. Die ersten N Werte beziehen sich auf die Begrenzung der Variablen, die restlichen auf die allgemeinen Nebenbedingungen. Dabei gibt es folgende Möglichkeiten für ISTATE(J) (Die Abkürzungen erscheinen im NAG-Ausdruck):

ISTATE(J)	Bedeutung	Abkürzung
-2	Untere Grenze verletzt.	--
-1	Obere Grenze verletzt.	++
0	Nebenbedingung ist nicht aktiv. Wert liegt strikt zwischen den Grenzen.	FR
1	Untere Grenze wird angenommen.	LL
2	Obere Grenze wird angenommen.	UL
3	Bedingung ist aktiv als Gleichung.	EQ

Ist für ein j: ISTATE(J) < 0, so hat die Routine keinen zulässigen Punkt gefunden.

Es werden folgende Anwendungsfälle unterschieden:
Fall A: LINOBJ = .TRUE. : Das vollständige LP-Problem wird gelöst.
Fall B: LINOBJ = .FALSE. : Es wird nur ein zulässiger Punkt gesucht.

In außergewöhnlichen Fällen kann die Routine ohne einen der genannten Fehlerabbrüche einen Überlauf (Overflow) produzieren. Das ist dann der Fall, wenn die Basis einer Ecke fast linear abhängig ist. Geometrisch spricht man anschaulich von schleifenden Schnitten. Mit der Routine E04NAF kann man von Schritt zu Schritt beobachten, welche Nebenbedingungen den schleifenden Schnitt bilden. Läßt man eine dieser Bedingungen weg, kann man eventuell ein zufriedenstellendes Ergebnis bekommen.

Der Druckparameter MSGLVL erzeugt keinen Ausdruck (< 0), nur Fehlermeldungen ($= 0$) oder ($= 1$) ein Ergebnisprotokoll, das neben Informationen über Arbeitsspeicher, Iterationszahl und Wert der Zielfunktion (Objective Function) tabellarisch folgende Daten über die Variablen- und allgemeinen Nebenbedingungen im letzten Punkt x enthält:

Spalte	Bezeichnung	Bedeutung
1	VARBL	Variablennummer (V j)
2	STATE	Erfüllung der Nebenbedingung für x_j, s.o.
3	VALUE	Wert der Variablen x_j.
4	LOWER BOUND	Untere Grenze für x_j.
5	UPPER BOUND	Obere Grenze für x_j.
6	LAGR MULT	Zugeordneter Lagrangemultiplikator.
7	RESIDUAL	Differenz zwischen Wert und nächstliegender Grenze der Variablen.

Die Bezeichnung (Überschrift) der ersten Spalte ändert sich, wenn statt der Variablen die allgemeinen Nebenbedingungen aufgeführt werden, zu LNCON und L j. Dann muß man oben x_j durch $(Ax)_j$ ersetzen.

2.4 Programm und Beispiel

Das Programm KAP2_LOPT, Anhang A, Seite 309, stellt nur ein Rahmenprogramm zur Routine E04MBF dar. Seine Funktionsweise ist daher im letzten Abschnitt i.w. beschrieben. Im PARAMETER-Teil sind die Anzahl Variablen und Nebenbedingungen auf NMAX = MMAX = 40 festgelegt.

Die Komponenten des Startvektors werden vom Programm mit den Mittelpunkten zwischen den Grenzen l_i und u_i vorbesetzt. Dabei werden die Werte $\pm\infty$ durch Null ersetzt. Die Eingabe eines Startvektors ist im Programm nicht vorgesehen.

Das Programm läßt dem Benutzer die Wahl zwischen dem ausführlichen NAG-Ausdruck (siehe 2.3) und einem knapperen Ausdruck, der nur die Werte von Variablen und Zielfunktion im Minimum ausgibt.

Wir wollen die Eingabestruktur des Programms an einem Beispiel zur Entwicklung der weiblichen Blauwal-Population verdeutlichen, das an das einführende Beispiel in 2.1 anschließt und [15] entnommen ist:

Altersklassen C_i	0-1	2-3	4-5	6-7	8-9	10-11	≥ 12
Überlebensraten S_i	0.87	0.87	0.87	0.87	0.87	0.87	0.8
Geburtenraten F_i	0	0	0.19	0.44	0.5	0.5	0.45
Ertragswerte w_i	42	61	82	96	106	110	113.5

Tabelle 2.2: **Daten zur weiblichen Blauwal-Population**

Entsprechend (2.8) sind dann die Koeffizienten der Zielfunktion und die Matrix der Nebenbedingungen gegeben als:

$$b = (-11.07, -10.34, -9.5, -14.7, -10.7, -9.745, 3.8)^T,$$

$$A = \begin{pmatrix} -1 & 0 & 0.19 & 0.44 & 0.5 & 0.5 & 0.45 \\ 0.87 & -1 & 0 & 0 & 0 & 0 & 0 \\ 0 & 0.87 & -1 & 0 & 0 & 0 & 0 \\ 0 & 0 & 0.87 & -1 & 0 & 0 & 0 \\ 0 & 0 & 0 & 0.87 & -1 & 0 & 0 \\ 0 & 0 & 0 & 0 & 0.87 & -1 & 0 \\ 0 & 0 & 0 & 0 & 0 & 0.87 & -0.2 \\ 1 & 1 & 1 & 1 & 1 & 1 & 1 \end{pmatrix},$$

und es ist $n = 7$ und $m = 8$. Die Werte für l_i und u_i entnimmt man (2.9), wobei $+\infty$ durch 1.0D20 ersetzt wird.

Das ergibt folgende Eingabedatei LOPT_IN :

```
7                                       Anzahl Variablen N
8                                       Anzahl Nebenbedingungen M
-1    0    0.19 0.44 0.5  0.5  0.45     1.Zeile von A
0.87 -1    0    0    0    0    0        2.Zeile von A
0     0.87 -1   0    0    0    0        3.Zeile von A
0     0    0.87 -1   0    0    0        4.Zeile von A
0     0    0    0.87 -1   0    0        5.Zeile von A
0     0    0    0    0.87 -1   0        6.Zeile von A
0     0    0    0    0    0.87 -0.2     7.Zeile von A
1     1    1    1    1    1    1        8.Zeile von A
0 0 0 0 0 0 0 0 0 0 0 0 0 0 0 1         Untere Grenzen BL
1.0D20 1.0D20 1.0D20 1.0D20 1.0D20      Obere Grenzen BU
1.0D20 1.0D20 1.0D20 1.0D20 1.0D20
1.0D20 1.0D20 1.0D20 1.0D20 1
```

```
-11.07 -10.34 -9.5 -14.7
-10.7 -9.745 3.8
```
Zielfunktionskoeffizienten CVEC

Folgender Dialog liefert die Lösung:

```
Sie haben das Programm LOPT gestartet.
LOPT loest lineare Programme der folgenden Form :
Minimiere die lineare Funktion z(x)=b_1*x_1+..+b_n*x_n
unter den Nebenbedingungen :
1.Definitionsbereich der Variablen: l_i<=x_i<=u_i,1<=i<=n
2.lineare Restriktionen: l_i<=(A*x)_i<=u_i  , n+1<=i<=n+m
A ist dabei eine m*n-Matrix. m=0 ist zulaessig.
Die Minimierungsbedingung kann weggelassen werden; in
diesem Fall wird ein x gesucht, das 1. und 2. genuegt.

Sollen die Daten der Matrix A, der Vektoren l und u und
gegebenenfalls der Zielfunktion z vom File LOPT_IN
gelesen werden?
[y]
Moechten Sie eine Schranke fuer die Zahl der Iterationen
vorgeben?
[n]
Wollen Sie eine lineare Funktion minimieren?
[y]
Wuenschen Sie ein langes Ausgabeprotokoll?
[n]
Ergebnis :
Variable x          Wert
1                   0.22598153912460
2                   0.19660393903840
3                   0.17104542696341
4                   0.14880952145816
5                   0.12946428366860
6                   0.11263392679169
7                   1.5461362955141d-02

z(x) =  -10.7710641619632
```

Das bedeutet, daß die folgende Altersverteilung die maximale Ernte von 10.77 liefert (d.h. 10.77*N Tonnen, wenn N die Größe der Population ist):

Altersklassen C_i	0-1	2-3	4-5	6-7	8-9	10-11	≥ 12
Altersverteilung (%)	22.6	19.7	17.1	14.9	12.9	11.3	1.5
Ernteraten (%)	0	0	0	0	0	0	86

Tabelle 2.3: **Optimale weibliche Blauwal-Population**

Wählt man die Alternative des langen Ausgabeprotokolls (vgl. 2.3), so liefert die NAG-Routine E04MBF den (hier leicht geänderten) Ausdruck:

```
WORKSPACE PROVIDED IS     IW(    80),  W(  3802).
TO SOLVE PROBLEM WE NEED  IW(    14),  W(   212).
EXIT LP PHASE.   INFORM =  0    ITER =    8

VARBL STATE VALUE         LOWER  UPPER        LAGR      RESIDUAL
V J                       BOUND  BOUND        MULT
V 1    FR  0.2259815       0.    NONE          0.       0.2260
V 2    FR  0.1966039       0.    NONE          0.       0.1966
V 3    FR  0.1710454       0.    NONE          0.       0.1710
V 4    FR  0.1488095       0.    NONE          0.       0.1488
V 5    FR  0.1294643       0.    NONE          0.       0.1295
V 6    FR  0.1126339       0.    NONE          0.       0.1126
V 7    FR  0.1546136e-01   0.    NONE          0.       0.1546e-01

LNCON STATE VALUE         LOWER  UPPER        LAGR      RESIDUAL
L J                       BOUND  BOUND        MULT
L 1    LL  0.9243671e-17   0.    NONE         32.38     0.9244e-17
L 2    LL -0.3496552e-17   0.    NONE         36.87    -0.3497e-17
L 3    LL  0.2299864e-16   0.    NONE         42.88     0.2300e-16
L 4    LL -0.1824170e-16   0.    NONE         43.68    -0.1824e-16
L 5    LL -0.9269929e-17   0.    NONE         29.31    -0.9270e-17
L 6    LL  0.3245153e-16   0.    NONE         15.16     0.3245e-16
L 7    FR  0.9489924e-01   0.    NONE          0.       0.9490e-01
L 8    EQ  1.0000000       1.    1.          -10.77    -0.3331e-15
EXIT E04MBF - OPTIMAL LP SOLUTION FOUND.
LP OBJECTIVE FUNCTION =  -1.077106d+01
NO. OF ITERATIONS =    8
```

An diesem Ausdruck sieht man, daß die Nebenbedingung "Wachstum in allen Altersklassen" für die ersten sechs Ungleichungen die untere Grenze 0 annimmt. Nur die siebte Ungleichung ist inaktiv (FREE). Das erklärt die erhaltene Lösung.

Einige biologische Faktoren wie die Folgen des Tötens von Muttertieren läßt dieses einfache Modell außer acht. Die Berücksichtigung zusätzlicher biologischer Bedingungen würde das mathematische Modell komplizierter machen. Man kommt zur Lösung des Problems dann nicht mehr mit Methoden der linearen Optimierung aus, sondern muß z.B. ein System von gewöhnlichen Differentialgleichungen lösen.

2.5 Lineare Optimierung mit IMSL

Der NAG-Routine E04MBF entspricht die IMSL-Routine DLPRS. DLPRS bietet im Gegensatz zu E04MBF nicht die Möglichkeit, eine zulässige, aber nicht notwendigerweise optimale Lösung zu suchen. Der Aufwand an Arbeitsspeicher ist bei DLPRS höher als bei E04MBF. Falls die Anzahl der Variablen ungefähr genauso groß ist wie die Anzahl der Nebenbedingungen, so ist der Arbeitsspeicherbedarf etwa 1,5-mal so groß. DLPRS gibt neben der Lösung noch die Lösung des dualen Problems zurück.

2.6 Übung: Optimale Bergwerksproduktion

Ein Bergwerk fördert n verschiedene Erze A_i. Von den Erzen können maximal t_i Tonnen pro Tag gefördert werden, und insgesamt können höchstens T Tonnen gefördert werden. Es gibt m Kunden, die ihren Sitz in d_k km Entfernung vom Bergwerk haben. Mit ihnen bestehen feste Abnahmeverträge, die Mindestfördermengen von m_{ik} Tonnen des Erzes A_i für den Kunden k pro Tag erfordern. Die Transportkapazität des Bergwerks beträgt W Tonnen-km pro Tag. Der Verdienst pro Tonne Erz A_i beträgt g_i.

Berechnen Sie die Fördermengen, die unter Einhaltung von Verträgen und Produktionsbedingungen den größten Gewinn erwirtschaften. Schreiben Sie dazu das Programm KAP2_LOPT so um, daß es im Dialog das Bergwerksproblem löst.

Testbeispiel: Rechnen Sie ein Bergwerk mit zwei Erzen und zwei Kunden durch. Von den beiden Erzen können maximal 30 bzw. 15 Tonnen pro Tag gefördert werden. Kunde 1 liegt 10 km entfernt und muß mit mindestens 10 Tonnen von A_2 beliefert werden. Kunde 2 liegt 25 km entfernt und muß mit mindestens 16 Tonnen von A_1 beliefert werden. Die maximale Transportleistung des Werkes sind 750 Tonnen-km pro Tag. Der Gewinn pro Tonne ist DM 25 für A_1 und DM 20 für A_2. Konstruieren Sie eine graphische Lösung (per Hand, mm-Papier hilfreich) und vergleichen Sie damit die errechnete Lösung.

Interpolation und Approximation

Dieses umfangreiche Kapitel soll die unterschiedlichen Möglichkeiten beschreiben, mit denen Funktionen oder Datentabellen durch einfache Funktionen in geschlossener Form angenähert werden können.

Die approximierende Funktion wird so bestimmt, daß gewisse Größen minimal werden. Das ist oft eine Norm der Differenz zwischen der gesuchten Funktion und der gegebenen Datentabelle bzw. Funktion.

Die Interpolation ist eine spezielle Form der Approximation, bei der die approximierenden Funktionen so konstruiert werden, daß sie an vorgegebenen Stellen mit der gegebenen Funktion oder den Daten der Tabelle übereinstimmen. Darüber hinaus hat die Interpolation eine gewisse Bedeutung als Hilfsmittel zur Entwicklung numerischer Verfahren, z.B. bei der numerischen Differentiation und bei der Integration von Funktionen.

Die Qualität der Approximation oder Interpolation hängt von der Entscheidung für eine der Methoden und von der Wahl des approximierenden Funktionensystems ab. Deshalb sollen auch die unterschiedlichen Verfahren in einem Kapitel behandelt werden. In einem einführenden Abschnitt betrachten wir alle Verfahren kurz. An dessen Ende steht ein Verfahrensvergleich, der bei der Verfahrenswahl eine Hilfe sein kann. In den weiteren Abschnitten wird jeweils eine Verfahrensgruppe von der numerischen Theorie bis zum Beispielprogramm behandelt. Alle Methoden lassen sich von einer auf mehrere Dimensionen übertragen.

Bei der Vorgabe einer Tabelle von Daten (x_i, f_i), $i = 0, 1, \cdots, n$, lassen sich grob zwei typische Situationen unterscheiden:

1. Es sind sehr viele Daten gegeben, d.h. n ist sehr groß. Dann ist Interpolation nicht ratsam, besonders dann nicht, wenn die Daten einer gewissen Fehlerschwankung unterliegen wie beispielsweise bei Meßfehlern. Man wird dann eine möglichst glatte Kurve durch die "Datenwolke" legen wie in dieser

Zeichnung (Gaußapproximation mit einem Polynom dritten Grades):

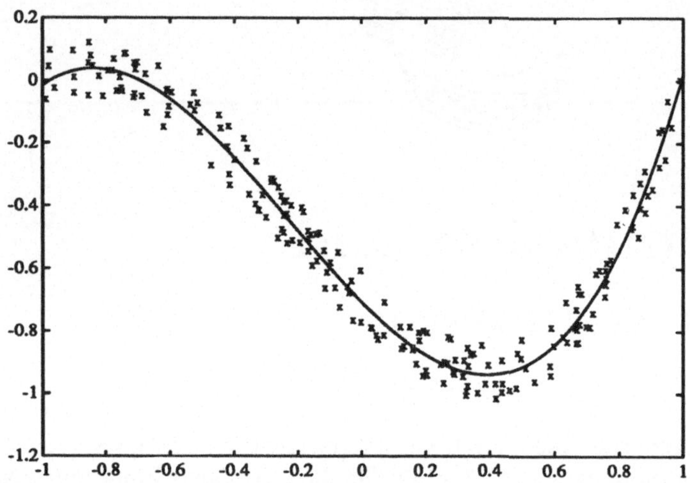

2. Es sind nur wenig Daten gegeben, und es ist sinnvoll oder sogar wichtig, daß die approximierende Funktion an den gegebenen Stellen x_i die gegebenen Werte f_i auch annimmt. Dann wird man ein Interpolationsverfahren wählen wie in dieser Zeichnung[1] (Interpolation mit kubischen Splines):

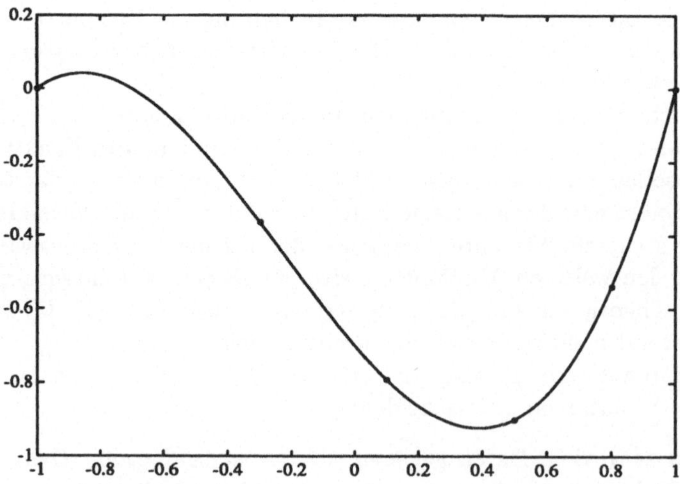

[1]Die beiden Zeichnungen auf dieser Seite wurden mit MATLAB erstellt.

3.1 Grundlagen

3.1.1 Polynominterpolation

Satz 3.1 Gegeben *seien* $n+1$ *voneinander verschiedene reelle*
Stützstellen $x_0, x_1, \cdots, x_n$ *und zugehörige*
Stützwerte $y_0, y_1, \cdots, y_n$.
Gesucht *ist ein reelles Polynom P vom Höchstgrad n*

$$P(x) := a_0 + a_1 x + \cdots + a_n x^n \tag{3.1}$$

mit

$$P(x_i) = y_i\,, \quad i = 0, 1, \cdots, n. \tag{3.2}$$

Es existiert genau ein solches Polynom.

Die gegebenen Stützwerte y_i können Werte einer gegebenen Funktion f sein, die an den Stützstellen x_i interpoliert werden soll:

$$f(x_i) = y_i\,, \quad i = 0, 1, \cdots, n, \tag{3.3}$$

oder Daten der Tabelle $(x_i, y_i,\ i = 0, 1, \cdots, n)$, also z.B. diskrete Meßwerte ohne Kenntnis einer zugrundeliegenden Funktion.

Im ersten Fall sind gute Aussagen über den Fehler bei der Interpolation der Daten möglich. Im anderen Fall benötigt man gewisse Annahmen über den zugrundeliegenden Prozeß, um entsprechende Aussagen zu bekommen. Diese sind dann natürlich nicht mit derselben Sicherheit zu treffen.

Für den Fehler ist auch die Stützstellenverteilung von großem Einfluß. Ist eine gegebene Funktion zu interpolieren, so besteht die Möglichkeit, eine optimale Stützstellenverteilung zu wählen.

Satz 3.2 *Alle Stützstellen liegen im Intervall* $[a, b]$.
f sei eine im Intervall $[a, b]$ $(n+1)$mal stetig differenzierbare Funktion: $f \in C^{n+1}[a, b]$.
Für f gelte (3.3): $f(x_i) = y_i\,,\quad i = 0, 1, \cdots, n$.
Sei P das die Tabelle (x_i, y_i) interpolierende Polynom und

$$\omega(x) := (x - x_0)(x - x_1)\cdots(x - x_n). \tag{3.4}$$

Dann gibt es zu jedem $\tilde{x} \in [a, b]$ ein $\xi \in [a, b]$ mit

$$f(\tilde{x}) - P(\tilde{x}) = \frac{\omega(\tilde{x}) f^{n+1}(\xi)}{(n+1)!}, \tag{3.5}$$

und es gilt

$$|f(\tilde{x}) - P(\tilde{x})| \le \frac{|\omega(\tilde{x})|}{(n+1)!} \max_{\xi \in [a,b]} |f^{n+1}(\xi)|. \tag{3.6}$$

Der Satz zeigt, daß man den Fehlerverlauf im Intervall $[a, b]$ gut studieren kann, wenn man den Funktionsverlauf von $\omega(x)$ ansieht. $\omega(x)$ wird bei äquidistanten Stützstellen in den Randintervallen sehr viel größer als in der Mitte des Stützstellenbereichs.

Einen viel gleichmäßigeren Verlauf der Fehlerkurve erhält man, wenn statt äquidistanter Stützstellen die sogenannten *Tschebyscheffpunkte* als Stützstellen gewählt werden:

$$x_i = \frac{a+b}{2} + \frac{b-a}{2} \cos\left(\frac{i}{n}\pi\right), \quad i = 0, 1, \cdots, n. \tag{3.7}$$

Das sind die Extremalstellen der Tschebyscheffpolynome, siehe 3.7.1. Die Tschebyscheffpunkte sind zum Rand des Intervalls $[x_0, x_n]$ hin dichter verteilt als in der Mitte. Deshalb ist der Verlauf der Fehlerkurve $\omega(x)$ ausgeglichener.

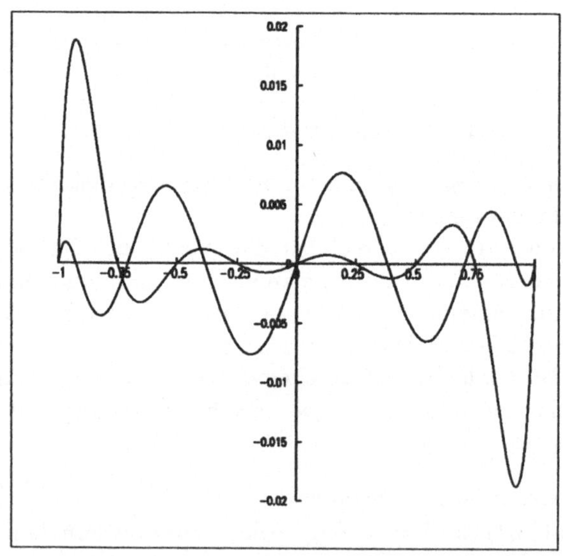

Zeichnung 3.1: ω **für äquidistante und Tschebyscheffpunkte,** n**=8**

3.1.2 Rationale Interpolation

Rationale Interpolation erzeugt eine glatte Funktion mit guten Approximationseigenschaften. Leider existiert zum Problem der rationalen Interpolation nicht immer eine Lösung. Außerdem handelt es sich bei der rationalen Interpolation oder Approximation um ein nichtlineares Problem im Gegensatz zu den anderen in diesem Kapitel behandelten Verfahren.

Gegeben sei wieder eine Tabelle (x_i, y_i), $i = 0, 1, \cdots, n$, mit $n + 1$ voneinander verschiedene Stützstellen x_i und diesen zugeordneten Stützwerten y_i.

Gesucht ist eine rationale Funktion R

$$R(x) = \frac{p_0 + p_1 x + \cdots + p_\zeta x^\zeta}{q_0 + q_1 x + \cdots + q_\nu x^\nu} = \frac{P(x)}{Q(x)}, \tag{3.8}$$

für die gelten soll

$$R(x_i) = y_i. \tag{3.9}$$

Dabei sind P und Q Polynome vorgegebenen Höchstgrades:

$$\text{grad}(P) \leq \zeta, \quad \text{grad}(Q) \leq \nu \qquad \text{mit} \qquad \zeta + \nu = n.$$

Da die rationale Funktion durch gemeinsame Faktoren geteilt werden kann, ergeben sich bei $\zeta + \nu + 2$ Koeffizienten nur $\zeta + \nu + 1$ Freiheitsgrade. Deshalb ist die Summe der Höchstgrade gleich n. Ein Koeffizient kann frei gewählt werden. Die Gleichung (3.9) zur Bestimmung der Koeffizienten p_i und q_i kann man als homogenes System von $n + 1$ Gleichungen für die $n + 2$ gesuchten Koeffizienten schreiben:

$$\sum_{j=0}^{\zeta} p_j x_i^j - y_i \sum_{j=0}^{\nu} q_j x_i^j = 0 \quad i = 0, 1, \cdots, n. \tag{3.10}$$

Dieses homogene Gleichungssystem hat zwar immer eine nichttriviale Lösung, aber die zugehörige rationale Funktion kann einen Pol an einer der Stützstellen haben, d.h., das Nennerpolynom hat dort eine Nullstelle bzw. $(x - x_k)$ ist gemeinsamer Teiler von Zähler- und Nennerpolynom für ein gewisses k. Wird dieser gemeinsame Faktor weggekürzt, so nimmt die entstehende rationale Funktion $\tilde{R}(x)$ in x_k i.a. nicht mehr den Wert y_k an. x_k heißt *unerreichbarer* Punkt. Ein Beispiel zu diesem Fall findet man in [75].

3.1.3 Splinefunktionen

Die Polynominterpolation ist ein klassisches Verfahren für Aufgaben kleinen Umfangs. Sobald der Polynomgrad groß wird (etwa größer als 7), werden die interpolierenden Polynome starke Oszillationen aufweisen, sie werden unbrauchbar für den Zweck der Interpolation. Die rationale Interpolation ist auch ein starkes mathematisches Werkzeug, hat aber den Nachteil, daß Versagensfälle vorkommen. Die Interpolationsqualität kann aber auch durch das Aneinanderstückeln einer einfachen Vorschrift verbessert werden. Das entspricht der üblichen Vorgehensweise bei der Bestimmung eines Funktionswertes mit Hilfe einer "Logarithmentafel". Ist man aber nicht nur an einzelnen Werten, sondern an der approximierenden Funktion interessiert, so fällt negativ auf, daß diese an den Stückelungsstellen Knicke aufweist; sie ist dort nicht differenzierbar. Ein Ausweg aus dieser Zwickmühle sind die *Splinefunktionen*, kurz und englisch Splines genannt.

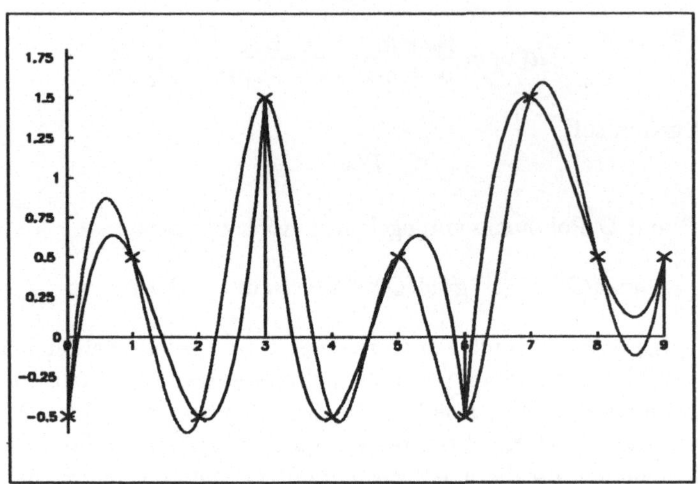

Zeichnung 3.2: **Gestückeltes: Polynom versus Splines**

In ihrer allgemeinen Definition erfüllen sie drei Bedingungen:

- Sie sind stückweise Polynome vom Höchstgrad k.
- Sie sind p mal stetig differenzierbar.
- Unter den Funktionen, die die ersten beiden Bedingungen erfüllen und eine gegebene Tabelle interpolieren, sind sie die "glattesten". Was das heißt, werden wir unten erläutern.

Wir werden uns nur mit den kubischen Splines befassen, d.h., es sind $k = 3$ und $p = 2$.

Physikalisch: Im Flugzeugbau benutzte man schon in den dreißiger Jahren sogenannte Straklatten (dünne Balsaholzstäbe, engl. splines), um glatte Flächen für den Flugkörper oder die Flügelform zu konstruieren. An vorgegebenen (Interpolations-) Punkten werden die Straklatten festgenagelt. Aufgrund des natürlichen Energieminimierungsprinzips ist dann die Form der Latte praktisch identisch mit der Kurve kleinster Krümmung, die diese Punkte interpoliert.

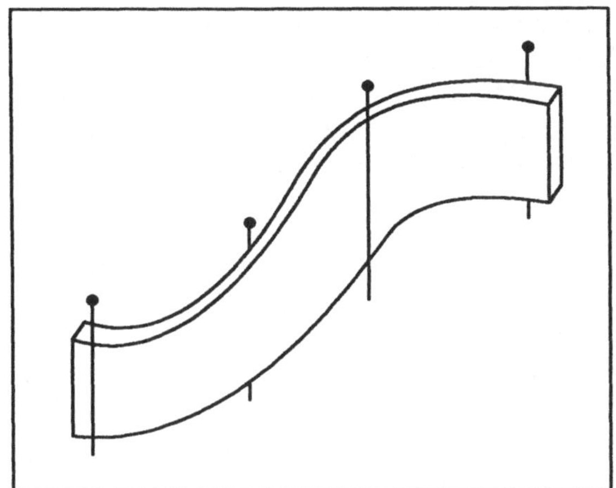

Zeichnung 3.3: **Straklatte = Spline**

Wir wollen diese physikalische Aufgabe mathematisch formulieren:

Gegeben seien $n+1$ voneinander verschiedene Stützstellen

$$x_0 < x_1 < \cdots < x_n \tag{3.11}$$

und diesen zugeordnete Stützwerte $y_0, y_1, \cdots, y_n$.

Gesucht ist eine Funktion s, die folgende Bedingungen erfüllt:

1. s interpoliert die gegebene Tabelle:

$$s(x_i) = y_i \quad i = 0, 1, \cdots, n. \tag{3.12}$$

2. In jedem Teilintervall ist s ein Polynom 3. Höchstgrades:

$$\begin{aligned} s(x) &= s_i(x) \quad \text{für } x \in [x_i, x_{i+1}] \quad (i = 0, 1, \cdots, n-1) \quad \text{mit} \\ s_i(x) &= a_i(x-x_i)^3 + b_i(x-x_i)^2 + c_i(x-x_i) + d_i. \end{aligned} \tag{3.13}$$

3. s ist zweimal stetig differenzierbar:

$$s \in C^2[x_0, x_n]. \tag{3.14}$$

Diese Bedingungen legen die kubische, interpolierende Splinefunktion noch nicht fest. Die verbleibenden zwei Freiheitsgrade werden durch die Vorgabe von Randbedingungen erfüllt. Die Wahl der Art dieser Randbedingungen legt die Bezeichnung des Splines fest:

Natürlicher Spline:	$s''(x_0) = 0$	$s''(x_n) = 0$
Vollständiger Spline:	$s'(x_0) = y'_0$,	$s'(x_n) = y'_n$
Periodischer Spline:	$s'(x_0) = s'(x_n)$	$s''(x_0) = s''(x_n)$

Aus allen Bedingungen zusammen läßt sich ein einfaches Dreiband-Gleichungssystem für die Koeffizienten herleiten. Die Einzelheiten findet man in den meisten numerischen Lehrbüchern, z.B. in [70] oder in [75].

Eine bemerkenswerte Minimaleigenschaft der Splines soll noch erwähnt werden, [17]: Unter allen zweimal stetig differenzierbaren Funktionen, die die Werte $\{y_i\}$ annehmen, ist der vollständige Spline s diejenige mit der kleinsten zweiten Ableitung bzw. Krümmung:

$$\int_{x_0}^{x_n} (s''(x))^2 dx = \min_{f \in C^2[x_0,x_n]} \int_{x_0}^{x_n} (f''(x))^2 dx. \tag{3.15}$$

3.1.4 Kontinuierliche Gaußapproximation

Aufgrund der zahlreichen Anwendungen der Gaußapproximation – insbesondere der diskreten, siehe 3.1.5 – gibt es für diese Methoden unterschiedliche Bezeichnungen: Datenanpassung (data, curve oder surface fitting), Ausgleichsrechnung und Regressionsanalyse sind einige davon.

Gegeben seien eine stückweise stetige Funktion f, deren Quadrat auf dem Intervall (a, b) integrierbar ist, und eine in (a, b) positive *Gewichtsfunktion* $\omega(x) > 0$.

Gesucht sind die Koeffizienten α_i, $i = 0, 1, \cdots, m$, des Funktionenansatzes

$$g(x) := g(x; \alpha_0, \alpha_1, \cdots, \alpha_m) := \sum_{i=0}^{m} \alpha_i \, \varphi_i(x), \tag{3.16}$$

so daß

$$F(\alpha_0, \alpha_1, \cdots, \alpha_m) := \int_a^b (f(x) - g(x))^2 \omega(x) dx \to \min_{\alpha_i}, \quad (\omega(x) > 0). \tag{3.17}$$

Dieser Ausdruck muß nach den α_i abgeleitet und Null gesetzt werden, um die Koeffizienten α_i zu bestimmen. Mit dem Skalarprodukt

$$(f, g) := \int_a^b f(x) g(x) \omega(x) dx \tag{3.18}$$

ergeben diese notwendigen Bedingungen das lineare Gleichungssystem

$$\begin{pmatrix} (\varphi_0, \varphi_0) & (\varphi_0, \varphi_1) & \cdots & (\varphi_0, \varphi_m) \\ (\varphi_1, \varphi_0) & \ddots & & \vdots \\ \vdots & & \ddots & \vdots \\ (\varphi_m, \varphi_0) & \cdots & \cdots & (\varphi_m, \varphi_m) \end{pmatrix} \begin{pmatrix} \alpha_0 \\ \alpha_1 \\ \vdots \\ \alpha_m \end{pmatrix} = \begin{pmatrix} (f, \varphi_0) \\ (f, \varphi_1) \\ \vdots \\ (f, \varphi_m) \end{pmatrix}. \tag{3.19}$$

Man nennt es *Normalgleichungssystem* (NGS). Sind die Ansatzfunktionen linear unabhängig, so ist das NGS eindeutig lösbar. Allerdings ist seine Lösung aufwendig und rundungsfehleranfällig, wenn die Koeffizientenmatrix voll besetzt ist. Deshalb arbeitet man vornehmlich mit *orthogonalen* Funktionensystemen. Das sind solche, für die gilt

$$(\varphi_i, \varphi_j) = 0, \quad \text{falls} \quad i \neq j. \tag{3.20}$$

Dann wird das NGS ein Diagonalsystem mit den Lösungen

$$\alpha_i = \frac{(f, \varphi_i)}{(\varphi_i, \varphi_i)}, \quad i = 0, 1, \cdots, m. \tag{3.21}$$

Da die Skalarprodukte (f, φ_i) hier Integrale sind, müssen sie i.a. durch numerische Integration ausgewertet werden. Da also auf diese Weise ohnehin diskretisiert werden muß, wird – besonders in Softwarepaketen – die diskrete Gaußapproximation meist bevorzugt. Dann müssen die Eigenschaften der Funktionensysteme auf die entsprechenden Vektoren übertragen werden. Das gelingt bei trigonometrischen Funktionen, siehe 3.1.6 und 3.6, und bei Tschebyscheffpolynomen, siehe 3.1.5 und 3.7, gut.

3.1.5 Diskrete Gaußapproximation

Gegeben sei eine stückweise stetige Funktion f, deren Quadrat auf dem Intervall (a, b) integrierbar ist, oder die Werte dieser Funktion in gewissen Stützstellen, außerdem ein Vektor mit positiven *Gewichten* $\omega_i > 0$, also eine Tabelle

$$(x_i, f(x_i), \omega_i), \quad i = 0, 1, \cdots, N.$$

Gesucht sind die Koeffizienten α_i, $i = 0, 1, \cdots, m$, des linearen Ansatzes

$$g(x) := g(x; \alpha_0, \alpha_1, \cdots, \alpha_m) := \sum_{i=0}^{m} \alpha_i \varphi_i(x), \tag{3.22}$$

so daß

$$F(\alpha_0, \alpha_1, \cdots, \alpha_m) := \sum_{i=0}^{N} (f(x_i) - g(x_i))^2 \omega_i \to \min_{\alpha_i}, \quad \omega_i > 0. \tag{3.23}$$

Ein NGS wie (3.19) im kontinuierlichen Fall erhält man jetzt durch die Definition eines entsprechenden Skalarproduktes im $\mathbb{R}^n$:

$$(f, g) := \sum_{i=0}^{N} f_i \, g_i \, \omega_i. \tag{3.24}$$

Die Punktmenge $\{x_i\}$ versucht man so zu wählen, daß die Orthogonalität des Funktionensystems $\{\varphi_k\}$ für das eingeführte Skalarprodukt gilt:

$$\sum_{i=0}^{N} \varphi_j(x_i) \, \varphi_k(x_i) \, \omega_i = 0 \quad \text{für alle} \quad j, k = 0, \cdots, m \quad \text{mit} \quad j \neq k.$$

3.1.6 Trigonometrische Approximation

Die trigonometrische Approximation oder *Fourieranalyse* ist eigentlich eine kontinuierliche Gaußapproximationsaufgabe, die aber als diskrete Gaußapproximation behandelt wird, siehe 3.6.

Gegeben sei eine auf dem Intervall $[0, 2\pi]$ stückweise stetige Funktion f, die periodisch ist mit der Periode 2π:

$$f(x + 2\pi) = f(x) \quad \forall\, x \in \mathbb{R}. \tag{3.25}$$

Besitzt f eine Unstetigkeitsstelle x_0, so sollen dort eindeutige endliche Grenzwerte existieren:

$$\lim_{h \to +0} f(x_0 - h) = y_0^-, \qquad \lim_{h \to +0} f(x_0 + h) = y_0^+. \tag{3.26}$$

Als Ansatzfunktionen werden die trigonometrischen Funktionen

$$\{1,\ \cos(x),\ \sin(x),\ \cos(2x),\ \sin(2x),\ \cdots,\ \sin((n-1)x),\ \cos(nx)\}$$

genommen, es ist also $m = 2n$, und der Ansatz bekommt die Form [2]

$$g_n(x) = \frac{1}{2}a_0 + \sum_{k=1}^{n-1}(a_k \cos(kx) + b_k \sin(kx)) + a_n \cos(nx). \tag{3.27}$$

Mit $\omega \equiv 1$, also dem inneren Produkt

$$(f, g) = \int_0^{2\pi} f(x) g(x)\, dx,$$

ist dieses Funktionensystem orthogonal:

$$\begin{aligned}
(\cos(jx), \cos(kx)) &= \begin{cases} 0 & \text{falls } j \neq k \\ 2\pi & \text{falls } j = k = 0 \\ \pi & \text{falls } j = k \neq 0 \end{cases} \\
(\sin(jx), \sin(kx)) &= \begin{cases} 0 & \text{falls } j \neq k \\ \pi & \text{falls } j = k \neq 0 \end{cases} \\
(\cos(jx), \sin(kx)) &= 0 \quad \forall\ j \geq 0,\ k > 0.
\end{aligned} \tag{3.28}$$

---

[2] Statt des Intervalls $[0, 2\pi]$ kann man jedes andere endliche Intervall $[a, b]$ wählen. Die lineare Transformation $t = \dfrac{x-a}{b-a} 2\pi$ liefert dann die Ansatzfunktionen

$$1,\quad \cos(kt),\quad \sin(kt),\quad \cdots.$$

Die Koeffizienten errechnen sich als

$$\begin{aligned} a_k &= \frac{1}{\pi}\int_0^{2\pi} f(x)\cos(kx), \quad k = 0, 1, \cdots, n, \\ b_k &= \frac{1}{\pi}\int_0^{2\pi} f(x)\sin(kx), \quad k = 1, 2, \cdots, n-1. \end{aligned} \tag{3.29}$$

Diese Koeffizienten nennt man auch *Fourierkoeffizienten*, die Reihe (3.27) *endliche Fourierreihe*. Die *Fourierreihe* oder *Fourierentwicklung* der Funktion f ist die unendliche Reihe

$$g(x) = \frac{1}{2}a_0 + \sum_{k=1}^{\infty}(a_k \cos(kx) + b_k \sin(kx)). \tag{3.30}$$

3.1.7 Mehrdimensionale Interpolation und Approximation

Die Approximation und Interpolation von Funktionen mehrerer Variablen ist ein wichtiges Problem im Zusammenhang mit der Lösung partieller Differentialgleichungen, hat aber auch an Bedeutung zugenommen durch die stark erweiterten Möglichkeiten der graphischen Datenverarbeitung (CAD).

Grundsätzlich lassen sich alle eindimensionalen Funktionenansätze auf mehrere Dimensionen durch die Produktbildung verallgemeinern. Die Komplexität der Verfahren wächst aber mit der Dimension stark an. Wir wollen uns deshalb auf die zweidimensionale bikubische Splineinterpolation und -approximation auf Rechteckgittern beschränken.

Ist eine Tabelle mit zweidimensionalen Daten gegeben:

$$(x_k, y_k, f(x_k, y_k)) \quad k = 1, 2, \cdots, m, \tag{3.31}$$

so kann diese durch einen Produktansatz

$$S(x, y) := \sum_{i=1}^{n}\sum_{j=1}^{l} s_i(x)t_j(y) \tag{3.32}$$

interpoliert oder approximiert werden, wobei die Funktionen s_i und t_j die eindimensionalen Ansatzfunktionen sind. Dieser Ansatz wird Tensorproduktansatz genannt, weil die Basisfunktionen durch Produktbildung entstehen.

Werden die Tabellendaten mit der diskreten Gaußapproximation behandelt, so wird die Approximation zur Interpolation, wenn die Anzahl der Ansatzfunktionen größer oder gleich der der Tabellenwerte ist, also $n \cdot l \geq m$.

3.1.8 Kurveninterpolation

Die eindimensionale Splineinterpolation bietet eine gute Möglichkeit, Punkte im $\mathbb{R}^m$ durch eine glatte Kurve zu verbinden. Dabei sind beliebige Punkteanordnungen möglich. Diese Interpolation bietet sich daher auch für viele nicht-mathematische graphische Anwendungen an.

Gegeben seien $n+1$ Punkte im $\mathbb{R}^m$

$$(x_1^{(i)}, x_2^{(i)}, \cdots, x_m^{(i)}), \quad i = 0, 1, \cdots, n. \tag{3.33}$$

Sie sollen durch eine Kurve verbunden werden. Diese stellt man in Abhängigkeit von einem Parameter $t \in \mathbb{R}$, dar.

Gesucht sind also m Parameterfunktionen

$$x_1(t), x_2(t), \cdots, x_m(t), \quad t \in [0, 1], \tag{3.34}$$

die die zugehörigen Komponenten der gegebenen Punkte an den Stellen t_i interpolieren.

3.1.9 Verfahrensauswahl

Für die behandelten Verfahren sehen wir in Zeichnung 3.4 einen Entscheidungsbaum. Offen kann die Entscheidung nur im eindimensionalen Fall sein, auf den wir uns im folgenden beschränken wollen.

Ein allgemeines Verfahren zur Interpolation *und* Approximation ergibt die Verwendung von B-Splines. Es liefert in den allermeisten Fällen eine gut approximierende, glatte Funktion. Die Interpolation wird stückweise durchgeführt, so daß der Wechsel zur Approximation nur bei großen Datenmengen erforderlich ist. Die Interpolation oder Approximation mit kubischen Splines liefert allerdings nur Funktionen, die höchstens zweimal stetig differenzierbar sind. Ist die Existenz höherer Ableitungen wichtig, so empfiehlt sich die nichtlineare rationale Interpolation oder – bei größeren Datenmengen – die Approximation mit Polynomen oder mit trigonometrischen Funktionen. Die Polynominterpolation ist eigentlich nur für ganz kleine Datenmengen und dann empfehlenswert, wenn auch Ableitungswerte interpoliert werden sollen.

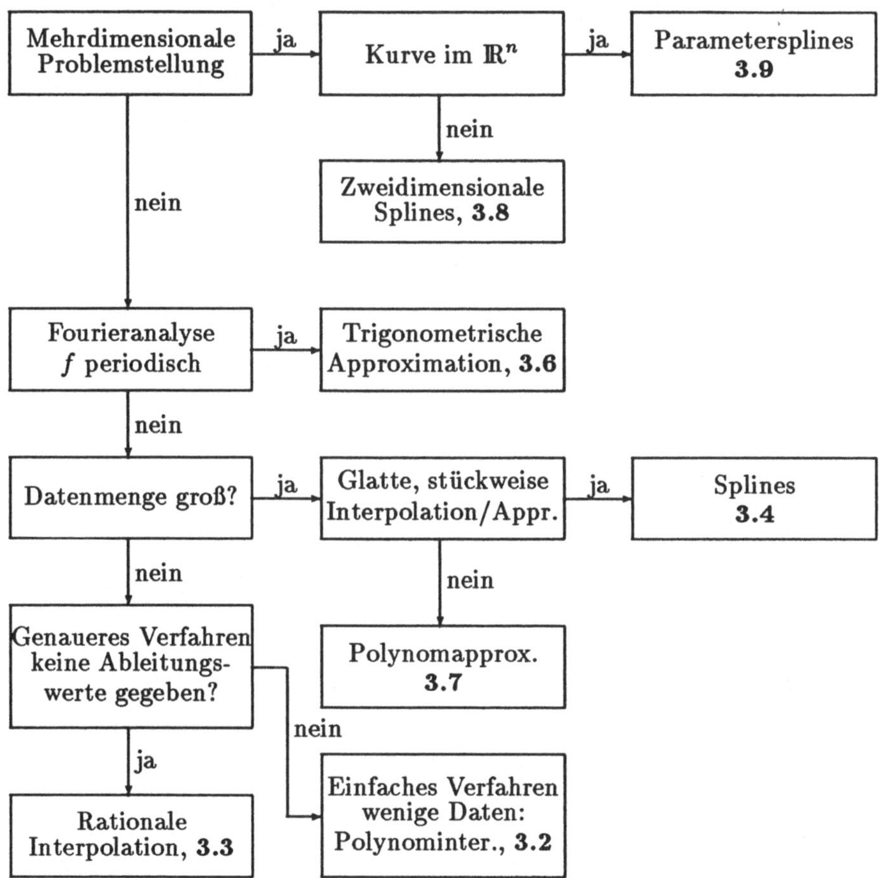

Zeichnung 3.4: **Entscheidungsbaum zur Interpolation und Approximation**

3.2 Polynominterpolation

3.2.1 Problemstellung

Gegeben seien $n+1$ voneinander verschiedene reelle
Stützstellen $x_0, x_1, \cdots, x_n$ und zugehörige
Stützwerte $y_0, y_1, \cdots, y_n$.

Gesucht ist ein reelles Polynom P vom Höchstgrad n

$$P(x) := a_0 + a_1 x + \cdots + a_n x^n \tag{3.35}$$

mit

$$P(x_i) = y_i\,, \quad i = 0, 1, \cdots, n. \tag{3.36}$$

3.2.2 Numerische Verfahren

Wir wollen vier Verfahren schildern, die sich durch folgende Eigenschaften unterscheiden:

- Die *Lagrangeinterpolation* zeigt am schönsten, daß man immer ein Polynom entsprechend Satz 3.1 konstruieren kann. Numerisch ist sie nicht empfehlenswert.

- Die *Newtoninterpolation* konstruiert mit geringem Aufwand und numerisch stabil das Interpolationspolynom.

- Die *Interpolation nach Aitken-Neville* ist geeignet für die Berechnung eines *einzelnen* interpolierten Wertes.

- Bei der *Hermiteinterpolation* werden zusätzlich zu Funktionswerten auch Ableitungswerte interpoliert. Das Schema der Newtoninterpolation läßt sich leicht zur Lösung dieser Aufgabe erweitern.

Lagrangeinterpolation

Das gesuchte Polynom P, (3.35) mit (3.36), läßt sich leicht mit Hilfe der $n+1$ Lagrangepolynome

$$\begin{aligned} L_i(x) &:= \prod_{\substack{j=0 \\ j\neq i}}^{n} \frac{(x-x_j)}{(x_i-x_j)} \qquad (3.37)\\ &= \frac{(x-x_0)\cdots(x-x_{i-1})(x-x_{i+1})\cdots(x-x_n)}{(x_i-x_0)\cdots(x_i-x_{i-1})(x_i-x_{i+1})\cdots(x_i-x_n)} \quad (i = 0, 1, \cdots, n) \end{aligned}$$

angeben:

$$P(x) := \sum_{i=0}^{n} y_i L_i(x). \tag{3.38}$$

Es erfüllt (3.36), da ja für die Lagrangepolynome gilt

$$L_i(x_k) = \delta_{ik} = \begin{cases} 1, & \text{falls } i = k, \\ 0, & \text{falls } i \neq k. \end{cases} \tag{3.39}$$

Auf die Berechnung von Polynomwerten bei der Lagrangeinterpolation wollen wir nicht eingehen, da dieses Verfahren in modernen Programmen aufgrund seines Aufwands und wegen der stabileren Newtoninterpolation nicht vorkommt. Wir verweisen hierzu auf [70].

Die Newtoninterpolation

Die Idee zu diesem Verfahren geht von einer anderen Darstellung des Interpolationspolynoms aus:

$$\begin{aligned} P(x) := c_0 \; &+ \; c_1(x - x_0) + c_2(x - x_0)(x - x_1) + \cdots \\ &+ \; c_n(x - x_0)(x - x_1)\cdots(x - x_{n-1}). \end{aligned} \tag{3.40}$$

Die Koeffizienten c_i dieser Darstellung lassen sich leicht berechnen, wenn man nacheinander die Stützstellen und -werte einsetzt:

$$\begin{aligned} P(x_0) = y_0 \; &\Longrightarrow \; c_0 = y_0 \\ P(x_1) = y_1 \; &\Longrightarrow \; c_1 = \frac{y_1 - y_0}{x_1 - x_0} \\ &\cdots \end{aligned}$$

Bei der Fortführung dieser rekursiven Auflösung entstehen weiterhin Brüche von Differenzen von vorher berechneten Brüchen.
Diese sogenannten *dividierten Differenzen* lassen sich rekursiv berechnen:
0. dividierte Differenz:

$$[y_k] := y_k, \qquad k = 0, 1, \cdots, n$$

1. dividierte Differenz:

$$\begin{aligned} [y_k, y_{k+1}] \; &:= \; \frac{y_{k+1} - y_k}{x_{k+1} - x_k} \\ &:= \; \frac{[y_{k+1}] - [y_k]}{x_{k+1} - x_k}, \qquad k = 0, 1, \cdots, n-1 \end{aligned}$$

und allgemein:

$$[y_{i_0}, y_{i_1}, \cdots, y_{i_j}] := \frac{[y_{i_1}, \cdots, y_{i_j}] - [y_{i_0}, \cdots, y_{i_{j-1}}]}{x_{i_j} - x_{i_0}} \tag{3.41}$$

Mit dieser Definition kann man die Berechnung der Koeffizienten in einem Rechenschema zusammenfassen, das wir nur für $n = 3$ angeben wollen:

$$\begin{array}{c|llll}
x_0 & y_0 = c_0 & & & \\
 & & [y_0, y_1] = c_1 & & \\
x_1 & y_1 & & [y_0, y_1, y_2] = c_2 & \\
 & & [y_1, y_2] & & [y_0, y_1, y_2, y_3] = c_3 \\
x_2 & y_2 & & [y_1, y_2, y_3] & \\
 & & [y_2, y_3] & & \\
x_3 & y_3 & & &
\end{array}$$

Diese rekursive Berechnung der Koeffizienten c_i ist der erste Schritt des Algorithmus. Dabei wird von Spalte zu Spalte von unten nach oben gerechnet, damit die nicht mehr benötigten Differenzen überschrieben werden können.

Für die Berechnung von Polynomwerten eignet sich nun aber die Form (3.40) auch besonders gut, da gemeinsame Faktoren ausgeklammert werden können:

$$\begin{aligned}
& P(x) \\
= \; & c_0 + c_1(x - x_0) + \cdots + c_n(x - x_0)(x - x_1) \cdots (x - x_{n-1}) \\
= \; & c_0 + (x - x_0)\{c_1 + (x - x_1)[c_2 + (x - x_2)(\cdots c_{n-1} + (x - x_{n-1})c_n)]\}.
\end{aligned} \tag{3.42}$$

Diese Art der Polynomwertberechnung wird nach dem alten Handrechenschema *Hornerschema* genannt. Das Hornerschema stellt den zweiten Schritt unseres Algorithmus dar:

1. Newtoninterpolation: Berechnung der Koeffizienten

Für $k = 0, 1, \cdots, n$:
  Setze $c_k := y_k$.
Für $k = 1, 2, \cdots, n$:
  für $i = n, n-1, \cdots, k$:
    $c_i := \dfrac{c_i - c_{i-1}}{x_i - x_{i-k}}$

2. Hornerschema: Berechnung von Polynomwerten

$p := c_n$.
Für $k = n-1, n-2, \cdots, 0$:
  $p := c_k + (x - x_k)p$.
Es ist $p = P(x)$.

Beispiel 3.1 Berechnet werden soll $p := ln(1.57)$. Es liegt eine Tafel für den natürlichen Logarithmus vor mit folgenden Werten:

x	1.4	1.5	1.6	1.7
ln(x)	0.3364722366	0.4054651081	0.4700036292	0.5306282511

Für diese Tabelle erstellen wir das Newtonschema:

$$\begin{array}{c|llll}
1.4 & \underline{\underline{0.3364722366}} & & & \\
 & & \underline{\underline{0.689928715}} & & \\
1.5 & \boxed{0.4054651081} & & \underline{\underline{-0.22271752}} & \\
 & & \boxed{0.645385211} & & \underline{0.0900752} \\
1.6 & 0.4700036292 & & -0.19569496 & \\
 & & 0.606246219 & & \\
1.7 & 0.5306282511 & & &
\end{array}$$

Aus diesem Schema können wir die Koeffizienten mehrerer Interpolationspolynome mit Stützstellen, die den Punkt 1.57 umgeben, ablesen. Da ist zunächst das lineare Polynom mit den eingekästelten Koeffizienten

$$P_1(x) = 0.4054651081 + 0.645385211(x - 1.5).$$

Bei Berücksichtigung der ersten drei Tabellenwerte ergibt sich das quadratische Polynom mit den doppelt unterstrichenen Koeffizienten

$$\begin{aligned} P_2(x) &= 0.3364722366 + 0.689928715(x - 1.4) - 0.22271752(x - 1.4)(x - 1.5) \\ &= 0.3364722366 + (x - 1.4)[0.689928715 - (x - 1.5)0.22271752]. \end{aligned}$$

Alle unterstrichenen Werte in der oberen Schrägzeile sind schließlich die Koeffizienten des gesuchten Polynoms dritten Grades

$$\begin{aligned} P_3(x) = & \quad 0.3364722366 + 0.689928715(x - 1.4) - 0.22271752(x - 1.4)(x - 1.5) \\ + & \quad 0.0900752(x - 1.4)(x - 1.5)(x - 1.6) \\ = & \quad 0.3364722366 + (x - 1.4)[0.689928715 \\ + & \quad (x - 1.5)\{-0.22271752 + 0.0900752(x - 1.6)\}] \\ = & \quad P_2(x) + 0.0900752(x - 1.4)(x - 1.5)(x - 1.6). \end{aligned}$$

Man sieht an der letzten Zeile, daß man durch Hinzufügen eines Tabellenwertpaares und Nachberechnung einer unteren Schrägzeile im Newtonschema das Polynom des nächsthöheren Grades erhält. Auch das liegt an der Darstellungsform (3.40) der Interpolationspolynome.

Wir wollen jetzt die Genauigkeit der drei Polynome vergleichen. Es ist (auf zehn Stellen genau) $ln(1.57) = 0.4510756194$. Damit ergibt sich:

$$\begin{array}{lll} P_1(1.57) = 0.4506420729 & \text{Fehler} = & 4.3_{10} - 4 \\ P_2(1.57) = 0.4511097797 & \text{Fehler} = & -3.4_{10} - 5 \\ P_3(1.57) = 0.4510776229 & \text{Fehler} = & -2.0_{10} - 6 \end{array}$$

Sind die Stützstellen äquidistant wie in diesem Beispiel, so ergibt sich sowohl für das Differenzenschema als auch für das Interpolationspolynom eine einfachere Darstellung (Newton–Gregory), siehe etwa [70].

Hermiteinterpolation

Hier wird eine leicht geänderte Aufgabenstellung behandelt. Zusätzlich zu den Stützstellen und -werten sind jetzt noch Ableitungswerte gegeben. Das können Ableitungen verschiedener Ordnung, gegeben an unterschiedlichen Punkten, sein.

Wir wollen diese Aufgabe nur kurz und in folgender spezieller Form behandeln:

Gegeben seien $n+1$ voneinander verschiedene *Stützstellen* $x_0, x_1, \cdots, x_n$, diesen zugeordnete *Stützwerte* $y_0, y_1, \cdots, y_n$ und Ableitungswerte $y'_0, y'_1, \cdots, y'_n$.

Gesucht ist ein Polynom P_{2n+1} vom Höchstgrad $2n+1$, für das gilt

$$\begin{aligned} P_{2n+1}(x_i) &= y_i \quad i = 0, 1, \cdots, n, \\ P'_{2n+1}(x_i) &= y'_i \quad i = 0, 1, \cdots, n. \end{aligned} \tag{3.43}$$

Zur Lösung dieser Aufgabe erweitert man das Newtonschema folgendermaßen: Man schreibt jeden Punkt doppelt auf und ersetzt die zugehörige erste dividierte Differenz durch den Ableitungswert, also $[y_i, y_i] := y'_i$. Für $n = 1$ ergibt das folgendes Schema:

$$\begin{array}{c|lllll}
x_0 & y_0 = c_0 & & & & \\
 & & [y_0, y_0] := y'_0 = c_1 & & & \\
x_0 & y_0 & & [y_0, y_0, y_1] = c_2 & & \\
 & & [y_0, y_1] & & [y_0, y_0, y_1, y_1] = c_3 & \\
x_1 & y_1 & & [y_0, y_1, y_1] & & \\
 & & [y_1, y_1] := y'_1 & & & \\
x_1 & y_1 & & & &
\end{array}$$

Das Interpolationspolynom enthält dann entsprechend quadratische Terme:

$$P_3(x) = c_0 + c_1(x - x_0) + c_2(x - x_0)^2 + c_3(x - x_0)^2(x - x_1)$$

oder allgemein

$$\begin{aligned} P_{2n+1}(x) = \quad & c_0 + c_1(x - x_0) + c_2(x - x_0)^2 + c_3(x - x_0)^2(x - x_1) \\ + \quad & c_4(x - x_0)^2(x - x_1)^2 + \cdots \\ + \quad & c_{2n+1}(x - x_0)^2(x - x_1)^2 \cdots (x - x_{n-1})^2(x - x_n). \end{aligned}$$

Interpolation nach Aitken–Neville

Soll zu einer Tabelle nur ein Wert des Interpolationspolynoms berechnet werden, so ist es nicht notwendig, die Koeffizienten des Polynoms explizit zu berechnen. Stattdessen werden die beiden algorithmischen Schritte der Newtoninterpolation so zusammengefasst, daß der Wert mit möglichst wenig Zeitaufwand und Speicherplatz berechnet werden kann. Dafür hat Aitken ein Rechenschema vorgeschlagen, das von Neville verbessert wurde. Wir wollen uns damit begnügen, dieses Schema algorithmisch anzugeben:

Nevilleinterpolation

Für $k = 0, 1, \cdots, n$:
 Setze $p_k := y_k$.
Für $k = 1, 2, \cdots, n$:
 Für $i = n, n-1, \cdots, k$:

$$p_i := p_i + (x - x_i)\frac{p_i - p_{i-1}}{x_i - x_{i-k}}$$

Es ist $P(x) = p_n$.

3.2.3 Die NAG-Routine E01AAF

X	array	Stützstellen : X(0:NMAX).
Y	array	Stützwerte : Y(0:NMAX).
P	array	Zwischenwerte des Neville-Schemas : P(PMAX).
		PMAX:=NMAX(NMAX+1)/2).
		Der gesuchte Wert ist P(N2) = P(XX).
N1	integer	Anzahl Stützstellen: N1 = N+1 $\leq$ NMAX+1.
N2	integer	Anzahl Zwischenwerte: N2 = N(N+1)/2.
N	integer	Anzahl Intervalle, N $\leq$NMAX.
XX	real	Interpolationswert

Tabelle 3.1: **Die Parameter der Routine E01AAF**

Die NAG-Routine

E01AAF(X,Y,P,N1,N2,N,XX)

interpoliert die Tabelle ($x_i, y_i,\ i = 0, 1, \cdots, n$) an einem gegebenen Punkt x nach der Methode von Aitken-Neville. Diese einfache Routine hat keinen Fehlerparameter. Deshalb kann ein Aufruf mit fehlerhaften Daten zum Programmabbruch führen. Unser Programm KAP3_INTERDIM1 prüft deshalb die Daten vor Aufruf der Routine E01AAF.

3.2.4 Die NAG-Routine E01AEF

Die NAG-Routine

E01AEF(NP1,XMIN,XMAX,X,Y,ABL,IB,ITMIN,ITMAX,TRANS1,
WORK,LWORK,IWORK,LIWORK,IFAIL)

interpoliert die Tabelle $(x_i, y_i,\ i = 0, 1, \cdots, n)$ mit der Newtoninterpolation.

NP1	integer	Anzahl Stützstellen: NP1 = N+1≤NMAX+1.
XMIN	real	Untere Schranke für die Stützstellen.
XMAX	real	Obere Schranke für die Stützstellen.
X	array	Stützstellen : X(0:NMAX).
Y	array	Stütz- und Ableitungswerte : Y(0:NMAX).
ABL	int.array	Ableitungsordnungen, s.u.: ABL(0:NMAX).
IB	integer	Anzahl Interpolationsbedingungen: IB≤NMAX. (1) IB = $\sum_{i=0}^{N} ABL(i) + NP1$.
ITMIN	integer	Minimalzahl von Zusatziterationen. Empfehlung:ITMIN = 0, bewirkt ITMIN = 2.
ITMAX	integer	Maximalzahl von Iterationen. Empfehlung:ITMAX = 0, bewirkt ITMAX = 10.
TRANS1	array	Tschebyscheffkoeffizienten: TRANS1(NMAX+5).
WORK	array	Arbeitsspeicher: WORK(LWORK).
LWORK	integer	(2) LWORK ≥ 7IB + 5ABLMAX + NP1 + 7. Dabei ist ABLMAX der größte Wert von ABL.
IWORK	int.array	Arbeitsspeicher: IWORK(LIWORK).
LIWORK	integer	(3) LIWORK ≥ 2NP1 + 4.
IFAIL	integer	Fehlerparameter, vor Aufruf IFAIL=–1 setzen.
	Folgende Fehlermeldungen sind möglich: IFAIL=1 NP1 < 1 oder (1), (2) oder (3) verletzt. IFAIL=2 Es ist ein ABL(i) < 0. IFAIL=3 Es ist für ein i:X(i)<XMIN oder X(i)>XMAX oder X(i)=X(j) für ein $j \neq i$. Oder es ist XMIN ≥ XMAX. IFAIL=4 ITMAX Iterationen durchgeführt. IFAIL=5 Iteration divergiert, s.u.	

Tabelle 3.2: **Die Parameter der Routine E01AEF**

E01AEF formt die berechnete Darstellung (3.42) in eine Linearkombination von Tschebyscheffpolynomen um, da diese sich besser zur Auswertung eignen:

$$\frac{1}{2}a_0 + \sum_{i=1}^{n} a_i T_i(x)\,. \tag{3.44}$$

Die möglichen Auswertungen

- Funktionswertberechnung
- Differentiation
- Integration

werden mit den Routinen E02AKF, E02AHF und E02AJF ausgeführt, die in 3.2.6 beschrieben werden.

Bei der Routine E01AEF besteht die allgemeine Möglichkeit, zu jeder Stützstelle X_i neben dem Funktionswert eine unterschiedliche Anzahl von Ableitungswerten einzugeben. Die Anzahl pro Stützstelle wird im int.array ABL eingegeben. Die Gesamtzahl an Interpolationsbedingungen IB ist dann die Summe dieser Ableitungszahlen plus Zahl der Stützwerte NP1. Das Polynom, das alle diese Bedingungen erfüllt, hat dementsprechend den Höchstgrad IB-1. Ist z.B. für drei Stützstellen ABL(0)=3, ABL(1)=0, ABL(2)=1, dann ist NP1=7 und es müssen im array Y die ersten 7 Komponenten die folgenden Werte haben:

$$y_0,\ y_0',\ y_0'',\ y_0''',\ y_1,\ y_2,\ y_2'.$$

Die Transformation des Newtonpolynoms in die Tschebyscheffreihe, verbunden mit der Transformation des Intervalls [XMIN, XMAX] auf das Intervall [-1, +1], ist mit Rundungsfehlern verbunden. Damit diese die weiteren Auswertungen nicht stören, wird der Transformationsprozeß iterativ verbessert. Hierfür werden maximal ITMAX Schritte vorgesehen. Nach Erreichen einer Genauigkeitsschranke werden noch ITMIN Schritte angeschlossen. Konvergiert diese Verbesserungsiteration nicht (IFAIL=5) oder nicht schnell genug (IFAIL=4), so hat man es mit einer schlecht konditionierten Interpolationsaufgabe zu tun. Dies kann an dicht beieinanderliegenden Stützstellen oder an einem zu hohen Polynomgrad liegen. In diesen Fällen sollte eine andere Interpolationsmethode oder ein Approximationsverfahren gewählt werden. Es wird z.B. ein Interpolationspolynom 12. Grades bei äquidistanten Stützstellen meistens schlecht konditioniert sein. Dies zeigt sich in starken Oszillationen in den Randbereichen. Die Koeffizienten des Tschebyscheffpolynoms werden dann sehr groß.

3.2.5 Die NAG-Routine E02AFF

NP1	integer	Anzahl Stützstellen: NP1 = N+1 ≤ NMAX.
Y	array	Stützwerte: Y(0:NMAX).
TRANS1	array	Tschebyscheffkoeffizienten: TRANS1(NMAX+5).
IFAIL	integer	Fehlerparameter. Vor Aufruf der Routine IFAIL=-1 setzen.
	Folgende Fehlermeldungen sind möglich: IFAIL=1 NP1 < 2.	

Tabelle 3.3: **Die Parameter der Routine E02AFF**

Die NAG-Routine

E02AFF(NP1,Y,TRANS1,IFAIL)

berechnet wie E01AEF im Feld TRANS1 die Koeffizienten a_i der interpolierenden Reihe (3.44) von Tschebyscheffpolynomen, allerdings unter der Voraussetzung, daß die Stützstellen die Tschebyscheffpunkte (3.7) sind. Da diese Punkte sehr günstig für Interpolations- und Approximationsprobleme sind, empfiehlt sich diese Routine besonders, wenn eine Funktionsvorschrift zur Berechnung der Werte y_i gegeben ist, siehe unser Programm KAP3_INTERDIM1.

Da die Tschebyscheffpolynome auf das Intervall [-1, +1] normiert sind, muß man darauf achten, bei eigener Weiterverarbeitung der Koeffizienten die Funktion auf das ursprüngliche Intervall [XMIN, XMAX] zurückzutransformieren. Bei den Auswertungsroutinen E02AKF, E02AHF, E02AJF ist dafür durch Einführung der Parameter XMIN und XMAX Sorge getragen, siehe 3.2.6.

Werden von der Ergebnisreihe nur die ersten $k < NP1$ Summanden ausgewertet, so bekommt man aufgrund der Eigenschaften der Tschebyscheffpolynome eine Gaußapproximation, siehe auch 3.7.

3.2.6 Die NAG-Routinen E02AKF, E02AHF und E02AJF

Diese drei Routinen führen die in 3.2.4 erwähnten Auswertungen mit Hilfe der berechneten Tschebyscheffkoeffizienten durch. Dies geschieht nach der entsprechenden Polynominterpolation mit E01AEF oder mit E01AFF, kann aber auch bei anderen Aufgabenstellungen wie der Gaußapproximation mit Tschebyscheffpolynomen erfolgen. Dabei sind die Koeffizienten a_i, (3.44), im array TRANS1 gespeichert mit dem Inkrement IA1, also in

TRANS1(1) TRANS1(1+IA1) ⋯ TRANS1(1+(IB-1)IA1),

und es ist IB $= n + 1$.

Die Routinen gehen davon aus, daß die normalisierte Variable $x \in [-1,+1]$ durch Transformation des Intervalls [XMIN, XMAX] erhalten wurde, und transformieren ihre Operationen entsprechend zurück.

IB	integer	Anzahl Koeffizienten: IB = N+1.
XMIN	real	Untere Intervallgrenze.
XMAX	real	Obere Intervallgrenze.
TRANS1	array	Eingabe: Tschebyscheffkoeffizienten: TRANS1(NMAX5).
IA1	integer	Index-Inkrement von TRANS1, s.o.
NMAX5	integer	Dimension von TRANS1: (1) NMAX5 > (IB–1) IA1.
XX	real	E02AKF: Auswertungspunkt: XMIN ≤ XX ≤ XMAX.
YY	real	E02AKF: Polynomwert: YY = p(XX).
DUMMY	real	E02AHF: p(XMIN).
CINT	real	E02AJF: Integrationskonstante.
TRANS2	array	Ausgabe: Tschebyscheffkoeffizienten: TRANS2(NMAX6).
IA2	integer	Index-Inkrement von TRANS2.
NMAX6	integer	Dimension von TRANS2: (2) NMAX6 > (IB–1) IA2.
IFAIL	integer	Fehlerparameter. Vor Aufruf der Routinen IFAIL=–1 setzen.
	Folgende Fehlermeldungen sind möglich: IFAIL=1 IB < 1 oder XMIN ≥ XMAX oder IA1 < 1 oder IA2 < 1 oder (1) oder (2) verletzt. IFAIL=2 Es ist verletzt: XMIN ≤ XX ≤ XMAX.	

Tabelle 3.4: **Die Parameter der Routinen E02AKF, -AHF, -AJF**

Die NAG-Routine

E02AKF(IB,XMIN,XMAX,TRANS1,IA1,NMAX5,XX,YY,IFAIL)

berechnet in YY den Wert der Reihe (3.44).

Die NAG-Routine

E02AHF(IB,XMIN,XMAX,TRANS1,IA1,NMAX5,DUMMY,
TRANS2,IA2,NMAX6,IFAIL)

berechnet im Feld TRANS2 die Koeffizienten der Reihe von Tschebyscheffpolynomen, die die Ableitung $p'(x)$ von (3.44) ist. Es ist möglich und wird von uns im Programm KAP3_INTERDIM1 so angewendet, die gegebenen Koeffizienten mit den neu berechneten zu überschreiben mit dem Aufruf:

```
E02AHF(IB,XMIN,XMAX,TRANS1,IA1,NMAX5,DUMMY,
       TRANS1,IA1,NMAX5,IFAIL)
```

Eine Auswertung der Ableitung kann dann mit E02AKF in derselben Weise wie die Funktionsauswertung geschehen.

Die NAG-Routine

```
E02AJF(IB,XMIN,XMAX,TRANS1,IA1,NMAX5,CINT,
       TRANS2,IA2,NMAX6,IFAIL)
```

berechnet im Feld TRANS2 die Koeffizienten der Reihe von Tschebyscheffpolynomen, die das unbestimmte Integral $q(x) = c + \int p(x)dx$ von (3.44) ist. Dabei ist CINT die einzugebende Integrationskonstante c=q(XMIN). Die gegebenen Koeffizienten können mit dem Aufruf:

```
E02AJF(IB,XMIN,XMAX,TRANS1,IA1,NMAX5,CINT,
       TRANS1,IA1,NMAX5,IFAIL)
```

mit den neu berechneten wieder überschrieben werden. Wird CINT=0 eingegeben, so kann eine Auswertung des Integrals mit E02AKF in derselben Weise wie die Funktionsauswertung geschehen.

3.2.7 Programm und Beispiel

Die Polynominterpolation wurde zusammen mit der rationalen Interpolation und der Splineinterpolation bzw. -approximation im Programm KAP3_INTERDIM1 implementiert, das in Abschnitt 3.5 vorgestellt wird. Dort werden auch anhand eines Beispiels diese Verfahren verglichen.

3.3 Rationale Interpolation

3.3.1 Problemstellung

Gegeben seien $n+1$ voneinander verschiedene Stützstellen $x_0, x_1, \cdots, x_n$ und diesen zugeordnete Stützwerte $y_0, y_1, \cdots, y_n$.

Gesucht ist eine rationale Funktion R

$$R(x) = \frac{p_0 + p_1 x + \cdots + p_\zeta x^\zeta}{q_0 + q_1 x + \cdots + q_\nu x^\nu} = \frac{P(x)}{Q(x)}, \tag{3.45}$$

für die gilt

$$R(x_i) = y_i. \tag{3.46}$$

Dabei sind P und Q Polynome vorgegebenen Höchstgrades:

$$\text{grad}(P) \le \zeta, \quad \text{grad}(Q) \le \nu \qquad \text{mit} \qquad \zeta + \nu = n.$$

3.3.2 Der Algorithmus von Thacher und Tukey

Algorithmen zur Lösung des Problems der rationalen Interpolation gibt es mindestens seit 1881, [47]. Die älteren Algorithmen haben allerdings den Nachteil, daß sie nicht *zuverlässig* sind, denn es kann passieren, daß sie versagen, obwohl zur gegebenen Tabelle und zu den vorgegebenen Höchstgraden eine rationale Interpolationsfunktion existiert.

Thacher und Tukey haben einen Algorithmus entwickelt, der diesen Nachteil vermeidet und überdies, besonders in der in [34] vorgestellten Variante, noch robust gegenüber Rundungsfehlern ist. Er löst das Problem nur für zwei Grad-Kombinationen:

$$\begin{aligned} \zeta = \nu = \frac{n}{2}, &\qquad \text{falls } n \text{ gerade, oder} \\ \zeta = \frac{n+1}{2}, \nu = \frac{n-1}{2}, &\qquad \text{falls } n \text{ ungerade.} \end{aligned} \tag{3.47}$$

Man kann zeigen, daß alle anderen Grad-Kombinationen auf diesen Fall mit einem zusätzlichen Newtonschen Polynominterpolationsverfahren zurückgeführt werden können, siehe etwa [79] oder [34]. Der Algorithmus von Thacher und Tukey ist in [34] ausführlich beschrieben. Wir wollen uns hier darauf beschränken, zwei Aspekte hervorzuheben:

1. Die Darstellung der rationalen Funktion erfolgt in Form eines Thieleschen Kettenbruches:

$$R(x) = a_1 + a_2 \cfrac{x - x_1'}{1 + a_3 \cfrac{x - x_2'}{1 + a_4 \cfrac{x - x_3'}{1 + \cdots a_m(x - x_{m-1}')}}} \,. \tag{3.48}$$

   Dabei sind die x_i' Stützstellen wie die x_i, aber in veränderter Numerierung. Es ist $a_1 := y_0$, $x_1' := x_0$ und, wenn der Kettenbruch nicht vorzeitig abbricht, $m = n + 1$. Die Reihenfolge der Abarbeitung der Stützstellen und -werte entspricht der Pivotstrategie bei linearen Gleichungssystemen. Und diese Strategie bewirkt gerade die Robustheit und Zuverläsigkeit des Algorithmus.

2. Die Auswertung der rationalen Funktion geschieht am einfachsten mit der Kettenbruchdarstellung (3.48). Sollten trotzdem die Koeffizienten der Polynome P und Q, also die Zahlen p_i und q_i aus (3.45) benötigt werden, so sind diese mit Hilfe des Algorithmus leicht rekursiv mitzuberechnen.

Der Thacher-Tukey-Algorithmus findet immer dann eine Lösung des Problems der rationalen Interpolation, wenn eine solche existiert. Der einzige Fehlerfall, den der Algorithmus bei exakter Rechnung und korrekten Daten liefern kann, ist der eines unerreichbaren Punktes.

In [34] wird ein Beispiel angegeben, bei dem ein Algorithmus ohne Pivotstrategie abbrechen würde:

Beispiel 3.2 Gegeben sei folgende Tabelle:

x	0	1	2	3
y	4	2	4	7

Es ist also $n = 3$. Demnach haben Zähler- und Nennerpolynom die Höchstgrade $\zeta = 2$ und $\nu = 1$. Der Algorithmus ergibt folgende Werte

x'	0	1	3	2
a	4	-2	-1.5	1

Der Kettenbruch (3.48) ist also

$$R(x) = 4 - 2 \frac{x}{1 - 1.5 \frac{x-1}{1 + x - 3}}.$$

Dies läßt sich leicht umrechnen auf die Form:

$$R(x) = \frac{4 - 4x + 4x^2}{1 + x}.$$

3.3.3 Die NAG-Routinen E01RAF und E01RBF

NP1	integer	Anzahl Stützstellen: $1 \leq$ NP1 $\leq$ NMAX+1.
X	array	Stützstellen: X(0:NMAX).
Y	array	Stützwerte: Y(0:NMAX).
M	integer	Anzahl Terme in der Darstellung (3.48).
TRANS1	array	Koeffizienten der Kettenbruchdarstellung.
TRANS2	array	Permutierte Stützstellen x'.
IWORK	int.array	Arbeitsspeicher der Mindestlänge N+1.
XX	real	E01RBF: Auswertungspunkt.
YY	real	E01RBF: Funktionswert R(XX).
IFAIL	integer	Fehlerparameter. Vor Aufruf der Routine IFAIL=−1 setzen.
	In E01RAF sind folgende Fehlermeldungen möglich: IFAIL=1 NP1 < 1. IFAIL=2 Stützstellen nicht verschieden. IFAIL=3 Es existiert keine Lösung. In E01RBF ist folgende Fehlermeldung möglich: IFAIL=1 XX ist (fast) ein Pol von R.	

Tabelle 3.5: **Die Parameter der Routinen E01RAF und E01RBF**

Die NAG-Routine

E01RAF(NP1,X,Y,M,TRANS1,TRANS2,IWORK,IFAIL)

erzeugt gemäß der Darstellung in (3.48) die Parameter a_i :=TRANS1(i) und x_i' :=TRANS2(i) ($i = 1, 2, \cdots, M$) der rationalen Funktion, die die Daten (X(I),Y(I)) interpoliert.

Die NAG-Routine

E01RBF(M,TRANS1,TRANS2,XX,YY,IFAIL)

wertet mit den in E01RAF vorberechneten Werten M, TRANS1 und TRANS2 die rationale Interpolationsfunktion (3.48) an der Stelle XX aus und überstellt den Wert in YY.

3.3.4 Programm und Beispiel

Die rationale Interpolation ist im Programm KAP3_INTERDIM1 implementiert, das in Abschnitt 3.5 vorgestellt wird.

3.4 Splines

3.4.1 Problemstellung

Gegeben seien $n+1$ voneinander verschiedene Stützstellen

$$x_0 < x_1 < \cdots < x_n \tag{3.49}$$

und diesen zugeordnete Stützwerte $y_0, y_1, \cdots, y_n$.

Gesucht ist eine kubische Splinefunktion, die diese Werte interpoliert oder im Gauß'schen Sinne approximiert.

Wir wollen zur Konstruktion dieser Splinefunktion eine Konstruktion wählen, die zusätzliche Randbedingungen vermeidet. Diese Vorgehensweise entspricht der in den großen Softwarepaketen, stellt aber auch mathematisch eine nützliche Alternative dar.

3.4.2 B-Splines

Wir betrachten zweimal stetig differenzierbare Splinefunktionen dritten Grades. Wir konstruieren für den Raum dieser Funktionen eine Basis. Die Funktionen dieser Basis werden *B-Splines* genannt. Aus diesen Basis-Splines bilden wir eine Linearkombination, die als Ansatz zur Interpolation bzw. Approximation dient. Diese Art der Lösungskonstruktion ist leicht auf andere Polynomgrade und Stetigkeitsordnungen – mathematisch: auf andere Splineräume – zu verallgemeinern.

Die kubischen B-Splines werden folgendermaßen konstruiert:
Zunächst definieren wir die abgeschnittene Potenzfunktion

$$F_x(t) := \begin{cases} (t-x)^3 & \text{falls} \quad x \le t \\ 0 & \text{falls} \quad x > t \end{cases}.$$

Es sei $f_i := F_x(t_i)$ und $[f_{i_0}, f_{i_1}, \cdots, f_{i_k}]$ die dividierten Differenzen nach (3.41), auf die Variable t bezogen, x bleibt als Variable also erhalten. Jetzt wird eine neue Punktmenge definiert, die Menge der Knotenpunkte $\{t_i\}$:

$$\begin{array}{l} (t_0,\ t_1,\ t_2,\ t_3,\ t_4,\ t_5,\ \cdots,\ t_n,\ \ t_{n+1},\ t_{n+2},\ t_{n+3},\ t_{n+4}) := \\ (x_0,\ x_0,\ x_0,\ x_0,\ x_2,\ x_3,\ \cdots,\ x_{n-2},\ x_n,\ \ x_n,\ \ x_n,\ \ x_n) \quad . \end{array}$$

Auf diese Knotenpunkte $t_0, t_1, \cdots, t_{n+4}$ werden die dividierten Differenzen von $F_x(t)$ bezogen. Damit definiert man die B-Splines als

$$B_i(x) := (t_{i+4} - t_i)[f_i, f_{i+1}, \cdots, f_{i+4}] \quad i = 0, 1, \cdots, n. \tag{3.50}$$

Diese B-Splines sind linear unabhängige Basisfunktionen des Raumes der kubischen Splinefunktionen.

Da diese Konstruktion der B-Splines nicht besonders anschaulich ist, wollen wir die Funktionen durch ihre Eigenschaften näher charakterisieren. Die B-Splines erfüllen folgende Bedingungen :

1. Sie haben kleinstmögliche Trägerintervalle:

$$\begin{aligned}
B_0(x) &> 0 \quad \text{falls} \quad x \in [x_0, x_2) \\
B_1(x) &> 0 \quad \text{falls} \quad x \in (x_0, x_3) \\
B_2(x) &> 0 \quad \text{falls} \quad x \in (x_0, x_4) \\
B_3(x) &> 0 \quad \text{falls} \quad x \in (x_0, x_5) \\
B_i(x) &> 0 \quad \text{falls} \quad x \in (x_{i-2}, x_{i+2}) \quad (i = 4, \cdots, n-4) \\
B_{n-3}(x) &> 0 \quad \text{falls} \quad x \in (x_{n-5}, x_n) \\
B_{n-2}(x) &> 0 \quad \text{falls} \quad x \in (x_{n-4}, x_n) \\
B_{n-1}(x) &> 0 \quad \text{falls} \quad x \in (x_{n-3}, x_n) \\
B_n(x) &> 0 \quad \text{falls} \quad x \in (x_{n-2}, x_n]
\end{aligned}$$

   Außerhalb dieser Intervalle sind die B-Splines identisch Null.

2. $$\sum_{i=0}^{n} B_i(x) = 1 \quad \forall x \in [x_0, x_n]$$

3. Die Matrix B mit den Koeffizienten

$$b_{ik} := B_k(x_i) \tag{3.51}$$

   hat Siebenbandgestalt und ist positiv-definit, aber nicht notwendig symmetrisch.

4. Die Werte der B-Splines wie die ihrer Ableitungen und ihrer Integrale lassen sich leicht rekursiv und numerisch stabil berechnen.

Aufgrund dieser positiven Eigenschaften eignen sich B-Splines auch gut als Ansatzfunktionen bei der Lösung von Differential- und Integralgleichungen.

Für äquidistante Stützstellen wollen wir die inneren kubischen B-Splines angeben. Sei also

$$x_i := x_0 + ih, \quad i = 0, 1, \cdots, n.$$

Dann ist für $i = 4, 5, \cdots, n-4$: $B_i(x) =$

$$= \frac{1}{6h^3} \begin{cases} (x - x_{i-2})^3 & , x \in [x_{i-2}, x_{i-1}] \\ h^3 + 3h^2(x - x_{i-1}) + 3h(x - x_{i-1})^2 - 3(x - x_{i-1})^3 & , x \in [x_{i-1}, x_i] \\ h^3 + 3h^2(x_{i+1} - x) + 3h(x_{i+1} - x)^2 - 3(x_{i+1} - x)^3 & , x \in [x_i, x_{i+1}] \\ (x_{i+2} - x)^3 & , x \in [x_{i+1}, x_{i+2}] \\ 0 & , \text{sonst} \end{cases}$$

In Zeichnung 3.5 sind die ersten fünf kubischen B-Splines bei mindestens neun Stützstellen dargestellt. Die Knotenpunkte sind mit $\times$ gekennzeichnet. Der einzige "innere" B-Spline mit einem Träger von vier Intervallen und symmetrischem Verlauf ist B_4. Diese inneren B-Splines sind interpolierende natürliche kubische Splines mit äquidistanten Stützstellen $\{x_{i-2}, \cdots, x_{i+2}\}$ zu der Wertetabelle

$$y_i = \{0, 1/6, 2/3, 1/6, 0\} .$$

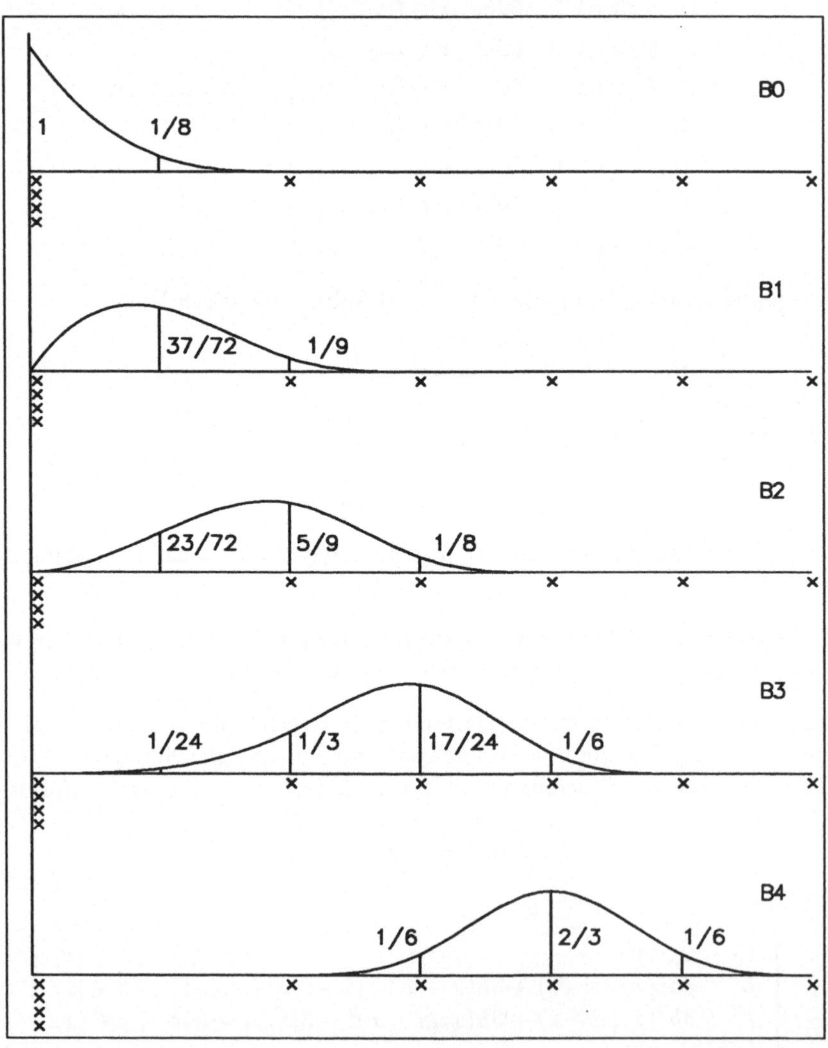

Zeichnung 3.5: **Kubische B-Splines bei äquidistanten Stützstellen**

Die gesuchte Splinefunktion $s(x)$ wird als Linearkombination der B-Splines dargestellt:

$$s(x) = \sum_{k=0}^{n} \alpha_k B_k(x). \tag{3.52}$$

Dies ist ein Ansatz mit $n+1$ Freiheitsgraden. Für $n+1$ Interpolationsbedingungen ergibt sich daher eine eindeutige Lösung. Zusätzliche Bedingungen am Rand sind nicht zu erfüllen. Das ist ein Vorteil des B-Spline-Ansatzes gegenüber der üblichen kubischen Spline-Interpolation.

Sollen m Stützwerte ausgeglichen werden mit $m > n+1$, so ergibt sich eine diskrete Gaußapproximation.

Die unbekannten Koeffizienten werden durch Lösung des linearen Gleichungssystems $B\alpha = y$ bestimmt, wo α und y die Vektoren mit den α_i bzw. y_i als Komponenten sind, also:

$$\sum_{k=0}^{n} \alpha_k B_k(x_i) = y_i, \quad i = 0, 1, \cdots, n. \tag{3.53}$$

Diese Lösung ist aufgrund der oben genannten Eigenschaften stabil und schnell möglich. Weitere Einzelheiten zu B-Splines findet man in [17], speziell zu dem z.B. in der NAG-Routine E01BAF angewandten Algorithmus in [14].

3.4.3 Die NAG-Routinen E01BAF und E02BAF

Die NAG-Routinen

E01BAF(NP1,X,Y,TRANS1,TRANS2,NMAX5,WORK,LWORK,IFAIL) und

E02BAF(NP1,NI7,X,Y,TRANS1,WORK,WORK(NP1),TRANS2,SS,IFAIL)

berechnen die kubische Splinefunktion, die an den Stellen X_i, $i = 0, 1, \cdots, N$, die Werte Y_i interpoliert bzw. approximiert. Randbedingungen werden nicht zusätzlich gestellt. Diese Splinefunktion wird aus N + 1 bzw. NI7 – 4 B-Splines zusammengesetzt.

NP1	integer	Anzahl Stützstellen: 4 ≤ NP1 ≤ NMAX5–4.
NI7	integer	E02BAF: Knotenanzahl: 8 ≤ NI7 ≤ NP1+4.
X	array	Stützstellen: X(0:NP1–1).
Y	array	Stützwerte: Y(0:NP1–1).
W	array	E02BAF: Gewichte: W(0:NP1–1).
TRANS1	array	Knotenpunkte: TRANS1(NMAX5).
TRANS2	array	B-Spline-Koeffizienten: TRANS2(NMAX5).
NMAX5	integer	Max.zahl Knotenpunkte: NMAX5 = NP1 + 5.
WORK	array	Arbeitsspeicher: WORK(LWORK). E02BAF: Zwei Arbeitsbereiche in WORK.
LWORK	integer	Dimension von WORK: LWORK ≥ 6 NMAX5 + 12. E02BAF: LWORK ≥ NP1+4 NI7.
SS	real	E02BAF: Fehlerquadratsumme.
IFAIL	integer	Fehlerparameter. Vor Aufruf der Routine IFAIL=–1 setzen.
	Folgende Fehlermeldungen sind in E01BAF möglich: IFAIL=1 NP1 < 4 oder LWORK < 6 NMAX5 + 12. IFAIL=2 Stützstellen nicht streng monoton wachsend. Folgende Fehlermeldungen sind in E02BAF möglich: IFAIL=1 Die Knoten TRANS1(5) bis TRANS1(NI7-4) liegen nicht alle im Intervall $[X(0), X(NP1)]$. IFAIL=2 Ein Gewicht $W(I) \leq 0$. IFAIL=3 X(I) nicht monoton wachsend. IFAIL=4 NI7 < 8 oder NI7 > NP1+4. IFAIL=5 Schoenberger-Bedingung verletzt.	

Tabelle 3.6: **Die Parameter der Routinen E01BAF und E02BAF**

Bei der Interpolation mit E01BAF werden die Knotenpunkte t_i =TRANS1(I) wie in 3.4.2 gewählt. Sie sind Ergebnisparameter. Es werden also X_0 und X_N als Knotenpunkte vierfach gesetzt, X_1 und X_{N-1} werden weggelassen. Dadurch stimmen Freiheitsgrad des B-Spline-Ansatzes und Anzahl der Interpolationsbedingungen überein. E01BAF ruft die Routine E02BAF auf, die eine Gaußapproximation mit kubischen Splines berechnet. Diese Approximation stimmt mit der Interpolationslösung überein wegen der eindeutigen Lösbarkeit dieses Problems. Residuum und Fehlerquadratsumme nehmen in der Lösung den Wert Null an.

Will der Benutzer Daten approximieren, muß er selbst E02BAF aufrufen. Dann sind die inneren Knotenpunkte Eingabeparameter, d.h. sie müssen zusätzlich zur Datentabelle festgelegt werden. Hier ist in der Regel die Anzahl NP1 von Daten wesentlich größer als der Freiheitsgrad des Splineansatzes. NI–1 ist die Anzahl der inneren Knotenpunkte, zusätzlich müssen die beiden Randpunkte je viermal hinzugefügt werden, siehe 3.4.2. So ergeben sich NI+7 Knotenpunkte. Oft ist eine äquidistante Knotenpunktverteilung bequem und sinnvoll. Aber auch doppelte, dreifache und vierfache Knotenpunkte sind möglich, wenn man die Stetigkeit der Ansatzfunktion in den Knotenpunkten unterschiedlich festlegen will, siehe [17].

Außerdem muß die Schoenberg-Whitney-Bedingung erfüllt sein: Es muß mindestens eine streng monoton wachsende Teilfolge von NI Stützpunkten x_{i_j} existieren, für die zwischen je 5 Stützpunkten mindestens ein Knotenpunkt liegt, also

$$x_{i_1} < t_{k_1} < x_{i_5},\ x_{i_2} < t_{k_2} < x_{i_6},\ \cdots .$$

Bei E02BAF übernimmt daher NI7 die Rolle von NMAX5 bei der Dimensionierung von TRANS1 und TRANS2, was aber kompatibel ist.

Die Auswertung der Funktion bzw. ihrer ersten drei Ableitungen bzw. ihre Integration wird durch Aufruf der Routinen E02BBF bzw. E02BCF bzw. E02BDF bewirkt, siehe 3.4.4.

3.4.4 Die NAG-Routinen E02BBF, E02BCF und E02BDF

NP5	integer	Anzahl Knotenpunkte: $8 \leq$ NP5 $\leq$ NMAX5.
TRANS1	array	Knotenpunkte: TRANS1(NMAX5).
TRANS2	array	B-Spline-Koeffizienten: TRANS2(NMAX5).
XX	real	Auswertungsstelle: (1) TRANS1(4) $\leq$ XX $\leq$ TRANS1(NP5–3).
YY	real	E02BBF: Wert des Splines: YY=S(XX).
	real	E02BDF: Wert des bestimmten Integrals.
LEFT	integer	E02BCF: Links- (LEFT=1) oder rechtsseitige Auswertung der Ableitungen.
YYA	array	E02BCF: Ableitungswerte, YYA(4). YYA(I) = $S^{(I-1)}$(XX).
IFAIL	integer	Fehlerparameter. Vor Aufruf der Routine IFAIL=–1 setzen.
	In E02BBF sind folgende Fehlermeldungen möglich: IFAIL=1 (1) verletzt. IFAIL=2 NP5 < 8. In E02BCF/E02BDF sind folgende Fehlermeldungen möglich: IFAIL=1 NP5 < 8. IFAIL=2 Knotenanordnung falsch oder (1) verletzt.	

Tabelle 3.7: **Die Parameter der Routinen E02BBF, -BCF, -BDF**

Wir wollen hier diese drei Routinen nur im Zusammenhang mit einem vorherigen Aufruf der Routine E01BAF oder E02BAF beschreiben. Nach den entsprechenden Aufrufen mit NP1=N+1 und NP5=N+5 berechnet

E02BBF(NP5,TRANS1,TRANS2,XX,YY,IFAIL)

den Wert YY des mit E01BAF berechneten Splines an der Stelle XX.

E02BCF(NP5,TRANS1,TRANS2,XX,1,YYA,IFAIL)

berechnet den Wert des Splines und den der ersten drei Ableitungen an der Stelle XX und speichert diese Werte in YYA(1) bis YYA(4). Dabei bewirkt die "1" für LEFT, daß die dritte Ableitung mit ihrem linksseitigen Wert berechnet wird, was nur für innere Knotenpunkte von Belang ist. Ein Wert $\neq 1$ für LEFT bewirkt die rechtsseitige Auswertung der dritten Ableitung.

E02BDF(NP5,TRANS1,TRANS2,YY,IFAIL)

liefert schließlich den Wert des bestimmten Integrals

$$\int_{x_0}^{x_n} S(x)dx. \tag{3.54}$$

Dazu müssen natürlich alle Daten nach einem vorherigen Aufruf von E01BAF oder E02BAF unverändert zur Verfügung stehen, d.h. x_0 muß in den Feldelementen TRANS1(1) bis TRANS1(4) und x_n in TRANS1(N+2) bis TRANS1(N+5) enthalten sein und die berechneten B-Spline-Koeffizienten in TRANS2 dürfen nicht etwa überschrieben werden.

E02BCF ist langsamer als E02BBF, ungefähr um den Faktor 2. Alle Routinen benutzen die Rekursionsbeziehungen der B-Splines und ihrer Ableitungen bzw. Integrale, siehe etwa [17].

3.5 Programm und Beispiel

Das Programm KAP3_INTERDIM1, Anhang A, Seite 311, ermöglicht die Interpolation bzw. Approximation von gegebenen Daten mit den Verfahren, die wir in den vorhergehenden Abschnitten kennengelernt haben. Es benutzt dabei die beschriebenen NAG-Routinen. Die Tabellendaten bereitet man am besten auf der Eingabedatei INTERDIM1_IN vor. In ihr werden sowohl die Eingabedaten n und (x_i, y_i) für $i = 0, 1, \cdots, n$ in $n + 2$ Zeilen als auch die gewünschten Auswertungen gespeichert. Im Programmdialog wird dann entschieden, welches Verfahren gewählt werden soll:

1 Polynominterpolation mit Auswertung an *einem* Punkt.
2 Polynominterpolation nach Newton.
3 Splineinterpolation oder -approximation mit B-Splines.
4 Rationale Interpolation.

Für die Auswertungen in den Fällen 2 bis 4 gibt es die folgenden Möglichkeiten (Kz.=Kennziffer):

Kz.	(2) Polynome	(3) Splines	(4) Rationale Fkt.
1	Auswertung P(x)	Auswertung S(x)	Auswertung R(x)
2	Ersatz: $P' \to P$	Auswertung $S'(x)$	
3	Ersatz: $\int P \to P$	Auswertung $S''(x)$	
4		Auswertung $S'''(x)$	
5		Integral $\int_{x_0}^{x_n} S(x)dx$	
0	Ende	Ende	Ende

Für die Auswertung werden in einer Zeile die Kennziffer, und, falls erforderlich, in der nächsten Zeile der Auswertungspunkt eingegeben. Wir wollen die Möglichkeiten an einem Beispiel verdeutlichen. Die Funktion

$$f(x) = \sqrt{x}$$

soll im Intervall [0, 64] an folgenden Stellen interpoliert werden:

x	0	1	4	9	16	25	36	49	64
y	0	1	2	3	4	5	6	7	8

Natürlich ist dies ein sehr künstliches Beispiel, aber es verdeutlicht den Qualitätsunterschied der drei betrachteten Interpolationsverfahren bei sehr schwach variierenden Tabellenwerten sehr schön.

Uns interessieren besonders die Werte der Interpolationsfunktionen in den Randintervallen (0, 1) und (49, 64). Deshalb erstellen wir folgende Eingabedatei INTERDIM1_IN :

```
8         N
0  0      X(0)   Y(0)
1  1      X(1)   Y(1)
4  2      X(2)   Y(2)
9  3      X(3)   Y(3)
16 4      X(4)   Y(4)
25 5      X(5)   Y(5)
36 6      X(6)   Y(6)
49 7      X(7)   Y(7)
64 8      X(8)   Y(8)
```

```
1       Es folgt ein Auswertungspunkt
0.1     Auswertungspunkt
1
0.3
1
0.5
1
0.7
...
1
59
1
61
1       Es folgt ein Auswertungspunkt
63      Auswertungspunkt
0       Ende
```

Mit dieser Datei können wir in drei Dialogen die interpolierten Werte an den angegebenen Stellen bei Polynom-, Spline- und rationaler Interpolation erhalten. Wir wollen den ersten dieser drei Fälle angeben:

```
Sie haben das Programm INTERDIM1 gestartet.
INTERDIM1 interpoliert die Wertetabelle (x_i,y_i)
mit i=0 bis n wahlweise mit Polynomen, Splines oder
rationalen Funktionen.
Die x_i muessen streng monoton steigen.

Soll die Eingabe vom File INTERDIM1_IN und nicht
vom Terminal erfolgen ?
[y]
Bitte eingeben:
1 : Polynom-Interpolation fuer einen Wert.
2 : Polynom-Interpolation.
3 : Splineinterpolation/approximation.
4 : Rationale Interpolation.
[2]
Sollen als x_i die Tschebyscheffpunkte genommen
werden ?
[n]
Sollen auch Ableitungen eingegeben werden ?
[n]
f(   0.10000000000000   )=   0.12882020329117
f(   0.30000000000000   )=   0.36498799576666
```

```
f(   0.50000000000000  )=   0.57476860977046
f(   0.70000000000000  )=   0.76069794217981
f(   0.90000000000000  )=   0.92514122547271
f(   51.0000000000000  )=   18.5011837121212
f(   53.0000000000000  )=   35.4665967078189
f(   55.0000000000000  )=   56.7735012755102
f(   57.0000000000000  )=   78.9172898212898
f(   59.0000000000000  )=   94.7789084858777
f(   61.0000000000000  )=   92.0517161410018
f(   63.0000000000000  )=   51.2762687937063
```

In der folgenden Tabelle stellen wir die Werte der Funktion $f(x) = \sqrt{x}$ diesen Werten und denen der anderen Interpolationsarten gegenüber:

x	P(x)	S(x)	R(x)	$f(x) = \sqrt{x}$
0.1	0.128820	0.124346	0.222237	0.316227
0.3	0.364987	0.355691	0.502022	0.547722
0.5	0.574768	0.564967	0.687040	0.707106
0.7	0.760697	0.753454	0.828965	0.836660
0.9	0.925141	0.922429	0.946990	0.948683
51.0	18.501183	7.141938	7.141434	7.141428
53.0	35.466596	7.281021	7.280122	7.280109
55.0	56.773501	7.417362	7.416217	7.416198
57.0	78.917289	7.551075	7.549857	7.549834
59.0	94.778908	7.682272	7.681169	7.681145
61.0	92.051716	7.811066	7.810269	7.810249
63.0	51.276268	7.937570	7.937262	7.937253

In Zeichnung 3.6 finden wir oben die Funktion f und das interpolierende Polynom P. P oszilliert stark und verschwindet bei $x \approx 50$ sogar aus der Zeichnung, weil es Werte bis zu 100 annimmt. Im unteren Teil sind f und die interpolierende Splinefunktion S eingezeichnet. Sie stimmen bis auf ganz leichte Oszillationen von S am Anfang des Intervalls gut überein. Die interpolierende rationale Funktion R haben wir nicht eingezeichnet, weil man sie auf der Zeichnung von f nicht hätte unterscheiden können.

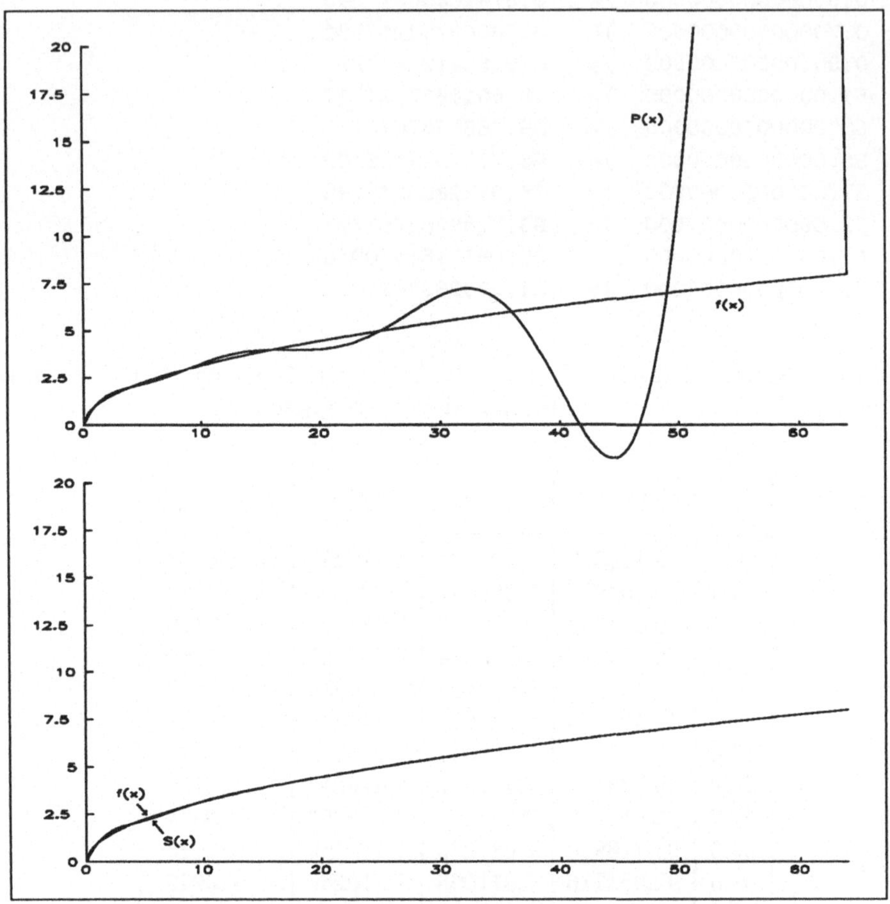

Zeichnung 3.6: **Vergleich der Interpolationsmethoden**

3.6 Trigonometrische Approximation

3.6.1 Fourierreihen

Die auf dem Intervall $[0, 2\pi]$ gegebene periodische, stückweise stetige Funktion f soll durch die Fourierreihe

$$g_n(x) = \frac{1}{2}a_0 + \sum_{k=1}^{n-1}(a_k \cos(kx) + b_k \sin(kx)) + a_n \cos(nx) \tag{3.55}$$

approximiert werden. Die Ansatzfunktionen sind orthogonal, siehe 3.1.6.

3.6.2 Berechnung der Fourierkoeffizienten

Zunächst gehen wir zu einer diskreten Aufgabe über, indem wir die Fourierkoeffizienten a_k und b_k, (3.29), mit der aufsummierten Trapezregel und äquidistanten Stützstellen integrieren. Sei also

$$h = \frac{2\pi}{N}, \quad x_j = jh = \frac{2\pi j}{N}, \quad j = 0, \cdots, N. \tag{3.56}$$

Dann bekommen wir unter Berücksichtigung der Periodizität für die Koeffizienten a_k und b_k die Näherungen (Es ist im allgemeinen $n \neq N$.)

$$\begin{aligned} a_k^* &= \frac{2}{N}\sum_{j=1}^{N} f(x_j)\cos(kx_j), \quad k = 0, 1, \cdots, n, \\ b_k^* &= \frac{2}{N}\sum_{j=1}^{N} f(x_j)\sin(kx_j), \quad k = 1, \cdots, n-1. \end{aligned} \tag{3.57}$$

Das entspricht der diskreten Gaußapproximation mit den Gewichten

$$\omega_0 = \omega_N = \frac{1}{2}, \quad \omega_j = 1, \quad j = 1, \cdots, N-1, \tag{3.58}$$

wenn für die Ansatzfunktionen mit diesen Stützstellen und Gewichten eine diskrete Orthogonalität gilt. Daß dies in der Tat so ist, zeigen die folgenden Sätze, deren Beweise man z.B. in [8] oder [70] findet.

Satz 3.3 *Für die Stützstellen nach (3.56) gilt:*

$$\begin{aligned} \sum_{j=1}^{N} \cos(kx_j) &= \begin{cases} N & \text{falls } k = 0, N, 2N, 3N, \cdots \\ 0 & \text{sonst} \end{cases}, \\ \sum_{j=1}^{N} \sin(kx_j) &= 0, \quad k = 1, \cdots, n-1. \end{aligned} \tag{3.59}$$

Satz 3.4 *Die trigonometrischen Ansatzfunktionen in (3.55) erfüllen mit den äquidistanten Stützstellen (3.56) die diskreten Orthogonalitätsrelationen: ($\mathbb{Z}$ ist die Menge der ganzen Zahlen)*

$$\begin{aligned} \sum_{j=1}^{N} \cos(kx_j)\cos(lx_j) &= \begin{cases} N & \text{falls } \frac{k+l}{N} \in \mathbb{Z} \text{ und } \frac{k-l}{N} \in \mathbb{Z} \\ \frac{N}{2} & \text{falls entweder } \frac{k+l}{N} \in \mathbb{Z} \text{ oder } \frac{k-l}{N} \in \mathbb{Z} \\ 0 & \text{sonst} \end{cases}, \\ \sum_{j=1}^{N} \sin(kx_j)\sin(lx_j) &= \begin{cases} \frac{N}{2} & \text{falls } \frac{k+l}{N} \notin \mathbb{Z} \text{ und } \frac{k-l}{N} \in \mathbb{Z} \\ -\frac{N}{2} & \text{falls } \frac{k+l}{N} \in \mathbb{Z} \text{ und } \frac{k-l}{N} \notin \mathbb{Z} \\ 0 & \text{sonst} \end{cases}, \\ \sum_{j=1}^{N} \cos(kx_j)\sin(lx_j) &= 0 \quad \forall\, k, l \in \mathbb{N}_0. \end{aligned} \tag{3.60}$$

Satz 3.5 *Es sei $N = 2n, \quad n \in \mathbb{N}$. Die endliche Fourierreihe*

$$g_n^*(x) := \frac{1}{2}a_0^* + \sum_{k=1}^{n-1}\{a_k^*\cos(kx) + b_k^*\sin(kx)\} + \frac{1}{2}a_n^*\cos(nx) \tag{3.61}$$

mit den Koeffizienten (3.57) interpoliert die Funktion f an den Stützstellen x_j. Sie ist die einzige trigonometrische Reihe der Form (3.55), die diese Werte interpoliert.

Satz 3.6 *Es sei $N = 2n, \quad n \in \mathbb{N}$ und $m < n$. Die endliche Fourierreihe*

$$g_m^*(x) := \frac{1}{2}a_0^* + \sum_{k=1}^{m}\{a_k^*\cos(kx) + b_k^*\sin(kx)\} \tag{3.62}$$

mit den Koeffizienten (3.57) ist die diskrete Gaußapproximation an die Funktion f, d.h., sie minimiert die Fehlerquadratsumme

$$\sum_{j=1}^{N}(g_m^*(x_j) - f(x_j))^2 \tag{3.63}$$

für die Koeffizienten (3.57).

3.6.3 Die schnelle Fouriertransformation

Zur effizienten Berechnung der Fourier-Koeffizienten a_k^*, b_k^* benutzt man die schnelle Fourier-Transformation. Lassen wir den Vorfaktor in (3.57) weg, so benötigen wir einen Algorithmus zur schnellen Berechnung der reellen Zahlen

$$\begin{aligned} a_k' &= \sum_{j=0}^{N-1} f(x_j)\cos(kx_j), \quad k = 0, 1, \cdots, n \\ b_k' &= \sum_{j=0}^{N-1} f(x_j)\sin(kx_j), \quad k = 1, \cdots, n-1 \end{aligned} \tag{3.64}$$

Runge, [67], [68], hat schon 1903 unter der Voraussetzung $N = 4m, \ m \in \mathbb{N}$, ein Verfahren vorgeschlagen, das den Aufwand bei der Berechnung der Fourier-Reihen durch Aufspaltung vermindert, siehe [70]. 1965 haben Cooley und Tukey eine Idee von Gauß aufgegriffen, die zu einer noch effizienteren Methode führt.

Diese Methode läßt sich am einfachsten darstellen, wenn wir voraussetzen, daß N eine Zweierpotenz ist:

$$N = 2^\gamma \tag{3.65}$$

Jetzt gehen wir zur komplexen Schreibweise über und definieren

$$\begin{aligned} w_n &:= e^{-i2\pi/n} = \cos\left(\frac{2\pi}{n}\right) - i\sin\left(\frac{2\pi}{n}\right), \quad i := \sqrt{-1} \\ \text{und} & \\ y_j &:= f(x_{2j}) + i\,f(x_{2j+1}), \quad j = 0, 1, \cdots, n-1, \quad n := \frac{N}{2}, \end{aligned} \tag{3.66}$$

d.h. wir fassen zwei aufeinanderfolgende Stützwerte zu der komplexen Zahl y_j zusammen. Damit bekommen wir statt (3.64)

$$c_k = \sum_{j=0}^{n-1} y_j e^{-ijk2\pi/n} = \sum_{j=0}^{n-1} y_j w_n^{jk}, \quad k = 0, 1, \cdots, n-1. \tag{3.67}$$

Auf die Darstellung der Beziehungen zwischen den a'_k, b'_k und den c_k wollen wir hier verzichten. Es geht jetzt um die effektive Berechnung der Summe, die man auch *diskrete Fourier-Transformation* (DFT) der y_j auf die c_k nennt. Wenn n gerade ist, $n = 2m$, können die Indizes k und j in (3.67) als

$$\begin{aligned} k &= p_1 + 2p, \quad \text{mit} \quad 0 \le p_1 < 2, 0 \le p < m \\ j &= q_1 m + q, \quad \text{mit} \quad 0 \le q_1 < 2, 0 \le q < m \end{aligned}$$

dargestellt werden. Das ergibt

$$\begin{aligned} c_k = c_{p_1+2p} &= \sum_{q_1=0}^{1} \sum_{q=0}^{m-1} y_{q_1 m+q} w_n^{(p_1+2p)(q_1 m+q)} \\ &= \sum_{q=0}^{m-1} y_q w_n^{(p_1+2p)q} + \sum_{q=0}^{m-1} y_{m+q} w_n^{(p_1+2p)(m+q)} \end{aligned}$$

Die Potenzen w_n^l, $l = 0, \cdots, n-1$, der Einheitswurzeln bilden ein regelmäßiges n-Eck auf dem Einheitskreis der komplexen Zahlenebene. Deshalb gilt

$$\begin{aligned} w_n^{2m} &= w_n^n = 1 \quad \text{und} \\ w_{2m}^{q+m} &= -w_{2m}^q \end{aligned}$$

und damit

$$\begin{aligned} w_n^{(p_1+2p)q} &= (w_n^2)^{pq}\, w_n^{p_1 q} \\ w_n^{(p_1+2p)(m+q)} &= (-1)^{p_1} (w_n^2)^{pq}\, w_n^{p_1 q} \end{aligned} \tag{3.68}$$

Das ergibt für $p_1 = 0$ und $p_1 = 1$ die beiden Fälle

$$\begin{aligned} c_{2p} &= \sum_{q=0}^{m-1} (y_q + y_{m+q}) w_m^{pq} \\ c_{2p+1} &= \sum_{q=0}^{m-1} \{(y_q - y_{m+q}) w_n^q\} w_m^{pq} \end{aligned} \tag{3.69}$$

oder mit den Hilfswerten

$$\left.\begin{aligned} z_q &:= y_q + y_{m+q} \\ z_{m+q} &:= (y_q - y_{m+q})\, w_n^q \end{aligned}\right\} \quad q = 0, 1, \cdots, m-1, \tag{3.70}$$

$$\left.\begin{array}{lll} c_{2p} & := & \sum\limits_{q=0}^{m-1} z_q\, w_m^{pq} \\ c_{2p+1} & := & \sum\limits_{q=0}^{m-1} z_{m+q}\, w_m^{pq} \end{array}\right\} \quad p = 0, 1, \cdots, m-1, \qquad (3.71)$$

Jede Gleichung in (3.71) ist wieder eine DFT wie (3.67). Ist m gerade, so läßt sich diese Reduktion wiederholen, für $N = 2^\gamma$ solange, bis $m = 1$ ist.
Der Aufwand zum Aufaddieren der Summe beträgt dann $\frac{1}{2}n\gamma = \frac{1}{2}n\log_2 n$ komplexe Rechenoperation im Gegensatz zu n^2 bei der direkten Summation. Das bedeutet z.B. für $n = 32$ eine Beschleunigung der Rechnung um den Faktor 12.8, bei $n = 4096$ gar um 683. Das rechtfertigt den Namen "schnelle Fouriertransformation" (FFT).

Wir wollen auf die detaillierte Angabe eines Algorithmus verzichten, die meist verwendeten sind die Algorithmen von Cooley-Tukey und von Sande-Tukey. Diese beiden Algorithmen sind ausführlich beschrieben in den Kapiteln 11 und 12 in [8], in kürzerer Form auch in [70] oder in [75]. Diese Algorithmen werden in den Software-Paketen meist so implementiert, daß fast jedes N erlaubt ist. Der Aufwand hängt aber natürlich von der Primfaktorzerlegung von N ab. NAG empfiehlt die Beschränkung auf die Primfaktoren 2,3 und 5. Am schnellstens ist der Algorithmus aber, wenn N eine Zweierpotenz ist.

3.6.4 Die NAG-Routine C06FAF

FX	array	Erst Stützwerte, dann die DFT-Koeffizienten (s.u.), FX(0:NMAX).
N	integer	Anzahl Fourierkoeffizienten, N ≤ NMAX.
WORK	array	Arbeitsspeicher: WORK(NMAX).
IFAIL	integer	Fehlerparameter. Vor Aufruf der Routine IFAIL=−1 setzen.
	In C06FAF sind folgender Fehlermeldungen möglich: IFAIL=1 Ein Primfaktor von N ist größer als 19. IFAIL=2 N hat mehr als 20 Primfaktoren. IFAIL=3 N ≤ 1.	

Tabelle 3.8: **Die Parameter der Routine C06FAF**

Die NAG-Routine

C06FAF (FX,N,WORK,IFAIL)

berechnet die diskrete Fouriertransformation einer reellen Folge von Zahlen FX(I),

I=0,1,···,N-1, in der Form

$$\hat{c}_k = \frac{1}{\sqrt{N}} \sum_{j=0}^{N-1} \mathrm{FX}_j e^{-i\frac{2\pi jk}{N}}, k = 0, 1, \cdots, N-1. \tag{3.72}$$

Die Werte $\hat{c}_k$ werden in FX zurückgespeichert. Dabei bilden die komplexen Werte $\hat{c}_k$ eine Hermitefolge, d.h., $\hat{c}_{N-k}$ ist die konjugierte Komplexe zu $\hat{c}_k$, die Werte sind also in einem reellen Feld der Länge N zu speichern.

Es ist zu beachten, daß N nicht mehr als 20 Primfaktoren haben darf und keinen Primfaktor größer als 19. Aber das ist keine Einschränkung, wenn man weiß, daß die FFT am schnellsten ist, wenn N eine Zweierpotenz ist.

3.6.5 Programm und Beispiel

Im Programm KAP3_APPROX kann die trigonometrische oder die Approximation mit Tschebyscheffpolynomen gewählt werden. Deshalb werden Programm und Beispiel erst am Ende des nächsten Abschnitts vorgestellt, siehe 3.7.6.

3.7 Approximation mit Tschebyscheffpolynomen

3.7.1 Tschebyscheffpolynome

Für jedes $k \in \mathbb{N}_0$ ist die Funktion $\cos(k\varphi)$ aufgrund der Additionstheoreme der trigonometrischen Funktionen als Polynom in $\cos(\varphi)$ darstellbar.

Deshalb liefert mit $k \in \mathbb{N}_0$ die Definition

$$T_k(x) := T_k(\cos(\varphi)) := \cos(k\varphi) \quad \text{mit} \quad x := \cos(\varphi), \quad x \in [-1, 1] \tag{3.73}$$

eine Folge von Polynom T_k vom Grad k. Die ersten vier Tschebyscheffpolynome ergeben sich als

$$\begin{aligned}
\cos(0\varphi) &= 1 & \Longrightarrow \quad & T_0(x) = 1, \\
\cos(1\varphi) &= \cos(\varphi) & \Longrightarrow \quad & T_1(x) = x, \\
\cos(2\varphi) &= 2\cos^2(\varphi) - 1 & \Longrightarrow \quad & T_2(x) = 2x^2 - 1, \\
\cos(3\varphi) &= 2\cos(\varphi)\cos(2\varphi) - \cos(\varphi) & & \\
&= 4\cos^3(\varphi) - 3\cos(\varphi) & \Longrightarrow \quad & T_3(x) = 4x^3 - 3x.
\end{aligned}$$

Bis $k = 6$ ergeben sich noch:

$T_4(x) = 8x^4 - 8x^2 + 1$ $\quad$ $T_5(x) = 16x^5 - 20x^3 + 5x$

$T_6(x) = 32x^6 - 48x^4 + 18x^2 - 1$ $\quad \cdots$

Aufgrund der Definition lassen sich die folgenden Eigenschaften leicht herleiten:

1.
$$|T_k(x)| \leq 1 \quad \text{für} \quad x \in [-1,1], \quad k \in \mathbb{N}_0. \tag{3.74}$$

2. Die Tschebyscheffpolynome erfüllen folgende Rekursion:
$$\begin{aligned} T_0(x) = 1, \qquad & T_1(x) = x \\ T_{k+1}(x) \quad = \quad & 2\,x\,T_k(x) - T_{k-1}(x), \quad k \geq 1. \end{aligned} \tag{3.75}$$

3. $T_k(-x) = (-1)^k\, T_k(x)$.

4. $T_k(x)$ hat Extremalstellen für $k\varphi = l\pi$, also
$$x_l^{(e)} = \cos\left(\frac{l\pi}{k}\right), \quad l = 0,1,\cdots,k, \quad k \geq 1. \tag{3.76}$$
Sie sind symmetrisch zum Nullpunkt und haben alternierendes Vorzeichen. Sie entsprechen einer gleichmäßigen Einteilung des Kreises um $(0,0)$ mit dem Radius Eins und liegen deshalb zu den Intervallrändern hin dichter als im mittleren Intervallbereich.

5. Aus $\cos(\varphi) = 0$ ergibt sich $k\varphi = (2l-1)\frac{\pi}{2}$, also hat $T_k(x)$ die Nullstellen
$$x_l = \cos\left(\frac{(2l-1)\pi}{2k}\right), \quad l = 1,\cdots,k, \quad k \geq 1. \tag{3.77}$$
Auch sie sind symmetrisch zum Nullpunkt und liegen zu den Intervallrändern hin dichter als im mittleren Intervallbereich. Sie liegen alle im Innern des Intervalls $[-1,1]$.

Am wichtigsten für die Wahl der Tschebyscheffpolynome bei der Gaußapproximation ist aber ihre Orthogonalität:

Satz 3.7 *Die Tschebyscheffpolynome T_k, $k = 0,1,2,\cdots$, sind orthogonal bezüglich der Gewichtsfunktion $\omega(x) = 1/\sqrt{1-x^2}$:*

$$\int_{-1}^{1} T_l(x)\,T_j(x)\,\frac{1}{\sqrt{1-x^2}}\,dx = \left\{\begin{array}{ll} 0\,, & \textit{falls } l \neq j \\ \frac{1}{2}\pi\,, & \textit{falls } l = j > 0 \\ \pi\,, & \textit{falls } l = j = 0 \end{array}\right\}, \quad l,j \in \mathbb{N}_0. \tag{3.78}$$

3.7.2 Kontinuierliche Gaußapproximation

Aufgrund des letzten Satzes läßt sich die Aufgabe der kontinuierlichen Gaußapproximation durch (numerische) Integration lösen, entsprechend 3.1.4 : Ist im Intervall $[-1,1]$ eine stetige Funktion f gegeben, so approximiert die Funktion

$$g_k(x) = \frac{1}{2}c_0T_0(x) + \sum_{l=1}^{k} c_lT_l(x) \tag{3.79}$$

mit

$$c_l = \frac{2}{\pi} \int_{-1}^{1} f(x)\, T_l(x) \frac{1}{\sqrt{1-x^2}}\, dx, \quad l = 0, 1, \cdots, k, \tag{3.80}$$

f im quadratischen Mittel nach (3.17).

Die Tschebyscheffentwicklung einer Funktion f ist gegeben als

$$g(x) = \frac{1}{2} c_0 T_0(x) + \sum_{l=1}^{\infty} c_l T_l(x). \tag{3.81}$$

Diese Reihe konvergiert für alle $x \in [-1, 1]$ gegen $f(x)$, falls zusätzlich die erste Ableitung von f stückweise stetig ist.

3.7.3 Diskrete Gaußapproximation

Ist statt der Funktion f nur eine Datentabelle $(x_j, y_j), j = 1, \cdots, n$ gegeben, so können für die Koeffizienten c_l nur Näherungen c_l^* berechnet werden. Das entspricht einer diskreten Gaußapproximation nur dann, wenn die Stützstellen x_j die Tschebyscheffpunkte

$$x_j = \cos(\phi_j) \quad \text{mit} \quad \phi_j := \frac{(j-1)\pi}{n}, \quad j = 1, \cdots, n \tag{3.82}$$

sind, da sich sonst die Orthogonalität nicht auf den diskreten Fall überträgt. Es ist dann

$$c_l^* = \frac{2}{n} \sum_{j=1}^{n} y_j \cos(l\phi_j), \quad l = 0, 1, \cdots, \left[\frac{n}{2}\right]. \tag{3.83}$$

Dies ist eine Trapezregelsumme für die Integrale (3.80). Diese Berechnung der Integrale wird normalerweise auch bei gegebener Funktion f angewendet mit $y_j := f(x_j)$. Die Aufsummierung geschieht wie bei der trigonometrischen Approximation mit schnellen Algorithmen, etwa dem von Runge oder der schnellen Fouriertransformation, siehe [70].

3.7.4 Die NAG-Routine E02ADF

Die NAG-Routine

E02ADF (N,KPLUS1,NROWS,X,F,W,WORK1,WORK2,A,S,IFAIL)

berechnet für eine gegebene Tabelle (x_i, f_i, w_i), $i = 1(1)n$ und zu gegebenen n und k die Koeffizienten $c_i^{(l)}$, $i = 0(1)l$ für den Tschebyscheffpolynomansatz (3.79) für alle Polynomgrade $l = 0(1)k$, außerdem die zugehörigen Residuen.

N	integer	Anzahl n der Stützwerte.
X	array	Stützpunkte x_i, Feldlänge mindestens n. Die Stützpunkte müssen nicht-fallend geordnet sein.
F	array	Stützwerte f_i, Feldlänge mindestens n.
W	array	Gewichte w_i, Feldlänge mindestens n. Die Gewichte müssen positiv sein: $w_i > 0$.
KPLUS1	integer	Anzahl $k+1$ der Koeffizienten a_i.
NROWS	integer	Anzahl der Zeilen der Ergebnismatrix A, s.u. Normalerweise ist NROWS = k+1.
WORK1	array	Zweidimensionales Arbeitsfeld, Anzahl Zeilen mindestens 3, Anzahl Spalten mindestens n.
WORK2	array	Zweidimensionales Arbeitsfeld, Anzahl Zeilen mindestens 2, Anzahl Spalten mindestens $k+1$.
A	array	Zweidimensionales Ergebnisfeld, die l-te Zeile von A enthält die l Tschebyscheffkoeffizienten $a_0^{(l)}, \cdots, a_{l-1}^{(l)}$ des Polynoms T_{l-1}, $l = 1(1)k+1$.
S	array	Eindimensionales Ergebnisfeld der Länge $k+1$, es enthält die Residuen zu den $k+1$ berechneten Polynomen. Man kann also entscheiden, welcher Polynomgrad am geeignetsten ist.
IFAIL	integer	Fehlerparameter Vor Aufruf der Routine IFAIL=–1 setzen.
	Folgende Fehlermeldungen sind möglich: IFAIL=1 Nicht alle Gewichte sind positiv. IFAIL=2 Die Bedingung $x_{i-1} \leq x_i$ ist verletzt. IFAIL=3 Alle Stützpunkte x_i sind gleich. IFAIL=4 Die Bedingung $0 < k+1 \leq n$ ist verletzt. IFAIL=5 Es ist NROWS < KPLUS1.	

Tabelle 3.9: **Die Parameter der Routine E02ADF**

3.7.5 Die NAG-Routine E02AEF

Die NAG-Routine

E02AEF (KPLUS1,AA,XBAR,YPOL,IFAIL)

wertet für gegebene Tschebyscheffkoeffizienten eines der in E02ADF berechneten Polynome k-ten Grades an einer Stelle x aus dem Intervall $[x_1, x_n]$ aus.

KPLUS1	integer	Anzahl $k+1$ der Koeffizienten aa_i.
AA	array	Eindimensionales Feld, AA enthält die $k+1$ Tschebyscheffkoeffizienten $aa_0, \cdots, aa_k$ des Polynoms k-ten Grades $\Phi(x)$.
XBAR	real	XBAR muß den normalisierten x-Wert enthalten: XBAR $= [(x - x_1) - (x_n - x)] / (x_n - x_1)$
YPOL	real	YPOL $= \Phi(x)$
IFAIL	integer	Fehlerparameter Vor Aufruf der Routine IFAIL=–1 setzen.
	Folgende Fehlermeldungen sind möglich: IFAIL=1 Die Bedingung $-1 \leq$ XBAR ≤ 1 ist verletzt. IFAIL=2 Es ist KPLUS1 < 1	

Tabelle 3.10: **Die Parameter der Routine E02AEF**

3.7.6 Programm und Beispiele

Das Programm KAP3_APPROX, Anhang A, Seite 314, löst die in den beiden letzten Abschnitten beschriebenen Approximationsaufgaben mit Hilfe der genannten NAG-Routinen. Es benutzt eine Eingabedatei APPROX_IN. Es sollte sich im übrigen selbst erklären.

Wir wollen ein Beispiel rechnen, das eine typische Anwendung für die Fourieranalyse darstellt. Wir definieren im Intervall $[0,4]$ eine periodische Funktion mit Unstetigkeits- und Knickstellen (also Unstetigkeitsstellen der 1. Ableitung):

$$f(x) = \begin{cases} x^2 & \text{falls } 0 \leq x < 1 \\ 2 & \text{falls } 1 \leq x < 2 \\ 4 - x & \text{falls } 2 \leq x < 3 \\ 0 & \text{falls } 3 \leq x \leq 4 \end{cases}.$$

Wir approximieren f mit 8, 32 und 128 trigonometrischen Funktionen und stellen die Ergebnisse graphisch dar. Der Eingabedialog sieht folgendermaßen aus:

```
Sie haben das Programm APPROX gestartet. APPROX
berechnet die Fourier- bzw. Tschebyscheffkoeffizienten
der in diesem Programm vorhandenen Funktion F.
Es sei n die Anzahl der Stuetzstellen in [xmin,xmax[.
F(x) wird approximiert:
- Im Falle der Fourierapproximation durch:
a_0/2+a_1*cos(y)+...+a_i*cos(i*y)+...+a_m*cos(m*y)+
+b_1*sin(y)+...+b_i*sin(i*y)+...+b_m*sin(m*y).
```

```
Dabei ist y=2*Pi*(x-xmin)/(xmax-xmin) die lineare
Transformation von [xmin,xmax] auf [0,2*Pi].
- Im Falle der Tschebyscheffapproximation durch:
c_0/2*T_0(z)+c_1*T_1(z)+...+c_m*T_m(z).
Dabei ist T_i(z)=cos(arccos(i*z)) das
i. Tschebyscheffpolynom und
z=((x-xmin)+(x-xmax))/(xmax-xmin) die lineare
Transformation von [xmin,xmax] auf [-1,1].

Sollen die Auswertungsstellen vom File APPROX_IN
eingelesen werden ?
y
Eingabe von xmin,xmax:
0 4
Sollen die Fourierkoeffizienten berechnet werden ?
y
n=Anzahl der Stuetzstellen in [xmin,xmax[
mit 2<=n<=  512eingeben.
Achtung: n darf keinen Primfaktor>19 enthalten !
n darf nicht mehr als 20 Primfaktoren enthalten !
512
Eingabe von m=Grad des approximierenden
trigonometrischen Polynoms (0<=m<=n/2) :
8
a(  0)=    1.9166717529297
a(  1)=   -1.0972689687408
a(  2)=   -3.9230330952083D-18
a(  3)=   0.19922027003615
a(  4)=    2.5335382786450D-02
a(  5)=  -0.13745634093376
a(  6)=    2.0012425685940D-19
a(  7)=    8.7503868124943D-02
a(  8)=    6.3376626927475D-03
b(  1)=   0.35382870586479
b(  2)=   -6.4503068768866D-02
b(  3)=   -8.1017345802431D-02
b(  4)=    1.8068271556118D-19
b(  5)=    2.6166866823345D-02
b(  6)=   -2.3890022578978D-03
b(  7)=   -1.7072779965058D-02
b(  8)=   -3.7454738136401D-20
```

Die Auswertungen wurden umgelenkt und mit einem Graphik-Programm weiterverarbeitet.

Eine Tschebyscheffpolynomapproximation derselben Funktion führt bei wesentlich größerer Rechenzeit zu schlechteren Ergebnissen.

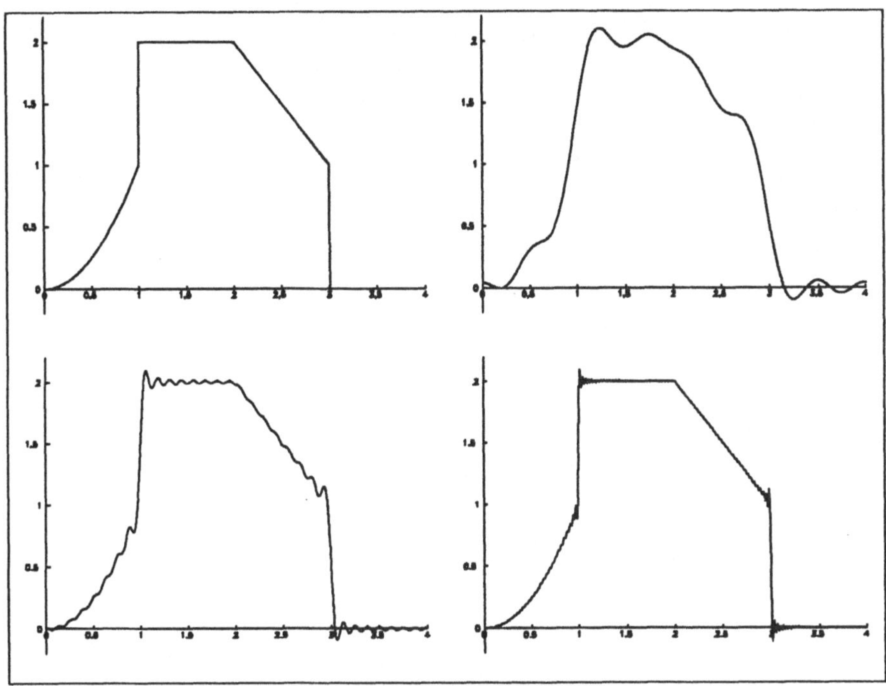

Zeichnung 3.7: f **und seine Fourierapproximation mit** m**=8, 32, 128**

3.8 Zweidimensionale Splineverfahren

Wir betrachten zwei Problemstellungen:

- **Interpolation**

Gegeben sei eine Tabelle mit Daten

$$(x_k, y_k, f_k) \quad k = 1, 2, \cdots, m. \tag{3.84}$$

Gesucht ist eine Funktion

$$\begin{aligned} S(x,y) &:= \sum_{i=1}^{n}\sum_{j=1}^{l} c_{ij} s_i(x) t_j(y) \quad \text{mit} \\ S(x_k, y_k) &= f_k, \quad k = 1, 2, \cdots, m. \end{aligned} \tag{3.85}$$

Dabei sind die Funktionen s_i und t_j die eindimensionalen Ansatzfunktionen.

- **Approximation**

  Gegeben sei eine Tabelle mit Daten

$$(x_k, y_k, f_k) \quad k = 1, 2, \cdots, m. \tag{3.86}$$

  Gesucht ist eine Funktion

$$\begin{aligned} S(x,y) &:= \sum_{i=1}^{n}\sum_{j=1}^{l} c_{ij} s_i(x) t_j(y) \quad \text{mit} \\ \sum_{k=1}^{m}(S(x_k,y_k) - f_k)^2 &\rightarrow \min_{c_{ij}}. \end{aligned} \tag{3.87}$$

Die Lösung dieser Probleme wird vereinfacht, wenn man sich auf die Gitterpunkte eines Rechteckgitters beschränkt.

Gegeben seien zwei Koordinatenlisten und eine Liste mit Funktionswerten:

$$\begin{gathered} x_i, \quad i = 1, 2, \cdots, n \quad \text{und} \quad y_j, \quad j = 1, 2, \cdots, l \\ f_{ij}, \quad i = 1, 2, \cdots, n, \quad j = 1, 2, \cdots, l. \end{gathered} \tag{3.88}$$

Gesucht ist eine Funktion

$$\begin{aligned} S(x,y) &:= \sum_{k=1}^{n}\sum_{\mu=1}^{l} c_{ij} s_k(x) t_\mu(y) \quad \text{mit} \\ S(x_i, y_j) &= f_{ij}, \quad i = 1, 2, \cdots, n, \quad j = 1, 2, \cdots, l. \end{aligned} \tag{3.89}$$

3.8.1 Lösung mit bikubischen B-Splines

Sei jetzt

$$\begin{aligned} s_k(x) &:= B_k(x), \quad k = 1, 2, \cdots, n \\ t_\mu(y) &:= B_\mu(y), \quad \mu = 1, 2, \cdots, l. \end{aligned} \tag{3.90}$$

Dabei sind $B_k(x)$ bzw. $B_\mu(y)$ die in 3.4.2 eingeführten B-Splines, jetzt über den zwei Stützstellenmengen $\{x_i\}$ bzw. $\{y_j\}$ definiert[3] und in der Numerierung um Eins verschoben. Einen typischen zweidimensionalen B-Spline auf einem 10×10-Gitter kann man in Zeichnung 3.6 sehen, gezeichnet mit der NAG-Routine J06HEF (siehe Anhang B).

---

[3] Wir wollen beide mit B bezeichnen, da uns das anschaulicher und weniger verwirrend erscheint als eine korrektere Bezeichnung wie etwa B und $\tilde{B}$.

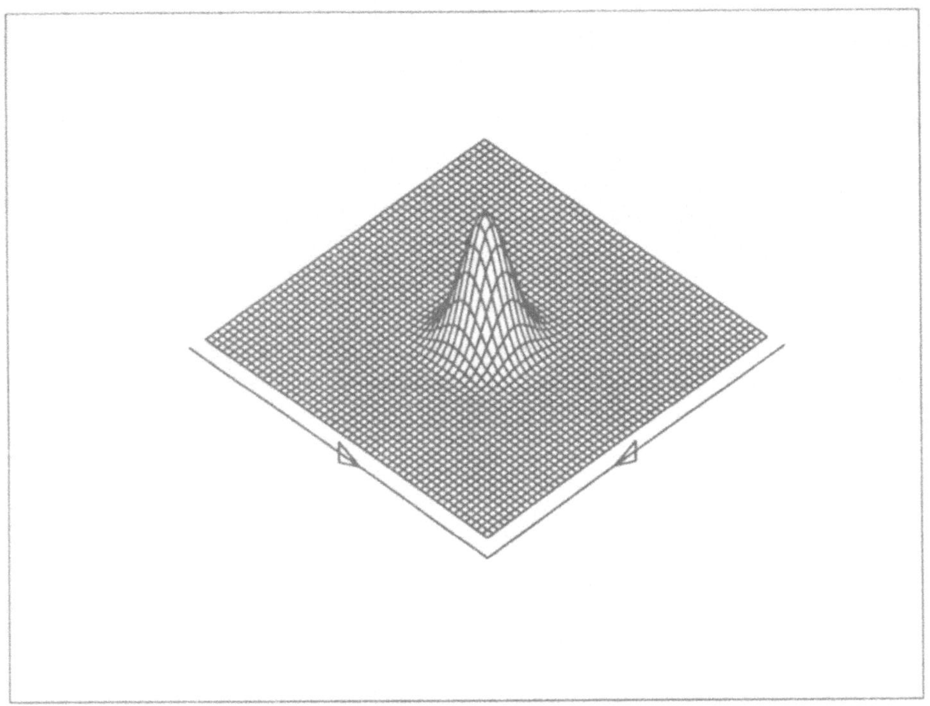

Zeichnung 3.8: **Zweidimensionaler B-Spline**

Mit den Funktionen (3.90) ergeben sich die zweidimensionalen Ansatzfunktionen

$$\hat{B}_{k\mu}(x,y) := B_k(x)B_\mu(y). \tag{3.91}$$

In jedem Rechteck R_ν des Gitters sind diese Funktionen Polynome vom Höchstgrad 6:

$$\hat{B}_{k\mu}(x,y) = \sum_{i=0}^{3}\sum_{j=0}^{3} a_{ij}^{k\mu\nu} x^i y^j, \quad \text{falls} \quad (x,y) \in R_\nu. \tag{3.92}$$

Dabei gehen die Funktionen an den Rechteckseiten zweimal stetig differenzierbar ineinander über, wenn alle inneren Knotenpunkte verschieden sind.

Daß diese Tensorproduktbasis $\{\hat{B}_{k\mu}\}$ wieder den gewünschten zweidimensionalen Funktionenraum aufspannt, kann man in [17] nachlesen. Am einfachsten ist dies für einen Tensorproduktansatz aus Lagrangepolynomen nachzuweisen, siehe [62]. In [62] ist auch sehr verständlich der Übergang zu Ansätzen für Finite Elemente Verfahren bei partiellen Differentialgleichungen dargestellt. Die B-Splines sind allerdings in [62] etwas anders als in 3.4.2 oder [17] definiert.

Die Lösung des Interpolationsproblems (3.85) auf dem Rechteckgitter (3.88) liefert jetzt das lineare Gleichungssystem

$$\sum_{k=1}^{n}\sum_{\mu=1}^{l} c_{k\mu} s_k(x_i) t_\mu(y_j) = f_{ij}, \quad i = 1,2,\cdots,n, \quad j = 1,2,\cdots,l. \tag{3.93}$$

Dies ist ein System von $n \cdot l$ linearen Gleichungen mit ebensovielen Unbekannten. Es ist dünn besetzt und hat Block-Band-Struktur. Zur Lösung wird man dementsprechend ein spezielles Verfahren verwenden, z.B. eine spezielle $Q \cdot R$-Zerlegung mit minimalem fill-in.

Ein lineares Gleichungssystem kann man auch bei beliebiger Punktevorgabe ohne Kopplung an ein Gitter aufstellen. Seien also die Daten wie in (3.84) gegeben:

$$(x_i, y_i, f_i), \quad i = 1,2,\cdots,m.$$

Dann wird (3.93) zu

$$\sum_{k=1}^{n}\sum_{\mu=1}^{l} c_{k\mu} B_k(x_i) B_\mu(y_i) = f_i, \quad i = 1,2,\cdots,m. \tag{3.94}$$

Nun wird man aber die B-Splines nicht mehr über die Stützstellen $\{x_i\}$ und $\{y_i\}$ konstruieren, sondern mit einer nur noch vom Gesamtgebiet, in dem die Stützstellen liegen, abhängigen Knotenpunktmenge. Dabei sollte die Verteilung der Knotenpunkte abhängen von der Dichte der Stützstellen und der Variation der Stützwerte. Wie man dies im einzelnen steuern kann, werden wir in 3.8.3 sehen. Die Struktur des linearen Gleichungssystems (3.94) ist nicht mehr so klar vorherbestimmbar wie die von (3.93). Entsprechend wachsen Zeit- und Speicheraufwand. Das Gleichungssystem (3.94) ist nur für $m = n \cdot l$ quadratisch und regulär. Um diese Bedingung nicht einhalten zu müssen, löst man es nach der Methode der kleinsten Quadrate und bekommt für $m \leq n \cdot l$ eine Interpolationslösung und für $m > n \cdot l$ eine Gauß-Approximationslösung.

3.8.2 Die NAG-Routine E01ACF

A	real	x-Koordinate des Auswertungspunktes.
B	real	y-Koordinate des Auswertungspunktes.
		Streng monoton wachsende Stützstellen-Listen:
X	array	Liste der x-Koordinaten : X(NMAX).
Y	array	Liste der y-Koordinaten : Y(LMAX).
F	array	Stützwerte F(I,J)=$F(X_I, Y_J)$: F(NMAX,LMAX).
VAL	real	Interpolationswert, s.u.
VALL	real	Interpolationswert, s.u.
IFAIL	integer	Fehlerparameter.
		Vor Aufruf der Routine IFAIL=–1 setzen.
XX	array	Arbeitsspeicher: XX(NMAX).
WORK	array	Arbeitsspeicher: WORK(NMAX).
AM	array	Arbeitsspeicher: AM(NMAX).
D	array	Arbeitsspeicher: D(NMAX).
IG1	integer	Max(N,L).
L	integer	Anzahl Gitterpunkte auf der y-Achse.
N	integer	Anzahl Gitterpunkte auf der x-Achse.
	In E01ACF ist folgende Fehlermeldung möglich: IFAIL=1 (A,B) liegt außerhalb des Gitterbereiches.	

Tabelle 3.11: **Die Parameter der Routine E01ACF**

Die NAG-Routine

E01ACF(A,B,X,Y,F,VAL,VALL,IFAIL,XX,WORK,AM,D,IG1,L,N)

soll als einfach zu bedienende zweidimensionale Interpolationsroutine vorgestellt werden, obwohl sie aus dem oben beschriebenen Rahmen herausfällt.

Sie setzt die Vorgabe der Daten auf einem Rechteckgitter voraus:

$$\begin{array}{ccccccc} X_1 & < & X_2 & < & \cdots & < & X_N \\ Y_1 & < & Y_2 & < & \cdots & < & Y_L, \end{array}$$

ebenso das Verschwinden der zweiten Ableitung auf dem Rand des Gitters, und sie berechnet genau einen Wert der natürlichen, bikubischen Splinefunktion, die die Daten interpoliert. Dieser Wert sollte möglichst zentral im Gitterbereich liegen, besonders dann, wenn das Verschwinden der zweiten Ableitung auf dem Rand nicht zu den Daten passend erscheint.

Die Interpolation geschieht in zwei Schritten: Zunächst wird für jeden Listenwert Y_j eine eindimensionale Interpolation in X-Richtung durchgeführt mit den

Stützwerten $F(X_i, Y_j)$, $i = 1, \cdots, N$. Das ergibt für $X = A$ die interpolierten Werte $F(A, Y_j)$. Diese werden jetzt in Y-Richtung interpoliert und der entstehende eindimensionale Spline in B ausgewertet. Das ergibt den Wert VAL. VALL entsteht durch die Umkehrung der X-Y-Reihenfolge bei dieser Vorgehensweise.

3.8.3 Die NAG-Routinen E02DAF, E02DBF und E02ZAF

Die NAG-Routine

E02DAF(M,PX,PY,X,Y,F,W,LAMDA,MU,POINT,NPOINT,
DL,C,NC,WS,NWS,EPS,SIGMA,RANK,IFAIL)

berechnet eine gewichtete Approximation aus bikubischen Splines an die gegebene Datentabelle $(X_i, Y_i, F_i, W_i,\ i = 1, \cdots, M)$ nach der Methode der kleinsten Quadrate. Die bikubischen Splines werden aus dem Tensorprodukt der eindimensionalen B-Splines mit vorzugebenden inneren Knotenpunkten konstruiert.

Die Knotenpunkte werden folgendermaßen festgelegt: PX bzw. PY ist die Zahl der Knoten auf der x- bzw. der y-Achse. LAMDA bzw. MU sind die Knotenpunkte. Die Routine besetzt

LAMDA(1):= $\cdots$:=LAMDA(4):=XMIN,

wenn XMIN der kleinste der Werte X_i ist, und

LAMDA(PX-3):= $\cdots$:=LAMDA(PX):=XMAX,

wenn XMAX der größte der Werte X_i ist. Vorbesetzt werden müssen die Werte LAMDA(5),$\cdots$,LAMDA(PX-4), sie müssen echt zwischen XMIN und XMAX liegen. Die Knotenpunkte MU auf der y-Achse werden analog besetzt.

Damit ist der B-Spline-Ansatz festgelegt, siehe 3.8.2. Die so konstruierte Splinefunktion ist zweimal stetig differenzierbar, wenn alle inneren Knotenpunkte in x- bzw. y-Richtung verschieden sind, mit Sprungstellen der dritten Ableitung an den Knotenpunktgeraden. Sind zwei Knotenpunkte gleich, so bewirkt das eine Sprungstelle in der zweiten Ableitung, usw. Es können also bis zu vier Knotenpunkte zusammenfallen.

Es wird dann der Ausdruck

$$\begin{aligned} SIGMA &:= \sum_{i=1}^{M} \{ W_i \cdot (S(X_i, Y_i) - F_i)\}^2 \longrightarrow \min_{C_{jk}} \quad \text{mit} \qquad (3.95) \\ S(X,Y) &= \sum_{j=1}^{(PX-4)} \sum_{k=1}^{(PY-4)} C_{jk} B_j(X) B_k(Y) \end{aligned}$$

minimiert.

Innerhalb des von den Knotenpunkten LAMDA und MU erzeugten Gitters müssen alle Stützstellen (X_i, Y_i) liegen. Diese Punkte müssen vor Aufruf von

E02DAF den Rechtecken des Gitters zugeordnet werden. Das erledigt die Routine E02ZAF. Sie erzeugt diese Information in dem integer-Feld POINT der Dimension NPOINT.

Die Minimierungsaufgabe erzeugt ein Gleichungssystem von M linearen Gleichungen mit den (PX–4)(PY–4) Unbekannten C_{jk}. Dieses wird im Sinne der kleinsten Quadrate gelöst, siehe 1.5. Ist diese Lösung nicht eindeutig, so wird zusätzlich die euklidische Norm der Koeffizienten C minimiert. Die Koeffizienten werden als Vektor gespeichert mit C((PY–4)(I–1) + J) = C_{ij}.

Die Matrix hat eine versetzte Blockbandstruktur mit maximal 16 Elementen ungleich Null pro Zeile. Sie wird mit orthogonalen Transformationen auf Dreiecksgestalt gebracht. Die Diagonalelemente d_i dieser Dreiecksmatrix werden auf ihre relative Größe geprüft: Sei

$$DL_i := \frac{d_i^2}{w} \quad \text{mit} \quad w := \sum_{i=1}^{M} W_i^2.$$

Es wird $d_i := 0$ gesetzt, falls $DL_i < EPS$. Anschließend werden die restlichen Elemente ungleich Null in dieser Zeile durch orthogonale Transformationen annulliert. Auf diese Weise wird der Rang RANK der Matrix bestimmt.
Ist M $\leq$ (PX–4)(PY–4), so werden die Werte F_i an den Stellen (X_i, Y_i) *interpoliert*. Bis auf Rundungsfehler muß dann das Residuum SIGMA Null werden. Die Gewichte W_i sollten in diesem Fall Eins gesetzt werden.

Interpolation auf einem Rechteckgitter erhält man, wenn man zu den Koordinatenlisten x_i, $(i = 1, 2, \cdots, n)$ und y_j, $(j = 1, 2, \cdots, l)$ die Parameterwerte wie folgt vorbesetzt:

$$\begin{aligned}
M &:= n \cdot l \\
PX &:= n + 4 \\
PY &:= l + 4 \\
\text{Für } k &= 1, \cdots, M = n \cdot l : \\
(X_k, Y_k, F_k) &:= (x_i, y_j, f_{ij})\ (i = 1, 2, \cdots, n),\ (j = 1, 2, \cdots, l) \\
& \quad\ k = ni + j - (n - 1) \\
W_k &:= 1 \\
LAMDA(1) = &\cdots = LAMDA(4) = x_1 \\
LAMDA(4 + i) &= x_{2+i}, \quad i = 1, \cdots, n - 4 \\
LAMDA(n + 1) = &\cdots = LAMDA(n + 4) = x_n \\
MU(1) = &\cdots = MU(4) = y_1 \\
MU(4 + i) &= y_{2+i}, \quad i = 1, \cdots, l - 4 \\
MU(l + 1) = &\cdots = MU(l + 4) = y_l \\
EPS &:= 0.0D0
\end{aligned} \tag{3.96}$$

M	integer	Anzahl Stützstellen, M $\leq$ MMAX.
MP	integer	E02ZAF: Anzahl Datenpunkte.
MP	integer	E02DBF: Anzahl Auswertungspunkte.
PX	integer	Anzahl Knotenpunkte auf der x-Achse, PX $\geq$ 8.
PY	integer	Anzahl Knotenpunkte auf der y-Achse, PY $\geq$ 8.
X	array	x-Koordinaten der Stützstellen: X(MMAX).
Y	array	y-Koordinaten der Stützstellen: Y(MMAX).
F	array	Stützwerte F(I)=$F(X_I,Y_I)$: F(MMAX).
W	array	Gewichte der Datenpunkte: W(MMAX).
A	array	x-Koordinaten der Auswertungspunkte: A(MP).
B	array	y-Koordinaten der Auswertungspunkte: B(MP).
FF	array	Werte S(A(I),B(I)) : FF(MP).
LAMDA	array	Knotenpunkte, x-Achse: LAMDA(PXMAX).
MU	array	Knotenpunkte, y-Achse: MU(PYMAX).
POINT	int.array	Indexinformation : POINT(NPOINT).
NPOINT	integer	NPOINT $\geq$ M + (PX–7) (PY–7).
DL	array	DL(I):=d_i^2/w^2, s.u.: DL(NCMAX).
C	array	B-Spline-Koeffizienten : C(NCMAX).
NC	integer	NC = (PX–4)(PY–4). NC $\leq$NCMAX.
WS	array	Arbeitssp.: WS(NWSMAX), NWSMAX$\geq$NWS.
NWS	integer	NWS $\geq$ 2 NC(p+2) +p mit p:=3(PY–4)+4.
EPS	real	Schranke für die Rang-Bestimmung.
SIGMA	real	Fehlerquadratsumme.
RANK	integer	Rang der Matrix des entstehenden Systems.
ADRES	int.array	Arbeitsspeicher: ADRES(NADRE).
NADRES	integer	NADRES = (PX–7)(PY–7)$\leq$NADRE.
IFAIL	integer	Fehlerparameter, vor Aufruf IFAIL=–1 setzen.

In E02DAF/E02DBF sind folgende Fehlermeldungen möglich:
IFAIL=1 Knoten nicht aufsteigend oder außerhalb des Gitters.
IFAIL=2 Mehr als 4 Knoten fallen zusammen.
IFAIL=3 Das Feld POINT ist nicht korrekt.
IFAIL=4 NC, M, PX, PY, NWS oder NPOINT falsch.
IFAIL=5 Alle Gewichte oder der Rang sind gleich Null.
In E02ZAF sind folgende Fehlermeldungen möglich:
IFAIL=1 LAMDA oder MU nicht monoton geordnet.
IFAIL=2 NADRES, M, PX, PY oder NPOINT falsch.

Tabelle 3.12: **Die Parameter der Routinen E02DAF, -DBF, -ZAF**

Die Routine E02DAF hat also einen breiten Anwendungsbereich. Der Nachteil, den man dafür gegenüber E01ACF in Kauf nehmen muß, ist der wesentlich größere Speicherplatzbedarf. Konnten wir bei unserer Beschränkung auf 64kBytes Datenspeicher bei E01ACF mit ca. 55×60 = 3300 Punkten rechnen, so müssen wir uns hier mit 55 Punkten begnügen. E02DAF ist auch etwas langsamer als E01ACF, hat aber den großen Vorteil, daß nach einmaligem Aufruf von E02DAF mit den Routinen E02DBF und E02ZAF beliebig viele Auswertungen sehr schnell berechnet werden können.

Die NAG-Routine

E02DBF(MP,PX,PY,A,B,FF,LAMDA,MU,POINT,NPOINT,C,NC,IFAIL)

berechnet MP Funktionswerte der bikubischen Splinefunktion S(X,Y), deren Koeffizienten C in E02DAF bestimmt wurden:

$$FF_i = S(A_i, B_i), \quad i = 1, \cdots, MP.$$

Die NAG-Routine

E02ZAF(PX,PY,LAMDA,MU,MP,A,B,POINT,NPOINT,ADRES,NADRES,IFAIL)

ordnet die Punkte

$$(A_i, B_i), \quad i = 1, \cdots, MP$$

bestimmten Rechtecken des durch die Knotenpunkte LAMDA und MU festgelegten Gitters zu und speichert die entsprechenden Indexinformationen in dem ganzzahligen Feld POINT(NPOINT).

3.8.4 Programm und Beispiele

Das Programm KAP3_INTERDIM2, Anhang A, Seite 316, benutzt die in den letzten Abschnitten beschriebenen NAG-Routinen E01ACF, E02DAF, E02DBF und E02ZAF, um zweidimensionale Daten auf einem Rechteckgitter oder beliebige zweidimensionale Daten zu interpolieren oder zu approximieren.

Wir wollen die Arbeitsweise des Programms an einem Beispiel mit beliebigen zweidimensionalen Daten demonstrieren:

In Zeichnung 3.9 stellt die zweidimensionale Funktion $F(X,Y)$ zwei zusammentreffende Flachwasserwellen dar. Mathematisch handelt es sich um die Lösung einer Korteveg–de Vries-Gleichung. Das ist eine partielle Differentialgleichung, die in gewissen Spezialfällen analytisch lösbar ist, [29]. Die in Zeichnung 3.9 dargestellte Lösung hat die Form (hier ist y die Zeitvariable):

$$\begin{aligned} F(x,y) \quad &:= \quad -2\frac{(a_1 + a_2 + \frac{5}{168}a_{12})^2}{(1 + \frac{5}{8}a_1 + \frac{5}{6}a_2 + \frac{25}{2352}a_{12})^2} \\ &+ \quad 2\frac{\frac{8}{5}a_1 + \frac{6}{5}a_2 + \frac{1}{12}a_{12}}{1 + \frac{5}{8}a_1 + \frac{5}{6}a_2 + \frac{25}{2352}a_{12}} \end{aligned}$$

mit

$$a_1 := \exp(\frac{128}{125}y - \frac{8}{5}x)$$
$$a_2 := \exp(\frac{54}{125}y - \frac{6}{5}x)$$
$$a_{12} := \exp(\frac{182}{125}y - \frac{14}{5}x)$$

Wir wollen diese Funktion im Rechteck $[-8,7] \times [-8,7]$ mit einer bikubischen Splinefunktion approximieren. Wir geben die Funktionswerte auf allen ganzzahligen Gitterpunkten dieses Rechtecks vor. Als Knotenpunkte wählen wir

$$LAMDA(4+i) = MU(4+i) := -7+i \quad \text{für} \quad i = 1,2,\cdots,12.$$

Das ergibt mit den je vierfachen Randknoten $20 \times 20 = 400$ Knotenpunkte. Die approximierende Splinefläche werten wir auf 31×31 Punkten aus und zeichnen sie wie die Funktion selbst mit der NAG-Routine J06HDF, siehe Anhang B. Diese Approximation ist mit einem maximalen Fehler von etwa 10% in der unteren linken Ecke behaftet. Der mittlere Fehler ist wesentlich kleiner. Die Werte Theta, Phi und R der Zeichnung sind Blickachsenwinkel, Rotation der vertikalen Achse und Abstand des Betrachters von der Fläche. Zmin und Zmax sind kleinster und größter gezeichneter Funktionswert. Die Eingabedatei für dieses Beispiel sieht verkürzt so aus:

```
12                            PX-8 = Anzahl Knotenpunkte auf x-Achse
12                            PY-8 = Anzahl Knotenpunkte auf y-Achse
-6 -5 -4 -3 -2 -1 0 1 2 3 4 5  LAMDA(5),...,LAMDA(16)
-6 -5 -4 -3 -2 -1 0 1 2 3 4 5  MU(5),...,MU(16)
-8 -8                         Punkt (x,y) für Funktionsauswertung
-7 -8                         Punkt (x,y) für Funktionsauswertung
...
6 7                           Punkt (x,y) für Funktionsauswertung
7 7                           Punkt (x,y) für Funktionsauswertung
E                             Ende der Punkteingabe
2                             Auswertung der Splinefunktion auf einem
31 31                         Rechteckgitter mit 31 × 31 Gitterpunkten
110 70 100 2 2                Graphische Daten
0                             Ende
```

Im Dialog, auf dessen Wiedergabe wir verzichten wollen, müssen dann noch einige Fragen beantwortet werden, die sich von selbst erklären.

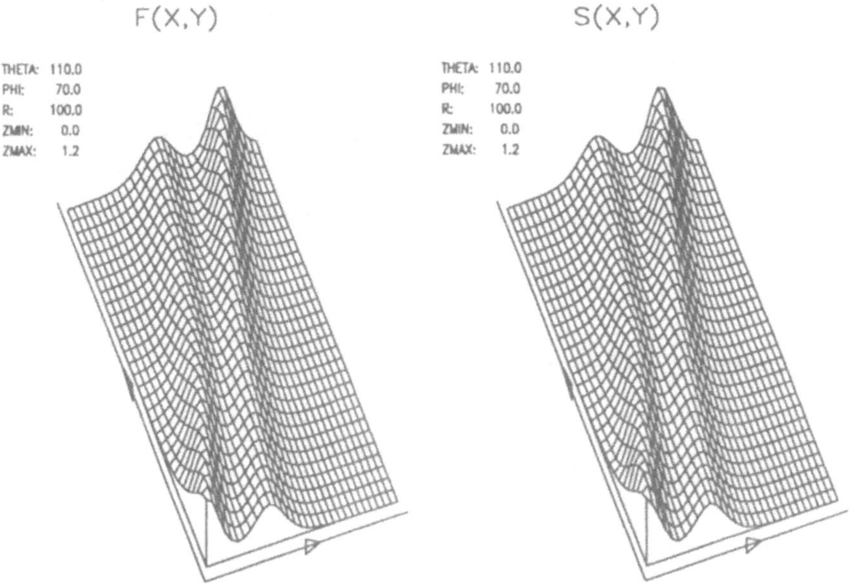

Zeichnung 3.9: **2Soliton und seine Splineapproximation**

3.9 Kurveninterpolation

3.9.1 Problemstellung

Gegeben seien $n+1$ Punkte im $\mathbb{R}^m$

$$(x_1^{(i)}, x_2^{(i)}, \cdots, x_m^{(i)}), \quad i = 0, 1, \cdots, n. \tag{3.97}$$

Sie sollen durch eine Kurve verbunden werden. Diese stellt man in Abhängigkeit von einem Parameter $t \in \mathbb{R}$, z.B. der Bogenlänge der Kurve, dar.

Gesucht sind also m Parameterfunktionen

$$x_1(t), x_2(t), \cdots, x_m(t), \quad t \in [0, 1], \tag{3.98}$$

die die zugehörigen Komponenten der gegebenen Punkte an den Stellen t_i interpolieren, für die also gilt:

$$x_k(t_i) = x_k^{(i)}, \quad i = 0, 1, \cdots, n, \quad k = 1, 2, \cdots, m. \tag{3.99}$$

Die $n+1$ den Punkten zugeordneten Parameterwerte sind:

$$\begin{aligned} t_0 &:= 0 \\ t_i &:= t_{i-1} + \sqrt{\sum_{k=1}^{m}(x_k^{(i)} - x_k^{(i-1)})^2}, \quad i = 1,\cdots,n. \end{aligned} \tag{3.100}$$

Meist werden die t_i noch auf das Intervall $[0,1]$ normiert :

$$t_i := \frac{t_i}{t_n}, \quad i = 1,\cdots,n. \tag{3.101}$$

3.9.2 Numerische Lösung mit Splines

Es werden m eindimensionale Splineinterpolationen durchgeführt. Stützstellen sind immer die Parameterwerte t_i, Stützwerte für den k-ten Spline $x_k(t)$ die Werte $x_k^{(i)}$. Dann ist die Gleichung (3.99) erfüllt. Die Kurve im $\mathbb{R}^m$ ist festgelegt durch ihre Parameterdarstellung

$$(x_1(t), x_2(t), \cdots, x_m(t)) \quad t \in [0,1]. \tag{3.102}$$

3.9.3 Programm und Beispiele

Das Programm KAP3_INTERPAR, Anhang A, Seite 319, führt die parametrische Splineinterpolation in m Dimensionen aus. Es benutzt die NAG-Routinen E01BAF und E02BBF, die wir in 3.4.3 und 3.4.4 beschrieben haben. Es sind nur die Werte n und m und zeilenweise für $i = 0,1,\cdots,n$, die Komponenten der Punkte $x^{(i)}$ einzugeben.

Wie wichtig und effektiv die Kurveninterpolation mit Splines ist, kann an vielen – auch nicht-mathematischen – Beispielen studiert werden. So sind in den letzten Jahren einige Bücher zur graphischen Datenverarbeitung erschienen, die sich mathematisch hauptsächlich auf Splines stützen. Dabei werden durch die Einführung zusätzlicher Parameter (Beta-splines, Bezierkurven) die graphischen Möglichkeiten erheblich erweitert, [4], [5], [20], [44]. Auch das wissenschaftliche Textsystem LaTeX, [49], mit dem dieser Band gesetzt wurde, verfügt über ein – allerding einfaches – Bezier-Makro. Wir haben uns deshalb den Spaß gemacht, die von Harald Banach entworfenen Kapitelnummern mit Bezier-Kurven darzustellen. Nachahmung wird nicht empfohlen.

Der Effekt glatter Splineinterpolation soll an einem "schönen" Beispiel demonstriert werden. Wir wollen eine verzerrte Archimedesspirale zeichnen:

$$r(\phi) = c\,\phi\,(1 + \frac{bc\phi}{d}\sin(a\,\phi)). \tag{3.103}$$

Dabei sind (r,ϕ) Polarkoordinaten. Als Zahlen wurden gewählt:

$d = 500$: Verzerrungsverhältnis
$c = 2$: Spiralenöffnung
$b = 0.2$: Überlagerungsfaktor
$a = 5.03$: Überlagerungsfrequenz

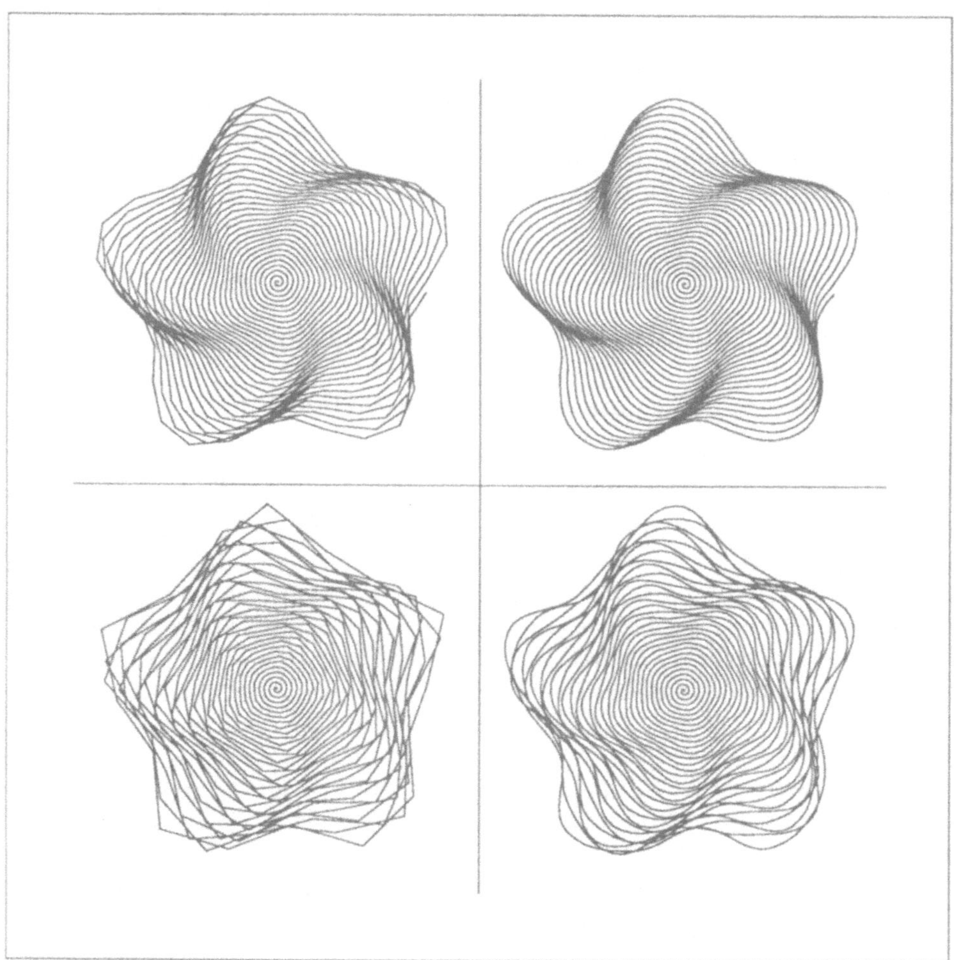

Zeichnung 3.10: **Polygonzug und Spline durch 503 und 1006 Kurvenpunkte**

Die Parameterdarstellung ergibt sich als

$$\begin{aligned} x(t) &= r\cos(\phi) \\ y(t) &= r\sin(\phi) \end{aligned} \tag{3.104}$$

mit $t = \phi$. Es sollen 32 Umdrehungen dieser Spirale gezeichnet werden. Das haben wir mit 503 und 1006 Punkten versucht. Die Ergebnisse sind in der Zeichnung 3.10 festgehalten. Die beiden unteren Kurven sind durch 503 Punkte gezeichnet, die oberen durch 1006 Punkte. Die linken beiden Kurven wurden als Polygonzug gezeichnet, also als gerade Verbindung der Stützpunkte, die beiden rechten mit Splines. An dem Unterschied kann man erkennen, wie wichtig eine gute Zeichen-Software in einem Graphik-Paket ist. Die Ellipse aus dem Beispiel in 1.5.4 wurde ganz entsprechend gezeichnet.

3.10 Interpolation und Approximation mit IMSL

3.10.1 Polynominterpolation und -approximation

In IMSL gibt es keine Routinen, die nur interpolieren können, wie die NAG-Routinen E01AAF, E01AEF oder E02AFF. Zur Berechnung interpolierender oder approximierender Polynome existieren in IMSL nur die Routinen RCURV und RLINE. RCURV berechnet das lss-Polynom zu einer Punktmenge im Koordinatensystem. Zusätzlich zu dem Polynom wird noch eine Regressionsanalyse vorgenommen, d.h. der Durchschnitt und die Varianz der x- und y-Werte sowie die Fehlerquadratsumme werden (u.a.) berechnet. RLINE leistet das gleiche wie RCURV, beschränkt sich aber auf lineare Polynome. Das Polynom wird im Gegensatz zu den NAG-Routinen in der Form $p(x) = a_0 + a_1x + \ldots + a_nx^n$ ausgegeben, während E01AEF und E02AFF die Tschebyscheffentwicklung berechnen. Das Ergebnis von RCURV wird ungenau, falls der Polynomgrad größer als zehn ist. RCURV entspricht am ehesten den NAG-Routinen E02ADF und E02AEF. Diese können im Gegensatz zu RCURV gewichtete Daten verarbeiten. Da die NAG-Routinen mit den orthogonalen Tschebyscheffpolynomen arbeiten, gibt es hier auch keine Genauigkeitsprobleme. Die Routine zur Auswertung des approximierenden Polynoms lautet bei IMSL PPVAL. PPVAL kann auch stückweise definierte Polynome berechnen. Die Berechnung von Integralen bzw. Ableitungen erfolgt bei IMSL durch die Routinen PPITG bzw. PPDER. Diese Routinen bestimmen im Gegensatz zu den NAG-Routinen E02AJF und E02AHF nicht die Koeffizienten der Integralfunktion bzw. Ableitung, sondern werten Integral bzw. Ableitung an einem Punkt aus. PPDER muß man die Nummer der Ableitung als Parameter übergeben. Auch PPITG und PPDER sind für stückweise definierte Polynome geeignet.

3.10.2 Rationale Interpolation und Approximation

Bei IMSL gibt es die Routine RATCH zur rationalen Tschebyscheffapproximation. Dieser Routine werden keine Stützstellen, sondern eine Funktion übergeben. Polstellen in der erzeugten rationalen Funktion erzeugen einen Fehler (da ja die Tschebyscheffapproximation verwendet wird). RATCH benutzt einen iterativen Algorithmus, der u.U. nicht konvergieren kann. Zähler- und Nennergrad sind im Gegensatz zu den NAG-Routine E01RAF/E01RBF voneinander unabhängig. RATCH gibt die approximierende Funktion in Form der Zahlen P_i, Q_i zurück; die Funktion lautet dann:

$$r(x) = \frac{\sum_{i=0}^{n} P_i \phi^i(x)}{\sum_{i=0}^{m} Q_i \phi^i(x)}.$$

ϕ ist dabei eine vom Benutzer als Parameter zu übergebende monotone Funktion. Im Falle $\phi(x) = x$ erhält man die normale rationale Approximation. Es ist aber auch z.B. $\phi(x) = x^2$ sinnvoll, falls man im nichtnegativen Bereich approximiert. Eine Gewichtsfunktion w muß RATCH ebenfalls übergeben werden.
RATCH benötigt ungleich mehr Arbeitsspeicher ($8(n+m+8)(n+m+2)+4n+4m+8$ Bytes, wobei n=Zählergrad und m=Nennergrad) als die NAG-Routinen E01RAF und E01RBF (4·(Anzahl der Stützstellen) · Bytes bzw. keinen Speicher).

Die NAG-Routinen können nur interpolieren, nicht approximieren. Für die rationale Interpolation mit vielen Punkten ist RATCH weit weniger geeignet als die NAG-Routinen. Dafür kann RATCH anspruchsvollere Approximationsaufgaben als E01RAF und E02RAF lösen.

3.10.3 Eindimensionale Splineinterpolation

In IMSL kann man im Gegensatz zu NAG den Grad der Splinefunktionen eingeben. In IMSL gibt es noch einige Routinen für eindimensionale Interpolation mit kubischen Splines:

CSINT Finde einen Spline, dessen dritte Ableitung stetig am zweiten und vorletzten Knotenpunkt ist.

CSDEC Finde einen Spline, dessen erste oder zweite Ableitung am Anfangs- und Endpunkt des Intervalls vorgegeben ist.

CSHER Hermiteinterpolation.

CSAKM Akimainterpolation.

CSCON Berechne einen Spline mit den gleichen Konvexitätseigenschaften wie die vorgegebenen Daten.

CSPER Periodische Splines.

Neben diesen Routinen zur Interpolation gibt es zwei Routinen zur least-square-Approximation: BSLSQ, welche der NAG-Routine E02BAF entspricht, und BSVLS, welche zusätzlich die optimale Knotenmenge bei gegebener Knotenanzahl selbst sucht. Die NAG-Routine E01BAF zur Berechnung eines eindimensionalen B-Splines entspricht der IMSL-Routine BSINT. Die NAG-Routinen E02BBF, E02BCF bzw. E02BDF zur Auswertung des Splines, zur Auswertung der Ableitungen bzw. zur Auswertung des Integrals entsprechen den IMSL-Routinen BSVAL, BSDER bzw. BSITG. Während E02BCF immer die erste bis dritte Ableitung berechnet, muß man bei BSDER die Nummer der gewünschten Ableitung als Parameter übergeben. Bei BSITG kann man die Integrationsgrenzen frei wählen, während bei E02BDF grundsätzlich vom ersten bis zum letzten Knotenpunkt integriert wird.

3.10.4 Trigonometrische Approximation

Der NAG-Routine C06FAF entspricht die IMSL-Routine FFTRF. Die asymptotische Laufzeit beträgt bei beiden Routinen $n \log n$. FFTRF hat nicht die Einschränkung, daß n keinen Primfaktor größer 19 enthalten darf.

3.10.5 Mehrdimensionale Splines

Während NAG nur Routinen für ein- und zweidimensionale B-Spline-Interpolation bereitstellt, gibt es in IMSL auch eine Routine zur dreidimensionalen Interpolation (BS3IN). Im Gegensatz zu NAG kann man hier den Grad der Splinefunktionen eingeben. Eine IMSL-Routine, die wie die NAG-Routine E01ACF nur für einen Punkt interpoliert, gibt es nicht. Die NAG-Routine E02DAF entspricht der IMSL-Routine BS2IN. Im Gegensatz zu E02DAF kann BS2IN (und BS3IN) nicht approximieren, sondern nur interpolieren. BS2IN arbeitet auch nur auf einem Punktegitter, nicht auf beliebigen endlichen Punktmengen wie E02DAF. BS2IN verwendet wie E02DAF den Tensorproduktansatz. Der Arbeitsspeicheraufwand beträgt bei BS2IN, wenn man kubische B-Splines verwendet, $116 \max(n_x, n_y) + 8n_x + 4n_y$ Bytes, wobei n_x bzw. n_y die Anzahl der Datenpunkte in x- bzw. y-Richtung ist. Dies ist wenig im Vergleich zum benötigten Arbeitsspeicher von E02DAF, der quadratisch mit der Anzahl der Knotenpunkte in y-Richtung und linear mit der Anzahl der Knotenpunkte in x-Richtung wächst. Dieser hohe Speicherbedarf ist ein wesentlicher Nachteil von E02DAF. Der NAG-Routine E02DBF zur Auswertung der interpolierenden Funktion entspricht die IMSL-Routine BS2VL (bzw. BS3VL bei dreidimensionalen Splines). BS2VL und BS3VL können im Gegensatz zu E02DBF nur einen Punkt auswerten. In IMSL gibt es, im Gegensatz zu NAG, noch Routinen zur Auswertung von Ableitungen zwei- und dreidimensionaler Splines (BS2DR und BS3DR) sowie zur Integration derselben über Rechtecke bzw. Quader (BS2IG und BS3IG).

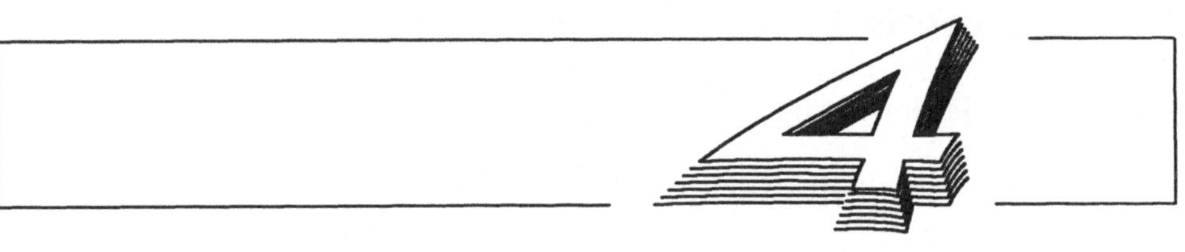

Nichtlineare Gleichungen

Eines der Grundprobleme der Mathematik, dem wir schon in der Schule begegnen, ist die Bestimmung von Nullstellen einer gegebenen Funktion.

In Anwendungsproblemen ist die Nullstellenbestimmung in der Regel Teil einer größeren Problemstellung und oft nicht auf eine einzelne Funktion beschränkt, d.h., es soll ein System von nichtlinearen Gleichungen gelöst werden. Eine exakte analytische Lösung dieser Aufgabe wird selten möglich sein. Also werden numerische Verfahren benötigt.

Bei einfachen Aufgaben kann man zuerst mit einer Zeichnung eine gute Nullstellennäherung finden und diese mit einem der bekannten numerischen Verfahren verbessern.Von Softwarepaketen erwartet man aber zuverlässige black box-Routinen, die mit möglichst wenig Benutzerinformation die gesuchte Nullstelle in vorgegebener Genauigkeit finden.

Wir werden uns deshalb auf der Grundlage der bekannten einfachen Verfahrenmit den Ideen für "sicher konvergierende" Verfahren beschäftigen.

4.1 Theoretische Grundlagen

4.1.1 Problemstellung

Gegeben sei eine stetige Vektorfunktion $f : \mathbb{R}^n \to \mathbb{R}^n$.

Gesucht ist ein Vektor $\bar{x} \in \mathbb{R}^n$ mit

$$f(\bar{x}) = 0. \tag{4.1}$$

(4.1) ist ein System von n nichtlinearen Gleichungen mit n Unbekannten:

$$\begin{aligned} f_1(x_1, x_2, \cdots, x_n) &= 0, \\ f_2(x_1, x_2, \cdots, x_n) &= 0, \\ &\cdots \\ f_n(x_1, x_2, \cdots, x_n) &= 0. \end{aligned} \tag{4.2}$$

Beispiel 4.1 Wir suchen die Lösung des Gleichungssytems

$$\begin{aligned} x_2 e^{x_1} - 2 &= 0, \\ x_1^2 + x_2 - 4 &= 0. \end{aligned}$$

Hier sind also offenbar

$$\begin{aligned} f_1(x_1, x_2) &= x_2 e^{x_1} - 2, \\ f_2(x_1, x_2) &= x_1^2 + x_2 - 4. \end{aligned}$$

Beide Gleichungen können nach x_2 aufgelöst werden:

$$\begin{aligned} x_2 &= 2e^{-x_1}, \\ x_2 &= 4 - x_1^2. \end{aligned} \tag{4.3}$$

Gesucht sind also Schnittpunkte dieser beiden Funktionen $x_2(x_1)$. Deshalb kann man sich eine Näherung durch eine Zeichnung verschaffen, siehe Zeichnung 4.1. Man erkennt an der Zeichnung, daß es zwei Lösungen des Problems gibt, da die Funktionen zwei Schnittpunkte haben. Für beide bekommt man auch recht gute Näherunglösungen durch Ablesen der Werte aus der Zeichnung.

Das Beispiel zeigt, daß die Eindeutigkeit von Lösungen bei nichtlinearen Problemen selbst bei einfachen Aufgaben oft nicht gegeben ist. Das gilt auch für die Existenz.

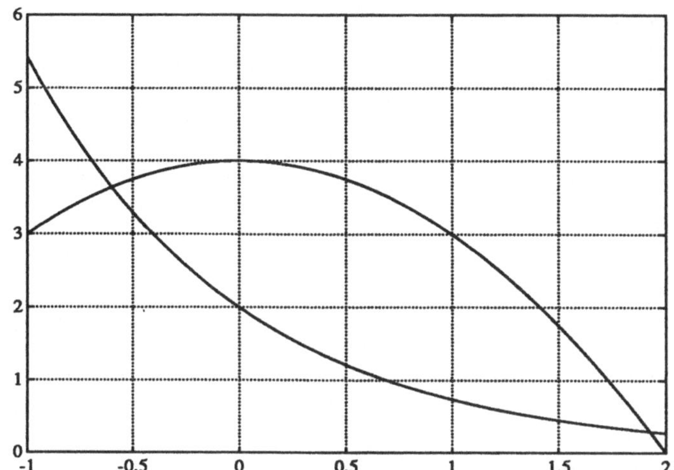

Zeichnung 4.1: **Schnittpunkte zweier Funktionen**

Zur numerischen Lösung von nichtlinearen Gleichungen werden fast ausschließlich iterative Verfahren verwendet, die man in der Form

$$\begin{aligned} &\text{Wähle:} && x_0 \in \mathbb{R}^n. \\ &\text{Berechne:} && x_{i+1} := \Phi(x_i), \quad i = 0, 1, 2, \cdots \end{aligned} \tag{4.4}$$

schreiben kann. Zur Untersuchung der Konvergenz dieser Verfahren gegen eine Lösung untersucht man die Funktion Φ. Dazu muß man das Nullstellenproblem $f(x) = 0$ in ein äquivalentes *Fixpunktproblem* umformen:

Gegeben sei eine stetige Vektorfunktion $f : \mathbb{R}^n \to \mathbb{R}^n$.

Gesucht ist eine Vektorfunktion $\Phi : \mathbb{R}^n \to \mathbb{R}^n$, für die gilt:

$$f(\bar{x}) = 0 \iff \bar{x} = \Phi(\bar{x}). \tag{4.5}$$

$\bar{x}$ heißt *Fixpunkt* von Φ.

Eine solche Umformung ist immer möglich; die einfachste Möglichkeit ist:

$$\Phi(x) := f(x) + x.$$

Aber diese Umformung wird nicht immer zur Konvergenz des Verfahrens (4.4) führen. Deshalb wird man normalerweise eine Funktion Φ aus f systematisch im Hinblick auf Konvergenz konstruieren.

4.1.2 Allgemeine Konvergenzsätze

Definition 4.1 *Die Folge $\{x_i\}$ mit dem Grenzwert $\bar{x}$ hat mindestens die Konvergenzordnung p, wenn es eine von i unabhängige Konstante $K > 0$ gibt, so daß*

$$\|x_{i+1} - \bar{x}\| \leq K \, \|x_i - \bar{x}\|^p \quad \forall i \geq 0 \tag{4.6}$$

mit $K < 1$, falls $p = 1$.

Bemerkung 4.2

1. *K und p bestimmen die* Konvergenzgeschwindigkeit *der Folge. Je kleiner K und je größer p sind, desto schneller ist die Konvergenz. Dabei bestimmt die Ordnung das Verhalten wesentlich stärker als die Konstante K. Diese ist wichtig beim Vergleich linear konvergenter Verfahren.*
   Man spricht von linearer Konvergenz, wenn $p = 1$,
   quadratischer Konvergenz, wenn $p = 2$,
   und von kubischer Konvergenz, wenn $p = 3$ ist.
   Eine höhere als kubische Konvergenz kommt nur sehr selten vor.

2. *Einige Methoden – z.B. das Bisektionsverfahren – liefern kleiner werdende Intervalle, die die Lösung einschließen, als Näherungsergebnisse. Hier sollte man für die Konvergenzuntersuchung die Intervallbreite als Folge betrachten.*

Satz 4.3 *Jedes Verfahren p-ter Ordnung, $p \geq 1$, zur Bestimmung eines Fixpunktes ist* lokal konvergent, *d.h.: Es gibt eine Umgebung $U(\bar{x})$ so, daß für alle Startwerte $x_0 \in U(\bar{x})$ die durch Φ erzeugte Folge $\{x_i\}$ gegen $\bar{x}$ konvergiert.*

Definition 4.4 *Eine Abbildung: $\Phi : U \to U$, $U \subset \mathbb{R}^n$, heißt* kontrahierend *in einer Menge $U \in \mathbb{R}^n$, falls für irgendeine Norm im $\mathbb{R}^n$ gilt:*

$$\|\Phi(x) - \Phi(y)\| \leq K\|x - y\| \text{ mit } K < 1 \;\; \forall x, y \in U. \tag{4.7}$$

Satz 4.5 Banach'scher Fixpunktsatz
$\Phi : \mathbb{R}^n \to \mathbb{R}^n$ besitze einen Fixpunkt $\bar{x} : \Phi(\bar{x}) = \bar{x}$.
In $U_r(\bar{x}) := \{x \in \mathbb{R}^n \mid \|x - \bar{x}\| < r\}$ sei Φ kontrahierend.
Dann ist das Verfahren $x_{i+1} = \Phi(x_i)$, $i = 0, 1, 2, \cdots$, für alle Startwerte $x_0 \in U_r(\bar{x})$ mindestens linear konvergent, und es gilt für $i = 1, 2, \cdots$:

1. *$x_i \in U_r(\bar{x})$.*

2. $$\|x_i - \bar{x}\| \leq K^i \|x_0 - \bar{x}\|. \tag{4.8}$$

3. A priori-Fehlerabschätzung:

$$\|x_i - \bar{x}\| \leq \frac{K^i}{1-K}\|x_1 - x_0\|. \tag{4.9}$$

4. A posteriori-Fehlerabschätzung:

$$\|x_i - \bar{x}\| \leq \frac{K}{1-K}\|x_i - x_{i-1}\|. \tag{4.10}$$

Die Kontraktionsbedingung kann durch eine Bedingung an die Ableitungen der Iterationsfunktion ersetzt werden, falls diese entsprechend differenzierbar ist. Bedingungen an die Ableitungen sind oft leichter nachzurechnen. Wir wollen diese Bedingungen nur für $n = 1$, also eine Gleichung mit einer Unbekannten, angeben:

Satz 4.6 *Die Iterationsfunktion Φ sei $p+1$ mal stetig differenzierbar:*

$$\Phi \in C^{p+1}(\mathbb{R}) \quad oder \quad \Phi \in C^{p+1}(U_r(\bar{x})).$$

Dann ist das Verfahren mindestens linear konvergent, falls

$$|\Phi'(\bar{x})| < 1\,. \tag{4.11}$$

Das Verfahren ist von mindestens p-ter Ordnung, falls

$$\Phi^{(k)}(\bar{x}) = 0 \quad für \quad k = 1, 2, \cdots, p-1. \tag{4.12}$$

Beispiel 4.2 Gesucht ist eine Nullstelle der Funktion

$$f(x) = x - \exp(1 - \frac{1}{x^2})\,.$$

Hier liegt eine Umformung in ein Fixpunktverfahren auf der Hand:

$$\begin{aligned} x &= \exp(1 - \frac{1}{x^2}) \Leftrightarrow f(x) = 0\,, \quad \text{also} \\ \Phi(x) &= \exp(1 - \frac{1}{x^2}). \end{aligned}$$

Der Startwert $x_0 = 2$ erzeugt die Folge

$$x_1 = \Phi(x_0) = \exp(1 - 1/4) = 2.117$$

$$\begin{array}{lllll} x_2 & = & 2.1746 & x_3 & = & 2.2002, \\ x_4 & = & 2.2110 & x_5 & = & 2.2154, \\ \cdots & & \cdots & x_{10} & = & 2.2184. \end{array}$$

Nach x_{10} ergibt sich keine Änderung der fünf niedergeschriebenen Stellen mehr. Wir wollen die offensichtlich langsame Konvergenz mit den letzten Sätzen untersuchen. Es ist

$$\Phi'(x) = \frac{2}{x^3}\exp(1 - \frac{1}{x^2}).$$

Für Φ' gilt

$$|\Phi'(x)| < 1 \,, \quad \text{falls } x > 1.52$$

und am Fixpunkt

$$\Phi'(\bar{x}) \approx 0.42 \,.$$

Also haben wir lineare Konvergenz. Als Kontraktionskonstante kann das Betragsmaximum der Ableitungen in $U(\bar{x})$ genommen werden. Das ergibt $K = 0.51$, d.h., der Fehler wird pro Schritt etwa halbiert. Wir wollen noch die a priori- und die a posteriori-Fehlerabschätzungen für x_5 berechnen: Es ist

$$\begin{aligned}
|x_5 - \bar{x}| &\leq \frac{0.51^5}{0.49} 0.117 = 0.00824 && \text{a priori,} \\
|x_5 - \bar{x}| &\leq \frac{0.51}{0.49} 0.0044 = 0.00458 && \text{a posteriori,} \\
|x_5 - \bar{x}| &= 0.003 && \text{exakt.}
\end{aligned}$$

Es ist einleuchtend, daß die a posteriori-Abschätzung den Fehler besser abschätzt als die a priori-Abschätzung. Schließlich enthält sie mehr Information über die Folge $\{x_i\}$.

4.1.3 Stabilität und Kondition

Wir wollen an verschiedenen eindimensionalen Beispielen auf typische Stabilitätsunterschiede beim Nullstellenproblem hinweisen. Es gibt Probleme, bei denen es schwer ist, Konvergenz gewisser Verfahren zu erreichen. Auf der anderen Seite gibt es Probleme, bei denen man keine hohe Genauigkeit erwarten kann.

In Zeichnung 4.2 sehen wir vier verschiedene Parabeln f.

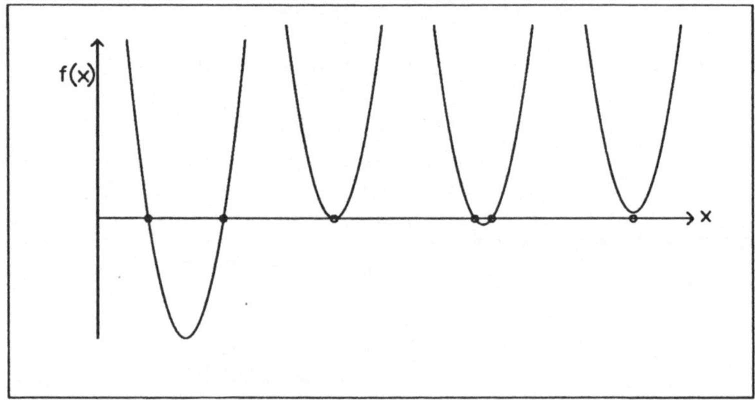

Zeichnung 4.2: **Unterschiedlich konditionierte Nullstellen**

Wir wollen die unterschiedliche Situation für die Nullstellenbestimmung dieser Funktionen von links nach rechts beschreiben:

1. Stabile Situation mit zwei gut getrennten und zu berechnenden Nullstellen.

2. Doppelte Nullstelle, hier gilt also

$$f(\bar{x}) = f'(\bar{x}) = 0 . \tag{4.13}$$

   Die numerische Berechnung einer doppelten Nullstelle ist immer schlecht konditioniert, weil eine leichte Verschiebung – z.B. durch Rundungsfehler – zu zwei oder keiner reellen Nullstelle führt, siehe 3. und 4.

3. Eng beieinanderliegende Nullstellen führen leicht zu numerischen Schwierigkeiten, besonders, wenn man nicht irgendeine Nullstelle, sondern mehrere oder alle Nullstellen sucht.

4. Diese Funktion hat nur komplexe Nullstellen. Rechnung im Reellen kann nur versagen oder falsche Werte liefern. Hier muß man im Komplexen rechnen. Auch dann ist die Situation aber noch schlecht konditioniert, weil die beiden komplexen Nullstellen nahe bei einer doppelten reellen Nullstelle liegen.

Wilkinson untersucht in [80] die unterschiedlichsten Situationen bei der Bestimmung von Polynomnullstellen. Er definiert Konditionszahlen und bestimmt sie für verschiedene Probleme. Dabei sieht man, daß auch Polynome mit gut verteilten Nullstellen schlecht konditioniert sein können.

Ein Beispiel sehen wir in Zeichnung 4.3. Die Nullstellen der beiden Funktionen haben gleichen Abstand voneinander. Betrachtet man aber ein Intervall $[x_-, x_+]$ um jede dieser Nullstellen, so daß

$$f(x) < \varepsilon \ \forall x \in [x_-, x_+] , \tag{4.14}$$

so bekommt man für die linke Funktion bei kleinem ε zwei kleine und deutlich getrennte Intervalle für die Nullstellen. Die entsprechenden Intervalle bei der rechten Funktion sind viel größer und gehen schon für relativ kleines ε ineinander über.

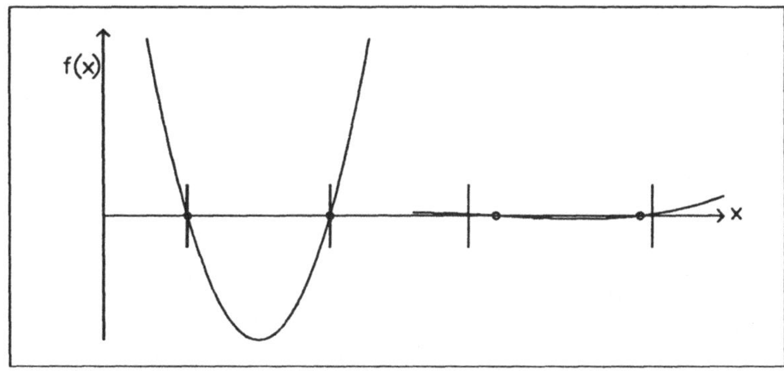

Zeichnung 4.3: **Unterschiedliche Kondition**

4.2 Nullstellen einer nichtlinearen Gleichung

4.2.1 Problemstellung

Gegeben sei eine auf dem Intervall $[a, b]$ stetige Funktion f.

Gesucht ist eine Zahl $\bar{x} \in \mathbb{R}$ mit

$$f(\bar{x}) = 0. \tag{4.15}$$

Für diese Problemstellung wollen wir zunächst die beiden bekanntesten Verfahren untersuchen, das schnelle Newtonverfahren und die sichere Bisektion. Anschließend sollen die für Softwarepakete als black box-Verfahren besser geeigneten Methoden angesehen werden.

4.2.2 Das Newtonverfahren

Das bekannte Newtonverfahren benutzt die Ableitung von f, deren Existenz wir voraussetzen wollen. Geometrisch berechnet es als Näherung x_{i+1} für die Nullstelle von f die Nullstelle der Tangente an f im Iterationspunkt x_i:

$$\begin{array}{ll} \text{Gegeben: Eine Startnäherung} & x_0. \\ \text{Berechne für } i = 0, 1, 2, \cdots: & x_{i+1} = x_i - \dfrac{f(x_i)}{f'(x_i)}, \quad f'(x_i) \neq 0. \end{array} \tag{4.16}$$

Wenn das Newtonverfahren konvergiert, dann konvergiert es recht schnell , und zwar bei einfachen Nullstellen quadratisch, siehe Zeichnung 4.4 links.

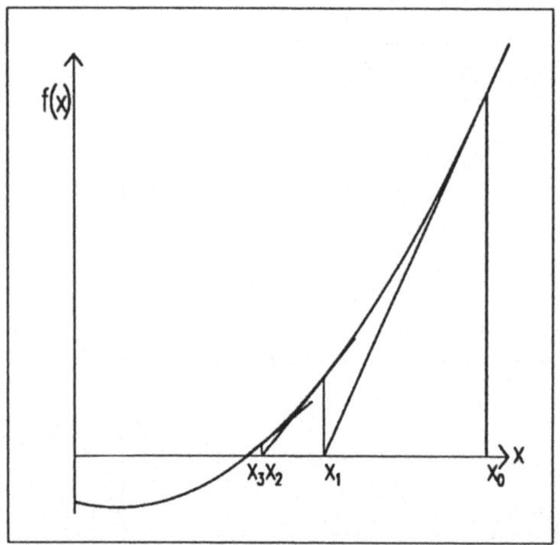

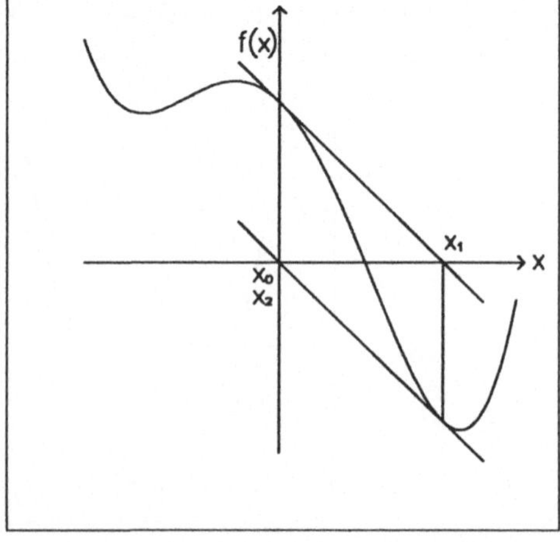

Zeichnung 4.4: **Konvergierendes und divergierendes Newtonverfahren**

Leider gibt es keine garantierte Konvergenz. Ist die Startnäherung x_0 nicht nahe genug an der gesuchten Nullstelle, dann kann das Verfahren gegen eine weiter entfernte Nullstelle oder gar nicht konvergieren. Der Ausnahmefall der alternierenden Divergenz ist auch in Zeichnung 4.4 rechts zu sehen.

4.2.3 Das Bisektionsverfahren

Ist ein Intervall $[a_0, b_0]$ bekannt, für das $f(a_0) \cdot f(b_0) < 0$ gilt, so kann man mit Intervallhalbierung und Vorzeichenabfrage ein sicheres Iterationsverfahren konstruieren, die *Bisektion*:

(1) Startintervall $[a_0, b_0]$ mit $f(a_0) \cdot f(b_0) < 0$.
(2) Setze $i := 0$.
(3) Berechne den Intervallmittelpunkt $m := 0.5\,(a_i + b_i)$.
(4) Berechne $fm := f(m)$.
(5) Ist $fm = 0 \rightarrow$ STOP, m ist eine Nullstelle.
(6) Ist $f(a_i) \cdot fm < 0$,dann
setze $a_{i+1} := a_i, \quad b_{i+1} := m$,
sonst
setze $a_{i+1} := m, \quad b_{i+1} := b_i$.
(7) Ist $|b_{i+1} - a_{i+1}| < \varepsilon \quad \rightarrow (9)$.
(8) Setze $i := i + 1$. Gehe nach (3).
(9) Setze $\tilde{x} := 0.5(a_{i+1} + b_{i+1})$.

Für den Näherungswert $\tilde{x}$ gilt $|\tilde{x} - \bar{x}| < 0.5\,|b_{i+1} - a_{i+1}|$. Das bedeutet, daß der maximale Fehler beim Bisektionsverfahren linear gegen Null konvergiert mit der Konvergenzrate 0.5.

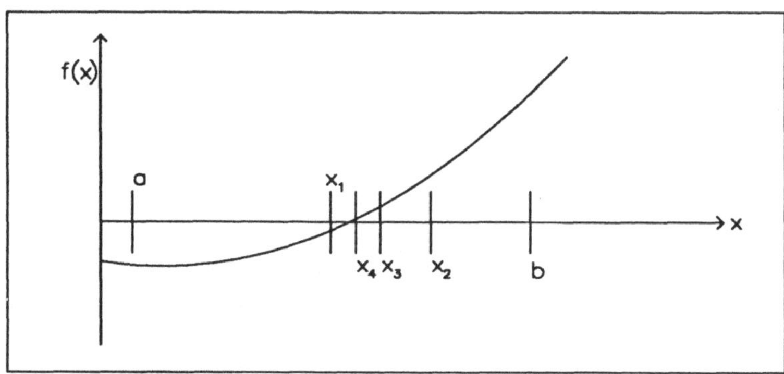

Zeichnung 4.5: **Bisektion im Intervall [a,b]**

Wir wollen die unterschiedliche Konvergenzgeschwindigkeit für verschiedene Verfahren an einem Beispiel demonstrieren:

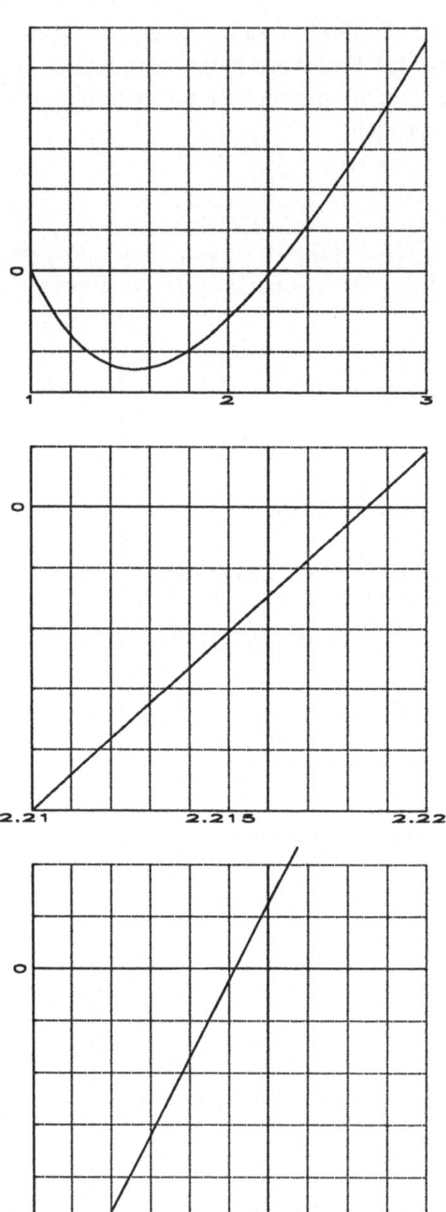

Zeichnung 4.6: **Graphische Nullstellennäherung**

Beispiel 4.3

Wir greifen noch einmal das Beispiel 4.2 auf, das wir in Abschnitt 4.1.2 mit einem intuitiven Verfahren sukzessiver Approximationen behandelt haben. Wir wollen jetzt auf dieses Beispiel mehrere systematische Methoden anwenden. Sei also wieder

$$f(x) = x - \exp\left(1 - \frac{1}{x^2}\right),$$
$$f'(x) = 1 - \frac{2}{x^3}\exp\left(1 - \frac{1}{x^2}\right).$$

f hat offensichtlich eine Nullstelle in $\bar{x} = 1.0$ und eine Nullstelle im Intervall $[2,3]$, die wir genauer bestimmen wollen. Zunächst geht das graphisch. Wir zeichnen mit Hilfe des Rechners die Funktion zwischen $x = 1$ und $x = 3$, siehe Zeichnung 4.6 oben. Mit Hilfe eines Koordinatengitters, mit dem wir die Zeichnung überdecken, können wir die Nullstelle genauer lokalisieren und zeichnen jetzt f im Intervall $[2.21, 2.22]$, Zeichnung 4.6 Mitte. Mit Gitter und Lineal können wir jetzt das Intervall auf $[2.2182, 2.2187]$ verkleinern und bekommen Zeichnung 4.6 unten. Aus dieser Zeichnung lesen wir den Näherungswert $\tilde{x} = 2.21846$ ab, der mit dem wahren Wert in den angegebenen 6 Stellen übereinstimmt. Diese Hand/Rechner-Methode macht Spaß und ist erstaunlich genau, aber natürlich uneffektiv.

Das Newtonverfahren liefert eine in 7 Stellen genaue Lösung für jeden Startwert in $[2,3]$ mit vier Schritten, das Bisektionsverfahren mit dem Startintervall $[a_0, b_0] = [2,3]$ benötigt dazu 18 Schritte.

Brent's Methode, die wir im nächsten Abschnitt behandeln werden, liefert diese Konvergenz in 5 Schritten.

Schritt Nr.	Newton	Bisektion $0.5(a_i + b_i)$	Brent's Methode
0	3.0	2.5	2.5
1	2.3077	2.25	2.1709
2	2.2212	2.125	2.2214
3	2.2184605	2.1875	2.21840
4	2.2184575	2.221875	2.2184574
5	2.2184575	2.203125	2.2184576
⋮	—	⋮	—
18	—	2.2184561	—

4.2.4 Brent's Methode

Es gibt eine Reihe von Methoden, die versuchen, die Sicherheit der Bisektion mit größerer Konvergenzgeschwindigkeit zu kombinieren.

Da ist einmal das *Sekantenverfahren*, bei dem es aber auch Fälle extrem langsamer Konvergenz gibt, wie in Zeichnung 4.7 demonstriert.

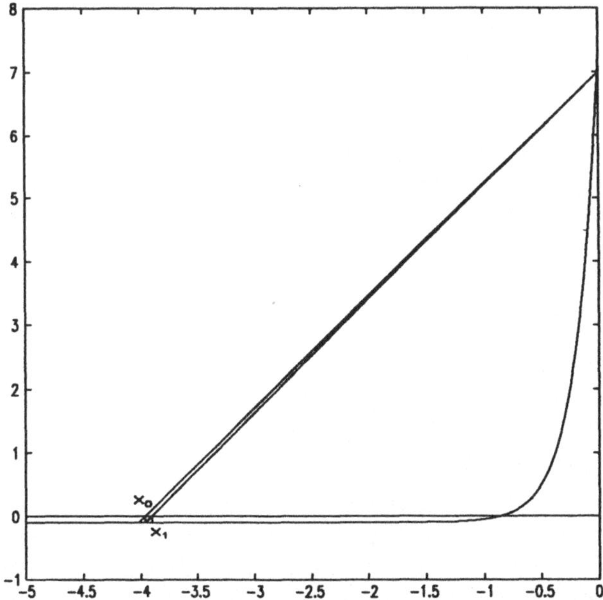

Zeichnung 4.7: **Schlecht konvergierendes Sekantenverfahren**

Dabei bleibt beim Sekantenverfahren die Nullstelle auch nicht eingeschachtelt. Dieses garantiert wie die Bisektion die *regula falsi*, die allerdings auch langsamer ist als das Sekantenverfahren und sogar langsamer sein kann als die Bisektion.

Brent's Methode, [7], versucht, die Einschließungseigenschaft und Mindestkonvergenz der Bisektion zu erhalten, aber schneller zu sein, wenn die Verhältnisse es erlauben. Dazu benutzt Brent inverse quadratische Interpolation, d.h., er benutzt drei Vorgängerpunkte $a := x_{i-2}$, $b := x_{i-1}$ und $c := x_i$, legt durch diese das quadratische Interpolationspolynom als Funktion von y und nimmt dessen Wert bei $y = 0$ als neuen Wert $x := x_{i+1}$:

$$\text{Mit} \quad R := \frac{f(c)}{f(b)}, \qquad S := \frac{f(c)}{f(a)}, \qquad T := \frac{f(a)}{f(b)} \quad \text{und}$$

$$\begin{aligned} P &:= S\{T(R-T)(b-c) - (1-R)(c-a)\}, \\ Q &:= (T-1)(R-1)(S-1) \\ \text{wird} \quad x &:= c + \frac{P}{Q}. \end{aligned} \tag{4.17}$$

In gutartigen Fällen ist c eine Näherung der gesuchten Nullstelle, die durch P/Q verbessert wird. Dann konvergiert das Verfahren superlinear.[1] Wenn die neu berechnete Näherung keine Einschließung liefert oder wenn der Korrekturterm P/Q zu einem Wert außerhalb des alten Intervalls führt, so wird statt des dargestellten Schritts ein Schritt des Sekantenverfahrens oder, wenn dieses nicht schnell genug konvergiert, des Bisektionsverfahrens durchgeführt. Auf diese Weise wird sichere Konvergenz erreicht, die in gutartigen Fällen superlinear ist, also wesentlich schneller als Bisektion und nur etwas langsamer als das Newtonverfahren, wie wir am letzten Beispiel schon gesehen haben.

4.2.5 Bestimmung eines Einschließungsintervalls

Wird die Bestimmung einer Nullstelle in einem größeren Anwendungszusammenhang – und dann sehr oft – notwendig, so ist die Funktion dem Anwender nicht direkt zugänglich, und die Bestimmung eines Intervalls $[a, b]$ mit $f(a) \cdot f(b) < 0$ ist nicht möglich oder würde den Gesamtprozeß unterbrechen.

Hier wird eine "Finde"-Routine benötigt, und aus den vielen Vorschlägen dazu soll eine einfache, aber bewährte Möglichkeit dargestellt werden, [77]. Sie benötigt einen Startpunkt a und eine Suchschrittweite h als Eingabe und kann rückwärts suchen ("backtracking"). Die Abhängigkeit von diesen beiden Werten ist nicht besonders stark, so daß mit Recht von einer zuverlässigen black box-Routine gesprochen werden kann.

[1]Superlineare Konvergenz liegt vor, wenn (4.6) mit $1 < p < 2$ gilt.

Finde-Algorithmus

(1) Gegeben a, $fa := f(a)$, h.
Setze $b := a$.
(2) $b := b + h$, $fb := f(b)$.
(3) Ist $fa \cdot fb \leq 0 \longrightarrow$ STOP.
(4) Ist $\text{abs}(fa) < \text{abs}(fb)$?
Ja: Setze $h := -2h$.
Nein: Setze $h := 2h$, $a := b$, $fa := fb$.
(5) Gehe zu (2).

4.2.6 Broyden's Einbettungsmethode

Eine sehr erfolgreiche Methode, die auf die Einschließung der Nullstelle verzichtet, ist das Einbettungsverfahren nach Broyden, [10]. Sie geht von einem beliebigen Punkt x_0 aus und behandelt eine Folge von Problemen, deren erstes x_0 als Nullstelle hat:

$$\begin{aligned} h(x,\alpha) &:= f(x) - \alpha f(x_0) \\ \text{mit} \quad h(x_0,1) &= 0 \\ \text{und} \quad h(\bar{x},0) &= f(\bar{x}) = 0. \end{aligned} \tag{4.18}$$

Damit können wir von einem Problem mit bekannter Nullstelle zum ursprünglichen Problem mit der gesuchten Nullstelle fortschreiten. Dazu wählen wir eine Folge von Werten

$$\alpha_1 = 1 > \alpha_2 > \cdots > \alpha_m = 0$$

so, daß jedes Problem mit Hilfe der Lösung des Vorhergehenden leicht zu lösen ist. Eine mögliche Konkretisierung dieser Idee (nach [77]) schlagen wir im folgenden Algorithmus vor:

(1) **Startphase**

Setze $\alpha_1 := 1$, $\alpha_2 := 0.995$, $\alpha_3 := 0.99$
$x_1 := x_0$
Bestimme x_2 und x_3 als Lösung der Probleme
$h(x, \alpha_r) = 0, \quad r = 2, 3$ mit dem Sekantenverfahren.
Setze $r := 3$.

(2) **Bestimmung von α_{r+1}**

Lege durch die Wertetabelle
$(\alpha_{r-2}, x_{r-2}), (\alpha_{r-1}, x_{r-1}), (\alpha_r, x_r)$
das quadratische Interpolationspolynom
$q_r(\alpha) = x_r + a_r(\alpha - \alpha_r) + b_r(\alpha - \alpha_r)^2$ und setze
$v_r(\alpha) := x_r + a_r(\alpha - \alpha_r)$
Setze $\lambda := 1/2$ und bestimme α_{r+1} als Lösung von
$\lambda |v_r(\alpha) - x_r| = |q_r(\alpha) - v_r(\alpha)|$
oder wegen $\alpha_{r+1} < \alpha_r$:
$\alpha_{r+1} = \alpha_r - \lambda |a_r / b_r|$
Ist $\alpha_{r+1} < 0$, dann setze
$\alpha_{r+1} = 0$

(3) **Sekantenverfahren**

Berechne x_{r+1} als Lösung von
$h(x, \alpha_{r+1}) = 0$ mit dem Sekantenverfahren.

(4) Setze $r := r + 1$.

Ist $\alpha_r > 0$, so gehe nach (2).

(5) $\bar{x} := x_r$.

Zur größeren Sicherheit und Effektivität wird λ abhängig von der Schrittzahl des Sekantenverfahrens variiert. Bei Versagen des Sekantenverfahrens wird α_{r+1} auf den Mittelwert

$$\alpha_{r+1} := \frac{\alpha_{r+1} + \alpha_r}{2}$$

zurückgesetzt und der $(r+1)$-te Schritt wiederholt. Weitere Details zu diesem Verfahren und einen Benchmarktest findet man in [77]. Es ist offensichtlich, daß man in diesem Algorithmus das Sekantenverfahren durch eine andere Methode ersetzen kann.

4.3 Nichtlineare Gleichungssysteme

Wir kehren jetzt zur allgemeinen Aufgabenstellung (4.1) zurück:
Bestimme zu $f : \mathbb{R}^n \to \mathbb{R}^n$ einen Vektor $\bar{x} \in \mathbb{R}^n$ so, daß

$$f(\bar{x}) = 0. \tag{4.19}$$

Für diese allgemeine Aufgabenstellung wollen wir das Newtonverfahren umformulieren und Powell's hybride Methode beschreiben, die sich mehr als "black box"-Algorithmus eignet. Einbettungsmethoden wie die in 4.2.6 dargestellte lassen sich auch leicht auf das mehrdimensionale Problem übertragen, siehe etwa [16]. Auf die jungen ABS-Methoden, [1], soll noch hingewiesen werden, die bei der Anwendung auf nichtlineare Gleichungen aber mit den Quasi-Newton-Methoden von Brent/Broyden/Powell größtenteils übereinstimmen.

4.3.1 Das Newtonverfahren

Im Newtonverfahren muß die Ableitung $f'(x_i)$ ersetzt werden durch die Funktionalmatrix, die ja die Ableitung aller Komponentenfunktionen f_i nach allen Variablen x_j enthält:

$$Df := \begin{pmatrix} \frac{\partial f_1}{\partial x_1} & \frac{\partial f_1}{\partial x_2} & \cdots & \frac{\partial f_1}{\partial x_n} \\ \frac{\partial f_2}{\partial x_1} & \frac{\partial f_2}{\partial x_2} & \cdots & \\ \vdots & \ddots & \ddots & \vdots \\ \frac{\partial f_n}{\partial x_1} & \frac{\partial f_n}{\partial x_2} & \cdots & \frac{\partial f_n}{\partial x_n} \end{pmatrix}. \tag{4.20}$$

Gleichung 4.16 wird damit zu

$$x^{(i+1)} = x^{(i)} - \left(Df(x^{(i)})\right)^{-1} f(x^{(i)}). \tag{4.21}$$

Dies schreibt man um zu einem linearen Gleichungssystem mit dem unbekannten Zuwachs $\Delta x^{(i)} := x^{(i+1)} - x^{(i)}$:

$$Df(x^{(i)})\,\Delta x^{(i)} = -\,f(x^{(i)}). \tag{4.22}$$

Dieses Gleichungssystem muß in jedem Iterationsschritt einmal gelöst werden. Als neue Näherung bekommt man dann:

$$x^{(i+1)} = x^{(i)} + \Delta x^{(i)}\,. \tag{4.23}$$

Beispiel 4.4 Wir wollen das Newtonverfahren auf Beispiel 4.1 anwenden: Es ist $n = 2$,

$$f(x) = \begin{pmatrix} x_2\,e^{x_1} - 2 \\ x_1^2 + x_2 - 4 \end{pmatrix}$$

und

$$Df = \begin{pmatrix} x_2 e^{x_1} & e^{x_1} \\ 2x_1 & 1 \end{pmatrix}.$$

Aus Zeichnung 4.1 lesen wir für die rechte Nullstelle als Startwert den Näherungswert $(x_1^{(0)}, x_2^{(0)}) = (1.9, 0.3)$ ab. Damit bekommen wir im ersten Schritt für die Funktion f und ihre Funktionalmatrix Df die Werte

$$f(x^{(0)}) = (0.00577, -0.09)^T$$

und

$$Df(x^{(0)}) = \begin{pmatrix} 2.00577 & 6.68589 \\ 3.8 & 1 \end{pmatrix}.$$

Die Lösung des Gleichungssystems (4.22) $Df(x^{(0)})\,\Delta x^{(0)} = -f(x^{(0)})$ ist

$$\Delta x^{(0)} = (0.026, -0.0087)^T.$$

Das ergibt nach (4.23)

$$x^{(1)} = (1.9026, 0.2913)^T.$$

Jetzt werden Funktionswerte und Matrix Df neu berechnet, um den nächsten Schritt durchführen zu können. Das Ergebnis haben wir in dieser Tabelle zusammengefaßt:

i	$x_1^{(i)}$	$x_2^{(i)}$	$f_1(x_1^{(i)}, x_2^{(i)})$	$f_2(x_1^{(i)}, x_2^{(i)})$	$\|x^{(i)} - x^{(i-1)}\|$
0	1.9	0.3	0.00577	-0.09	—
1	1.925961	0.291349	-0.000839	0.000674	0.0274
2	1.92573714	0.291536495	$-2.4_{10}-7$	$5.0_{10}-8$	$2.9_{10}-4$
3	1.92573712	0.291536536	$-5.0_{10}-15$	$8.0_{10}-16$	$5_{10}-8$

4.3.2 Powell's hybride Methode

Powell beschreibt in [64] eine Methode zur Lösung eines nichtlinearen Gleichungssystems, die ein typisches Beispiel für einen auf Softwarezwecke zugeschnittenen Algorithmus darstellt. Es werden nämlich verschiedene Verfahren so miteinander verbunden, daß für möglichst alle Fälle Konvergenz gezeigt werden kann. Dabei wird zusätzlich der Aufwand bei den aufwendigsten Teilen des Algorithmus minimiert. Wir wollen die Schritte, die zum Entstehen eines solchen Verfahrens führen, hier nachzeichnen, verweisen aber zum Nachlesen aller Details – von den mathematischen Beweisen bis zur Genauigkeitssteuerung im Flußdiagramm – auf die beiden Beiträge von Powell in [64].

Wir betrachten im folgenden einen Schritt des Iterationsverfahrens und lassen deshalb den Index (i) an allen schrittabhängigen Größen außer an den Vektoren x weg.

Ausgangspunkt ist das lineare Gleichungssystem für das Newtonverfahren, wie wir es gerade kennengelernt haben:

$$\begin{aligned} Df\,\Delta x &= -f(x^{(i)}) \\ x^{(i+1)} &= x^{(i)} + \Delta x\,. \end{aligned}$$

Garantierte Konvergenz kann mit dem Newtonverfahren aber nicht erzielt werden. Eine Modifizierung des Newtonverfahrens besteht nun darin, daß man zwar in Richtung Δx verbessert, aber die Länge der Verbesserung steuert:

$$x^{(i+1)} = x^{(i)} + \lambda \Delta x . \qquad (4.24)$$

Die Werte $\lambda := \lambda_i$ werden in jedem Schritt so festgelegt, daß

$$F(x^{(i+1)}) \; < \; F(x^{(i)}) \qquad (4.25)$$

mit der Funktion

$$F(x) = \sum_{k=1}^{n} (f_k(x))^2 . \qquad (4.26)$$

F ist genau dann gleich Null, wenn alle f_i gleich Null sind, und jedes lokale Minimum von F mit dem Wert Null ist auch globales Minimum. Wenn Df nicht singulär ist, erhält man mit diesem Verfahren eine monoton fallende Folge von Werten $F(x^{(i)})$ mit dem Grenzwert Null. Ist aber Df in der Nullstelle singulär und besitzt F ein lokales Minimum mit einem Wert ungleich Null, dann kann auch dieses Verfahren gegen einen falschen Grenzwert konvergieren; ein Beispiel findet man in [64].

Ein anderer Ansatz zur Modifikation des Newtonverfahrens ist der folgende: Die Minimierung der Funktion $F(x)$ entspricht einer kleinste-Quadrate-Lösung (lss) des Gleichungssystems $Df\Delta x = -f(x^{(i)})$. Die lss ist aber Lösung des Normalgleichungssystems (siehe etwa (1.30))

$$(Df)^T Df \Delta x = -(Df)^T f(x^{(i)}) . \qquad (4.27)$$

Dieses wird mit einem Parameter $\mu := \mu_i$ versehen[2]:

$$\begin{aligned} \left((Df)^T Df + \mu I\right) \eta \; &= \; -(Df)^T f(x^{(i)}) , \\ x^{(i+1)} &= x^{(i)} + \eta . \end{aligned} \qquad (4.28)$$

η ist von μ abhängig: $\eta = \eta(\mu)$, und es gilt

$$\eta(0) = \Delta x.$$

Läßt man $\mu \to \infty$ wachsen, so gilt

$$\mu\eta \to -(Df)^T f(x^{(i)}), \qquad (4.29)$$

d.h., das Verfahren wird zur klassischen Methode des steilsten Abstiegs mit einem gegen Null gehenden Längenfaktor $1/\mu$. Mit Hilfe dieser Überlegungen kann nun gezeigt werden, daß man immer einen Wert μ berechnen kann mit

$$F(x^{(i+1)}) \; < \; F(x^{(i)}) . \qquad (4.30)$$

[2] Diese Idee verwendet man auch bei Regularisierungsmethoden für inkorrekt gestellte Probleme oder bei der Lösung schlecht konditionierter Gleichungssysteme.

Das Verfahren kann nur versagen, wenn die Vektorfunktion f keine beschränkten ersten Ableitungen besitzt, oder in Extremfällen durch den Einfluß von Rundungsfehlern. Für die Implementierung in einem Softwaresystem müssen ohnehin in ein Verfahren Abfragen (z.B. gegen unendliche Schleifen oder ein Übermaß an Funktionsauswertungen) eingebaut werden, die den Algorithmus in gewissen Extremfällen abbrechen lassen, obwohl theoretische Konvergenz vorliegt. Hier sollte für den Fall, daß die Funktionswerte $F(x^{(i)})$ wesentlich größer sind als die Werte der Ableitungen von F, eine Abfrage mit einer Konstanten M vorgesehen werden:

$$\begin{aligned} & F(x^{(i)}) \;>\; M\, \| g^{(i)} \| \\ \text{mit} \quad & \\ & g_j^{(i)} \;:=\; \frac{\partial}{\partial x_j} F(x)\bigg|_{x=x^{(i)}} . \end{aligned} \tag{4.31}$$

Wird bei genügend großem M diese Abfrage bejaht, so ist die Wahrscheinlichkeit groß, daß das Verfahren nicht gegen eine Nullstelle von f, sondern gegen ein lokales Minimum von F konvergiert. Bei der Konstruktion von Verfahren zur Lösung nichtlinearer Gleichungssysteme muß man auch an den Fall denken, daß es gar keine Lösung gibt. Auch für diesen Fall sind eine solche Abfrage und das Festsetzen einer Maximalzahl von Funktionsauswertungen wichtig.

Die Beschreibung von Powell's hybrider Methode ist aber noch nicht vollständig. Zunächst muß noch der Fall berücksichtigt werden, in dem die Jacobimatrix Df nicht mit Formeln analytisch gegeben ist, sondern vom Programm berechnet werden soll. Das geschieht mit dividierten Differenzen.

Das lineare Gleichungssystem, das in jedem Schritt des Verfahrens gelöst werden muß, verursacht im Standardfall einen Aufwand $O(n^3)$. Nun wird sich bei konvergierendem Verfahren aber die Matrix Df nur wenig ändern. Deshalb kann man das Verfahren so modifizieren, daß man die Inverse von Df nur einmal am Anfang berechnet:

$$H^{(0)} := \left(Df(x^{(0)})\right)^{-1} \tag{4.32}$$

und dann diese Matrix in jedem Schritt anpaßt. Auf diese Anpassung wollen wir nicht eingehen. Sie geschieht mit der Rang-1-Methode von Broyden, [9] oder [75]. Dieses Verfahren senkt den Aufwand pro Schritt von $O(n^3)$ auf $O(n^2)$, Konvergenz und Konvergenzordnung bleiben erhalten.

4.4 Die NAG-Routinen für eine einzelne Gleichung

Es gibt bei NAG sechs Routinen zur Berechnung einer Nullstelle einer Funktion $f : \mathbb{R} \to \mathbb{R}$, drei "direkte" und drei "reverse". Die direkten rufen die reversen Routinen in jedem Schritt des Verfahrens einmal auf, d.h., die einander zugeordneten Routinen verwenden dieselben Verfahren.

Direkte und reverse Routinen unterscheiden sich in folgenden Punkten:

- Übergabe der Funktion f: Die direkten Routinen übernehmen f als FUNCTION, die reversen übernehmen Funktionswerte.

- Die direkten Routinen setzen gewisse Steuerparameter fest, die bei den reversen Routinen eingegeben werden müssen, z.B. Skalierungsfaktoren für die einzelnen Gleichungen.

- Die direkten Routinen führen das ganze Verfahren durch, die reversen nur jeweils einen Verfahrensschritt. Man könnte also bei Verwendung der reversen Routinen die Steuerparameter von Schritt zu Schritt ändern.

Wir wollen nur auf die einfacher zu benutzenden direkten Routinen eingehen, die auch in unserem Programm KAP4_DIRECT Verwendung finden.

4.4.1 Die NAG-Routine C05ADF

Die NAG-Routine

C05ADF (A,B,EPS,ETA,F,X,IFAIL)

wendet den Bus&Dekker-Algorithmus an, [11], um eine Nullstelle zu finden. Dieses Verfahren ist nahezu identisch mit Brent's Methode, die wir in 4.2.4 geschildert haben. Die Iteration wird abgebrochen, wenn

$$|x_i - x_{i-1}| \leq \text{EPS} \quad \text{und} \quad |f(x_i)| < \text{ETA}. \tag{4.33}$$

ETA=0.0 ist möglich, dann ist nur die erste Bedingung aktiv. C05ADF ruft die reverse Routine C05AZF auf, die einen Schritt des Bus&Dekker-Algorithmus ausführt.

A	real	Untere Grenze des Einschließungsintervalls.
B	real	Obere Grenze des Einschließungsintervalls.
EPS	real	Toleranz für die Intervallbreite.
ETA	real	Toleranz für den Funktionswert.
F	function	Funktion, deren Nullstelle bestimmt werden soll. Parameter : real X.
X	real	Näherung für die gesuchte Nullstelle.
IFAIL	integer	Fehlerparameter. Vor Aufruf der Routine IFAIL = -1 setzen.
	Folgende Fehlermeldungen sind möglich: IFAIL=1 Eingabeparameter EPS, A oder B falsch. IFAIL=2 EPS zu klein, X trotzdem gute Näherung. IFAIL=3 Vorzeichenwechel von f wahrscheinlich wegen eines Pols. IFAIL=4 Schwerwiegender Fehler in C05AZF.	

Tabelle 4.1: **Die Parameter der Routine C05ADF**

X	real	Start-Näherung für die Nullstelle.
H	real	Schrittweite für "Finde"-Methode.
EPS	real	Toleranz für die Intervallbreite.
ETA	real	Toleranz für den Funktionswert.
F	function	Funktion, deren Nullstelle bestimmt werden soll. Parameter : real X.
A	real	Untere Grenze des gefundenen Intervalls.
B	real	Obere Grenze des gefundenen Intervalls.
IFAIL	integer	Fehlerparameter. Vor Aufruf der Routine IFAIL = -1 setzen.
	Folgende Fehlermeldungen sind möglich: IFAIL=1 EPS$\leq$0 oder (X+H)-gerundet = X. IFAIL=2 Kein Einschließungsintervall gefunden. Suche mit größerem oder kleinerem H wiederholen. IFAIL=3 Vorzeichenwechel von f wahrscheinlich wegen eines Pols. IFAIL=4 EPS zu klein, X trotzdem gute Näherung. IFAIL=5/6 Schwerwiegender Fehler in C05AVF oder in C05AZF.	

Tabelle 4.2: **Die Parameter der Routine C05AGF**

4.4.2 Die NAG-Routine C05AGF

Die NAG-Routine

C05AGF (X,H,EPS,ETA,F,A,B,IFAIL)

schaltet eine "Finde"-Methode vor den Bus&Dekker-Algorithmus. Die Iteration wird wie bei C05ADF mit EPS und ETA gesteuert. C05AGF ruft wiederholt die reverse Routine C05AVF auf, die einen Schritt der "Finde"-Methode ausführt. Wird ein Intervall [A,B] mit $f(A) \cdot f(B) < 0$ gefunden, wird anschließend mit C05AZF weitergerechnet.

4.4.3 Die NAG-Routine C05AJF

Die NAG-Routine

C05AJF (X,EPS,ETA,F,NFMAX,IFAIL)

benutzt Broyden's Einbettungsmethode, um eine Nullstelle von f zu finden, siehe 4.2.6. Die Iteration wird wie bei C05ADF mit EPS und ETA gesteuert. Die Parameter entsprechen denen der beiden zuletzt beschriebenen Routinen. Neu ist nur der Parameter NFMAX, der eine Schranke für die Zahl der Funktionsaufrufe darstellt, und der ruhig sehr hoch gesetzt werden sollte, etwa NFMAX=1000. C05AJF ruft die reverse Routine C05AXF auf, die einen Schritt der Methode ausführt.

NFMAX	integer	Maximalzahl Funktionsaufrufe,
IFAIL	integer	Fehlerparameter. Vor Aufruf der Routine IFAIL = –1 setzen.
	Folgende Fehlermeldungen sind möglich: IFAIL=1 EPS≤0 oder NFMAX < 0. IFAIL=2 Skalenfaktor für C05AXF falsch. Mit C05AXF weiterarbeiten. IFAIL=3 EPS zu klein oder keine Nullstelle zu finden. IFAIL=4 Mehr als NFMAX Funktionsaufrufe. IFAIL=5 Schwerwiegender Fehler in C05AXF.	

Tabelle 4.2: **Zusätzliche Parameter der Routine C05AJF**

4.5 Die NAG-Routinen für ein nichtlineares System

NAG bietet vier Routinen zur Lösung eines nichtlinearen Gleichungssystems an, die alle Powell's hybride Methode mit der Rang-1-Anpassung der Jacobimatrix nach Broyden implementieren:

C05NBF Einfache Routine mit Berechnung der Jacobimatrix innerhalb der Routine mit dividierten Differenzen.

C05NCF Komplexere Routine mit Berechnung der Jacobimatrix innerhalb der Routine mit dividierten Differenzen.

C05PBF Einfache Routine mit Eingabe der Jacobimatrix.

C05PCF Komplexere Routine mit Eingabe der Jacobimatrix.

4.5.1 Die NAG-Routinen C05NBF und C05PBF

Die NAG-Routinen

C05NBF (FO,N,X,FVEC,XTOL,WA,LWA,IFAIL) und
C05PBF (FM,N,X,FVEC,FJAC,LDFJAC,XTOL,WA,LWA,IFAIL)

sind die einfachen Routinen zur Lösung des Nullstellenproblems. Der einzige Unterschied besteht in der Berechnung der Jacobimatrix durch dividierte Differenzen in C05PBF. Dementsprechend sind die Funktionsunterprogramme FO und FM unterschiedlich, da sie nur die Funktionswerte oder – abhängig von IFLAG – diese oder die Werte der Jacobimatrix berechnen müssen.

Die Funktionen müssen mit folgenden Parametern aufgerufen werden:

FO (N,X,FVEC,IFLAG) und
FM (N,X,FVEC,FJAC,LDFJAC,IFLAG).

Deren Bedeutung ist bis auf IFLAG der Tabelle oben zu entnehmen. Der Wert von IFLAG sollte nur dann in FO geändert werden, wenn die Rechnung abgebrochen werden soll, z.B. weil ein gewisser Punkt erreicht ist. Dann muß IFLAG auf einen negativen Wert gesetzt werden, der an IFAIL weitergegeben wird. C05NBF ruft FO nicht mit IFLAG=0 (Ausgabe von Zwischenergebnissen) auf.

C05PBF:
FM muß so programmiert werden, daß bei Aufruf von FM mit

- IFLAG=1 die Funktionswerte FVEC
- IFLAG=2 die Werte der Ableitungen FJAC

berechnet werden.

FO	function	Berechnung der Funktionswerte.
FM	function	Berechnung der Funktions- und Ableitungswerte.
		Parameter der Funktionen: siehe unten.
N	integer	Anzahl nichtlinearer Gleichungen.
X	array	Schätzungs- bzw. Lösungsvektor: X(N).
FVEC	array	Vektor der Funktionswerte: FVEC(N).
FJAC	array	Jacobimatrix der Ableitungen: FJAC(LDFJAC,N).
LDFJAC	integer	Erste Dimension von FJAC, LDFJAC $\geq$ N.
XTOL	real	Genauigkeitsforderung an die Lösung.
WA	array	Arbeitsspeicher: WA(LWA).
LWA	integer	LWA $\geq$ 0.5 N (N+13).
IFAIL	integer	Fehlerparameter.
		Vor Aufruf der Routine IFAIL = –1 setzen.
	Folgende Fehlermeldungen sind möglich:	
	IFAIL<0 Benutzerabbruch in FO oder FM.	
	IFAIL hat den Wert von IFLAG von dort.	
	IFAIL=1 Falscher Parameter: N, LDFJAC, XTOL oder LWA.	
	IFAIL=2 Mehr als 100 (N+1) Funktionsaufrufe.	
	IFAIL=3 Lösung läßt sich nicht mehr verbessern, XTOL zu klein.	
	IFAIL=4 Kein guter Iterationsfortschritt, vielleicht existiert keine Lösung.	

Tabelle 4.3: **Die Parameter der Routinen C05NBF und C05PBF**

4.5.2 Die NAG-Routinen C05NCF und C05PCF

Die NAG-Routinen

C05NCF (FO,N,X,FVEC,XTOL,MAXFEV,ML,MU,EPSFCN,DIAG,MODE,
FACTOR,NPRINT,NFEV,FJAC,LDFJAC,R,LR,QTF,W,IFAIL) und
C05PCF (FM,N,X,FVEC,FJAC,LDFJAC,XTOL,MAXFEV,DIAG,MODE,
FACTOR,NPRINT,NFEV,NJEV,R,LR,QTF,W,IFAIL)

stehen zueinander wie C05NBF und C05PBF, verfügen aber über einige zusätzliche Steuerungsparameter. Die in Tabelle 4.4 nicht aufgeführten Parameter entsprechen denen aus C05NBF bzw. C05PBF.

MAXFEV	integer	Maximalzahl Funktionsaufrufe.
ML	integer	Anzahl der Subdiagonalen der Jacobimatrix.
MU	integer	Anzahl der Superdiagonalen der Jacobimatrix.
EPSFCN	real	Maximaler relativer Fehler bei der Funktionsberechnung. EPSFCN = 0 bewirkt EPSFCN = Maschinengenauigkeit.
DIAG	array	Für MODE=2: Skalierungsfaktoren für die Variablen.
MODE	integer	MODE=2 macht die Eingabe von DIAG wirksam.
FACTOR	real	Relative Schranke für die Schrittweitennorm.
NPRINT	integer	Alle NPRINT Schritte wird FCN mit IFLAG=0 zum Ausdrucken von Zwischenergebnissen aufgerufen.
NFEV	integer	Ergebnis: Anzahl Funktionswert-Berechnungen.
NJEV	integer	Ergebnis: Anzahl Jacobimatrix-Berechnungen.
R	array	Ergebnis: Zeilenweise rechte obere Dreiecksmatrix aus der QR-Zerlegung des letzten Schrittes: R(LR).
LR	integer	Dimension von R: LR $\geq$ 0.5 N (N+1).
QTF	array	Ergebnis: $Q^T \cdot$ FVEC, mit der Orthogonalmatrix Q aus der QR-Zerlegung des letzten Schrittes: QTF(N).
W	array	Arbeitsspeicher: W(N,4).
IFAIL	integer	Fehlerparameter. Vor Aufruf der Routine IFAIL = –1 setzen.
	Folgende Fehlermeldungen sind möglich: IFAIL<0 Benutzerabbruch aus FO oder FM. IFAIL hat den Wert IFLAG von dort. IFAIL=1 Falscher Parameterwert. IFAIL=2 Mehr als MAXFEV Funktionsaufrufe. IFAIL=3 Lösung läßt sich nicht mehr verbessern, XTOL zu klein. IFAIL=4 Kein guter Iterationsfortschritt (5 Schritte), IFAIL=5 Kein guter Iterationsfortschritt (10 Schritte), vielleicht existiert keine Lösung.	

Tabelle 4.4: **Die Parameter der Routinen C05NCF und C05PCF**

Die Steuerung der Lösung eines nichtlinearen Systems mit den Parametern EPSFCN, DIAG und FACTOR kann schwierig sein und zu unterschiedlichen Ergebnissen bzw. IFAIL-Werten führen. Mit $h := \sqrt{\text{EPSFCN}}$ werden die Ableitungen der Funktionen f_i angenähert:

$$\frac{\partial f_i}{\partial x_j} \approx \frac{f_i(x_1, \cdots, x_j + h, \cdots, x_n) - f_i(x_1, \cdots, x_n)}{h}. \tag{4.34}$$

Wird EPSFCN zu groß gewählt, so wird die Jacobimatrix mit "falschen" Werten besetzt, was mögliche Konvergenz verhindern kann. Wird EPSFCN zu klein gewählt, so kann es zu Auslöschung und damit zu großen Rundungsfehlern kommen. Der Wert $h := \sqrt{\text{EPSFCN}}$ ist für alle Komponenten f_i der Funktion f und die Ableitungen nach allen Vektorkomponenten x_j gleich. Wenn das unerwünscht ist, kann man die Variablen x_j mit den Werten DIAG_j skalieren, wozu MODE=2 gesetzt werden muß. Der Parameter FACTOR begrenzt die Schrittweite in der Iteration. Kennt man einen maximalen Abstand des Schätzwertes zur Lösung, so sollte man FACTOR mit diesem Wert besetzen, meistens genügt es, FACTOR=100.0 zu setzen. Ein zu kleiner Wert kann die Konvergenz verlangsamen oder zu einem scheinbar stationären Punkt führen.

4.5.3 Die NAG-Routine C05ZAF

Die NAG-Routine

C05ZAF (M,N,X,FVEC,FJAC,LDFJAC,XP,FVECP,MODE,ERR)

überprüft die vom Benutzer gestellten Funktionen für die Jacobimatrix der Ableitungen von f. C05ZAF muß zweimal aufgerufen werden, dabei muß MODE beim ersten Aufruf auf 1, beim zweiten auf 2 gesetzt werden. Beim ersten Aufruf muß von den Feldern nur X vorbesetzt sein, XP wird von C05ZAF besetzt, vor dem zweiten Aufruf müssen FVEC und FJAC mit den Werten der Funktion und denen der Ableitungen an der Stelle X und FVECP mit den Funkionswerten an der Stelle XP besetzt werden, X und XP dürfen nicht geändert werden. Das Feld ERR gibt nach dem zweiten Aufruf Auskunft über die Wahrscheinlichkeit einer falschen Programmierung der Ableitungen. Die Ableitungswerte der i-ten Funktion sind korrekt, falls ERR(i)=1.0, inkorrekt, falls ERR(i)=0.0, Werte zwischen 0 und 1 zeigen einen gewissen Stellenverlust an oder ebenfalls falsche Werte. Im Zusammenhang mit dem nichtlinearen Gleichungssystem von n Funktionen mit n Variablen ist folgender Programmabschnitt sinnvoll:

```
      CALL C05ZAF(N,N,X,FVEC,FJAC,LDFJAC,XP,FVECP,1,ERR)
      CALL FM(N,X,FVEC,FJAC,LDFJAC,1)
      CALL FM(N,X,FVEC,FJAC,LDFJAC,2)
      CALL FM(N,XP,FVECP,FJAC,LDFJAC,1)
      CALL C05ZAF(N,N,X,FVEC,FJAC,LDFJAC,XP,FVECP,2,ERR)
      DO 20 I=1,N
        IF (ERR(I).LE.5D-1) THEN
          PRINT*,I,'. Gradient ist wahrscheinlich falsch'
          GOTO 9999
        END IF
20    CONTINUE
```

M	integer	Anzahl der Funktionen, hier: M=N.
N	integer	Anzahl Variablen.
X	array	Punkt, an dem die Prüfung erfolgen soll: X(N).
FVEC	array	MODE=2: Vektor der Funktionswerte: FVEC(N).
FJAC	array	MODE=2: Ableitungswerte: FJAC(LDFJAC,N).
LDFJAC	integer	Erste Dimension von FJAC, LDFJAC $\geq$ M.
XP	array	Ergebnis (MODE=1): Nachbarpunkt: XP(N).
MODE	integer	Aufrufnummer: MODE = 1 oder 2.
ERR	array	Korrektheitsmaß.

Tabelle 4.5: **Die Parameter der Routine C05ZAF**

4.6 Programme und Beispiele

Für dieses Kapitel stellen wir die Programme KAP4_DIRECT und KAP4_NLIN zur Verfügung. In das Programm KAP4_NLIN haben wir sowohl Routinen für einfachen wie für detailliert gesteuerten Ablauf aufgenommen.

4.6.1 Eine einzelne Gleichung

Das Programm KAP4_DIRECT, Anhang A, Seite 321, verwendet die Routinen C05ADF, C05AGF oder C05AJF, um die Nullstelle einer reellwertigen Funktion zu berechnen. Alle drei verwenden sicher konvergierende black box-Verfahren, siehe 4.3 und 4.4. Da das Verständnis des Programmablaufs keine Schwierigkeit darstellen sollte, wollen wir gleich ein Beispiel vorführen. Wir greifen wieder auf Beispiel 4.2/4.3 zurück:
DIRECT löst dieses Nullstellenproblem mit oder ohne Einschließungsintervall:

```
Sie haben das Programm DIRECT gestartet.
DIRECT berechnet iterativ eine einfache reelle
Nullstelle einer stetigen reellen Funktion f:R->R.
Die Iteration endet, wenn eine der folgenden Bedingungen
erfuellt ist:
|xî-s| <= EPS oder |f(xî)| < ETA.
Dabei ist xî die Approximation an die Nullstelle s
nach dem i.  Iterationsschritt.
Geben Sie die Toleranz EPS (>=0.0) ein.
0 bedeutet 100-fache Maschinengenauigkeit.
[0]
Geben Sie die Toleranz ETA (>=0.0) ein.
[0]
Ist Ihnen ein Intervall [a,b] mit f(a)*f(b)<=0 bekannt?
```

```
j
Geben Sie die Intervallgrenzen a und b ein.
2  4
**** Ergebnis *****
f(   2.2184574899167  )=   -9.1072982488782D-18
```

Kennt man kein Einschließungsintervall und keinen Näherungswert für die Nullstelle, dann müssen ein Startwert und eine Schrittweite für den Finde-Algorithmus vorgegeben werden. Das ist die einzige Stelle, an der bei wenig Kenntnis über die gesuchte Lösung etwas schiefgehen kann. Man kann zum Startwert t die Schrittweite H so klein wählen, daß im Intervall [t-256*H,t+256*H] kein Vorzeichenwechsel stattfindet:

```
Ist Ihnen ein Intervall [a,b] mit f(a)*f(b)<=0 bekannt?
n
Ist Ihnen ein guter Startwert x0 fuer die Iteration
bekannt?
n
Es wird jetzt im Intervall [t-256*H,t+256*H] nach
einem Vorzeichenwechsel gesucht.
Geben Sie die Zahl t an
5
Geben Sie den Faktor H an.
0.00001
* ABNORMAL EXIT from NAG Library routine C05AGF: IFAIL =     2
* NAG soft failure - control returned
```

Ebenso ist es möglich, zu t die Schrittweite H zu groß zu wählen. Kennt man einen "guten" Näherungswert für die Nullstelle, so wird nach dessen Eingabe C05AJF mit Broyden's Einbettungsverfahren aufgerufen:

```
Ist Ihnen ein guter Startwert x0 fuer die Iteration
bekannt?
j
Geben Sie diesen Startwert x0 an.
5
Wie oft soll die Funktion f maximal ausgewertet
werden?
100
**** Ergebnis *****
f(   2.2184574899371  )=   1.2135553196027D-11
```

4.6.2 Nichtlineare Gleichungssysteme

Das Programm KAP4_NLIN, Anhang A, Seite 322, ist im wesentlichen durch die Möglichkeiten der NAG-Routinen C05NBF, C05NCF, C05PBF und C05PCF beschrieben, siehe 4.5. Wir wollen noch einmal darauf hinweisen, daß die Detailsteuerung sich wirklich nur bei ausgefallenen Beispielen lohnt oder bei dem Wunsch nach Zwischenergebnissen. Ein Nachteil der NAG-Routinen ist, daß die Genauigkeit einer Näherungslösung nur relativ abgefragt werden kann, was bei Lösungen nahe dem Ursprung zu überflüssig langsamer Konvergenz führen kann.

Wir wollen die Möglichkeiten des Programms an einem extremen Beispiel kennenlernen. Es ist Powells Beispiel für einen nicht konvergenten Fall des modifizierten Newtonverfahrens. Wir haben es allerdings so transformiert, daß die Lösung nicht mehr im Nullpunkt liegt. Sei

$$\begin{aligned} f_1(x) &= x_1 - 5, \\ f_2(x) &= \frac{10x_1 - 50}{x_1 - 4.9} + (x_2 - 5)^2. \end{aligned}$$

Einzige Nullstelle dieser Funktion ist $x = (5,5)$. In dieser Nullstelle ist die Jacobimatrix

$$Df = \begin{pmatrix} 1 & 0 \\ 1/(x_1 - 4.9)^2 & 4(x_2 - 5) \end{pmatrix}$$

singulär. f_1 ist nicht von x_2 abhängig, f_2 ist bezüglich x_2 eine Parabel mit Minimum im Nullstellenwert $x_2 = 5$. Betrachten wir f_2 bezüglich x_1, so finden wir dicht an der Nullstelle links einen Pol bei $x_1 = 4.9$. Rechts von der Nullstelle wird $f_2(x_1, \bar{x}_2)$ für festes $\bar{x}_2$ immer flacher, die Ableitung $\partial f_2/\partial x_1$ geht gegen Null mit $x_1 \to \infty$. Wir befinden uns also in einem langen flachen Trog. In [64] wird gezeigt, daß das modifizierte Newtonverfahren für alle Startwerte aus dem Rechteck $[6,8] \times [4,6]$ in diesem Rechteck verbleibt. Zum Beispiel ist (6.8016, 5) ein Attraktionspunkt für den Startpunkt (8.0, 6.0).

Für das Beispiel schreiben wir zunächst zwei Funktions-Unterprogramme zur Berechnung der Funktion f (FO) bzw. der Funktion und ihrer Ableitungen (FM). Das letztere wollen wir hier wiedergeben:

```
SUBROUTINE FM(N,X,FVEC,FJAC,LDFJAC,IFLAG)
INTEGER N, IFLAG, LDFJAC
DOUBLE PRECISION FVEC(N), X(N), FJAC(LDFJAC,N)
IF (IFLAG.EQ.0) THEN
  PRINT*,X(1), X(2),FVEC(1), FVEC(2)
END IF
IF (IFLAG.EQ.1) THEN
  FVEC(1) = X(1) - 5.0D0
  FVEC(2) = (1.0D1*X(1)-5.0D1)/(X(1)-4.9D0)
```

```
*            +2.0D0*(X(2)-5.0)*(X(2)-5.0)
      ENDIF
      IF (IFLAG.EQ.2) THEN
        FJAC(1,1) = 1.0D0
        FJAC(1,2) = 0.0D0
        FJAC(2,1) = 1.0D0/((X(1)-4.9D0)*(X(1)-4.9D0))
        FJAC(2,2) = 4.0D0*(X(2)-5.0)
      ENDIF
      RETURN
      END
```

Jetzt wollen wir einige Fälle mit NLIN durchrechnen:

1. Zunächst ein harmloser Startwert in der Nähe der Lösung

```
Sie haben das Programm NLIN gestartet.
NLIN berechnet iterativ eine Nullstelle s eines Systems
von n nichtlinearen Funktionen F=(f_1,..,f_n) in n
Variablen X=(x_i,..,x_n).
Geben Sie die Anzahl der Funktionen an.
[2]
Geben Sie eine Schaetzung x_0 fuer den n-komponentigen
Loesungsvektor s an.
[6 6]
Geben Sie eine Genauigkeit fuer die Loesung an.
0 bedeutet Wurzel aus der Maschinengenauigkeit.
[0]
Wird die Jacobi-Matrix vom Benutzer gestellt?
[j]
Soll die Jacobi-Matrix auf ihre Richtigkeit
ueberprueft werden?
[n]
Wollen Sie die einfache Fassung des Programms benutzen?
[j]
**** ERGEBNIS *****
Nullstelle s:
5.0000000000000    5.0000000000000
F_  1(s)=    0.
F_  2(s)=    6.3108872417681D-30
```

2. Jetzt wollen wir dicht im Punkt (6.8016, 5) starten, in dem das modifizierte Newtonverfahren stehen bleiben würde, und dabei auch noch die Ableitungen durch die Routine berechnen lassen:

```
[6.8016    5]
```

```
Wird die Jacobi-Matrix vom Benutzer gestellt?
[n]
Wollen Sie die einfache Fassung des Programms benutzen?
[j]
**** ERGEBNIS *****
Nullstelle s:
5.0000000000000    5.0000000000000
F_  1(s)=   0.
F_  2(s)=   6.3108872417681D-30
```

3. Wie gefährlich ein Aufruf der allgemeineren Routinen ist, zeigt die Rechnung mit demselben Startpunkt, aber mit Eingabe der Steuerparameter:

```
[6.8016    5]
Wollen Sie die einfache Fassung des Programms benutzen?
[n]
Geben Sie die maximale Anzahl der Funktionsaufrufe an.
0 bedeutet 200*(N+1).
[1000]
Wollen Sie Skalierungsfaktoren fuer die Variablen
angeben?
[n]
Geben Sie einen Faktor (>0.0) zur Bestimmung der
Anfangsschrittweite an.
(Vorschlag:  0.1 <= Faktor <= 100.0)
[10]
Nach jeweils wieviel Iterationen sollen X und F(X)
ausgegeben werden?
[10]
Ist die Jacobi-Matrix der Funktion F eine Band-Matrix?
[n]
Geben Sie den maximalen relativen Fehler EPSFCN fuer
die Funktionsberechnungen an.  h=EPSFCN^0.5 wird zur
Berechnung der dividierten Differenzen verwendet.
[0.0001]
6.801600   5.000   1.801600   9.4741270509045
...
6.801600   5.000   1.801600   9.4741270509045
* ABNORMAL EXIT from NAG Library routine C05NCF: IFAIL = 5
* NAG hard failure - execution terminated
```

Hier verhält sich also das Powellverfahren wie das modifizierte Newtonverfahren aufgrund der angenäherten Berechnung der Ableitungen mit $h = 0.01$. Alle kleineren Werte für h ergeben das gleiche Verhalten, während mit $h =$

$\sqrt{0.001}$ oder $h = 0.1$ die auf Maschinengenauigkeit exakte Nullstelle berechnet wird, wie auch beim Verfahren mit der vom Benutzer gestellten Jacobimatrix. Allerdings benötigt das Verfahren für diese hohe Genauigkeit in diesem extremen Fall 71 Schritte. Die Zwischenergebnisse – alle 10 Schritte – sehen folgendermaßen aus:

```
6.801600   5.0000000000000   1.80160   9.4741270509045
5.000000   5.0016222938320   0.        5.2636745546204D-06
5.000000   5.0000131905845   0.        3.4798303638444D-10
5.000000   5.0000001072476   0.        2.3004101184318D-14
5.000000   5.0000000008720   0.        1.5207316958718D-18
5.000000   5.0000000000071   0.        1.0052032316875D-22
5.000000   5.0000000000001   0.        6.6658746491175D-27
5.000000   5.0000000000000   0.        6.3108872417681D-30
**** ERGEBNIS *****
Nullstelle s:
5.0000000000000   5.0000000000000
F_  1(s)=   0.
F_  2(s)=   6.3108872417681D-30
```

Dieses Beispiel zeigt, daß selbst schwierige Situationen von den einfach zu benutzenden Routinen oft bewältigt werden. Geht das nicht mehr gut, muß man sich mit Beispiel und Parametern intensiv befassen, um gute Ergebnisse zu erzielen.

4.7 Nichtlineare Gleichungssysteme bei IMSL

4.7.1 Lösen einer einzelnen nichtlinearen Gleichung

Die NAG-Routine C05ADF entspricht der IMSL-Routine ZBREN und verwendet in etwa den gleichen Algorithmus. Daneben gibt es noch die IMSL-Routine ZREAL, die n Nullstellen einer Funktion sucht. Eine Routine wie C05AGF, welche vorher ein passendes Einschließungsintervall sucht, gibt es in IMSL nicht.
Die Fehlerbehandlung von ZBREN ist einfacher als bei C05ADF: Es gibt dort nur den Fehlerfall "Keine Konvergenz nach einer Maximalanzahl von Funktionsauswertungen". In IMSL gibt es keine reversen Routinen wie bei NAG.

4.7.2 Lösen eines nichtlinearen Gleichungssystems

In IMSL gibt es die Routinen NEQNF bzw. NEQNJ, welche den NAG-Routinen C05NBF bzw. C05NPB entsprechen.

Wie bei NAG wird die Jacobimatrix in NEQNF durch Differenzenquotienten berechnet, und bei NEQNJ muß der Benutzer die Jacobimatrix selbst programmieren. Die IMSL-Routinen verwenden wie die NAG-Routinen Powell's hybride Methode.

Fehlerbehandlung und Bedienung sind in beiden Bibliotheken sehr ähnlich. Man kann jedoch bei den IMSL-Routinen die maximale Anzahl von Funktionsauswertungen vorgeben, während Sie bei den NAG-Routinen durch $100n$ (C05PBF) bzw. $200n$ (C05NBF) gegeben sind (n = Systemgröße). Komplexere Routinen wie C05NCF und C05PCF sind in IMSL nicht vorhanden. Auch eine Routine wie die NAG-Routine C05ZAF, die die Berechnungsroutine der Jacobimatrix überprüft, gibt es in IMSL nicht. Der Arbeitsspeicherbedarf ist in etwa gleich.

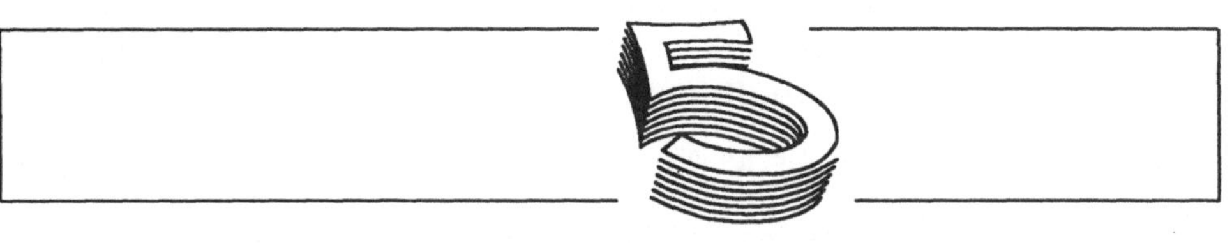

Eigenwertprobleme

Werden charakteristische Eigenschaften natürlicher Systeme untersucht, so muß mathematisch in der Regel ein Eigenwertproblem gelöst werden. Die Eigenfrequenzen eines schwingenden Systems sind z.B. Eigenwerte einer Differentialgleichung. Wird die Differentialgleichung diskretisiert, so entsteht eines der Matrix-Eigenwertprobleme, mit denen wir uns in diesem Kapitel beschäftigen wollen.

Wir beschränken uns auf Eigenwertprobleme mit reellen Matrizen. Die Eigenwerte einer reellen Matrix können aber durchaus komplexe Zahlen sein. Bei den numerischen Verfahren sollen verschiedene Problem- und Lösungsklassen unterschieden werden:

- Das spezielle und das allgemeine Eigenwertproblem.
- Symmetrische und nicht-symmetrische Matrizen mit reellen oder komplexen Eigenwerten.
- Dünn besetzte Matrizen.
- Singulärwerte von rechteckigen Matrizen (vgl. Kapitel 1).
- Einzelne oder alle Eigenwerte mit oder ohne Eigenvektoren.

5.1 Das spezielle Eigenwertproblem

5.1.1 Theoretische Grundlagen

Gegeben sei eine Matrix $A \in \mathbb{R}^{n,n}$.

Gesucht sind komplexe Zahlen $\lambda_k \in \mathbb{C}$ und linear unabhängige Vektoren $x_k \in \mathbb{C}^n$, so daß gilt:

$$A\, x_k = \lambda_k\, x_k\,, \quad k = 1, \cdots n. \tag{5.1}$$

Verallgemeinerungen und Einschränkungen dieser Aufgabenstellung bestimmen die verschiedenen Problemklassen, die wir betrachten wollen.

Die Eigenwerte sind die Nullstellen des *charakteristischen Polynoms*

$$p(\lambda) := \det(A - \lambda I)\,, \tag{5.2}$$

wo $I \in \mathbb{R}^{n,n}$ die Einheitsmatrix ist. Diese Eigenschaft der Eigenwerte ist theoretisch hilfreich; numerisch wird man sie nur in Ausnahmefällen benutzen, da die Bestimmung der Nullstellen dieses Polynoms sehr instabil sein kann.

Oft sind die Matrizen des Eigenwertproblems symmetrisch. Dies ist ein großer Vorteil, da dann alle Eigenwerte reell sind und ihre numerische Berechnung gut konditioniert ist.

Satz 5.1 *Sei $A \in \mathbb{R}^{n,n}$* symmetrisch . *Dann besitzt A nur* reelle *Eigenwerte, und die Eigenvektoren sind* orthogonal . *Ist also $X \in \mathbb{R}^{n,n}$ die Matrix mit den Eigenvektoren als Spalten und sind diese normiert auf $\|x_i\|_2 = 1$, so ist*

$$X^T X = I. \tag{5.3}$$

Der nicht-symmetrische Fall kann sehr kompliziert sein; wir wollen uns auf diagonalähnliche Matrizen beschränken:

Definition 5.2 *1. Ist $T \in \mathbb{C}^{n,n}$ eine reguläre Matrix, dann heißt*

$$T^{-1}\, A\, T \tag{5.4}$$

Ähnlichkeitstransformation .

2. Eine Matrix $A \in \mathbb{R}^{n,n}$ heißt diagonalähnlich , *wenn es eine reguläre Matrix $T \in \mathbb{C}^{n,n}$ gibt, so daß*

$$\Lambda := T^{-1}\, A\, T \tag{5.5}$$

eine Diagonalmatrix ist: $\Lambda := diag(\lambda_1, \lambda_2, \cdots, \lambda_n)$, $\Lambda \in \mathbb{C}^{n,n}$.

Lemma 5.3 *Ist $T \in \mathbb{C}^{n,n}$ eine reguläre Matrix und*

$$C := T^{-1} A T, \tag{5.6}$$

dann haben A und C dieselben Eigenwerte und zu einem Eigenvektor $y \in \mathbb{C}^n$ von C gehört der Eigenvektor $x := Ty$ von A:

$$Cy = \lambda y \Rightarrow Ax = \lambda x \quad mit \quad x := Ty \tag{5.7}$$

Auf diesem Lemma basieren die Transformationsverfahren, die zu den wichtigsten Verfahren zur Bestimmung von Eigenwerten gehören. Dabei wird nur im Reellen gerechnet, konjugiert komplexe Eigenwerte können z.B. durch 2×2-Diagonalblöcke dargestellt werden, zwei konjugiert komplexe Eigenvektoren durch Real- und Imaginärteil eines der beiden.

Ein typischer Verfahrensablauf für *symmetrische* Matrizen wird im folgenden Algorithmus beschrieben:

(1) Balancing
Umordnung von A mit einer Permutationsmatrix
$\tilde{A} = P^T A P$, siehe 5.1.2.
(2) Transformation von $\tilde{A}$ auf Dreibandgestalt
mit $n-2$ Householdermatrizen $H = U_1 \cdots U_{n-2}$:
$B = H^T \tilde{A} H$, siehe 5.1.3.
(3) QR-Verfahren zur Diagonalisierung
$C = Q^{-1} B Q$, siehe 5.1.4.
(4) Berechnung von Eigenwerten und -vektoren
nach Lemma 5.3. Dabei ist $T = PHQ$.

Bei der Beschreibung der einzelnen Verfahrensschritte wird in den folgenden Abschnitten auf den Unterschied zur *unsymmetrischen* Problemstellung eingegangen.

5.1.2 Skalierung – Balancing

Zur Erhöhung der Stabilität der nachfolgenden Transformationsverfahren ist ein Ausbalancieren der Matrix vorteilhaft:

- **Symmetrische Matrix** A: Hier genügt es, Zeilen und zugehörige Spalten so zu vertauschen, daß die Diagonalelemente geordnet sind, mit dem kleinsten in $a_{1,1}$ beginnend. Dies ist eine Ähnlichkeitstransformation, da für Permutationsmatrizen $P^{-1} = P^T$ gilt, so daß in (1) von links und rechts zueinander inverse Matrizen multipliziert werden.

- **Nicht-symmetrische Matrix** A: Die Matrix A wird mit einer Ähnlichkeitstransformation skaliert, also

$$\tilde{A} = D^{-1}AD \tag{5.8}$$

mit einer Diagonalmatrix D. Durch diese Skalierung kann erreicht werden, daß die Norm von $\tilde{A}$ minimal wird und daß die Norm einer Zeile mit der der entsprechenden Spalte übereinstimmt, [81]. Die Elemente der diagonalen Skalierungsmatrizen sollten ganzzahlige Vielfache der Rechnerbasis sein, damit keine Rundungsfehler entstehen.

5.1.3 Householdertransformationen

Von den vielen möglichen Transformationsverfahren (elementare Transformationen, Jacobi- oder Givensrotationen) wollen wir uns auf die Darstellung der Householdertransformationen beschränken. Die Transformation auf obere Hessenbergform mit schnellen Givensrotationen ist in [70] beschrieben.

Mit Householdertransformationen gelingt es numerisch sehr stabil, eine symmetrische Matrix auf Dreibandform oder eine unsymmetrische Matrix auf obere Hessenbergform zu transformieren. Eine Matrix B mit den Elementen b_{ij} hat *obere Hessenbergform*, falls $b_{ij} = 0$ für $i > j + 1$:

$$\begin{pmatrix} \times & \times & \times & \times & \times & \times \\ \times & \times & \times & \times & \times & \times \\ 0 & \times & \times & \times & \times & \times \\ 0 & 0 & \times & \times & \times & \times \\ 0 & 0 & 0 & \times & \times & \times \\ 0 & 0 & 0 & 0 & \times & \times \end{pmatrix}$$

Die Reduktion besteht aus $n-2$ orthogonalen Ähnlichkeitstransformationen:

$$\begin{aligned} B &= U_{n-2}\cdots U_1 A U_1 \cdots U_{n-2}, \quad \text{also} \\ B &= H^T A H, \quad \text{mit} \\ H &= U_1 \cdots U_{n-2}. \end{aligned} \tag{5.9}$$

oder rekursiv

$$\begin{aligned} A^{(1)} &:= A, \\ A^{(r+1)} &:= U_r A^{(r)} U_r, \\ B &:= A^{(n-1)}, \end{aligned} \tag{5.10}$$

mit den orthogonalen Householdermatrizen ($U_r^2 = I$)

$$\begin{aligned} U_r &:= I - w_r w_r^T / K_r \quad \text{mit} \\ \alpha &:= a_{r+1,r}^{(r)}, \\ \sigma &:= (a_{r+1,r}^{(r)})^2 + (a_{r+2,r}^{(r)})^2 + \cdots + (a_{n,r}^{(r)})^2, \\ w_r &:= (0, \cdots, 0, \alpha + \operatorname{sign}(\alpha)\sqrt{\sigma}, a_{r+2,r}^{(r)}, \cdots, a_{n,r}^{(r)})^T, \\ K_r &:= \sigma + \operatorname{sign}(\alpha)\alpha\sqrt{\sigma}. \end{aligned} \tag{5.11}$$

Dabei wird sign(α) := 1 gesetzt, falls $\alpha = 0$. Die Vorzeichenvorschrift für α trägt wesentlich zur Stabilität des Algorithmus bei. Es ist offensichtlich, daß die Householdertransformation im r-ten Schritt die ersten r Zeilen und Spalten von $A^{(r)}$ unverändert läßt. Außerdem werden in der r-ten Spalte unterhalb der Subdiagonale Nullen erzeugt. Das führt nach $n-2$ Schritten zur oberen Hessenbergform bzw. im symmetrischen Fall zur Dreibandform. Im unsymmetrischen Fall kann noch vor jedem Schritt eine Pivotwahl mit Zeilen/Spalten-Vertauschung vorgesehen werden, auf deren Darstellung wir verzichtet haben.

Die Lösung des Eigenwertproblems ist jetzt auf eine Matrix mit nur einer Subdiagonale zurückgeführt. Für dieses Problem ist das QR-Verfahren eine numerisch stabile Methode.

5.1.4 Das QR-Verfahren

Eine genaue Darstellung des QR-Algorithmus für Dreiband- und Hessenbergmatrizen mit der zugrundeliegenden mathematischen Theorie findet man in [70]. Wir wollen hier nur die einzelnen Schritte kurz darstellen:

1. Für das Verfahren kann vorausgesetzt werden, daß alle Subdiagonalelemente ungleich Null sind. Ist dies nicht der Fall, so zerfällt das Eigenwertproblem im symmetrischen Fall in zwei Probleme kleinerer Dimension, die mit weniger Aufwand getrennt behandelt werden können. Im unsymmetrischen Fall muß zusätzlich ein ("kleines") lineares Gleichungssystem gelöst werden.

2. **QR-Zerlegung**
   Zu jeder Matrix $B \in \mathbb{R}^{n,n}$ existiert eine Zerlegung
   $$B = Q\,R \tag{5.12}$$
   mit einer orthogonalen Matrix Q und einer rechten oberen Dreiecksmatrix R.

3. Bei einer oberen Hessenbergmatrix oder einer Dreibandmatrix reichen für die QR-Zerlegung $n-1$ orthogonale Transformationen aus. Dadurch ist der Aufwand gegenüber vollen Matrizen erheblich geringer.

4. **QR-Transformation**
   An die QR-Zerlegung schließt sich eine QR-Transformation an:
   $$B = Q\,R \longrightarrow \tilde{B} = R\,Q\,. \tag{5.13}$$
   Dies ist eine Ähnlichkeitstransformation, da ja mit $R = Q^T B$:
   $$\tilde{B} = R\,Q = Q^T\,B\,Q. \tag{5.14}$$

5. Bei der QR-Transformation bleibt die Hessenberg- bzw. die Dreibandform erhalten.

6. **QR-Algorithmus**
QR-Zerlegung und QR-Transformation werden zu einem iterativen Algorithmus zusammengesetzt:

$$\begin{aligned} B_1 &:= B\,, \\ B_k &= Q_k R_k\,,\ B_{k+1} := R_k Q_k\,,\ k = 1,2,\cdots, \\ \text{also}\ B_{k+1} &= Q_k^T B_k Q_k\,. \end{aligned} \tag{5.15}$$

Diese Iteration konvergiert im unsymmetrischen Fall gegen eine rechte obere Blockdreiecksmatrix mit Diagonal- oder 2×2-Blöcken auf der Diagonalen, also z.B.

$$\begin{pmatrix} [\times] & \times & \times & \times & \times & \times \\ 0 & \times & \times & \times & \times & \times \\ 0 & \times & \times & \times & \times & \times \\ 0 & 0 & 0 & [\times] & \times & \times \\ 0 & 0 & 0 & 0 & [\times] & \times \\ 0 & 0 & 0 & 0 & 0 & [\times] \end{pmatrix}$$

Die Eigenwerte sind dann aus den Diagonalmatrizen abzulesen oder durch Lösung eines 2×2-Eigenwertproblems zu bestimmen. Damit ist auch der Fall komplexer Eigenwerte abgedeckt, der ja nur bei unsymmetrischen Matrizen möglich ist.

Im symmetrischen Fall ist die Grenzmatrix eine Diagonalmatrix.

7. **QR-Algorithmus mit shift**
Die Konvergenzgeschwindigkeit des QR-Algorithmus wird wesentlich erhöht durch die Einführung einer Spektralverschiebung (shift), was zu folgendem Verfahren führt:

$$\begin{aligned} B_1 &:= B\,, \\ B_k - \sigma_k I &= Q_k R_k\,, \\ B_{k+1} &:= R_k Q_k + \sigma_k I\,,\ k = 1,2,\cdots, \\ \text{damit gilt hier auch:}\ B_{k+1} &= Q_k^T B_k Q_k\,. \end{aligned} \tag{5.16}$$

Als σ_k kann etwa das letzte Diagonalelement von B_k gewählt werden. Bezüglich des speziellen Falles komplexer σ_k verweisen wir auf [81] und [70]. Die Idee zum QR-Verfahren mit Spektralverschiebung geht auf [27] zurück.

8. **Bestimmung der Eigenvektoren**
Das Produkt der im Verfahren verwendeten orthogonalen Matrizen Q_k ist eine orthogonale Matrix:

$$Q := Q_1\,Q_2\,\cdots\,Q_m\,. \tag{5.17}$$

Diese Matrix Q transformiert B auf eine rechte obere Dreiecksblockmatrix im unsymmetrischen und auf eine Diagonalmatrix im symmetrischen Dreibandfall. Im letzten Fall sind die Spalten von Q gerade die Eigenvektoren der

Dreibandmatrix B. Im Fall der oberen Hessenbergmatrix muß noch das einfache Eigenwertproblem

$$Ry = \lambda y \tag{5.18}$$

gelöst werden. Sind y_k die dabei bestimmten Eigenvektoren von R, so sind $x_k = Qy_k$ die Eigenvektoren von B.

Da Hessenberg- und Dreibandform schon durch Ähnlichkeitstransformationen entstanden sind, müssen die berechneten Eigenvektoren von B noch einmal zurücktransformiert werden, um diejenigen von A zu erhalten.

Die Berechnung der Transformationsmatrix Q ist sehr aufwendig, deshalb werden zur Bestimmung der Eigenvektoren oft andere Verfahren bevorzugt. Hier kommt etwa die Vektoriteration nach von Mises in Frage, siehe 5.4.

5.2 Allgemeines Eigenwertproblem

5.2.1 Problemstellung

Gegeben seien Matrizen $A, B \in \mathbb{R}^{n,n}$.

Gesucht sind komplexe Zahlen $\lambda_k \in \mathbb{C}$ und Vektoren $x_k \in \mathbb{C}^n$, so daß gilt:

$$Ax_k = \lambda_k Bx_k\,, \quad k = 1, \cdots n. \tag{5.19}$$

Dieses Problem kann auf das spezielle Eigenwertproblem zurückgeführt werden, wenn B regulär, also invertierbar ist:

$$Ax = \lambda Bx \iff B^{-1}Ax = \lambda x. \tag{5.20}$$

Diese Vorgehensweise ist aber bei schlecht konditioniertem B nicht empfehlenswert. Sind A und B symmetrisch, so kann die Symmetrie bei $B^{-1}A$ verlorengehen. Eine symmetrie- und stabilitätserhaltende Transformation ist möglich, wenn A oder B symmetrisch und positiv-definit (spd) ist, siehe 5.2.2. Sind beide Matrizen symmetrisch, aber nicht notwendig positiv-definit, so hilft der folgende Satz, dessen konstruktiver Beweis einen Algorithmus liefert, [65]:

Satz 5.4 *Sind $A, B \in \mathbb{R}^{n,n}$ zwei symmetrische, positiv-semidefinite Matrizen, dann gibt es eine reguläre Matrix $T \in \mathbb{R}^{n,n}$ derart, daß $T^{-1}AT$ und $T^{-1}BT$ diagonal sind.*

Für den unsymmetrischen Fall ohne Regularitätsvoraussetzung an B ist der QZ-Algorithmus zu empfehlen, [54], siehe 5.2.3.

Die numerische Beschreibung der vollständigen Eigenraumstruktur inklusive Null- und Unendlich-Eigenwerten gelingt mit dem GUPTRI-Algorithmus von Kågstrøm, [46]. Diese Problemstellung übersteigt aber den Rahmen dieses Bandes bei weitem.

5.2.2 Der symmetrisch positiv-definite Fall

Bei vielen Anwendungen ist mindestens eine der beiden Matrizen A und B symmetrisch und positiv-definit. Dann läßt sich das allgemeine EWP numerisch stabil auf das spezielle EWP zurückführen. Für den Fall "B spd" wollen wir das im folgenden Algorithmus schildern:

(1) Choleskyzerlegung von B
Berechne eine Dreiecksmatrix L mit

$$LL^T = B.$$

(2) Inversion von L
Berechne die Inverse L^{-1} von L.

(3) Transformation von A

$$C := L^{-1} A (L^T)^{-1}.$$

(4) Spezielles Eigenwertproblem
Berechne Eigenwerte λ_k und Eigenvektoren y_k des speziellen EWP

$$Cy = \lambda y.$$

(5) Rücktransformation
λ_k sind die Eigenwerte des allgemeinen EWP,
$x_k := (L^T)^{-1} y_k$ die Eigenvektoren.

5.2.3 Der QZ-Algorithmus

Ist keine der Matrizen A oder B symmetrisch und positiv-definit, so wird die Lösung des allgemeinen EWP sehr viel schwieriger. Der QZ-Algorithmus von Moler und Stewart, [54], errechnet auch im fast-singulären Fall noch eine simultane Zerlegung von A und B in obere rechte Dreiecksmatrizen:

Satz 5.5 *Seien $A, B \in \mathbb{R}^{n,n}$. Dann gibt es zwei orthogonale Matrizen $Q, Z \in \mathbb{R}^{n,n}$ derart, daß QAZ und QBZ beide obere rechte Dreiecksmatrizen sind.*

Die Eigenwertprobleme $Ax = \lambda Bx$ und $QAZy = \lambda QBZy$ sind orthogonal äquivalent. Sie haben offensichtlich dieselben Eigenwerte, und ihre Eigenvektoren genügen der Beziehung $x = Zy$.

Der Algorithmus setzt sich aus vier Schritten zusammen, die wir teilweise schon oben kennengelernt haben. Wir wollen ihn nicht im einzelnen darstellen, sondern nur diese vier Schritte kurz aufzählen:

1. Eine Verallgemeinerung der Householdertransformation einer einzelnen Matrix auf obere Hessenbergform reduziert A auf diese Form und gleichzeitig B auf obere Dreiecksgestalt.

2. Eine Verallgemeinerung des QR-Algorithmus mit shift reduziert A auf eine rechte obere Blockdreiecksmatrix wie in 5.1.4. Dabei bleibt die Dreiecksgestalt von B erhalten.

3. Die Blockdreiecksstruktur von A wird auf eine rechte obere Dreiecksmatrix reduziert. Dabei werden die Eigenwerte bestimmt.

4. Die Eigenvektoren werden mit Hilfe der entstandenen beiden Dreiecksmatrizen berechnet und auf das ursprüngliche Problem zurücktransformiert.

Der Algorithmus ist numerisch viel stabiler als die Transformation auf das spezielle Eigenwertproblem mit B^{-1}, wenn B schlecht konditioniert ist. Eigenwerte $\lambda = \infty$ werden gefunden, wenn B eine Singularität in der Größenordnung $\sqrt{\tau}$ hat, wo τ die Maschinengenauigkeit ist. Diese Singularität beeinflußt die stabile Berechnung der übrigen Eigenwerte nicht. So fühlen sich Moler und Stewart berechtigt zu behaupten, sie könnten die Wurzel aus Unendlich ziehen. Das ermutigt uns, eine freie Übertragung des Limericks von G. Gamow hier einzufügen:

Eins, zwei, drei, ∞

Da war ein junger Mann aus Emmerich,
Der versuchte $\sqrt{\infty}$
    aber die Stellenzahl
    schien ihm so fatal
daß er wütend rief: “Du kannst mich!”

Eine etwas effektivere Fassung des QZ-Algorithmus mit schnellen Givensrotationen statt der Householdertransformationen gibt Märchy in [52] an.

5.3 Die Singulärwertzerlegung

Ist $A \in \mathbb{R}^{m,n}$ mit $m \neq n$, so ist ein Eigenwertproblem mit A nicht definiert. Um die charakteristische Struktur von A zu beschreiben, können die Eigenwerte von A^TA betrachtet werden. Dies sind aber gerade die Quadrate der Singulärwerte von A. Deshalb ist in den Programmen dieses Kapitels die Bestimmung der Singulärwerte und -vektoren auch vorgesehen.
Die Singulärwertzerlegung

$$A = USV^T \tag{5.21}$$

mit zwei orthogonalen Matrizen $U \in \mathbb{R}^{m,m}$ und $V \in \mathbb{R}^{n,n}$ und einer Diagonalmatrix $S \in \mathbb{R}^{m,n}$ wurde in 1.5.2 beschrieben. Die linken bzw. rechten Singulärvektoren sind die Spalten von U bzw. V. Sie sind die Eigenvektoren von AA^T bzw. A^TA zu den Eigenwerten σ_i^2, also den Quadraten der Diagonalelemente von S.

5.4 Dünn besetzte Matrizen

Die großen Softwarepakete sehen spezielle Routinen zur Lösung dünn besetzter Eigenwertprobleme vor. Sie treten z.B. im Zusammenhang mit partiellen Differentialgleichungen auf, etwa, wenn die Eigenschwingungen einer Membran untersucht werden sollen. Diese dünn besetzten Matrizen weisen einige besondere Eigenschaften auf – insbesondere Diagonaldominanz und Symmetrie. Deshalb sind iterative Algorithmen bei der Lösung von Problemen dieser Klasse besonders effizient.

Eines dieser Verfahren ist die *Vektoriteration nach von Mises*. Diese wollen wir kurz für den einfachsten Fall schildern. $A \in \mathbb{R}^{n,n}$ sei eine symmetrische Matrix mit n voneinander verschiedenen reellen Eigenwerten

$$\lambda_1 > \lambda_2 > \cdots > \lambda_n. \tag{5.22}$$

Wir wollen zunächst die Bestimmung des größten Eigenwertes λ_1 und des zugehörigen Eigenvektors $x^{(1)} \in \mathbb{R}^n$ beschreiben.

(1) Wähle $z^{(0)} \in \mathbb{R}^n$ beliebig, $z \neq 0$, setze $i := 0$.

(2) Berechne

$$u^{(i)} := Az^{(i)} \text{ und}$$

$$z^{(i+1)} := \frac{u^{(i)}}{\|u^{(i)}\|}.$$

(3) Wenn $i = 0$, dann setze $i := 1$ und gehe nach (2).

(4) Wenn

$$\|u^{(i)} - u^{(i-1)}\| < \varepsilon\|A\| \longrightarrow (6).$$

(5) Setze $i := i + 1$ und gehe nach (2).

(6) Bestimme den Index k, für den gilt:

$$|u_k^{(i)}| = \max_j |u_j^{(i)}|.$$

(7) Setze

$$\lambda_1 := \|u^{(i)}\| \cdot \operatorname{sign}\left(\frac{z_k^{(i)}}{u_k^{(i)}}\right) \text{ und}$$

$$x^{(1)} = z^{(i+1)}.$$

$\lambda_1 \in \mathbb{R}$ und $x^{(1)} \in \mathbb{R}^n$ sind Näherungen für den gesuchten Eigenwert und zugehörigen Eigenvektor.

Wann, warum und wie dieses Verfahren konvergiert, sagt uns:

Satz 5.6 *Für den Startvektor $z^{(0)}$ der Vektoriteration gelte:*

$$z^{(0)} = \sum_{j=1}^{n} c_j x^{(j)} \quad \textit{mit} \quad c_1 \neq 0, \tag{5.23}$$

wo $\{x^{(j)}\}$ das Orthogonalsystem der linear unabhängigen Eigenvektoren ist. Dann konvergieren

$$\begin{array}{rcl} \|u^{(k)}\| & \longrightarrow & |\lambda_1| \quad \textit{mit} \quad k \to \infty \\ \textit{und} \qquad z^{(k)} & \longrightarrow & x^{(1)} \quad \textit{mit} \quad k \to \infty \end{array} \tag{5.24}$$

Im Algorithmus verursachen die Matrix-Vektor-Multiplikationen in (2) den größten Aufwand. Bei ihnen kann aber die dünne Besetzung von A ausgenutzt werden, wenn die Elemente von A entsprechend gespeichert werden.

Sollen statt eines die m größten Eigenwerte von A bestimmt werden, so kann dies mit der simultanen Iteration von F.L. Bauer, [69], geschehen:
Mit m Startvektoren werden m Eigenwerte und -vektoren iterativ angenähert.

(1) Startvektoren:

$$U_0 = \begin{pmatrix} \vdots & \vdots & & \vdots \\ u_1^{(0)} & u_2^{(0)} & \cdots & u_m^{(0)} \\ \vdots & \vdots & & \vdots \end{pmatrix} \in \mathbb{R}^{n,m}$$ beliebig, aber linear unabhängig.

Setze $k = 0$.

(2) Orthogonalisierung:

Bestimme eine rechte obere Dreiecksmatrix $R_k \in \mathbb{R}^{m,m}$ so, daß:
$Z_k = U_k R_k$ und $Z_k^T Z_k = I_m$
(z.B. Schmidt'sches Orthogonalisierungsverfahren).

(3) Matrixmultiplikation:

$U_{k+1} := A Z_k$.

(4) Konvergenztest:

Ist $\sum_{i \neq j} |r_{ij}| < \varepsilon$?
Falls nicht, so setze $k := k+1$ und gehe zu (2).

(5) Ergebnisse

Eigenvektornäherungen: $V := Z_k$.
Eigenwertnäherungen: $D := \mathrm{diag}(r_{11}, r_{22}, \cdots, r_{mm})$.

Für dieses Verfahren gelten die folgenden Konvergenzaussagen :

$$\lim_{k\to\infty} Z_k = V,$$

$$\lim_{k\to\infty} R_k = D \quad \text{mit} \tag{5.25}$$

$$D = \mathrm{diag}(\lambda_1, \cdots, \lambda_m) \quad \text{und} \tag{5.26}$$

$$AV = VD. \tag{5.27}$$

Praktisch wählt man die Zahl der gleichzeitig iterierten Vektoren m etwas größer als die Anzahl zu bestimmender Eigenwerte, um die Konvergenz zu verbessern. Wegen solcher und weiterer Einzelheiten verweisen wir auf [69].

5.5 Programme zum Eigenwertproblem

Wir haben zu diesem Kapitel fünf Programme erstellt, die zusammen zwölf NAG-Routinen aufrufen. Dabei erschien es meist sinnvoll, die Funktionsweise der Routinen nur im Rahmen der Programme zu beschreiben. Der Entscheidungsbaum in Zeichnung 5.1 soll die Zuordnung Problem → Programm erleichtern:

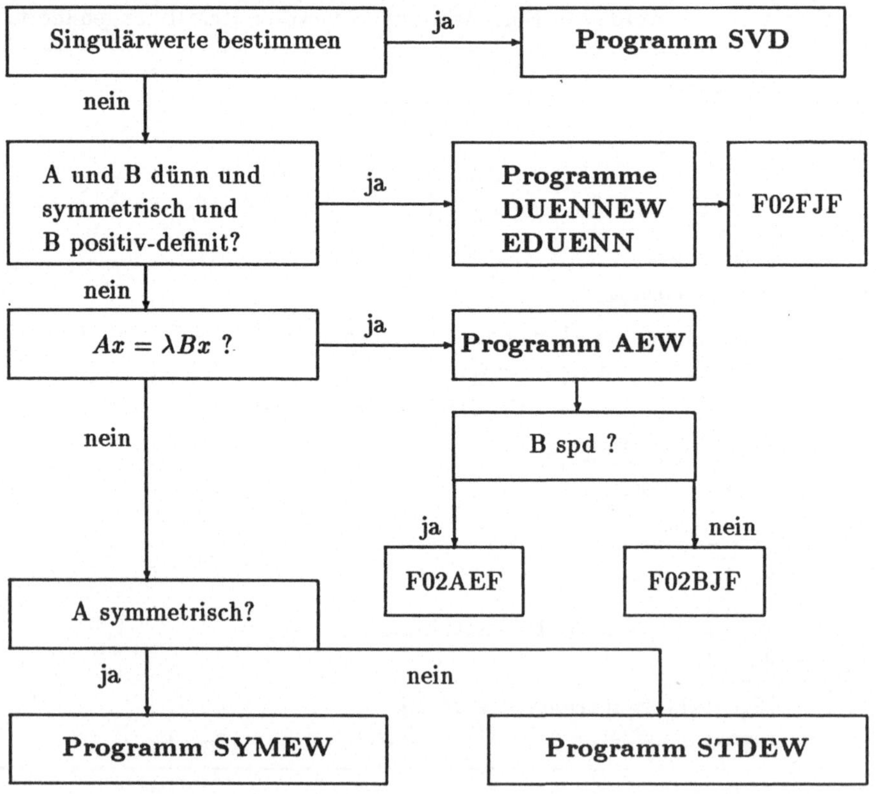

Zeichnung 5.1: **Programmbaum für Eigenwertprobleme mit reellen Matrizen**

Die NAG-Bibliothek stellt oft für ein Problem sowohl eine *Black Box-* als auch eine *General Purpose-Routine* zur Verfügung. Wir haben uns in den allgemeineren

Programmen STDEW und SYMEW für die General Purpose-Routinen entschieden. Dadurch hat der erfahrene Benutzer die Möglichkeit, einzelne Komponenten des Algorithmus auszuwechseln. In den anderen Fällen haben wir die Black Box-Routinen verwendet, bei denen ein Aufruf zur Lösung des Problems ausreicht.

5.5.1 STDEW: Das Programm zum Standard-EWP

KAP5_STDEW, Anhang A, Seite 325, (Parameter in Tabelle 5.1) löst das Eigenwertproblem

$$Ax = \lambda x$$

für eine i.a. unsymmetrische Matrix $A \in \mathbb{R}^{n,n}$. Das Programm läßt sich in fünf Großschritte aufgliedern:

(1)	Balancing: Permutation oder Skalierung
(2)	Reduktion von A auf obere Hessenbergform
(3)	Akkumulation der Householdertransformationen in (2)
(4)	Lösung des EWP der Hessenbergmatrix
(5)	Rücktransformation des Balancing (1)

Diese Schritte entsprechen je einem Aufruf einer NAG-Routine :

(1)	F01ATF (N,IB,A,NMAX,K,L,D)
(2)	F01AKF (N,K,L,A,NMAX,IND)
(3)	F01APF (N,K,L,IND,A,NMAX,V,NMAX)
(4)	F02AQF (N,K,L,EPS,A,NMAX,V,NMAX,EWR,EWI,IND,IFAIL)
(5)	F01AUF (N,K,L,N,D,V,NMAX)

Die Matrix V enthält beim Verlassen von F01APF die akkumulierten Householdertransformationen. Diese muß sie beim Aufruf von F02AQF auch noch enthalten. Soll mit F02AQF das EWP einer Hessenbergmatrix isoliert gelöst werden, so muß V die Einheitsmatrix enthalten. Beim Verlassen von F02AQF enthält die i-te Spalte von V den nicht normierten Eigenvektor zum i-ten Eigenwert der ursprünglichen Matrix A, falls dieser reell ist. Sind i-ter und $i+1$-ter Eigenwert ein konjugiert komplexes Paar, so enthalten die i-te und die $i+1$-te Spalte von V den Realteil bzw. Imaginärteil des Eigenvektors zum Eigenwert mit positivem Imaginärwert.

N	integer	Ordnung der Matrix A.
IB	integer	Basis der Gleitpunkt-Zahldarstellung.
A	array	Matrix: A(NMAX,NMAX).
NMAX	integer	Maximal mögliche Ordnung.
K,L	integer	Ergebnisse des Balancing (F01ATF): Es ist A(I,J) = 0, falls I > J *und* (J=1,···, K-1 oder I=L+1,···,N)
D	array	Information über Permutationen und Skalierung aus F01ATF: D(NMAX).
IND	int.array	F01...: Buchhalter der Vertauschungen. F02AQF: Iterationszahl pro Eigenwert: IND(NMAX).
V	array	Matrix der akkumulierten Transformationen bzw. der Eigenvektoren: V(NMAX,NMAX).
EPS	real	Maschinengenauigkeit (X02AAF).
EWR	array	Realteile der Eigenwerte: EWR(NMAX).
EWI	array	Imaginärteile der Eigenwerte: EWI(NMAX).
IFAIL	integer	Fehlerparameter. Vor Aufruf der Routine IFAIL=−1 setzen.
	In F02AQF ist folgende Fehlermeldung möglich: IFAIL=1 : Iterationszahl insgesamt > 30 · N.	

Tabelle 5.1: **Die Parameter des Programms STDEW**

5.5.2 SYMEW: Das Programm zum symmetrischen EWP

Das Programm KAP5_SYMEW, Anhang A, Seite 326, löst die Eigenwertprobleme

$$\begin{aligned} Ax &= \lambda x \quad \text{oder} \\ Ax &= \lambda\, Bx \end{aligned}$$

für symmetrische Matrizen $A, B \in \mathbb{R}^{n,n}$. Im zweiten Fall muß B positiv-definit sein. Das Problem $Ax = \lambda\, Bx$ mit symmetrischen A, B, aber positiv-definitem A kann man in der inversen Form

$$Bx = \mu\, Ax \tag{5.28}$$

lösen, mit $\mu = \lambda^{-1}$ für $\lambda \neq 0$.

N	integer	Ordnung der Matrizen A, B.
A	array	Matrix: A(NMAX,NMAX).
NMAX	integer	Maximal mögliche Ordnung.
B	array	Matrix: B(NMAX,NMAX). Das rechte obere Dreieck von B bleibt erhalten. Links unten wird L ohne Diagonale gespeichert.
DL	array	Diagonale von L: DL(NMAX).
TOL	real	Soll das folgende Verhältnis enthalten: (Kleinste positive Zahl)/(Maschinengenauigkeit).
D	array	Diagonale der Dreibandmatrix: D(NMAX).
E	array	Subdiagonale der Dreibandmatrix: E(NMAX), gespeichert in E(2) bis E(N).
U	array	Matrix der akkumulierten Transformationen bzw. der Eigenvektoren: U(NMAX,NMAX).
EPS	real	Maschinengenauigkeit (X02AAF).
IFAIL	integer	Fehlerparameter. Vor Aufruf der Routine IFAIL=–1 setzen.
	In F02AEF ist folgende Fehlermeldung möglich: IFAIL=1 : B numerisch nicht positiv-definit. In F02AMF ist folgende Fehlermeldung möglich: IFAIL=1 : Iterationszahl insgesamt > 30 · N.	

Tabelle 5.2: **Die Parameter des Programms SYMEW**

Das Programm läßt sich in vier bzw. sechs Großschritte aufgliedern:

((1))	Transformation auf das spezielle EWP mit einer Choleskyzerlegung von B.
(2)	Balancing von A durch Permutationen.
(3)	Reduktion von A auf Dreibandform.
(4)	Lösung des Dreiband-EWP.
(5)	Rückpermutation der Matrix U der EVen.
((6))	Rücktransformation zu (1).

Die Schritte (2) und (5) haben wir selbst programmiert, die anderen Schritte entsprechen je einem Aufruf einer NAG-Routine :

(1)	F01AEF (N,A,NMAX,B,NMAX,DL,IFAIL)
(3)	F01AJF (N,TOL,A,NMAX,D,E,U,NMAX)
(4)	F02AMF (N,EPS,D,E,U,NMAX,IFAIL)
(6)	F01AFF (N,1,N,B,NMAX,DL,U,NMAX)

Ihre Parameter beschreiben wir zusammen in Tabelle 5.2. Der Inhalt des Subdiagonalenvektors E wird in F02AMF zerstört.

Die Matrix U enthält beim Verlassen von F01AJF die akkumulierten Householdertransformationen. Diese muß sie beim Aufruf von F02AMF auch noch enthalten. Soll mit F02AMF das EWP einer Dreibandmatrix isoliert gelöst werden, so muß U die Einheitsmatrix enthalten. Beim Verlassen von F02AMF enthält die i-te Spalte von U den nicht normierten Eigenvektor zum i-ten Eigenwert der ursprünglichen Matrix A. Im Fall des allgemeinen Eigenwertproblems enthält U nach Verlassen von F01AFF die Eigenvektoren des Problems $Ax = \lambda Bx$.

5.5.3 AEW: Das Programm zum allgemeinen EWP

Das Programm KAP5_AEW, Anhang A, Seite 327, löst das allgemeine Eigenwertproblem

$$Ax = \lambda Bx, \quad A, B \in \mathbb{R}^{n,n},$$

insbesondere in dem von KAP5_SYMEW nicht erfaßten Fall unsymmetrischer oder nicht positiv-definiter Matrizen. Es ruft die Black Box-Routine

```
F02BJF (N,A,NMAX,B,NMAX,EPS,ALFR,ALFI,BETA,WANTQ,Q,
        NMAX,ITER,IFAIL)
```

auf, die den QZ-Algorithmus von Moler–Stewart benutzt.

Aufgrund des QZ-Algorithmus liefert die NAG-Routine F02BJF nicht die Eigenwerte λ_j, sondern die Zahlen ALFR(j), ALFI(j) und BETA(j), die die Eigenwerte über

$$\lambda_j = \frac{\alpha_j}{\beta_j} = \frac{\text{ALFR}(j) + i \cdot \text{ALFI}(j)}{\text{BETA}(j)}, \quad i = \sqrt{-1}, \tag{5.29}$$

liefern. Diese Division muß im Programm selbst vollzogen werden. Allerdings können die BETA(j) Null werden, was $\lambda_j = \pm\infty$ bedeutet und entsprechend abgefangen werden muß. Paare komplexer Eigenwerte haben aufeinanderfolgende Nummern

$$\lambda_j = \frac{\alpha_j}{\beta_j} = \overline{\lambda_{j+1}} = \overline{\left(\frac{\alpha_{j+1}}{\beta_{j+1}}\right)},$$

aber es sind nicht notwendig α_j und α_{j+1} konjugiert komplex.

Wird der logische Parameter WANTQ=.FALSE. gesetzt, so werden keine Eigenvektoren berechnet. Für WANTQ=.TRUE. wird der Eigenvektor für einen reellen Eigenwert λ_j in der j-ten Spalte von Q bereitgestellt. Bei konjugiert komplexem Eigenwertpaar $(\lambda_j, \lambda_{j+1})$ wird der Eigenvektor zum Eigenwert mit positivem Imaginärteil in den Spalten j und $j+1$ (Real- bzw. Imaginärteil) gespeichert.

N	integer	Ordnung der Matrizen A, B.
A	array	Matrix: A(NMAX,NMAX).
NMAX	integer	Maximal mögliche Ordnung.
B	array	Matrix: B(NMAX,NMAX). B wird überschrieben.
EPS	real	Toleranz: $a_{ij} := 0$, falls $a_{ij} < \|A\| \cdot$EPS.
ALFR	array	Realteil von α: ALFR(NMAX).
ALFI	array	Imaginärteil von α: ALFI(NMAX).
BETA	array	Vektor β: BETA (NMAX).
WANTQ	logical	Eigenvektoren berechnen, falls WANTQ=.TRUE.
Q	array	Matrix der Eigenvektoren : Q(NMAX,NMAX).
ITER	array	Iterationszahl pro Eigenwert: ITER(NMAX).
IFAIL	integer	Fehlerparameter. Vor Aufruf der Routine IFAIL=–1 setzen.
	In F02BJF ist folgende Fehlermeldung möglich: IFAIL>0 : Iterationszahl insgesamt > 30 · N.	

Tabelle 5.3: **Die Parameter der Routine F02BJF**

5.5.4 Die NAG-Routine F02FJF zum dünnen Eigenwertproblem

Die NAG-Routine

F02FJF (N,M,K,NOITS,TOL,DOT,IMAGE,MONIT,NOV,X,N,D,
WORK,MAXI,RWORK,MAXI,IWORK,MAXI,IFAIL)

bestimmt m Eigenwerte und Eigenvektoren (m "klein") einer "großen", dünn besetzten, symmetrischen Matrix oder eines entsprechenden verallgemeinerten Eigenwertproblems. Sie kann sehr unterschiedliche Probleme lösen (12 Beispiele findet man in Tabelle 5.4), ist dementsprechend kompliziert aufgebaut, und der Benutzer muß selbst drei Routinen schreiben, die wiederum andere NAG-Routinen sein oder benutzen können.

Unser Programm KAP5_EDUENN, das im nächsten Abschnitt beschrieben ist, kann für die einfacheren Probleme – wie $Ax = \lambda x$ – als black box benutzt werden. Der Leser, der sich nur für solche einfachen Anwendungen interessiert, kann also diesen Abschnitt überspringen.

F02FJF bestimmt die m betragsgrößten Eigenwerte und die zugehörigen Eigenvektoren von

$$Cx = \lambda x. \tag{5.30}$$

Die Matrix $C \in \mathbb{R}^{n,n}$ muß *B-symmetrisch* sein, d.h., es muß

$$BC = C^T B \tag{5.31}$$

gelten für eine symmetrische positiv-definite Matrix $B \in \mathbb{R}^{n,n}$.

Die verschiedenen Fälle, die F02FJF lösen kann, ergeben sich jetzt durch die unterschiedlichen Definitionen von C und B. Für $C = A$, A symmetrisch und dünn besetzt, und $B = I$ bestimmt F02FJF z.B. die m größten Eigenwerte und zugehörigen Eigenvektoren des speziellen Eigenwertproblems $Ax = \lambda x$. Für $C = B^{-1}A$, A, B symmetrisch und dünn besetzt, wird das entsprechende allgemeine Eigenwertproblem $Ax = \lambda Bx$ gelöst.

Die zweite Besonderheit ist, daß die Matrizen C und B nicht direkt eingegeben werden, sondern vom Benutzer über Unterprogramme definiert werden müssen:

- C muß über eine SUBROUTINE IMAGE definiert werden, die zu gegebenem Vektor $z \in \mathbb{R}^n$ den Vektor $w := Cz$ berechnet.
- B muß über eine FUNCTION DOT definiert werden, die zu gegebenen Vektoren $w, z \in \mathbb{R}^n$ das B-Skalarprodukt $w^T B z$ berechnet.

Diese indirekte Definition der Matrizen C und B soll das optimale Ausnutzen der dünnen Struktur der Matrizen ermöglichen.

- Schließlich muß noch eine Routine SUBROUTINE MONIT vom Benutzer zur Verfügung gestellt werden, die Zwischenergebnisse ausgeben oder einfach "dummy" sein kann.

Gesuchte Eigenwerte	**Problem**		
	$Ax = \lambda x$	$Ax = \lambda Bx$	$ABx = \lambda x$
Die m größten	Berechne $w = Az$	Löse nach w $Bw = Az$	Berechne $w = ABz$
Die m kleinsten	Löse nach w $Aw = z$	Löse nach w $Aw = Bz$	Löse nach w $ABw = z$
Die m von σ entferntesten	Berechne $w = (A - \sigma I)z$	Löse nach w $Bw = (A - \sigma B)z$	Berechne $w = (AB - \sigma I)z$
Die m zu σ nächsten	Löse nach w $(A - \sigma I)w = z$	Löse nach w $(A - \sigma B)w = Bz$	Löse nach w $(AB - \sigma I)w = z$

Tabelle 5.4: **Aufgaben der Routine IMAGE, $z \in \mathbb{R}^n$, $\sigma \in \mathbb{R}$ gegeben**

Einige Möglichkeiten von F02FJF sind in Tabelle 5.4 zu finden. Die Parameter der Routine F02FJF sind in Tabelle 5.5 zusammengestellt. Die Parameter der Routinen IMAGE, DOT und MONIT werden gesondert erklärt.

Die Vektoriteration wird in einem Unterraum der Dimension K ausgeführt. Das bedeutet, daß der Algorithmus in Abschnitt 5.4 simultan für K Startvektoren ausgeführt wird, die der Benutzer vorgeben kann. Nach jedem Schritt werden die neuen K Vektoren orthogonalisiert, um stabil weiterrechnen zu können. Auf diese Weise wird Konvergenz für M Eigenwerte und -vektoren erzielt.

N	integer	Ordnung der Matrix C.
M	integer	Anzahl zu berechnender Eigenwerte, M < K.
K	integer	Dimension des Iterationsraumes: $M < K \leq N$, z.B. K=M+4
NOITS	integer	(Maximal-)zahl Iterationen.
TOL	real	Relative Toleranz für die Genauigkeit der EWe. Für t signifikante Stellen: TOL:=10^{-t}.
DOT	function	Verallgemeinertes Skalarprodukt $w^T Bz$, s.u.
IMAGE	subroutine	IMAGE muß zu gegebenem z: $w = Cz$ liefern, s.u.
MONIT	subroutine	Routine für Zwischenergebnisse, s.u.
NOV	integer	Anzahl in X gestellter Näherungsvektoren.
X	array	Gestellte Näherungsvektoren: X(MAXI).
D	array	Eigenwerte, geordnet nach fallenden Betrag.
WORK	array	Arbeitsspeicher: WORK(MAXI).
RWORK	array	Arbeitsspeicher: RWORK(MAXI).
IWORK	int.array	Arbeitsspeicher: IWORK(MAXI).
MAXI	integer	Dimension der Arbeitsspeicher. MAXI $\geq$ 3 K + max(K^2, 2 N).
IFAIL	integer	Fehlerparameter. Vor Aufruf der Routine IFAIL=–1 setzen.
	In F02FJF sind folgende Fehlermeldungen möglich: IFAIL<0 Scheitern von DOT oder IMAGE mit IFLAG=IFAIL. IFAIL=1 Eine integer-Parameter-Bedingung verletzt. IFAIL=2,3,4 Nur M Eigenwerte gefunden, M < M-Eingabe. Neustart mit größerem K sinnvoll. IFAIL=5 Keine Konvergenz, X abändern. Selten!	

Tabelle 5.5: **Die Parameter der Routine F02FJF**

Die Eingabe von Näherungen für die gesuchten Eigenvektoren im Feld X kann die Konvergenz der Vektoriteration sehr beschleunigen. Nach erfolgreicher Iteration stehen in den ersten M Spalten von X die gesuchten Eigenvektoren, in den nächsten (K-M-1) Spalten Näherungen für die folgenden Eigenvektoren. Wir verwenden X bei der Parameterübergabe als eindimensionales Feld. Bei Abbruch von F02FJF mit IFAIL=2, 3 oder 4 werden mit M auch M Eigenvektoren in X zurückgegeben, die restlichen (K-M-1) sind wieder nur Näherungen (relativ zu TOL). Das Gleiche gilt für D.

Den Arbeitsspeichern haben wir die Länge von X gegeben, MAXI.

Die Benutzerroutinen

REAL*8 FUNCTION DOT (IFLAG,N,Z,W,RWORK,LRWORK,IWORK,LIWORK) und

SUBROUTINE IMAGE (IFLAG,N,Z,W,RWORK,LRWORK,IWORK,LIWORK)

haben bei Beachtung der üblichen Namenskonventionen die folgenden identischen Spezifikationen

DIMENSION Z(N), W(N), RWORK(LRWORK), IWORK(LIWORK).

IFLAG muß im Versagensfall auf einen negativen Wert gesetzt werden, der dann nach Verlassen der Routine auf IFAIL gesetzt wird, und mit dem dann auch F02FJF abgebrochen wird. Die Arbeitsspeicher RWORK und IWORK werden von F02FJF nicht benutzt. Sie ermöglichen dem Benutzer die Übertragung von Werten in die Unterprogramme DOT und IMAGE. Die anderen Parameter erklären sich selbst.

Die SUBROUTINE MONIT (ISTATE,NEXTIT,NEVALS,NEVECS,K,F,D)

hat die Felder F(K) und D(K). Sie dient zur Ausgabe von Zwischenergebnissen. Keiner ihrer Parameter darf innerhalb der Routine verändert werden. Wird keine Ausgabe von Zwischenergebnissen gewünscht, so kann die dummy-NAG-Routine F02FJZ eingesetzt werden. ISTATE kennzeichnet den Status von F02FJF und ist Tabelle 5.6 zu entnehmen, die übrigen Parameter sind in Tabelle 5.7 beschrieben.

ISTATE	Bedeutung
0	Kein EW/EV seit letztem Aufruf von MONIT akzeptiert.
1	Ein oder mehrere EW akzeptiert.
2	Ein oder mehrere EV akzeptiert.
3	Ein oder mehrere EW/EV akzeptiert.
4	F02FJF wird als nächstes beendet.

Tabelle 5.6: **Information von ISTATE an MONIT**

Das Wichtigste bei der Benutzung von F02FJF ist die Ausnutzung der Struktur der dünn besetzten Matrizen beim Schreiben von DOT und IMAGE. Hierzu können wieder NAG-Routinen genommen werden. Eine große Zahl von Routinen für spezielle Probleme mit dünn besetzten Matrizen sind in den Abschnitten F01 und F04 der NAG-Bibliothek zu finden. Wenn z.B. ein Gleichungssystem in IMAGE gelöst werden muß und die Koeffizientenmatrix variable Bandbreite hat, so kann die NAG-Routine F04MCF benutzt werden.

NEXTIT	integer	Nummer des nächsten Iterationsschrittes.
NEVALS	integer	Anzahl bisher akzeptierter Eigenwerte.
NEVECS	integer	Anzahl bisher akzeptierter Eigenvektoren.
K	integer	wie in F02FJF.
F	array	Relative Residuen: F(K).
D	array	Näherungen für die Eigenwerte: D(K).

Tabelle 5.7: **Die Parameter der Benutzer-Routine MONIT**

5.5.5 DUENNEW: Ein allgemeines Programm zum dünnen EWP

Die Programme KAP5_DUENNEW, Anhang A, Seite 328, und KAP5_EDUENN (siehe 5.5.6) lösen dünne Eigenwertprobleme mit Hilfe der Routine F02FJF. DUENNEW ist nur ein Dialogmantel für F02FJF. Es berechnet M Eigenwerte und Eigenvektoren unterschiedlicher Eigenwertprobleme, läßt dem Benutzer aber alle Möglichkeiten offen, die F02FJF durch unterschiedliche Programmierung der Unterprogramme DOT, IMAGE und MONIT bietet. Dafür muß der Benutzer im Gegensatz zu EDUENN die Rümpfe dieser Routinen selbst schreiben, es sind nur die Routinenköpfe vorbereitet. Die möglichen Fälle und die bei der Implementation zu beachtenden Regeln haben wir schon in 5.5.4 ausführlich beschrieben.

5.5.6 EDUENN: Ein spezielles Programm zum dünnen EWP

Auch das Programm KAP5_EDUENN, Anhang A, Seite 329, berechnet M Eigenwerte und Eigenvektoren unterschiedlicher Eigenwertprobleme mit F02FJF. Es kann aber nur das spezielle Eigenwertproblem mit einer symmetrischen Matrix A lösen. Dafür stellt es dem Benutzer die Unterprogramme DOT, IMAGE und MONIT zur Verfügung, vier Fälle werden durch Kennziffern angewählt :

1 Berechnung der m betragsgrößten Eigenwerte.

2 Berechnung der m betragskleinsten Eigenwerte.

3 Berechnung der m von einem Wert σ entferntesten Eigenwerte.

4 Berechnung der m zu einem Wert σ naheliegendsten Eigenwerte.

Die Hauptarbeit, die dem Benutzer noch bleibt, ist die Erstellung der Matrix. Da dünn besetzte Matrizen fast immer aus der Diskretisierung von partiellen Differentialgleichungen stammen, muß ein Gebiet mit einem Gitter überdeckt werden, ein Diskretisierungsverfahren auf die Differentialgleichung angewendet werden und daraus die Matrix des Eigenwertproblems berechnet werden. Dazu wird man in der Regel ein eigenes kleines Programm schreiben, das diese Diskretisierung erledigt und als Ergebnis eine Eingabedatei für EDUENN liefert. Ein Beispiel werden wir in Abschnitt 5.6 "Anwendungen" behandeln.

5.5.7 SVD: Das Programm zur Singulärwertzerlegung

Die Singulärwertzerlegung wurde in Abschnitt 1.5 ausführlich beschrieben, nicht aber die Routinen F02WAF und F02WBF, mit denen sie berechnet wurde, weil diese nur indirekt aufgerufen wurden.

In unserem Programm KAP5_SVD, Anhang A, Seite 331, das die Singulärwerte sowie die linken und rechten Singulärvektoren einer beliebigen Matrix $A \in \mathbb{R}^{m,n}$ berechnet, wird die NAG-Routine

F02WCF (M,N,K,A,M,U,M,SIG,VT,K,WORK,3*NMAX,IFAIL)

aufgerufen, deren Parameter in Tabelle 5.8 beschrieben sind.

In F02WCF ist die Speicherung von A, U und VT zweidimensional vorgesehen. Wir haben diese Felder je in einem eindimensionalen Vektor der Länge MATMAX untergebracht. Dies macht bei richtigem Aufruf und korrekter Indizierung keinen Unterschied und spart Rechenzeit, besonders bei großen Matrizen.

N	integer	Zeilenzahl der Matrix A.
M	integer	Spaltenzahl der Matrix A.
K	integer	Minimum von N und M.
A	array	Matrix A: A(MATMAX).
U	array	Matrix der linken Singulärvektoren: U(MATMAX).
SIG	array	Vektor der fallend geordneten Singulärwerte: SIG(NMAX).
VT	array	Matrix der rechten Singulärvektoren.
WORK	array	Arbeitsspeicher: WORK(3*NMAX).
IFAIL	integer	Fehlerparameter. Vor Aufruf der Routine IFAIL=–1 setzen.
	In F02WCF sind folgende Fehlermeldungen möglich: IFAIL=1 Eine integer-Parameter-Bedingung verletzt. IFAIL>1 QR-Algorithmus konvergiert nicht.	

Tabelle 5.8: **Die Parameter der Routine F02WCF**

5.6 Anwendungen

5.6.1 Membranschwingungen

Wir betrachten ein Gebiet in der Ebene $\Omega \in \mathbb{R}^2$, das eine ideal elastische Membran darstellen soll, die am Rand dieses Gebietes fest eingespannt ist. Wir wollen die beiden ersten (d.h. kleinsten) Eigenfrequenzen dieser Membran angenähert berechnen. Dazu diskretisieren wir die zugehörige partielle Differentialgleichung

$$\begin{aligned} \frac{\partial^2 u}{\partial x^2} + \frac{\partial^2 u}{\partial y^2} &= \lambda u \quad \text{für} \quad (x,y) \in \Omega, \\ u(x,y) &= 0 \quad \text{für} \quad (x,y) \in \partial\Omega. \end{aligned} \tag{5.32}$$

Dabei ist Ω das Gebiet der Membran, $\partial\Omega$ sein Rand.

Als Beispiel wollen wir das Gebiet der Zeichnung 1.2 aus Abschnitt 1.4 nehmen, an das wir hier noch einmal erinnern:

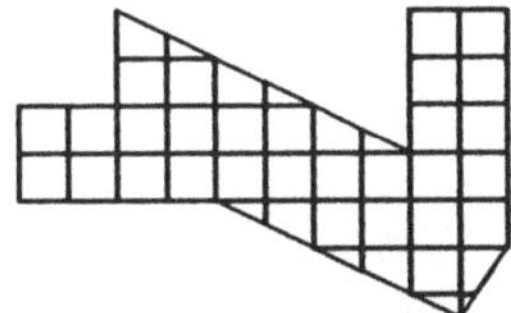

Die Diskretisierung, auf die wir nicht näher eingehen wollen, führt auf das Eigenwertproblem $Ax = \lambda x$ mit der in 1.4.1 symbolisch dargestellten Matrix A. Sie hat (ohne den Faktor $1/h^2$) die Elemente 4 auf der Diagonalen und –1 auf allen Nichtdiagonalelementen, die ungleich Null sind (× in 1.4.1). Wir haben das Beispiel für drei Gitter mit $h = 1$, $h = 1/2$ und $h = 1/4$ durchgerechnet ($h = 1$ führt zum Gitter in Zeichnung 1.2 bzw. oben). Dazu haben wir ein Programm geschrieben, das die Eingabedatei für EDUENN erzeugt. Sie hat für $h = 1$ die Form:

```
23                        Ordnung n der Matrix A
2                         Fall 2: Betragskleinste Eigenwerte (5.5.6)
   1     1     4.00000    A(1,1) = 4
   1     2    -1.00000    A(1,2) = -1
          .......
  23    23     4.00000    A(23,23) = 4
   0     0     0          Ende der Liste der Matrixelemente
2                         Anzahl der gesuchten Eigenwerte
6                         Dimension des Iterationsraumes
1D-7                      Relative Toleranz
500                       Maximalzahl Iterationen
```

Der Dialog beschränkt sich dann auf die Antwort [ja] bei der Frage, ob die Eingabedaten vom File EDUENN_IN gelesen werden sollen.

Die folgende Tabelle gibt eine Übersicht über die drei gerechneten Beispiele:

h	Ordnung n	Anzahl Matrixelemente $\neq 0$	λ_1	λ_2
1	23	51	1.147	1.399
1/2	115	308	1.270	1.513
1/4	509	1451	1.319	1.551

Die Genauigkeit der Eigenwerte ist nicht zufriedenstellend. Es wäre also noch eine Verfeinerung des Gitters notwendig gewesen. Die diskreten Eigenfunktionen zu diesen zwei Eigenwerten haben wir in Zeichnung 5.1 wiedergegeben. Dazu haben wir aus Darstellungsgründen das Gebiet um 90 Grad gedreht und aus Spaß die oszillierende Eigenfunktion des größten Eigenwerts der entsprechenden Diskretisierung hinzugefügt.

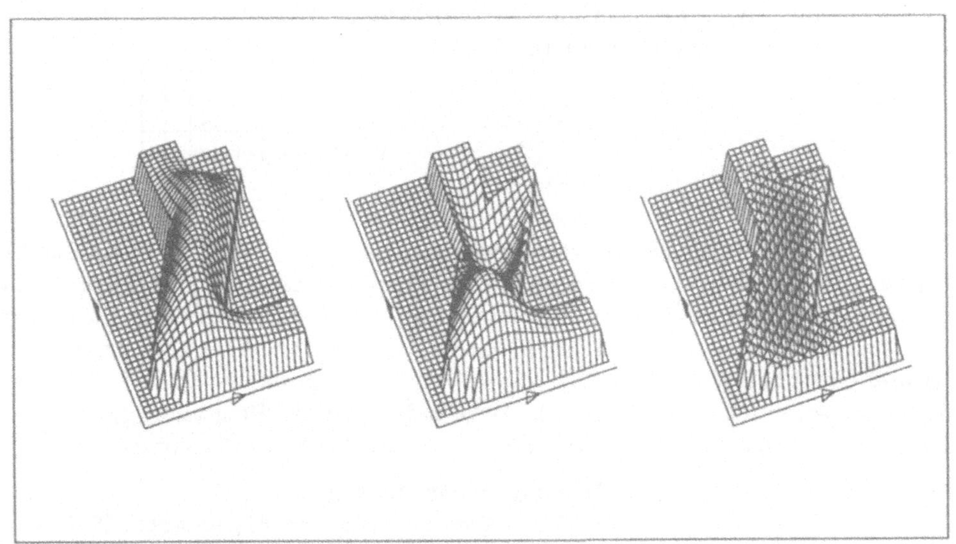

Zeichnung 5.2: **Eigenschwingungsformen einer Membran**

5.6.2 Elastische Linie axial belasteter Balken

Die Durchbiegung eines Balkens werden wir in Beispiel 8.1 betrachten. Dort kommen wir für spezielle Material- und Belastungsgrößen zu der Differentialgleichung (8.5). Um die Grundschwingungsformen – auch elastische Linien genannt – des Balkens zu berechnen, ersetzt man in ihr die rechte Seite durch Null und fügt links den Parameter λ ein:

$$\begin{array}{ll} \text{DGL} & -y''(x) - \lambda(1+x^2)\cdot y(x) = 0, \\ \text{RB} & y(-1) = y(1) = 0\,. \end{array} \tag{5.33}$$

Die Lösung dieses Eigenwertproblems liefert die Eigenfrequenzen und Eigenfunktionen des Balkens.

Dieses Problem entspricht dem Problem (8.14) mit $q(x) = -(1+x^2)$. Diskretisieren wir wie in (8.6)/(8.15), so bekommen wir das spezielle Matrix-Eigenwertproblem (8.16). Um die entstehende Matrix hinschreiben zu können, nehmen wir nur die sieben inneren Punkte

$$\{x_i\} = (-0.75, -0.5, -0.25, 0, 0.25, 0.5, 0.75)$$

und bekommen (auf drei Stellen gerundet) die Matrix

$$A = \begin{pmatrix} 1.28 & -0.64 & 0 & 0 & 0 & 0 & 0 \\ -0.8 & 1.6 & -0.8 & 0 & 0 & 0 & 0 \\ 0 & -0.941 & 1.88 & -0.941 & 0 & 0 & 0 \\ 0 & 0 & -1 & 2 & -1 & 0 & 0 \\ 0 & 0 & 0 & -0.941 & 1.88 & -0.941 & 0 \\ 0 & 0 & 0 & 0 & -0.8 & 1.6 & -0.8 \\ 0 & 0 & 0 & 0 & 0 & -0.64 & 1.28 \end{pmatrix}.$$

Hier hätten wir noch die Symmetrie des Problems zur Reduzierung der Problemgröße ausnutzen können. Darauf wollen wir verzichten. Jetzt liegt – auch für feinere Diskretisierungen – ein unsymmetrisches spezielles Eigenwertproblem mit einer Dreibandmatrix vor. Zu dessen Lösung ist unser Programm KAP5_STDEW geeignet. Es hätte zwar der Schritt 4 aus 5.5.1, also Aufruf der NAG-Routine F02AQF, genügt, aber für dieses kleine Einzelbeispiel wird nicht viel Zeit verschenkt. Wir erstellen den Eingabefile STDEW_IN:

```
7                                              n
1.28  -0.64     0     0     0     0     0     1.Zeile von A
usw.
```

und rufen das Programm auf. Wir erhalten folgenden Dialog:

```
Sie haben das Programm STDEW gestartet.
STDEW berechnet zu einer nxn-Matrix A alle Eigenwerte
lambda_i und Eigenvektoren x_i, i=1 bis n.

Soll die Eingabe vom File STDEW_IN erfolgen ?
```

Es folgen die unsortierten Eigenwerte mit den zugehörigen Eigenvektoren. Wir wollen diese Ergebnisse hier sortiert und komprimiert darstellen:

i	λ_i	$x^{(i)}$						
1	0.134	0.201	0.360	0.458	0.491	0.458	0.360	0.201
2	0.453	-0.384	-0.496	-0.327	0	0.327	0.496	0.384
3	0.947	-0.482	-0.251	0.277	0.526	0.277	-0.251	-0.482
4	1.53	0.483	-0.188	-0.500	0	0.500	0.188	-0.483
5	2.14	0.370	-0.497	-0.0352	0.506	-0.0352	-0.497	0.370
6	2.78	-0.200	0.468	-0.491	0	0.491	-0.468	0.200
7	3.54	-0.0647	0.229	-0.491	0.637	-0.491	0.229	-0.0647

An diesen Werten können wir ablesen, daß sich die wichtigsten physikalischen Eigenschaften des kontinuierlichen Problems auf die Lösung des diskretisierten Matrix-Eigenwertproblems übertragen. So hat die Eigenfunktion zum wichtigsten kleinsten Eigenwert keine Nullstelle zwischen den Balkenenden, die nächste hat eine Nullstelle in der Intervallmitte und so fort.

Wir wollen noch eine unsymmetrische Variante dieses Problems rechnen: wir ersetzen in (5.34) die Funktion $q(x) = -(1+x^2)$ durch $q(x) = -e^x\,(1+x^2)$, m.a.W. wir stellen uns vor, der Balken wäre links dicker als rechts. Die neue Matrix läßt sich leicht wie oben berechnen. Man erhält jetzt folgende Ergebnisse:

i	λ_i	$x^{(i)}$						
1	0.116	-0.151	-0.289	-0.402	-0.476	-0.494	-0.433	-0.268
2	0.410	-0.351	-0.595	-0.655	-0.491	-0.126	0.310	0.483
3	0.841	0.423	0.584	0.372	-9.915	-0.486	-0.315	0.402
4	1.405	0.493	0.475	-4.972	-0.516	-0.257	0.495	-0.187
5	2.191	0.556	0.212	-0.484	-0.303	0.542	-0.233	4.443
6	3.267	0.582	-0.239	-0.467	0.569	-0.253	5.492	-6.234
7	4.571	0.492	-0.676	0.500	-0.214	5.237	-7.129	5.433

Die physikalische Struktur spiegelt sich auch hier deutlich wider. Die Anzahl der Vorzeichenwechsel wächst mit der Eigenwertnummer. Die Nullstellen der Eigenfunktionen sind zum rechten Intervallende hin verschoben, also zum dünneren Ende des Balkens.

Diesen Balken mit der unsymmetrischen Dickenänderung haben wir versucht, in Zeichnung 5.3 wiederzugeben. Überlagert haben wir dort die ersten drei Eigenschwingungsformen.

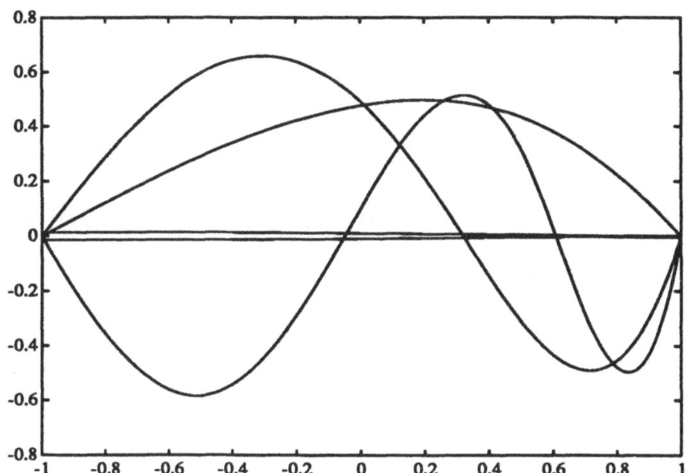

Zeichnung 5.3: **Eigenschwingungsformen eines Balkens**

5.7 Eigenwertprobleme bei IMSL

Zwischen IMSL und NAG gibt es hier zwei wesentliche Unterschiede:

- IMSL kann den "performance-index" berechnen, welcher angibt, wie exakt für ein Eigenwert-Eigenvektorpaar (λ, x) die Gleichung $Ax = \lambda x$ gilt.
- In IMSL gibt es keine Eigenwertroutinen für dünn besetzte Matrizen.

5.7.1 Das spezielle Eigenwertproblem

Das unsymmetrische spezielle Eigenwertproblem

In beiden Bibliotheken wird der gleiche Algorithmus verwendet (Balancieren, Reduktion auf Hessenbergform, QR).
In IMSL gibt es für unsymmetrische reelle Matrizen folgende Routinen:

- EVLRG für alle Eigenwerte allgemeiner Matrizen. NAG-Gegenstück ist die Routine F02AFF.
- EVCRG für alle Eigenwerte und Eigenvektoren allgemeiner Matrizen. NAG-Gegenstück ist die Routine F02AGF.

- EVLRH für alle Eigenwerte von Hessenbergmatrizen. NAG-Gegenstück ist F02APF.
- EVCRH für alle Eigenwerte und Eigenvektoren von Hessenbergmatrizen. NAG-Gegenstück ist F02AQF.
- EPIRG für den "performance-index".

Bei IMSL gibt es keine entsprechenden Routinen zu den NAG-Routinen

- F01ATF (Balancing),
- F01AKF (Reduktion auf Hessenberggestalt),
- F01APF (Akkumulation von Householdermatrizen),
- F01AUF (Rücktransformation des Balancing) und
- F02BKF (Berechnung nur einiger Eigenvektoren von Hessenbergmatrizen)

Im Gegensatz zu NAG hat man daher bei IMSL nicht die Möglichkeit, nur einige Eigenvektoren zu berechnen. Die NAG-Routinen zerstören im Gegensatz zu den IMSL-Routinen die zu zerlegende Matrix, benötigen dafür jedoch keinen Arbeitsspeicher. Bedienung und Fehlerbehandlung der beiden Bibliotheken sind hier gleich.

Das symmetrische spezielle Eigenwertproblem

Für reelle symmetrische Matrizen gibt es in IMSL folgende Routinen:

- EVLSF berechnet alle Eigenwerte. NAG-Gegenstück ist F02AAF.
- EVCSF berechnet alle Eigenwerte und Eigenvektoren. NAG-Gegenstück ist F02ABF.
- EVASF berechnet den kleinsten und den größten Eigenwert, EVESF zusätzlich die zugehörigen Eigenvektoren. Zu diesen Routinen gibt es in NAG keine Entsprechungen.
- EVBSF berechnet alle Eigenwerte in einem Intervall, EVFSF zusätzlich alle zugehörigen Eigenvektoren.
- EPISF berechnet den "performance-index".

In NAG kann man (im Gegensatz zu IMSL) die symmetrische Matrix auch als lineares Feld speichern, d.h. die Matrixelemente sind in einem eindimensionalen Feld wie folgt angeordnet:

$$a_{11}\ ;\ a_{21}, a_{22}\ ;\ \dots\ ;\ a_{n1}, a_{n2} \dots a_{nn};$$

was etwa 50 % Speicherplatz spart. Dies wird ermöglicht durch die beiden Routinen F01AYF (reduziert eine als lineares Feld gespeichtere Matrix zur Dreibandform) und F01AGF (reduziert eine wie üblich gespeicherte Matrix). Zur Berechnung von Eigenwerten einer Dreibandmatrix innerhalb eines Intervalls mit den zugehörigen Eigenvektoren gibt es in NAG die Routine F02BEF.
Die NAG-Routine F02BBF berechnet einige Eigenwerte ohne Eigenvektoren von Dreibandmatrizen, allerdings wird nicht ein Intervall, sondern die kleinste und größte Nummer der Eigenwerte vorgegeben, die berechnet werden sollen.
Die Bedienung der NAG-Routinen ist jedoch manchmal komplizierter: Will man mit der NAG-Bibliothek z.B. alle Eigenwerte in einem Intervall mit zugehörigen Eigenvektoren berechnen, so muß man drei Routinen aufrufen: F01AYF/F01AGF, dann F02BEF und zum Schluß F01AHF, welche die von F02BEF berechneten Eigenvektoren der Dreibandmatrix zurücktransformiert. Bei IMSL reicht ein Aufruf.
In beiden Bibliotheken werden gleiche Algorithmen verwendet (Reduktion auf Dreibandgestalt mit Householdermatrizen, QL für alle Eigenwerte der Dreibandmatrix, Bisektion und inverse Iteration für Eigenwerte in einem Intervall der Dreibandmatrix).
Bedienung und Fehlerbehandlung der beiden Bibliotheken sind gleich.

5.7.2 Das allgemeine Eigenwertproblem $Ax = \lambda Bx$

A und B symmetrisch, B positiv definit

Hierfür gibt es in IMSL drei Routinen:

- GVLSP berechnet alle Eigenwerte. NAG-Gegenstück: F02ADF.
- GVCSP berechnet alle Eigenwerte und -vektoren. NAG-Gegenstück: F02AEF.
- GPISP berechnet den "performance-index".

IMSL und NAG benutzen für dieses Problem das gleiche Verfahren: Mittels der Choleskyzerlegung von B wird das allgemeine auf das spezielle Eigenwertproblem zurückgeführt. Bedienung und Fehlerbehandlung sind ebenfalls gleich.

A und B unsymmetrisch

Die IMSL-Routinen GVCRG bzw. GVLRG berechnen alle Eigenwerte und -vektoren bzw. nur die Eigenwerte des allgemeinen unsymmetrischen Problems und entsprechen damit der NAG-Routine F02BJF. Daneben gibt es in IMSL die Routine GPIRG, welche den "performance-index" berechnet.
Sowohl NAG als auch IMSL benutzen den QZ-Algorithmus. Um den Fall $\lambda = \infty$ abzudecken, werden in beiden Bibliotheken die Eigenwerte λ_j in der Form α_j/β_j zurückgegeben, wobei $\alpha_j \in \mathbb{C}$, $\beta_j \in \mathbb{R}$ (vgl. 5.5.3). Während F02BJF den Fehlerfall

"zuviele Iterationen im QZ-Algorithmus" kennt, haben GVCRG und GVLRG keinerlei Fehlerbehandlung. Den IMSL-Routinen wird im Gegensatz zu F02BJF keine Fehlertoleranz übergeben.

5.7.3 Die Singulärwertzerlegung

Der NAG-Routine F02WCF zur Berechnung der Singulärwertzerlegung $A = USV^T$ entspricht die IMSL-Routine LSVRR. F02WCF gibt im Gegensatz zu LSVRR keine Rangabschätzung der Matrix zurück; LSVRR läßt dem Benutzer auch die Wahl, ob U und ob V berechnet werden sollen, während F02WCF stets U und V berechnet. Diese Wahl und die Abschätzung des Matrixranges hat man jedoch bei einer anderen NAG-Routine, F02WDF, bei welcher man zusätzlich zwischen der Singulärwertzerlegung und der QR-Zerlegung wählen kann. Die Fehlerbehandlungen von F02WCF und LSVRR sind etwa gleich. F02WCF berechnet stets nur $k := \min(n, m)$ rechte und linke Singulärvektoren der Matrix $A \in \mathbb{R}^{m,n}$ (d.h. $U \in \mathbb{R}^{m,k}$, $V \in \mathbb{R}^{n,k}$, $S \in \mathbb{R}^{k,k}$) während LSVRR wahlweise n oder m linke und n rechte Singulärvektoren berechnet. F02WCF ist also "sparsamer" als LSVRR. Beide Bibliotheken benutzen das Golub-Reinsch-Verfahren.

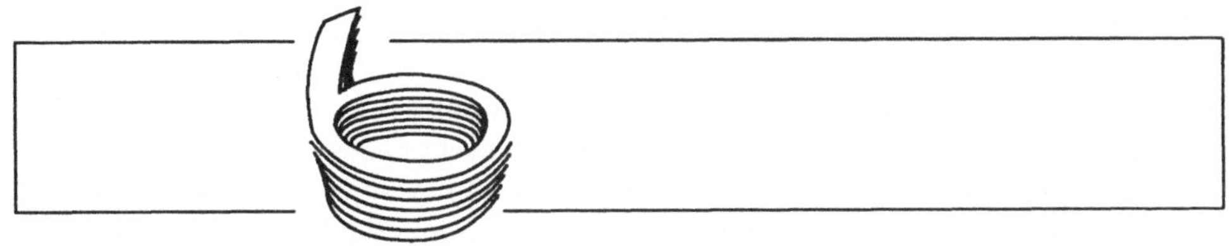

Numerische Integration

Integralberechnungen sind meistens Teil einer umfassenderen mathematischen Problemstellung. Dabei sind die auftretenden Integrationen oft nicht analytisch ausführbar, oder ihre analytische Durchführung stellt im Rahmen der Gesamtaufgabe eine praktische Schwierigkeit dar. In solchen Fällen wird der zu berechnende Integralausdruck angenähert ausgewertet durch numerische Integration, die auch numerische Quadratur genannt wird.

Wir werden nur die angenäherte Berechnung bestimmter Integrale

$$\int_a^b f(x)\,dx$$

behandeln. Es gibt numerische Verfahren, die als Ergebnis die Entwicklung des Integranden in eine Potenzreihe liefern. Die Potenzreihe kann dann analytisch integriert werden. Dadurch ist auch die unbestimmte Integration möglich. Sie entspricht der Lösung einer Differentialgleichung, siehe Lemma 7.3. Eine Stammfunktion kann daher auch mit den Methoden des Kapitels 7 numerisch berechnet werden.

Die "Integration von Tabellendaten" wird hier nicht behandelt. Durch eine Wertetabelle kann eine interpolierende oder approximierende Funktion gelegt werden, die dann exakt integriert werden kann, siehe Kapitel 3.

6.1 Problemstellung und Verfahrensklassen

Wir wollen die gängigen Verfahrensklassen kurz beschreiben. Am wichtigsten für das Verständnis der Algorithmen, die in Softwaresystemen verwendet werden, ist die Klasse der Gauß'schen Integrationsregeln. In dieser Klasse können auch viele Spezialfälle (Singularitäten, unendliche Integrationsintervalle) behandelt werden. Wichtig sind außerdem Sonderformen, die sich für die automatische Steuerung der Genauigkeit besonders gut eignen.

Das Grundproblem ist die Berechnung des bestimmten Integrals

$$I = \int_a^b f(x)\,dx. \tag{6.1}$$

Die numerischen Näherungsformeln lassen sich darstellen als

$$\tilde{I} = \sum_{i=1}^{n} w_i f(x_i), \tag{6.2}$$

wobei die Wahl der Koeffizienten oder Integrationsgewichte w_i und der Stützstellen x_i die Regel festlegen. Für einige Regeln wird von 0 bis n summiert.

Sollen numerische Integrationsregeln verglichen werden, so wird der Aufwand in "Anzahl Funktionsauswertungen" gemessen, da dieser rechnerische Aufwand den der übrigen arithmetischen und organisatorischen Operationen in allen wichtigen Fällen dominiert.

6.1.1 Newton-Cotes-Formeln

Dies ist die einfachste Idee: Um das Integral I zu berechnen, wird f durch ein interpolierendes Polynom p ersetzt und dieses exakt integriert. Die zur Interpolation benötigten Funktionswerte werden an $m+1$ äquidistanten Stellen berechnet.

Diese Methode ist nur für kleine Werte von m stabil; wir geben deshalb nur die Formeln für $m = 1$ und $m = 2$ an:

$$\text{Trapezregel}: \quad \int_a^b f(x)\,dx \approx \frac{1}{2}(f(a) + f(b)), \tag{6.3}$$

$$\text{Simpsonregel}: \quad \int_a^b f(x)\,dx \approx \frac{1}{6}(f(a) + 4f(\frac{a+b}{2}) + f(b)). \tag{6.4}$$

Soll die Genauigkeit erhöht werden, so werden diese einfachen Näherungsformeln mehrfach aneinandergesetzt. Sei zu gegebenem n

$$h = \frac{b-a}{n} \quad \text{und} \quad x_j = a + j \cdot h, \quad j = 0, 1, \cdots, n. \tag{6.5}$$

Dann liefert das Aneinanderhängen von n Trapez- bzw. $n/2$ Simpsonregeln (n gerade!) die Näherungsformeln

$$\begin{aligned} \tilde{I} = T(h) &= \frac{h}{2}(f(x_0) + 2f(x_1) + \cdots 2f(x_{n-1}) + f(x_n)), \\ \tilde{I} = S(h) &= \frac{h}{3}(f(x_0) + 4f(x_1) + 2f(x_2) + \cdots + \\ &\quad +2f(x_{n-2}) + 4f(x_{n-1}) + f(x_n)). \end{aligned} \tag{6.6}$$

Sind Schranken für die 2. bzw. 4. Ableitung der zu integrierenden Funktion bekannt, so läßt sich der Fehler dieser Regeln abschätzen:

$$\begin{aligned} |I - T(h)| &\leq \frac{|b-a|}{12} h^2 \max_{x\in[a,b]} |f''(x)|, \\ |I - S(h)| &\leq \frac{|b-a|}{180} h^4 \max_{x\in[a,b]} |f^{(4)}(x)|. \end{aligned} \tag{6.7}$$

Beispiel 6.1

$$I = \int_0^{\pi/2} \frac{5.0}{e^{\pi} - 2} \cdot \exp(2x) \cdot \cos(x)\, dx = 1.0. \tag{6.8}$$

Zeichnung 6.1 zeigt die Trapezfläche, die als Näherung für das Integral bei $n = 4$ entsteht, und den Integranden. Die Ergebnisse für Trapez- und Simpsonregel sind in der folgenden Tabelle festgehalten:

Regel	h	$\tilde{I}$	$I - \tilde{I}$	(6.7)
Trapez	$\pi/8$	0.926	0.074	0.12
Simpson	$\pi/8$	0.9925	0.0075	0.018

6.1.2 Rombergintegration

Eine wunderbare Verkleinerung des Fehlers von Trapez- oder Simpsonregel hat Romberg erreicht, indem er Richardson's "Trick" der "Extrapolation auf $h = 0$" anwandte. Er hat ausgenutzt, daß der Fehler in eine Potenzreihe in h^2 (statt nur in h) entwickelt werden kann:

$$T(h) - I = c_1 \cdot h^2 + c_2 \cdot h^4 + \cdots \tag{6.9}$$

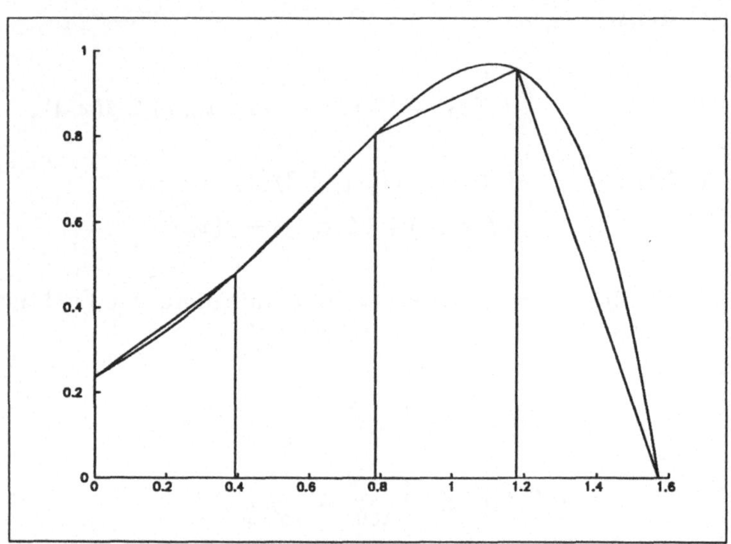

Zeichnung 6.1: **Die Trapezregel für Beispiel 6.1 ($n = 4$)**

Dabei sind die Koeffizienten dieser Fehlerentwicklung unabhängig von h. Das bedeutet, daß für Trapezregelauswertungen mit verschiedenen Schrittweiten die Koeffizienten der Fehlerentwicklung gleich bleiben. Rechnet man z.B. mit zwei Schrittweiten h und H, so können die Werte $T(h)$ und $T(H)$ so kombiniert werden, daß in der Fehlerentwicklung der Kombination der h^2-Term verschwindet. Für $h = 2H$ wird das offenbar erreicht mit

$$\tilde{I} := \frac{1}{3}(4 \cdot T(H) - T(h)). \tag{6.10}$$

Es gilt

$$I - \tilde{I} = O(h^4). \tag{6.11}$$

Dieses Verfahren kann systematisch fortgesetzt werden. Mit wenigen zusätzlichen Funktionsauswertungen wird so eine hohe Genauigkeit erreicht:

Rombergintegration

(1) Schrittweitenwahl

$$h_k := \frac{b-a}{2^k}, \quad k = 0, 1, \cdots, m.$$

(2) Trapezregelauswertung

Berechne $T_{0,0} := T(h_0)$ und damit rekursiv

$$T_{k,0} = \frac{1}{2}T_{k-1,0} + h_k(f(a+h_k) + f(a+3h_k) + \cdots + f(b-3h_k) + f(b-h_k))$$

(3) Extrapolation auf $h^2 = 0$

Für $j = 1, 2, \cdots, m$:
Für $k = j, j+1, \cdots, m$:

$$T_{k,j} := \frac{4^j T_{k,j-1} - T_{k-1,j-1}}{4^j - 1}$$

Die Werte $T_{k,j}$ lassen sich übersichtlich in einem Dreiecksschema anordnen. Der zuletzt berechnete Wert $T_{0,m}$ besitzt die größte Genauigkeit, es gilt die Fehlerabschätzung

$$|T_{k,j} - I| \leq \frac{(b-a)^{2j+3}\ B_{j+1}}{4^{k-j}\ 2^{j(j+1)}\ (2j+2)!} \max_{x\in[a,b]} |f^{(2m+2)}(x)| \tag{6.12}$$

mit den Bernoullizahlen $(B_1, B_2, \cdots) = (1/6, 1/30, 1/42, 1/30, \cdots)$.
Wenden wir diesen Algorithmus auf das Beispiel des letzten Abschnitts an, so bekommen wir

k	h_k	$T_{k,0}$	$T_{k,1}$	$T_{k,2}$	$T_{k,3}$
0	$\pi/2$	0.18			
1	$\pi/4$	0.72	0.9044		
2	$\pi/8$	0.93	0.9925	0.998386	
3	$\pi/16$	0.98	0.9995	0.999974	0.999999

Für den auf sechs Stellen genauen Wert $T_{3,3}$ liefert die Fehlerabschätzung die obere Schranke

$$|I - T_{3,3}| \leq 3 \cdot 10^{-5}. \tag{6.13}$$

Es gibt Varianten des Rombergalgorithmus, insbesondere andere Schrittweitenfolgen, siehe [75].

6.1.3 Gaußintegration

Ein Ansatz, der auf Gauß zurückgeht, übertrifft noch die hohe Genauigkeit der Rombergintegration.

Bestimme für die numerische Integrationsformel

$$\int_a^b f(x)\,dx \approx \sum_{i=1}^{n} w_i f(x_i), \tag{6.14}$$

die Koeffizienten w_i *und* die Stützstellen x_i so, daß ein Polynom möglichst hohen Grades exakt integriert wird.

Die Newton-Cotes-Formeln integrieren bei n Stützstellen ein Polynom $(n-1)$-ten Höchstgrades exakt; die Gaußintegration schafft das bis zum Polynomgrad $2n-1$.

Beispiel 6.2 : $n = 2$

$$\int_{-1}^{1} f(x)\,dx \approx \sum_{i=1}^{2} w_i f(x_i), \tag{6.15}$$

Zur Konstruktion dieser Gaußformel muß man x_1, x_2, w_1, w_2 so bestimmen, daß für jedes Polynom 3. Grades $p(x)$

$$\int_{-1}^{1} p(x)\,dx = \int_{-1}^{1} (a_0 + a_1 x + a_2 x^2 + a_3 x^3)\,dx = w_1 p(x_1) + w_2 p(x_2) \tag{6.16}$$

gilt. Integration und Koeffizientenvergleich ergeben

$$\begin{array}{ll} w_1 = 1 & w_2 = 1 \\ x_1 = \dfrac{-1}{\sqrt{3}} & x_2 = \dfrac{1}{\sqrt{3}} \end{array}$$

oder

$$\int_{-1}^{1} f(x)\,dx \approx f(\frac{-1}{\sqrt{3}}) + f(\frac{1}{\sqrt{3}}). \tag{6.17}$$

Diese Formel läßt sich leicht auf ein allgemeines Intervall transformieren:

$$\int_a^b f(x)\,dx \approx \frac{b-a}{2}\,(f(u_1) + f(u_2)) \quad \text{mit} \tag{6.18}$$

$$u_i = \frac{a+b}{2} + \frac{b-a}{2} x_i, \quad i = 1,2. \tag{6.19}$$

Für die hohe Genauigkeit der Gaußintegration muß man zwei Nachteile in Kauf nehmen:

- Die Bestimmung der Koeffizienten und Stützstellen hängt vom Integrationsintervall ab.

- Es ergeben sich für jedes n andere Koeffizienten und Stützstellen.

Der erste Nachteil läßt sich leicht durch lineare Transformation des Formelintervalls auf das aktuelle ausräumen, wie im Beispiel oben. Der zweite Nachteil wiegt schwerer. Für jedes n wird ein Satz von $2n$ Zahlen benötigt, die in ausreichender Genauigkeit (meist 15 Dezimalstellen) vorliegen und im Rechner bzw. Programm gespeichert werden müssen. Um die Genauigkeit über n steuern zu können, müssen also sehr viele Zahlen verwaltet werden. Hier helfen aber spezielle Regeln, auf die wir im nächsten Abschnitt zurückkommen werden.

Eine leichte Verallgemeinerung der Problemstellung macht aus der Gaußintegration ein mächtiges Instrument zur Integration auch schwieriger Integranden, z.B. mit speziellen Singularitäten oder über unendliche Intervalle. Es wird eine Gewichtsfunktion in das Integral eingeführt. Das ergibt die Problemstellung:

Gegeben: Ein Intervall $[a, b]$ und eine Gewichtsfunktion ω.
Bestimme: Integrationsgewichte w_i und Stützstellen x_i, $i = 1, \cdots, n$, so, daß

$$\int_a^b f(x)\,\omega(x)\,dx = \sum_{i=1}^{n} w_i f(x_i), \tag{6.20}$$

falls f ein Polynom vom Höchstgrad $2n - 1$ ist.

Die Bestimmung der Datensätze (x_i, w_i) erfolgt mit Hilfe orthogonaler Polynome, siehe etwa [70].

Die vielen möglichen Integrationsregeln erhalten einen Doppelnamen wie "Gauß-Laguerre-Integration", dessen zweiter Teil auf den Namen des entsprechenden orthogonalen Polynomsystems hinweist. Die wichtigsten sind in der folgenden Tabelle enthalten:

Polynomsystem	Gewichtsfunktion $\omega(x)$	Norm-Intervall
Legendre: P_n	1	$[-1, 1]$
Tschebyscheff 1. Art : T_n	$(1 - x^2)^{-1/2}$	$[-1, 1]$
Tschebyscheff 2. Art : U_n	$(1 - x^2)^{1/2}$	$[-1, 1]$
Laguerre: L_n	e^{-x}	$[0, \infty]$
Hermite: H_n	e^{-x^2}	$[-\infty, \infty]$

6.1.4 Eingebettete Gaußregeln (Kronrod, Patterson)

Ein Nachteil der Gaußintegration sind die unterschiedlichen Stützstellen für jedes n. Für gewisse feste Folgen von Werten von n gelingt es aber doch, unter geringem Genauigkeitsverlust *eingebettete* Datensätze zu bekommen. Solche Folgen von Integrationsregeln werden auch *optimal* genannt.

Hier ist zunächst die Gauß-Kronrod-Quadratur zu erwähnen: Ausgehend von n-Punkte-Gauß-Formeln ist es Kronrod gelungen, optimale $2n+1$-Punkte-Formeln durch Hinzufügen von $n+1$ Punkten zu konstruieren:

$$\tilde{I} = \sum_{i=1}^{n} w_i f(x_i) + \sum_{j=1}^{n+1} v_j f(y_j). \tag{6.21}$$

Die kombinierte Regel integriert Polynome bis zum Grad $3n+1$ exakt. Einzelheiten zu diesen Algorithmen und die Stützwerte und Koeffizienten für die Regelpaare mit $n = 7$, 10, 15, 20, 25 und 30 kann man in [61] finden. Die Originalarbeit von Kronrod, [48], geht auf theoretische Untersuchungen von Szegö zurück.

Patterson, [59], hat eine Folge von eingebetteten Gauß-Legendre-Regeln mit (1, 3, 7, 15, 31, 63, 127, 255, 511) Punkten angegeben. Sie integrieren Polynome bis zum Grad (1, 5, 11, 23, 47, 95, 191, 383, 767) exakt.

Bei den eingebetteten Regeln wird der Übergang zu unendlichen Integrationsbereichen durch Transformationen bewerkstelligt:

$$\int_a^{\pm\infty} f(x)\,dx = \pm \int_0^1 f(a \pm \frac{1-t}{t})\, t^{-2}\,dt \tag{6.22}$$

bei endlichem a oder

$$\int_{-\infty}^{\infty} f(x)\,dx = \int_0^{\infty} (f(x) + f(-x))\,dx = \int_0^1 (f(\frac{1-t}{t}) + f(\frac{t-1}{t}))\, t^{-2}\,dt. \tag{6.23}$$

6.1.5 Globale und adaptive automatische Integration

Softwaresysteme müssen Quadraturformeln enthalten, die sich mit Hilfe einer Genauigkeitskontrolle selbst steuern. Das heißt, es wird eine Folge

$$(I_k, \varepsilon_k), \quad k = 1, 2, \cdots \tag{6.24}$$

von Näherungswerten I_k für das Integral I zusammen mit Fehlerschätzungen ε_k erzeugt. Die Berechnung wird abgebrochen, wenn die Fehlerschätzung ε_k eine vorgegebene Toleranz τ unterschreitet. Dabei kann es sich um eine Folge eingebetteter Regeln – wie die von Patterson – handeln. Diese wendet denselben Regeltyp mit immer mehr Punkten auf das ganze Integrationsintervall an und wird deshalb *globale* automatische Quadratur genannt.

Für stark variierende Integranden oder solche mit Unstetigkeitsstellen kann aber eine andere Folgenkonstruktion vorteilhafter sein: die *adaptive* Quadratur. Bei ihr wird das Intervall $[a, b]$ in Teilintervalle zerlegt, in denen dann immer dieselbe Regel mit einer festen Zahl von Stützstellen angewendet wird. Dies haben wir schon bei den Newton-Cotes-Regeln als sinnvoll erkannt. Dabei können die Teilintervalle, abhängig von der Form des Integranden, unterschiedlich breit sein, da die Breite der

Teilintervalle automatisch von einer Fehlerabfrage gesteuert wird. Die Idee ist unabhängig von einer speziellen Quadraturformel. Als Fehlerabfrage kann dabei nicht die übliche Fehlerabschätzung genommen werden, da hierzu Ableitungen des Integranden zu berechnen wären. Stattdessen werden zwei Regeln des gleichen Typs, aber unterschiedlicher Genauigkeit durchgerechnet, zum Beispiel ein Kronrod-Paar. Ist deren Abweichung (relativ, absolut oder gemischt) voneinander kleiner als eine vorgegebene Schranke, so wird die entsprechende Teilintervallbreite akzeptiert. Ist das nicht der Fall, so wird das Teilintervall halbiert, und es wird in den beiden neuen Teilintervallen weitergerechnet.

Die Fehlerkontrolle kann versagen, wenn auch nur in sehr wenigen, aber nicht unbedingt exotischen Fällen. Dem interessierten Leser empfehlen wir hierzu den Artikel von J.N. Lyness, [51].

In 6.3.1 werden wir an zwei extremen Beispielen die verschiedenen Automatiken vergleichen.

6.1.6 Mehrdimensionale Integration

Für die mehrdimensionale Integration bietet sich zunächst die Verwendung von Produktregeln an, die aus eindimensionalen Regeln gewonnen werden können. Für ein zweidimensionales Integral der Form

$$I := \int_a^b \int_c^d f(x,y)\,dx\,dy \tag{6.25}$$

kommen wir mit den eindimensionalen Stützwerten und Koeffizienten (x_i, w_i) für das Intervall $[a,b]$ und (y_i, v_i) für das Intervall $[c,d]$ zu der Regel

$$I \approx \sum_{i=1}^{n} w_i \int_c^d f(x_i,y)\,dy \approx \sum_{i=1}^{n}\sum_{j=1}^{n} w_i v_j\, f(x_i,y_j). \tag{6.26}$$

Diese Produktregel-Anwendung läßt sich leicht auf den Fall variabler Grenzen des inneren Integrals verallgemeinern.

Die Produktregeln erfordern einen mit der Dimension überproportional wachsenden Aufwand, oder sie liefern nur eine begrenzte Genauigkeit. Deswegen wird man für spezielle Anwendungen effektivere Regeln zu konstruieren versuchen. Beispielhaft wollen wir die wichtige Anwendung bei Finite Elemente Methoden (FEM) nennen. Hier ist die Auswertung von Integralen auf vielen kleinen Gebieten der gleichen einfachen Form – Dreiecke, Vierecke, Tetraeder etc. – notwendig. Die zu integrierende Funktion ist glatt, und eine mehrdimensionale Gaußregel wird schon mit wenigen Punkten eine Genauigkeit erreichen, die die der übrigen bei der Problemlösung angewendeten numerischen Methoden übersteigt.

Neben diesen beiden Methoden spielt noch die stochastische Monte-Carlo-Methode eine gewisse Rolle. Sie liefert jedoch nur eine sehr begrenzte Genauigkeit. Die Monte-Carlo-Methode kann mit zahlentheoretischen Methoden kombiniert werden. Transformationsmethoden (Sag–Szekeres), die die Anwendung einfacher Produktintegrationen (Trapezregel) erlauben, runden das Bild ab.

Eine mehrdimensionale Integration werden wir in 6.3.3 beschreiben.

6.2 Fünf NAG-Routinen

Die NAG-Bibliothek enthält fünfundzwanzig Routinen zur numerischen Integration, davon zwölf zur mehrdimensionalen Quadratur. Diese große Zahl kommt zustande aufgrund der vielen Routinen für die schon erwähnten Sonderfälle und aufgrund der Möglichkeit, zwischen automatischen und vom Benutzer gesteuerten Routinen zu wählen. Das eigens für eindimensionale numerische Integration erstellte Softwaresystem QUADPACK, [61], enthält sogar dreiunddreißig Routinen. Acht von ihnen wurden auch bei der NAG verwendet. Bei IMSL sind es 16 Routinen, davon zwei mehrdimensionale. Die IMSL-Routine TWODQ zur zweidimensionalen Quadratur entspricht der NAG-Routine D01DAF, die wir in 6.2.3 beschreiben. Die IMSL-Routine QAND zur n-dimensionalen Quadratur benutzt als Grundgebiet ein Hyperrechteck statt eines Simplex in der NAG-Routine D01PAF, siehe 6.2.4.

Alle größeren Softwaresysteme verwenden fast ausschließlich Routinen, die auf der Gauß'schen Methode basieren, wie die Kronrod- und die Patterson-Verfahren. Hinzu kommen die Methoden von Clenshaw und Curtis, die besonders geeignet sind für die Integration singulärer Integranden, wenn dem Benutzer der Typ der Singularität bekannt ist. Bei den adaptiven Methoden wie den Kronrod-Paaren wird meistens nach Unterschreiten der gegebenen Toleranz noch ein Extrapolationsverfahren angeschlossen, das die zuletzt berechneten Werte noch einmal verbessern soll.

Die NAG-Bibliothek enthält für die drei Fälle

- Eindimensionale Integration über ein endliches Intervall
- Eindimensionale Integration über ein unendliches Intervall
- Mehrdimensionale Integration

Entscheidungsbäume, die bei der Auswahl der geeigneten Routine hilfreich sind.

6.2.1 Die NAG-Routinen D01AJF und D01AMF

Die NAG-Routine

D01AJF (F,A,B,EPS,DELTA,RESULT,ABSERR,W,LW,IW,LIW,IFAIL)

berechnet das bestimmte Integral (6.1) über ein endliches Intervall. Sie benutzt das Gauß-Kronrod-Verfahrenspaar mit 10 und 21 Punkten.

F	function	Zu integrierende Funktion. Parameter : real X.
A	real	D01AJF: Untere Integrationsgrenze.
B	real	D01AJF: Obere Integrationsgrenze.
BOUND	real	D01AMF: Endliche Integrationsgrenze.
INF	integer	D01AMF: Intervallform, s.o.
EPS	real	Toleranz für den absoluten Fehler.
DELTA	real	Toleranz für den relativen Fehler.
RESULT	real	Berechneter Integralwert.
ABSERR	real	Berechnete Fehlerschätzung.
W	array	Arbeitsspeicher: W(LW), s.o.
LW	integer	Dimension von W, $4 \leq \text{LW} \lesssim 2000$
IW	int.array	Arbeitsspeicher: IW(LIW), s.o.
LIW	integer	Dimension von IW, LIW $\geq$ LW/8+2.
IFAIL	integer	Fehlerparameter. Vor Aufruf der Routine IFAIL = –1 setzen.
	Folgende Fehlermeldungen sind möglich: IFAIL=1 Arbeitsspeichergrenze erreicht. IFAIL=2 Rundungsfehler übersteigen gegebene Toleranz. IFAIL=3 Extrem kleine Intervalle um einen Punkt herum. IFAIL=4 Geforderte Toleranz nicht erreicht. Extrapolation verbessert den I-Wert nicht mehr. IFAIL=5 Das Integral ist wahrscheinlich divergent. IFAIL=6 LW < 4 oder LIW < LW/8 +2.	

Tabelle 6.1: **Die Parameter der Routinen D01AJF und D01AMF**

Das Intervall $[a, b]$ wird durch automatische adaptive Steuerung so lange in Teilintervalle zerlegt, bis die Fehlerschätzung $|I_{21} - I_{10}|$ kleiner ist als die vorgegebenen Toleranzen ε für den absoluten und δ für den relativen Fehler. Ist eine dieser Toleranzen $\leq$ Null, so wird nur die andere zur Steuerung verwendet. D01AJF berechnet eine Schätzung ABSERR für den absoluten Fehler, für die mit

$$\tau := \max(\varepsilon, \delta \cdot I), \tag{6.27}$$

$$|I - \text{RESULT}| \leq \text{ABSERR} \leq \tau \tag{6.28}$$

gelten soll.

Informationen über die adaptive Quadratur können den Arbeitsspeichern entnommen werden: IW(1)/4 ist die Anzahl der benötigten Intervalle. Der Arbeitsspeicher W wird in vier gleichlange Teile geteilt. Im ersten Teil sind die unteren

Grenzen, im zweiten die oberen Grenzen der Teilintervalle, im dritten die Integralwerte und im vierten die absoluten Fehlerschranken für die Teilintervalle enthalten.

Die NAG-Routine

D01AMF (F,BOUND,INF,EPS,DELTA,RESULT,ABSERR,W,LW,IW,LIW,IFAIL)

berechnet das Integral (6.1) über ein unendliches Intervall der Form

$$\begin{aligned} (-\infty, \mathrm{BOUND}), &\quad \text{falls} \quad \mathrm{INF} = -1, \\ (\mathrm{BOUND}, \infty), &\quad \text{falls} \quad \mathrm{INF} = 1, \\ (-\infty, \infty), &\quad \text{falls} \quad \mathrm{INF} = 2. \end{aligned}$$

Das unendliche Intervall wird mit (6.22) oder (6.23) auf das Intervall $[0,1]$ transformiert. In ihm wird dann das Gauß-Kronrod-Verfahrenspaar mit 7 und 15 Punkten angewendet.

6.2.2 Die NAG-Routine D01ARF

Die NAG-Routine

D01ARF (A,B,F,DELTA,EPS,MAXRUL,IPARM,ACC,ANS,N,ALPHA,IFAIL)

berechnet das bestimmte Integral (6.1) oder das zugehörige unbestimmte Integral über ein endliches Intervall. Sie benutzt das global automatische Pattersonverfahren, siehe 6.1.4, mit neun eingebetteten Regeln. Differieren zwei aufeinanderfolgende Regeln absolut bzw. relativ um weniger als EPS bzw. DELTA, so wird der letzte Wert akzeptiert. Ist eine der vorgegebenen Toleranzen $\leq$ Null, so wird nur die andere zur Steuerung verwendet.

Der Integralwert wird in ANS bereitgestellt, die Differenz der letzten beiden Regeln in ACC. Sie kann als absolute Fehlerschätzung angesehen werden.

Zur Berechnung eines einzelnen Integralwertes wird IPARM=0 gesetzt. Soll das Integral mehrfach für verschiedene Intervalle berechnet werden, so muß IPARM=1 gesetzt werden. Mit anderen Integrationsgrenzen und IPARM=2 können dann mit wenig Aufwand weitere Integralwerte berechnet werden. Dabei müssen die neuen Intervalle in dem ersten enthalten sein. Der Aufruf mit IPARM=1 bewirkt die Berechnung der Koeffizienten einer Entwicklung des Integranden nach Legendrepolynomen:

$$f(x) = \sum_{i=1}^{p} \alpha_i P_{i-1}(t) \quad \text{mit} \quad x = \frac{a+b}{2} + \frac{b-a}{2} t, \tag{6.29}$$

d.h. nach Transformation auf das Normintervall $[-1,1]$, siehe 6.1.3. Mit den Koeffizienten dieser Entwicklung kann dann das unbestimmte Integral berechnet werden. Dabei ist $p = 3/4 \cdot (n+1)$, wenn n die Anzahl Funktionsauswertungen in D01ARF ist. p wird auf $p = 3/4 \cdot n$ reduziert, wenn $n \geq 15$. Der Wert p ist in ALPHA(390) enthalten.

A	real	Untere Integrationsgrenze.
B	real	Obere Integrationsgrenze.
F	function	Zu integrierende Funktion.
		Parameter : real X.
DELTA	real	Toleranz für den relativen Fehler.
EPS	real	Toleranz für den absoluten Fehler.
MAXRUL	integer	Maximalzahl eingebetteter Regeln,
		falls IPARM $\neq$ 2, MAXRUL $\leq$ 9.
IPARM	integer	Kontrollparameter, s.o.
ACC	real	Fehlerschätzung, falls IPARM $\neq$ 2.
ANS	real	Integralwert.
N	integer	Anzahl Funktionsauswertungen, falls IPARM $\neq$ 2.
ALPHA	array	Legendre-Entwicklungskoeffizienten, ALPHA(390).
IFAIL	integer	Fehlerparameter.
		Vor Aufruf der Routine IFAIL = –1 setzen.
	Folgende Fehlermeldungen sind möglich: IFAIL=1 Letzte Regel nicht genau genug (IPARM=0,1), oder: Legendre-Summe konvergierte nicht (IPARM=2). IFAIL=2 IPARM < 0 oder IPARM > 2. IFAIL=3 IPARM=2, aber nicht vorher IPARM=1. IFAIL=4 IPARM=2, aber Intervall zu groß .	

Tabelle 6.2: **Die Parameter der Routine D01ARF**

6.2.3 Die NAG-Routine D01DAF

Die NAG-Routine

D01DAF (YA,YB,PHI1,PHI2,F,EPS,ANS,N,IFAIL)

berechnet das Doppelintegral

$$I = \int_a^b \int_{\phi_1(y)}^{\phi_2(y)} f(x,y)dx\, dy \quad = \int_a^b F(y)\, dy \quad \text{mit} \tag{6.30}$$

$$F(y) = \int_{\phi_1(y)}^{\phi_2(y)} f(x,y)dx. \tag{6.31}$$

Diese Integrale werden eindimensional mit dem global automatischen Pattersonverfahren wie im letzten Abschnitt integriert, allerdings hier nur mit sieben eingebetteten Regeln mit 3, 7, $\cdots$, 255 Punkten. Differieren zwei aufeinanderfolgende Regeln absolut um weniger als EPS, so wird der letzte Wert akzeptiert.

YA	real	Untere Grenze für das äußere Integral.
YB	real	Obere Grenze für das äußere Integral.
PHI1	function	Funktion für die untere Grenze in y.
PHI2	function	Funktion für die obere Grenze in y.
		Parameter : real Y für beide Funktionen.
F	function	Zu integrierende Funktion.
		Parameter : real X, Y.
EPS	real	Toleranz für den absoluten Fehler.
ANS	real	Integralwert.
N	integer	Anzahl Funktionsauswertungen.
IFAIL	integer	Fehlerparameter.
		Vor Aufruf der Routine IFAIL = –1 setzen.
	Folgende Fehlermeldungen sind möglich:	
	IFAIL=1	255 Punkte für das äußere Integral nicht genau genug, innere Integrale konvergieren aber.
	IFAIL=10·n	Äußeres Integral konvergiert, aber n innere Integrale nicht.
	IFAIL=10·n+1	Das äußere und n innere Integrale konvergieren nicht.

Tabelle 6.3: **Die Parameter der Routine D01DAF**

6.2.4 Die NAG-Routine D01PAF

Die NAG-Routine

D01PAF (N,VERTEX,IV1,IV2,F,MINORD,MAXORD,FINVLS,ESTERR,IFAIL)

berechnet eine Folge FINVLS(J), J=MINORD+1, ···,MAXORD, von Näherungen für das Integral

$$I = \int_S f(x_1, x_2, \cdots, x_n) dx_1 dx_2 \cdots dx_n \tag{6.32}$$

über ein N-dimensionales Simplex S. Ein N-dimensionales Simplex hat N+1 Ecken und ist im $\mathbb{R}^2$ ein Dreieck, im $\mathbb{R}^3$ ein Tetraeder. Die Approximationen FINVLS(1), ···, FINVLS(MINORD) müssen gegeben sein, wenn MINORD > 0 ist. Sie können z.B. einem früheren Aufruf von D01PAF entstammen.
FINVLS(MINORD+1), ···, FINVLS(MAXORD) werden berechnet.

Das zweidimensionale array VERTEX(I,J) enthält die J.Komponente der I.Ecke des Simplex, I=1,···,(N+1), J=1,···,N. Der Rest des Feldes wird als Arbeitsspeicher benutzt. In VERTEX(N+1,2·N+2) findet man das Volumen des Simplex. IV1 ist die erste Dimension von VERTEX, IV1 $\geq$ N+1, IV2 die zweite, IV2 $\geq$ 2·N+2. Die zu integrierende Funktion F muß als function geschrieben werden mit den Parametern: integer N, real X(N). In ESTERR steht eine Schätzung des absoluten Fehlers von FINVLS(MAXORD).

Der Fehlerparameter IFAIL sollte vor Aufruf der Routine auf –1 gesetzt werden.

Folgende Fehlermeldungen sind möglich:
IFAIL=1 Ein integer-Parameter falsch vorbesetzt.
IFAIL=2 Volumen des Simplexgebietes nicht maschinendarstellbar.

N-dimensionale Gebiete können von Simplexen gut approximiert werden. Integrale über Simplexe werden daher z.B. bei Finite Elemente Methoden benötigt, siehe auch 6.3.3.

D01PAF benutzt eine kombinatorische Methode, siehe [37] und [18].

6.3 Programme und Beispiele

Für die numerische Quadratur haben wir fünf Programme geschrieben. Sie decken nicht die vielen Spezialfälle ab, wie das die NAG- oder IMSL-Routinen tun; den größten Teil der "Alltags"-Integrationen werden diese Programme aber mit hoher Genauigkeit lösen können. Der Entscheidungsbaum in Zeichnung 6.2 bietet einen Überblick über die Möglichkeiten dieser fünf Programme :

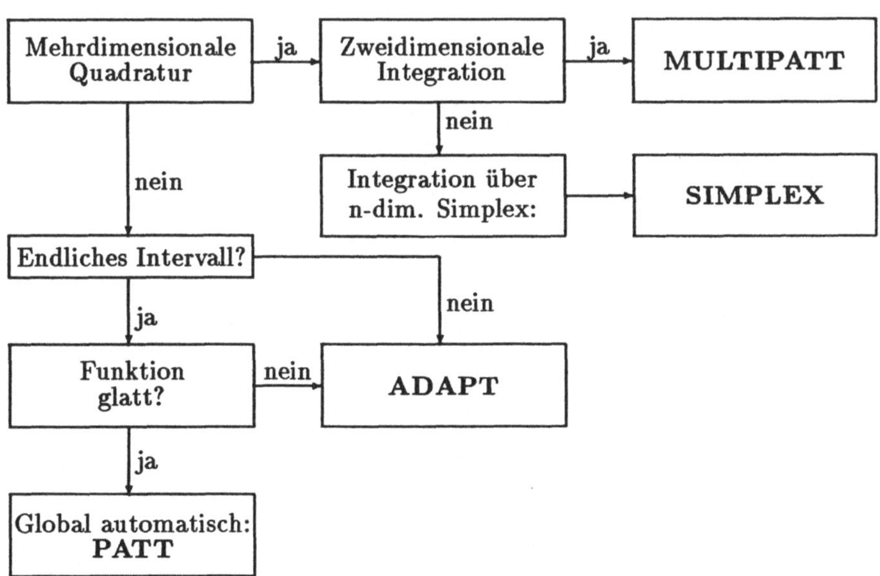

Zeichnung 6.2: **Entscheidungsbaum für die numerische Integration**

6.3.1 Automatische eindimensionale Quadratur

Das Programm KAP6_ADAPT, Anhang A, Seite 332, ist ein Rahmenprogramm für die NAG-Routinen D01AJF und D01AMF für endliche Intervalle bzw. (halb-)unendliche Intervalle mit den Gauß-Kronrod-Paaren (10,21) bzw. (7,15), siehe 6.2.1.

Das Programm KAP6_PATT, Anhang A, Seite 333, ist ein Rahmenprogramm für die NAG-Routine D01ARF, die das globale automatische Gauß-Patterson-Verfahren realisiert, siehe 6.2.2.

Beide Programme sind durch ihre Kommentierung, ihren Eingabe-Dialog und zusammen mit der Beschreibung der zugehörigen NAG-Routinen gut dokumentiert.

Wir wollen an zwei extremen Beispielen die adaptive Anwendung der Kronrod-Paare (10,21) bzw. (7,15) demonstrieren und das Beispiel mit endlichem Intervall mit der globalen Steuerung des Pattersonverfahrens vergleichen.

Beispiel 6.3 Wir definieren zwei Funktionen mit stark unterschiedlicher Variation und einer Unstetigkeitsstelle:

$$f_1(x) = \begin{cases} \sin(30 \cdot x)\, \exp(3 \cdot x) & \text{falls } x < 13\pi/60 \\ 5 \cdot \exp(-(x - 13\pi/60)) & \text{falls } x \geq 13\pi/60 \end{cases},$$

$$f_2(x) = \begin{cases} \sin(30 \cdot x)\, \exp(3 \cdot x) & \text{falls } x < 13\pi/60 \\ 5 \cdot \exp(-(x - 13\pi/60)^2) & \text{falls } x \geq 13\pi/60 \end{cases}.$$

Mit diesen Funktionen wollen wir die Integrale

$$I_1 = \int_0^3 f_1(x)\, dx = 4.56673516941143,$$

$$I_2 = \int_0^\infty f_2(x)\, dx = 4.48957118586546$$

bestimmen.

Zur Genauigkeitssteuerung wird bei der Kronrod-Quadratur die Differenz zwischen den beiden Regeln in jedem Teilintervall genommen. Bei der Pattersonquadratur ist es auch die Differenz zweier aufeinanderfolgender Regeln, aber über das ganze Intervall, die die automatische Steuerung kontrolliert. In allen Fällen können relative und absolute Schranken eingegeben werden.

Für das halbunendliche Intervall wird in D01AMF die Transformation (6.22) vorgenommen. Die Pattersonregel (D01ARF) kann nur auf endliche Intervalle angewendet werden.

Als relative und absolute Genauigkeitsschwelle haben wir $\tau = 1.0_{10} - 9$ gewählt. Die Ergebnisse der Kronrod-Regeln sind in der folgenden Tabelle zu finden:

Integral	Kronrod-Wert	Fehler	Fehlerschätzung
I_1	4.5667351695951	$1.84_{10}-10$	$1.32_{10}-9$
I_2	4.4895711603026	$2.55_{10}-12$	$8.22_{10}-12$

Funktionen und adaptive Intervallunterteilung für I_1 sind in der Zeichnung 6.3 veranschaulicht.

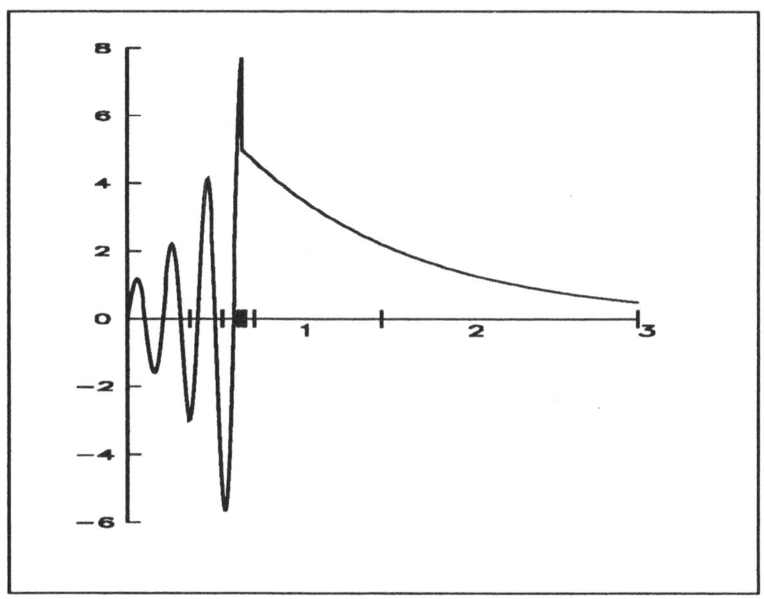

Zeichnung 6.3: **Intervalleinteilung für I_1**

Von den 29 Punkten, die die adaptive Intervallunterteilung für I_1 erzeugt, liegen 21 im Intervall $[0.67, 0.7]$ um die Unstetigkeitsstelle $\bar{x} \approx 0.6806784$. Die Ergebnisse sind sehr zufriedenstellend. Die Fehlerschätzungen sind nur sehr wenig größer als die wirklichen Fehler. Wir haben auch extreme Beispiele gerechnet, bei denen die Schätzung kleiner als der Fehler war. Dann kam aber immer auch eine warnende Meldung von der NAG-Routine.

Berechnet man zum Vergleich das erste Integral I_1 mit der globalen Pattersonquadratur, so reichen 511 Punkte nicht einmal für eine Genauigkeit von $1.0_{10}-3$ aus. Für eine relative und absolute Genauigkeitsforderung von $1.0_{10}-2$ bekommt man den Integralwert $I_P = 4.556027$ zusammen mit einer Fehlerschätzung von 0.02421 für den absoluten Fehler, die den wahren Fehler etwa um den Faktor 2 unterschätzt. Für die stark unterschiedliche Variation des Integranden und die Sprungstelle im Integrationsbereich ist die globale Steuerung also nicht geeignet.

Da ist es naheliegend, daß der Anwender selbst eine Intervallaufteilung vornimmt: Wir wollen zwei Pattersonintegrationen auf die Intervalle $[0, 13\pi/60]$ und $[13\pi/60, 3]$ anwenden und addieren, also ohne Unstetigkeitstelle rechnen. Die Genauigkeit dieser Summe ist bei weniger Funktionsauswertungen als Kronrod noch wesentlich genauer:

Integral	Pattersonwert	Fehler	Fehlerschätzung
I_1	4.5667351694115	$1_{10}-13$	$6_{10}-12$

Wir haben an diesem Beispiel gesehen, daß bei schwierigen Integranden die vom automatischen Verfahren ausgegebene Fehlerschätzung falsch sein oder sogar das Verfahren völlig versagen kann. Ein aufmerksamer Anwender kann solche Situationen entschärfen, z.B. wie im Fall oben, durch eine Aufteilung des Intervalls vor dem Aufruf der automatischen Verfahren. In beiden Fällen hat auch die Routine Fehler gemeldet oder Warnungen ausgegeben.

6.3.2 Zweidimensionale globale Pattersonquadratur

Das Programm KAP6_MULTIPATT, Anhang A, Seite 334, berechnet das Doppelintegral (6.30)/(6.31). Dazu müssen neben dem Integranden $f(x, y)$ die Grenzfunktionen $\Phi_1(y)$ und $\Phi_2(y)$ über functions definiert werden.

Als Beispiel wollen wir das Volumen der zusammentreffenden Flachwasserwellen, die wir in 3.5.5 definiert haben, bestimmen. Dazu müssen wir die zweidimensionale Funktion $F(x, y)$ aus 3.5.5 integrieren. Dort haben wir sie mit zweidimensionalen B-Splines interpoliert, siehe auch Zeichnung 3.4. Eine Routine, die aus der gefundenen B-Spline-Approximation das Integral berechnet, haben wir bei NAG nicht gefunden. Wir berechnen

$$\int_{-8}^{7}\int_{-8}^{7} f(x, y)dxdy,$$

also das Integral über das Rechteck, in dem wir f auch interpoliert haben. Damit werden $\Phi_1(y) = -8$ und $\Phi_2(y) = 7$ und es ergibt sich nach Übersetzen und Binden der drei Funktionsroutinen F, PHI1, PHI2 (die im Programm KAP6_MULTIPATT zu finden sind) für dieses Beispiel der folgende Dialogablauf des Programms:

```
Sie haben das Programm MULTIPATT gestartet.
MULTIPATT versucht das Doppelintegral I einer Funktion
f(x,y):R2->R durch wiederholte Anwendung der Methode von
Patterson, die auf der Gauss-Quadraturformel basiert, zu
berechnen. Dabei wird das Doppelintegral aufgespalten in
zwei einfache Integrale: I entspricht dem Integral von
F(y) ueber dem Intervall [a,b], wobei F(y) gleich dem
Integral von f(x,y) ueber den Integrationsbereich von
PHI1(y) bis PHI2(y) ist.
Geben Sie die Grenzen a und b des auesseren Integrals an.
-8 7
Geben Sie eine absolute Genauigkeitsbedingung an.
0.01
**** ERGEBNIS *****
```

```
Wert des Integrals:      81.669784961233
```

Eine Erhöhung der absoluten Genauigkeitsforderung bringt nur wenig geänderte Werte, aber einen größeren Aufwand:

```
Geben Sie eine absolute Genauigkeitsbedingung an.
0.00001
**** ERGEBNIS *****
Wert des Integrals:      81.676300875934
```

Dieses Ergebnis ändert sich nur noch um eine Einheit der letzten Stelle bei weiterer Genauigkeitssteigerung bis $1.0_{10} - 14$. Erst bei $1.0_{10} - 15$ bricht das Programm mit IFAIL=170 ab. Die geringe Genauigkeitsforderung ist also für diese Aufgabenstellung völlig ausreichend.

6.3.3 Mehrdimensionale Quadratur über Simplexe

Dieses Programm ist im Rahmen dieses Bandes nur geeignet, am Beispiel zu demonstrieren, was normalerweise in größerem Zusammenhang bei Finite Elemente Methoden gebraucht wird. Zwei- und dreidimensionale Gebiete, in denen partielle Differentialgleichungen gelöst werden sollen, werden in viele kleine Teilgebiete zerlegt. Diese Teilgebiete sind oft Dreiecke im $\mathbb{R}^2$ bzw. Tetraeder im $\mathbb{R}^3$, allgemein also Simplexe. Es muß dann in jedem solchen Teilgebiet eine einfache Funktion, meistens ein lineares oder quadratisches Polynom, integriert werden. Das könnte leicht exakt analytisch getan werden. Das führt aber zu einem größeren Aufwand als die Anwendung einer numerischen Quadratur, die dabei in der Regel den auf die Rechengenauigkeit gerundeten Wert exakt liefert. Wir wollen Genauigkeit und Möglichkeit des Programms KAP6_SIMPLEX, Anhang A, Seite 334, an einer extremeren Funktion untersuchen. Es sei:

$$f(x, y, z) := \sqrt{x\, y\, (z + 1)}.$$

Diese Funktion, die für $z = 0$ in Zeichnung 6.3.3 zu sehen ist, hat eine Ableitungssingularität im Nullpunkt, ihre numerische Integration wird dadurch erschwert, obwohl sie sehr glatt ist.

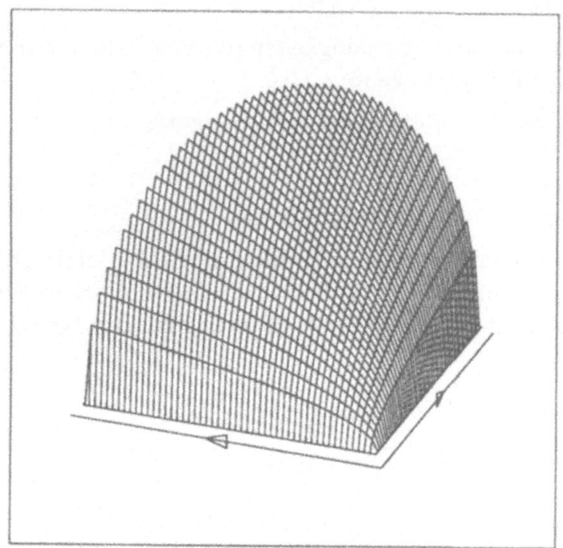

Zeichnung 6.4: **Die dreidimensionale Wurzelfunktion** $\sqrt{xy(z+1)}$ **für** $z = 0$

Die Funktion muß als function in das Programm eingebunden werden. Dann müssen im Programmdialog die Ecken des Tetraeders eingegeben werden und die Anzahl der (genauer werdenden) Approximationen des Integrals. Das ergibt folgenden Dialog:

```
Sie haben das Programm SIMPLEX gestartet.
SIMPLEX berechnet das Integral einer Funktion F:Rn->R
ueber ein durch n+1 Eckpunkte beschriebenes Simplex S.
Bis zu welcher Ordnung sollen Approximationen berechnet
werden?
6
Sollen die Eckpunkte des Simplex aus dem File SIMPLEX_IN
gelesen werden?
n
Geben Sie die Dimension n des Integrals ein.
3
Geben Sie nun fuer jeden Eckpunkt des Simplex S die
entsprechenden n Komponenten ein.
1.Eckpunkt:
0 0 0
2.Eckpunkt:
10 0 0
```

```
3.Eckpunkt:
0 10 0
4.Eckpunkt:
0 0 0.1
**** ERGEBNIS *****
Ordnung  Wert des Integrals   absolute Fehlerabschaetzung
1      4.2184284856910      4.2184284856910
2      3.5325619781899      0.68586650750101
3      3.4113427181432      0.12121926004673
4      3.3662934447328      4.5049273410396D-02
5      3.3445903334898      2.1703111243003D-02
6      3.3325171816556      1.2073151834264D-02
```

Man sieht, daß die Genauigkeit nur langsam mit der Ordnung wächst.

6.4 Numerische Integration bei IMSL

Die IMSL-Entsprechungen der NAG-Routinen D01AJF bzw. D01AMF zur *adaptiv automatischen* Quadratur in endlichen bzw. unendlichen Intervallen sind QDAG bzw. QDAGI. QDAG läßt dem Benutzer jedoch die Wahl, welches Gauß-Kronrod-Verfahrenspaar verwendet werden soll (von (7, 15) bis (30, 61)); D01AJF rechnet stets mit dem Paar (10, 21). QDAGI benutzt das Verfahrenspaar (10, 21), während D02AMF das Paar (7, 15) verwendet. Parameterliste und Fehlerbehandlung sind ähnlich, bei NAG sind beide etwas umfangreicher.

Die der NAG-Routine D01ARF zur *global automatischen* Quadratur entsprechende IMSL-Routine ist QDNG. Die IMSL-Routine kann allerdings keine unbestimmten Integrale berechnen. Zur Berechnung bestimmter Integrale sind beide Routinen in Fehlerbehandlung und Aufruf gleich; bei D01ARF kann man allerdings die maximale Anzahl der zu berechnenden Regeln vorgeben. Während D01ARF Regeln mit bis zu 511 Punkten verwendet, kann QDNG nur Regeln mit maximal 87 Punkten berechnen.

Die Berechnung von *unbestimmten Integralen* ist in IMSL nur über die Berechnung der Gauß-Quadraturformel mit GQRUL oder GQRCF möglich. Entsprechende NAG-Routinen gibt es auch: D01BBF und D01BCF. Diese Formeln sind dann nur für sehr glatte, polynomähnliche Funktionen geeignet. Zur Berechnung des *zweidimensionalen Integrals*

$$I = \int_a^b \int_{\phi_1(y)}^{\phi_2(y)} f(x,y)dxdy$$

gibt es in NAG die Routine D01DAF und in IMSL die Routine TWODQ. D01DAF benutzt die eingebettete globale Patterson-Regel, während TWODQ die adaptive Gauß-Kronrod-Quadratur verwendet. Die adaptive Regel läßt die IMSL-Routine für unstetige Integranden und für ϕ_i mit Singularitäten in den Ableitungen (inbesondere für unstetige ϕ_i) geeigneter erscheinen.

Zur *n-dimensionalen Integration* gibt es die IMSL-Routine QAND, welche das Integral

$$I = \int_{a_1}^{b_1} \cdots \int_{a_n}^{b_n} f(x_1, \ldots, x_n) dx_n \ldots dx_1$$

mittels Gaußintegration berechnet. Dieser einen IMSL-Routine stehen bei NAG viele Routinen mit mehreren implementierten Verfahren zur n-dimensionalen Integration gegenüber. Darunter ist D01FBF, welche wie QAND Gauß-Quadratur verwendet.

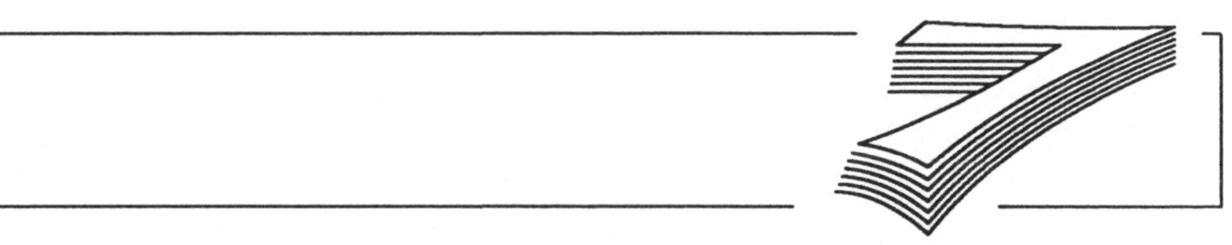

Anfangswertaufgaben bei gewöhnlichen Differentialgleichungen

Gewöhnliche Differentialgleichungen sind Gleichungssysteme für Funktionen von einer unabhängigen Variablen, in denen die unbekannten Funktionen und ihre Ableitungen bis zu einer bestimmten Ordnung vorkommen.

Solche Differentialgleichungen modellieren viele naturwissenschaftliche Anwendungen. Oft wird der Zustand eines Systems in seinem zeitlichen Verlauf beschrieben, z.B. eine chemische Reaktion. Dabei muß man, um eine Lösung berechnen zu können, den Anfangszustand dieses Systems oder zwei Grenzzustände ("Randwerte") kennen. Dementsprechend spricht man von Anfangswert- oder Randwertproblemen. Wir werden uns in diesem Kapitel mit Anfangswertproblemen befassen, im nächsten Kapitel mit Randwertproblemen, und schließlich in Kapitel 9 mit partiellen Differentialgleichungen.

Anfangswertprobleme bei gewöhnlichen Differentialgleichungen können von sehr unterschiedlicher Struktur sein. Da sie andererseits in vielen Anwendungen von großer Bedeutung sind, gibt es eine Reihe von Softwarepaketen, die ausschließlich der Lösung von Anfangswertproblemen gewidmet sind. Wir werden einige davon im Vergleich zur NAG-Bibliothek erwähnen.

7.1 Grundlagen

In diesem Abschnitt sollen einige theoretische Grundlagen, die wichtigsten numerischen Verfahrenstypen sowie die Hauptbegriffe *Konsistenz*, *Stabilität* und *Konvergenz* kurz vorgestellt werden. Die Konstruktion von Verfahren und charakteristische Unterschiede sollen an einfachen Beispielverfahren und durch Anwendung auf ein Modellsystem erläutert werden.

7.1.1 Problemstellung

Gegeben: Eine Funktion $f: C([a,b] \times \mathbb{R}^n) \to \mathbb{R}^n$ und ein Vektor $y_0 \in \mathbb{R}^n$.

Gesucht: Eine Funktion $y: C^1([a,b]) \to \mathbb{R}^n$, für die gilt:

$$\begin{aligned} y'(x) &= f(x, y(x)) \quad \forall x \in [a,b] \quad \text{(DGL)}, \\ y(a) &= y_0 \quad \text{(AB)}. \end{aligned} \tag{7.1}$$

$y' = f(x,y)$ ist also ein Differentialgleichungssystem erster Ordnung für eine vektorwertige Funktion y, die von einer einzigen Variablen x abhängt. Wenn man die einzelnen Gleichungen für jede einzelne Komponente der Funktion y hinschreibt, so bekommt man das System (7.1) ausführlich[1]:

$$\begin{aligned} y_1'(x) &= f_1(x, y_1(x), y_2(x), \cdots, y_n(x)), \\ y_2'(x) &= f_2(x, y_1(x), y_2(x), \cdots, y_n(x)), \\ \cdots & \cdots \cdots \\ y_n'(x) &= f_n(x, y_1(x), y_2(x), \cdots, y_n(x)), \\ y(a) &= y_0 = (y_{10}, y_{20}, \cdots, y_{n0})^T. \end{aligned}$$

Man nennt dieses Differentialgleichungssystem *explizit*, weil die höchste Ableitung (hier die erste) isoliert auf der linken Seite auftritt. Mit *impliziten* Differentialgleichungen, die nicht in explizite auflösbar sind, werden wir uns nicht beschäftigen.

Lemma 7.1 *Jedes explizite Differentialgleichungssystem m-ter Ordnung läßt sich in ein äquivalentes System 1. Ordnung umformen.*

Beweis: Wir beweisen nur (der Rest ist einfache Kombinatorik):

Eine einzelne Differentialgleichung n-ter Ordnung läßt sich in ein System mit n Differentialgleichungen 1. Ordnung umformen:

---

[1] Indizierte y-Werte sind hier Funktionen, unten Einzelwerte, sie werden deshalb hier immer mit der unabhängigen Variablen geschrieben.

Sei also eine Differentialgleichung

$$z^{(n)} = g(x, z, z', \cdots, z^{(n-1)}), \tag{7.2}$$

gegeben mit den Anfangswerten

$$z(a) = z_0, \quad z'(a) = z'_0, \quad \cdots \quad , \quad z^{(n-1)}(a) = z_0^{(n-1)}.$$

Definiere eine Vektorfunktion

$$\begin{aligned} y(x) &:= (y_1(x),\ y_2(x),\ \cdots,\ y_n(x))^T \\ &:= \left(z(x),\ z'(x),\ \cdots,\ z^{(n-1)}(x)\right)^T. \end{aligned} \tag{7.3}$$

Dann gilt offenbar

$$\begin{aligned} y'_1(x) &:= y_2(x), \\ y'_2(x) &:= y_3(x), \\ &\vdots \\ y'_{n-1}(x) &:= y_n(x), \\ y'_n(x) &:= g(x, z, z', \cdots, z^{(n-1)}) \end{aligned} \tag{7.4}$$

und

$$y(a) = y_0 = \left(z_0,\ z'_0,\ \cdots,\ z_0^{(n-1)}\right)^T. \tag{7.5}$$

(7.4) stellt mit (7.5) ein System der Form (7.1) dar, dessen Vektorlösung $y(x)$ auch die skalare Lösung $z(x) = y_1(x)$ von (7.2) liefert. ■

Mit der Existenz einer eindeutigen Lösung wollen wir uns im Rahmen der Numerik nicht beschäftigen. Wir wollen aber zwei wichtige Voraussetzungen für die Existenz einer Lösung kennenlernen, die auch in der Numerik, z.B. bei Fehlerabschätzungen, von Bedeutung sind:

Definition 7.2 *1. Die Funktion $f : \mathbb{R}^{n+1} \to \mathbb{R}^n$ sei auf dem Streifen*

$$S := \{(x, y) \,|\, x \in [a, b],\ y \in \mathbb{R}^n\} \quad \text{mit} \quad -\infty < a < b < \infty, \tag{7.6}$$

definiert und stetig.

2. Globale Lipschitzbedingung *: Es gebe eine Zahl $L \in \mathbb{R}$, so daß*

$$\|f(x, y_1) - f(x, y_2)\| \le L\|y_1 - y_2\| \quad \forall (x, y_1), (x, y_2) \in S. \tag{7.7}$$

Es gibt viele praktisch wichtige Systeme, die eine dieser Voraussetzungen verletzen und deren numerische Lösung trotzdem notwendig und möglich ist. Sie bedürfen zusätzlicher theoretischer und algorithmischer Überlegungen.

7.1.2 Modellproblem

Als Modell- oder Testgleichung für numerische Verfahren dient oft die DGL (hier nur für $n = 1$)

$$\begin{aligned} y' &= \lambda y, \\ y(0) &= 1. \end{aligned} \tag{7.8}$$

Diese Gleichung ist linear und einfach analytisch zu lösen: Es ist $y(x) = e^{\lambda x}$. Sie kann daher nicht die komplexe nichtlineare Struktur vieler Differentialgleichungen widerspiegeln. Sie kann aber durch Variation des Parameters λ die (In-) Stabilität eines numerischen Verfahrens testen, wie wir gleich sehen werden.

7.1.3 Einige Beispielverfahren

Wir suchen Näherungswerte für die Lösung $y(x)$ auf einem äquidistanten Punktgitter:

$$x_j := a + jh, \quad j = 0, 1, \cdots, N \quad \text{mit } h := \frac{b-a}{N}. \tag{7.9}$$

Einen Ausgangspunkt für die Konstruktion numerischer Verfahren bildet das

Lemma 7.3 *Das DGL-System (7.1) ist äquivalent zu dem System von Integralgleichungen*

$$y(x) = y_0 + \int_a^x f(\xi, y(\xi))d\xi. \tag{7.10}$$

Ein anderer Ansatz zur Verfahrenskonstruktion ist die Auflösung einer abgeschnittenen Taylorreihengleichung:

$$\begin{aligned} y(x_{j+1}) &= y(x_j) + hy'(x_j) + \frac{h^2}{2!}y''(x_j) + \frac{h^3}{3!}y'''(x_j) + \cdots \\ &= y(x_j) + hf(x_j, y(x_j)) + \cdots \end{aligned} \tag{7.11}$$

Daraus gewinnt man mit den Näherungen $y_j \approx y(x_j)$ und mit $f_j := f(x_j, y_j)$ ein erstes einfaches Verfahren

Explizites Euler- oder Polygonzugverfahren

$$y_{j+1} = y_j + hf_j, \quad j = 0, 1, \cdots, N$$

Dieses Verfahren hätten wir auch aus der Integralgleichung des Lemmas herleiten können, indem wir das Integral durch eine Rechteckregel ersetzen:

$$\int_{x_j}^{x_{j+1}} f(\xi, y(\xi))d\xi \approx hf(x_j, y_j). \tag{7.12}$$

Nehmen wir in dieser Rechteckregel als Funktionswert den rechten statt des linken Randwertes, so bekommen wir ein *implizites* Verfahren; das ist ein Verfahren, bei dem der neue, noch unbekannte Lösungswert y_{j+1} auch auf der rechten Seite auftritt:

Implizites Eulerverfahren

$$y_{j+1} = y_j + hf_{j+1}, \quad j = 0, 1, \cdots, N$$

y_{j+1} tritt hier links *und* rechts (als Argument von f_{j+1}) vom Gleichheitszeichen auf. Also ist in jedem Schritt ein Gleichungssystem zu lösen, bei nichtlinearen Differentialgleichungssystemen ein nichtlineares Gleichungssystem. Es muß deshalb gewichtige Gründe geben, wenn impliziten der Vorzug vor expliziten Verfahren gegegeben wird.

Die beiden Eulerverfahren sind *Einschrittverfahren* (ESV) : Aus einer Näherung y_j an der Stelle x_j berechnet man mit einem Verfahrensschritt die Näherung y_{j+1} an der Stelle x_{j+1}. Wir wollen noch ein *Mehrschrittverfahren* (MSV) kennenlernen: Integrieren wir in (7.11) über zwei Intervalle der Länge h und nehmen dazu als Näherung die Rechteckregel mit dem Wert der Funktion im Mittelpunkt, also

$$\int_{x_j}^{x_{j+2}} f(\xi, y(\xi))d\xi \approx 2hf(x_{j+1}, y_{j+1}), \tag{7.13}$$

so bekommen wir die

Mittelpunktregel

$$y_{j+2} = y_j + 2hf_{j+1}, \quad j = 0, 1, \cdots, N$$

Dies ist ein explizites Zweischrittverfahren, denn, um y_{j+2} berechnen zu können, benötigen wir die Werte y_j und y_{j+1}. Das ist nur im ersten Schritt schwierig, da wir zwar den Anfangswert y_0, nicht aber y_1 kennen. Wir benötigen also einen Schritt eines ESV zur Berechnung von y_1. Allgemein nennt man dies bei MSV die *Startrechnung*.

7.1.4 Anwendung der Verfahren auf die Testgleichung

Die Lösung unserer Testgleichung $y(x) = e^{\lambda x}$ wächst monoton für $\lambda > 0$ und fällt monoton für $\lambda < 0$. Wir wollen sehen, ob sich dieses Verhalten durch die Verfahren nachbilden läßt.

Euler explizit	Euler implizit	Mittelpunktregel
$y_0 = 1$	$y_0 = 1$	$y_0 = 1$
$y_1 = 1 + \lambda h$	$y_1 = \dfrac{1}{1-\lambda h}$	$y_1 = e^{\lambda h}$ (exakte Lösung)
$y_2 = y_1 + h\lambda(1+\lambda h)$	$y_2 = y_1 + h\lambda y_2$	$y_2 = 1 + 2h\lambda e^{\lambda h}$
$= (1+\lambda h)^2$	$= \dfrac{1}{(1-\lambda h)^2}$	
$\vdots$	$\vdots$	$\vdots$
$y_j = (1+\lambda h)^j$	$y_j = \dfrac{1}{(1-\lambda h)^j}$	$y_j = e^{\lambda jh}\left(1 - \dfrac{\lambda^3 jh}{6}h^2 + \dfrac{\lambda^3}{12}h^3\right)$
		$\underline{+(-1)^j e^{-\lambda jh}\dfrac{\lambda^3}{12}h^3} + O(h^4)$

Bei allen drei Verfahren konvergiert y_j gegen die wahre Lösung $y(\bar{x}) = e^{\lambda \bar{x}}$, wenn

$$h \to 0, \quad j \to \infty \quad \text{derart, daß } \bar{x} = jh. \tag{7.14}$$

Für festes $h > 0$ und $\lambda \ll 0$ ergeben sich aber große Unterschiede:

1. Euler explizit:
   Ist $\lambda < 0$ so klein, daß $|1 + \lambda h| > 1$, dann wachsen die y_j oszillierend stark an: die numerische Lösung wird *instabil* und völlig falsch.

2. Euler implizit:
   Die Lösung bleibt unabhängig von $\lambda < 0$ *stabil*: sie fällt monoton.

3. Mittelpunktregel (explizit):
   Die Lösung approximiert die wahre Lösung $y(x) = e^{\lambda x}$ besser als die beiden Eulerverfahren, für $\lambda < 0$ wird aber die gute Näherung durch den (unterstrichenen) wachsenden, oszillierenden Anteil überlagert[2].

Die Aussage "Implizite Verfahren sind stabiler als explizite Verfahren" gilt auch allgemein, siehe auch Abschnitt 7.1.7.

7.1.5 Lokaler Diskretisierungsfehler und Konsistenz

Wenn alle Werte y_j, $j = 1, \cdots, N$, "gute" Näherungen für die entsprechenden Werte $y(x_j)$ der Lösung der DGL sind, dann ist ein numerisches Verfahren erfolgreich. Nun setzt sich der Fehler $y_j - y(x_j)$ aus dem Fehler, den ein Schritt des gewählten Verfahrens macht, und den bis zum Wert y_{j-1} schon aufsummierten Fehlern zusammen.

Bei der Untersuchung eines Verfahrens betrachtet man zunächst das Verhalten des Verfahrens in einem Schritt unter der Voraussetzung, daß die in diesen Schritt eingehenden Werte exakt sind. Dies ist also eine *lokale* Untersuchung.

[2]Eine Herleitung der Formel für y_j findet sich z.B. in [75].

Definition 7.4 *1. Ein Einschrittverfahren ist gegeben durch seine* Verfahrensfunktion Φ*:*

$$y_{j+1} = y_j + h\Phi(x_j, y_j). \tag{7.15}$$

2. Der lokale Diskretisierungsfehler *eines ESV ist definiert als*

$$d_{j+1} := \frac{1}{h}(y(x_{j+1}) - y(x_j)) - \Phi(x_j, y(x_j)). \tag{7.16}$$

3. Das ESV Φ heißt konsistent *mit (7.1), falls asymptotisch gilt:*

$$\max_{j=1,\cdots N} \|d_j\| \longrightarrow 0 \quad mit \quad h \to 0. \tag{7.17}$$

Dabei geht $N \to \infty$ wegen $Nh \equiv b - a$.

4. Das ESV Φ hat die Konsistenzordnung *p, falls für ein $K > 0$ gilt:*

$$\max_{j=1,\cdots N} \|d_j\| \leq Kh^p = O(h^p) \quad mit \quad h \to 0. \tag{7.18}$$

In die Definition des lokalen Diskretisierungsfehlers gehen also nur exakte Funktionswerte ein, als Fehler wird der Unterschied des wahren Funktionszuwachses zum Zuwachs im Verfahren definiert; das ist der Verfahrensfehler in einem Schritt.

Die beiden Eulerverfahren, explizit und implizit, sind konsistent mit der Ordnung $p = 1$, wie man an der Herleitung sofort ablesen kann.

7.1.6 Konvergenz und Stabilität

Konsistenz und Konsistenzordnung charakterisieren ein Verfahren gut bezüglich der erreichbaren Genauigkeit. Klein halten möchte man aber nicht nur den lokalen, sondern den globalen Diskretisierungsfehler.

Definition 7.5 *1. Der* globale Diskretisierungsfehler *ist gegeben als*

$$g_j = y(x_j) - y_j. \tag{7.19}$$

2. Ein Verfahren zur Lösung von (7.1) heißt konvergent, *falls*

$$\max_{j=1,\cdots,N} \|g_j\| \longrightarrow 0 \quad mit \quad h \to 0. \tag{7.20}$$

3. Das ESV hat die Konvergenzordnung *p, wenn außerdem für ein $K > 0$ gilt:*

$$\max_{j=1,\cdots N} \|g_j\| \leq Kh^p = O(h^p) \quad mit \quad h \to 0. \tag{7.21}$$

Ein konvergentes Verfahren ist immer auch konsistent, und es gilt dann

$$\|g_j\| = O(h^p),$$

d.h., die Konvergenzordnung ist gleich der Konsistenzordnung.

Es gibt aber konsistente Verfahren, die nicht konvergent sind. Solche Verfahren heißen asymptotisch instabil.

Was ist Stabilität?

Es gibt viele Stabilitätsbegriffe, von denen wir nur zwei erwähnen wollen:

Ein ESV heißt ***asymptotisch stabil*** (d.h. stabil mit $h \to 0$), wenn eine "kleine" Störung des Verfahrens auch nur eine "kleine" Störung der Näherungswerte bewirkt. Die asymptotische Stabilität verbindet die Konsistenz mit der Konvergenz.

Für die numerische Behandlung gewöhnlicher Differentialgleichungen sind aber auch Stabilitätsbegriffe für endliche $h > 0$ wichtig. Das konnten wir schon bei der Anwendung der Beispielverfahren auf die Testgleichung sehen. Hierfür gibt es viele verschiedene Stabilitätsbegriffe. Wir verweisen diesbezüglich auf die Literatur, z.B. [38]. Den wichtigsten dieser Begriffe, die ***absolute Stabilität***, findet man auch in [70].

Für die asymptotische Stabilität gibt es eine für die Praxis wichtige hinreichende Voraussetzung:

Lemma 7.6 *Ein ESV Φ ist asymptotisch stabil, wenn Φ eine Lipschitzbedingung erfüllt: Es gibt eine Zahl $L > 0$, so daß*

$$\|\Phi(x_j, y_j) - \Phi(x_j, \tilde{y}_j)\| \le L\|y_j - \tilde{y}_j\| \quad \forall (x_j, y_j), (x_j, \tilde{y}_j) \in S. \tag{7.22}$$

Damit kommen wir zum zentralen Satz der Theorie der numerischen Lösung von AWP:

Satz 7.7 *Ein konsistentes Verfahren der Ordnung p, das asymptotisch stabil ist, ist auch konvergent mit der Ordnung p.*

Konsistenz & Stabilität = Konvergenz

Die Lipschitzbedingung für die Verfahrensfunktion Φ ermöglicht auch die Abschätzung des globalen Fehlers:

Satz 7.8 *Ein ESV sei konsistent mit der Ordnung p, (7.17)/(7.18), und erfülle die Lipschitzbedingung (7.22). Weiter sei die Lipschitzfunktion E_L definiert als*

$$E_L(x) := \begin{cases} \dfrac{e^{Lx} - a}{L} & \text{falls} \quad L > 0 \\ x & \text{falls} \quad L = 0 \end{cases}.$$

Dann ist

$$\|y_j - y(x_j)\| \le h^p K E_L(x_j - a). \tag{7.23}$$

Diese Fehlerabschätzung wächst exponentiell mit x, sie überschätzt deshalb in vielen Fällen den wahren Fehler erheblich.

7.1.7 Steife Differentialgleichungssysteme

Ein DGL-System nennt man *steif*, wenn die Lösung abklingende Komponenten mit stark unterschiedlichem Wachstumsverhalten enthält. Da die steifen Systeme eine zunehmende Rolle in den Anwendungen spielen, wollen wir auch auf diese Problemgruppe eingehen.

Beispiel 7.1 Beispiele für steife DGL-Systeme findet man in der Reaktionskinetik, einem wichtigen Teilgebiet der Chemie.

Sei eine zweistufige Reaktion für die Stoffe y_1, y_2, y_3 gegeben:

$$y_1 \xrightarrow{k_1} y_2 \xrightarrow{k_2} y_3$$

mit den Anfangskonzentrationen

$$y_1(0) = 1, \quad y_2(0) = 1, \quad y_3(0) = 1.$$

Für $k_1 = 1$ und $k_2 = 101$ führt das zu einem linearen DGL-System mit konstanten Koeffizienten:

$$\begin{aligned} y_1' &= -y_1, \\ y_2' &= y_1 - 101y_2, \\ y_3' &= 101y_2. \end{aligned}$$

Es hat die leicht zu berechnende Lösung

$$\begin{aligned} y_1(x) &= e^{-x}, \\ y_2(x) &= 0.01e^{-x} + 0.99e^{-101x}, \\ y_3(x) &= 3 - 1.01e^{-x} - 0.99e^{-101x}. \end{aligned}$$

Hier ist also eine langsam fallende Lösungskomponente mit einer sehr schnell fallenden gekoppelt. Das liegt daran, daß die Koeffizientenmatrix

$$\begin{pmatrix} -1 & 0 & 0 \\ 1 & -101 & 0 \\ 0 & 101 & 0 \end{pmatrix}$$

des Systems neben dem Eigenwert $\lambda_3 = 0$ zwei stark unterschiedliche Eigenwerte

$$\lambda_1 = -1 \quad \text{und} \quad \lambda_2 = -101$$

hat.

Die numerische Lösung solcher Systeme führt bei expliziten Verfahren oft zu völlig falschen Werten und kann selbst mit impliziten Methoden auf Schwierigkeiten stoßen. Deshalb wurden für solche Systeme spezielle Methoden entwickelt. Auf eine solche Verfahrensklasse kommen wir in Abschnitt 7.4 zurück.

Bei nichtlinearen Differentialgleichungssystemen kann der Stabilitäts-Zustand zwischen "steif" und "nicht steif" mit wachsendem x wechseln. Hier spielen die Eigenwerte λ_i, $i = 1, \cdots, n$, der Funktionalmatrix

$$f_y(x) := \begin{pmatrix} \frac{\partial f_1}{\partial y_1}(x,y) & \cdots & \frac{\partial f_1}{\partial y_n}(x,y) \\ \vdots & & \vdots \\ \frac{\partial f_n}{\partial y_1}(x,y) & \cdots & \frac{\partial f_n}{\partial y_n}(x,y) \end{pmatrix} \tag{7.24}$$

die entscheidende Rolle, und diese können ja für verschiedene x bei nichtlinearem f unterschiedlich sein. Man nennt jetzt ein Differentialgleichungssystem an einer Stelle x steif, wenn f_y dort nur negative Eigenwerte hat, die stark unterschiedlich sind:

1. $Re\,\lambda_i < 0, \quad i = 1, \cdots, n$
2. $\max_i |Re\,\lambda_i| \gg \min_i |Re\,\lambda_i|$

Als Maß S für die Steifheit kann man definieren

$$S := \frac{\max_i |Re\,\lambda_i|}{\min_i |Re\,\lambda_i|}. \tag{7.25}$$

Oft weiß ein Anwender, daß seine Problemklasse zu steifen Systemen führt. Er wird sich dann für die speziellen Methoden interessieren und diese zur numerischen Lösung verwenden. Es ist aber auch möglich, vor der numerischen Lösung einen Steifheitstest durchzuführen. Diese Möglichkeit sehen die großen Programmpakete vor, und wir haben sie in unser Programm KAP7_AWA übernommen. Ein weiteres Beispiel für ein steifes System werden wir in Abschnitt 7.7 angeben.

7.2 Einschrittverfahren

7.2.1 Runge-Kutta-Verfahren

Die wichtigste Gruppe der ESV sind die *Runge-Kutta-Verfahren*. Sie haben die Form

$$\begin{aligned} y_{j+1} &= y_j + h\Phi(x_j, y_j) \quad \text{mit} \\ \Phi(x_j, y_j) &= \sum_{l=1}^{m} \gamma_l k_l \quad \text{mit} \end{aligned} \tag{7.26}$$

$$k_l = f(x_j + \alpha_l h, y_j + \sum_{s=1}^{m} \beta_{ls} k_s), \quad l = 1, \cdots, m.$$

Diese Verfahren sind *explizit*, wenn $\beta_{ls} = 0$ für $s \geq l$. Man nennt sie *halbimplizit*, wenn $\beta_{ls} = 0$ für $s > l$, und sonst *implizit*. m heißt die Stufe eines Runge-Kutta-Verfahrens, und $m^2 + 2m$ Parameter gehen in ein solches Verfahren ein. Mit der Festlegung dieser Parameter sollen folgende Bedingungen erfüllt werden:

1. Ein Runge-Kutta-Verfahren ist konsistent, falls

$$\gamma_1 + \gamma_2 + \cdots + \gamma_m = 1. \tag{7.27}$$

2. Jedes k_l soll eine h^2-Approximation von $y'(x_j + \alpha_l h)$ sein:

$$\alpha_l = \sum_{s=1}^{m} \beta_{ls}. \tag{7.28}$$

3. Die Konsistenzordnung soll so groß wie möglich sein.

Neben der Erfüllung dieser Forderungen kann man für $m > 1$ noch einige Parameter beliebig festlegen. Das ergibt eine unübersehbare Zahl von möglichen Verfahren.

Für $m = 1$ z.B. ergibt sich aus (7.27) $\gamma_1 = 1$ und damit

$$y_{j+1} = y_j + hf(x_j + \alpha_1 h, y_j + \beta_{11} k_1).$$

Soll das Verfahren explizit sein, so muß $\beta_{11} = 0$ sein, also nach (7.28) auch $\alpha_1 = 0$, und das ergibt gerade das explizite Eulerverfahren.

Für $\alpha_1 = \beta_{11} = 1$ bekommen wir

$$\begin{aligned} y_{j+1} &= y_j + hk_1 \\ &= y_j + hf(x_j + h, y_j + hk_1) \\ &= y_j + hf(x_j + h, y_{j+1}), \end{aligned}$$

also das implizite Eulerverfahren.

Die Runge-Kutta-Parameter lassen sich übersichtlich in einem Schema anordnen:

$$\begin{array}{c|cccc} \alpha_1 & \beta_{11} & \beta_{12} & \cdots & \beta_{1m} \\ \vdots & \vdots & \vdots & \vdots & \vdots \\ \alpha_m & \beta_{m1} & \beta_{m2} & \cdots & \beta_{mm} \\ \hline & \gamma_1 & \gamma_2 & \cdots & \gamma_m \end{array}$$

Bei expliziten Verfahren ergibt sich ein Dreiecksschema.

7.2.2 Das klassische Runge-Kutta-Verfahren

Am bekanntesten ist das klassische Verfahren 4. Ordnung und 4. Stufe, das Runge und Kutta um die Jahrhundertwende entwickelt haben:

$$y_{j+1} = y_j + \frac{h}{6}(k_1 + 2k_2 + 2k_3 + k_4) \quad \text{mit} \tag{7.29}$$

$$\begin{aligned}
k_1 &:= f(x_j, y_j),\\
k_2 &:= f(x_j + \frac{1}{2}h, y_j + \frac{1}{2}hk_1),\\
k_3 &:= f(x_j + \frac{1}{2}h, y_j + \frac{1}{2}hk_2),\\
k_4 &:= f(x_j + h, y_j + hk_3).
\end{aligned}$$

Dies ist ein explizites Verfahren mit dem folgenden Schema:

$$\begin{array}{c|cccc}
0 & & & & \\
\frac{1}{2} & \frac{1}{2} & & & \\
\frac{1}{2} & 0 & \frac{1}{2} & & \\
1 & 0 & 0 & 1 & \\
\hline
 & \frac{1}{6} & \frac{2}{6} & \frac{2}{6} & \frac{1}{6}
\end{array}$$

Es gibt kein Verfahren 4. Stufe oder 5. Stufe, das eine höhere als 4. Ordnung hat, aber eine Vielzahl von Verfahren 4. Stufe und 4. Ordnung, die nach verschiedenen Kriterien entwickelt wurden und eingesetzt werden können. Ein wesentliches Kriterium ist z.B. die Steuerungsmöglichkeit der Schrittweite h über eine Fehlerschätzung.

7.2.3 Schrittweitensteuerung

Eine feste Schrittweite h so, wie wir es bis jetzt angenommen haben, ist für die meisten nichtlinearen Differentialgleichungen nicht sinnvoll. In Bereichen starker Variation von f führt eine große Schrittweite zu großen Fehlern, eine auf solche Bereiche abgestimmte, also kleine Schrittweite bewirkt einen hohen Aufwand und ein Anwachsen der Rundungsfehler durch überflüssig viele Schritte.

Eine Schrittweitensteuerung (SWS) benötigt eine möglichst realistische Schätzung des Fehlers. Da eine solche für den globalen Diskretisierungsfehler nicht oder nur zu ungenau vorhanden ist, gibt man sich mit einer Schätzung des lokalen Diskretisierungsfehlers zufrieden. Hierzu gibt es wiederum verschiedene Möglichkeiten, von denen wir nur die wichtigste nennen wollen:

Rechnet man mit zwei Verfahren verschiedener Ordnung, so ist der Unterschied der beiden Verfahren eine gute Schätzung für den Fehler. Dabei muß sich der Aufwand nicht verdoppeln, wenn die beiden Verfahren gekoppelt sind. Bei Runge-Kutta-Verfahren nutzt man die verbliebenen Freiheitsgrade (s.o.) dazu aus, zwei Verfahren zu bestimmen, deren Koeffizienten bis auf die zusätzlichen der genaueren Regel übereinstimmen. Solche gekoppelten Verfahren nennt man auch *eingebettete* Runge-Kutta-Methoden. Ein empfehlenswertes Verfahren dieser Art ist das England-Verfahren, das ein 4-stufiges Verfahren 4. Ordnung in ein 6-stufiges Verfahren 5. Ordnung einbettet und sehr gute Fehlerschätzungen auch bei stark nichtlinearen rechten Seiten liefert, [26].

Eine etwas andere Möglichkeit bietet das Runge-Kutta-Verfahren von Merson, bei dem zwei Verfahren 4. Ordnung, eines 4. Stufe und eines 5. Stufe, eingebettet werden. Die fünfte Funktionsauswertung erlaubt dann eine Fehlerschätzung:

$$\begin{array}{c|ccccc}
0 & & & & & \\
\frac{1}{3} & \frac{1}{3} & & & & \\
\frac{1}{3} & \frac{1}{6} & \frac{1}{6} & & & \\
\frac{1}{2} & \frac{1}{8} & 0 & \frac{3}{8} & & \\
1 & \frac{1}{2} & 0 & -\frac{3}{2} & 2 & \\
\hline
y_{j+1}^{[4]} & \frac{1}{2} & 0 & -\frac{3}{2} & 2 & \\
\hline
y_{j+1}^{[5]} & \frac{1}{6} & 0 & 0 & \frac{2}{3} & \frac{1}{6}
\end{array}$$

Durch dieses Schema sind zwei Verfahren 4. Ordnung durch zwei Koeffizientenvektoren $\{\gamma_l\}$ (siehe (7.26)) definiert. Ist die rechte Seite der DGL linear in x und y, so ergibt sich aus einer Taylorreihenanalyse, [26], folgende gute Fehlerschätzung:

$$y(x_{j+1}) - y_{j+1}^{[5]} \approx \frac{h}{5}(y_{j+1}^{[5]} - y_{j+1}^{[4]}) = \frac{1}{30}(-2k_1 + 9k_3 - 8k_4 + k_5). \qquad (7.30)$$

Für Probleme mit nichtlinearer rechter Seite muß man ein lokal lineares Verhalten annehmen, was nicht immer zu rechtfertigen ist.

Eine weitere wichtige Möglichkeit der Fehlerschätzung ist die *Extrapolation auf die Schrittweite* $h = 0$. Hier wird parallel mit zwei verschiedenen Schrittweiten h und $q \cdot h$, $(0 < q < 1)$ gerechnet, und die beiden entstehenden Lösungswerte werden auf $h = 0$ extrapoliert. Hat das Verfahren die Ordnung p, so bekommt man:

$$\begin{array}{lcl}
h: & y_j = & y(x_j) + h^p\, e_j + O(h^{p+1}), \\
q \cdot h: & \bar{y}_j = & y(x_j) + (q \cdot h)^p\, e_j + O((q \cdot h)^{p+1})
\end{array}$$

und damit in erster Näherung

$$h^p\, e_j \approx \frac{\bar{y}_j - y_j}{q^p - 1} =: T. \qquad (7.31)$$

Hier muß bemerkt werden, daß dieselbe Technik Grundlage der Verfahren der *Grenzwertextrapolation* ist, auf die wir nicht eingehen wollen. Mit den zwei Näherungen p-ter Ordnung läßt sich eine Näherung $(p+1)$-ter Ordnung $\tilde{y}_j$ errechnen durch Extrapolation auf $h = 0$ wie oben:

$$h = 0: \qquad \tilde{y}_j := \frac{q^p\, y_j - \bar{y}_j}{q^p - 1}. \tag{7.32}$$

Mehrfache Anwendung dieser Methode und Ausnutzung der Fehlerentwicklung spezieller Verfahren führt zu Methoden sehr hoher Genauigkeit, [36].

Hat man den Fehler nach Ausführung eines Schrittes geschätzt, so gibt es verschiedene Strategien der Schrittweitensteuerung. Eine solche wollen wir exemplarisch als Algorithmus darstellen:

Schrittweitensteuerung

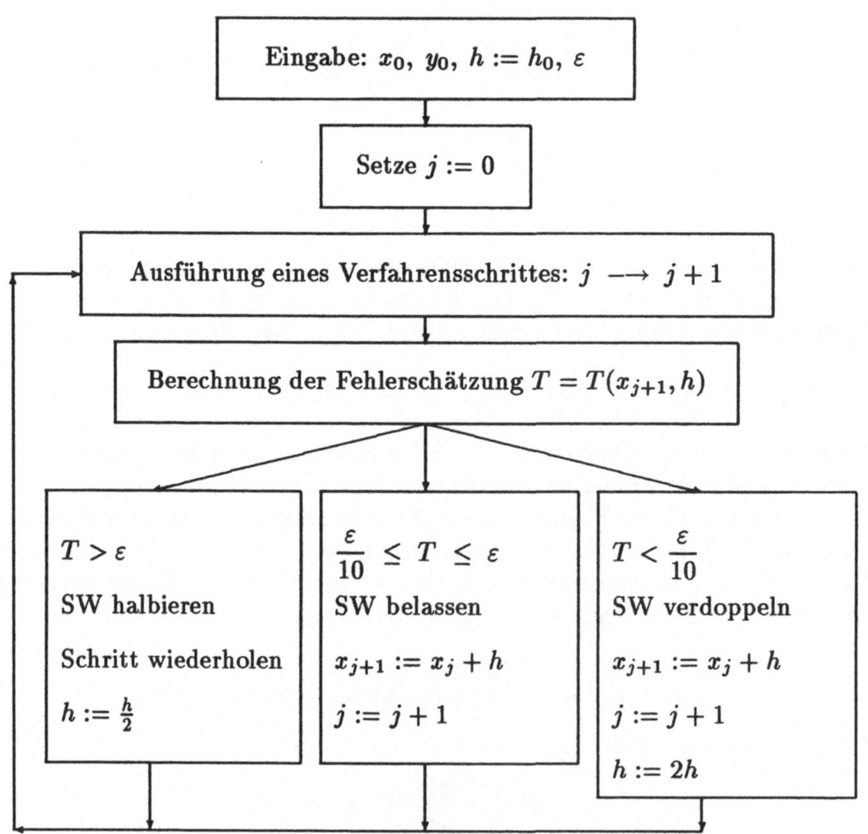

7.3 Mehrschrittverfahren (MSV)

7.3.1 Verfahren vom Adamstyp

Aus der großen Gruppe der Einschrittverfahren haben wir im letzten Abschnitt die wichtige Klasse der Runge-Kutta-Verfahren kennengelernt.

Es soll jetzt ähnlich beispielhaft die wichtigste Klasse der linearen MSV betrachtet werden, die Verfahren vom Adamstyp. Ein lineares m-Schritt-Verfahren benutzt die Werte an den m vorherigen Stellen, um einen neuen Wert zu berechnen:

Gegeben:	die Verfahrenskoeffizienten	$a_0,\ a_1,\ \cdots,\ a_m$ mit $a_m := 1$
	und	$b_0,\ b_1,\ \cdots,\ b_m,$
	und die Lösungswerte	$y_j,\ y_{j+1},\ \cdots, y_{j+m-1}.$
Gesucht	ist der neue Lösungswert	y_{j+m} mit

$$a_0\, y_j + a_1\, y_{j+1} + \cdots a_m\, y_{j+m} = h \cdot (b_0\, f_j + b_1\, f_{j+1} + \cdots b_m\, f_{j+m}). \tag{7.33}$$

Dabei ist das Verfahren

explizit, falls $b_m = 0$, und
implizit, falls $b_m \neq 0$.

Wie bei den ESV muß also bei impliziten MSV ein im allgemeinen nichtlineares Gleichungssystem gelöst werden, während die expliziten Verfahren nach y_{j+m} aufgelöst werden können ($a_m = 1,\ b_m = 0$) :

$$y_{j+m} = -\sum_{k=0}^{m-1} a_k\, y_{j+k} \;+\; h\sum_{k=0}^{m-1} b_k\, f_{j+k}. \tag{7.34}$$

Spezielle Verfahren lassen sich am besten durch numerische Integration konstruieren. Zunächst werden bei expliziten Verfahren die m bekannten Punkte benutzt, um ein die rechte Seite f interpolierendes Polynom P zu bestimmen. Bei impliziten Verfahren geht zusätzlich der unbekannte Wert f_{j+m} in die Polynominterpolation ein:

$$P(x_{j+k}) = f(x_{j+k}, y_{j+k}), \quad k = 0, 1, \cdots, r, \tag{7.35}$$

mit $r = m - 1$ für explizite MSV und $r = m$ für implizite MSV. Dann wird dieses Polynom über das letzte oder die letzten beiden Teilintervalle integriert. Es gilt ja für die Lösung der DGL und für irgendeine Zahl l:

$$y(x_{j+m}) = y(x_l) + \int_{x_l}^{x_{j+m}} f(x, y(x))dx.$$

Diese Gleichung wird ersetzt durch

$$y_{j+m} = y_l + \int_{x_l}^{x_{j+m}} P(x)dx \tag{7.36}$$

mit $l = j + m - 1$ oder $l = j + m - 2$. Daraus lassen sich die Koeffizienten a_k und b_k berechnen.

Zeichnung 7.1 veranschaulicht diese Verfahrenskonstruktion:

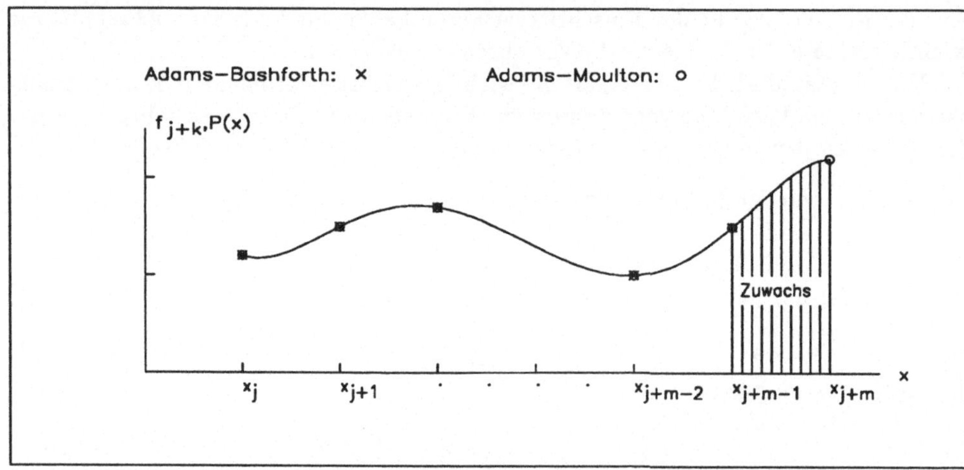

Zeichnung 7.1: **Mehrschrittverfahren vom Adamstyp**

In der Tabelle sind die vier mit dieser Konstruktion zu erhaltenden Verfahren zusammengestellt:

Verfahren	r	l	Verfahrenstyp
ADAMS–BASHFORTH	$m-1$	$j+m-1$	explizit
NYSTRÖM	$m-1$	$j+m-2$	explizit
ADAMS–MOULTON	m	$j+m-1$	implizit
MILNE–SIMPSON	m	$j+m-2$	implizit

Für $m = 2$ ergeben sich die folgenden speziellen Verfahren:

$$\text{Adams–Bashforth:} \quad y_{j+2} = y_{j+1} + \frac{h}{2}(3f_{j+1} - f_j) \tag{7.37}$$

$$\text{Nyström:} \quad y_{j+2} = y_j + 2hf_{j+1} \tag{7.38}$$

$$\text{Adams–Moulton:} \quad y_{j+2} = y_{j+1} + \frac{h}{12}(5f_{j+2} + 8f_{j+1} - f_j) \tag{7.39}$$

$$\text{Milne–Simpson:} \quad y_{j+2} = y_j + \frac{h}{3}(f_{j+2} + 4f_{j+1} + f_j) \tag{7.40}$$

Das Nyströmverfahren ist also für $m = 2$ identisch mit der Mittelpunktregel, und die Integration beim Milne-Simpson-Verfahren ist gerade die Simpsonregel, siehe Kapitel 6.

7.3.2 Die Konsistenz von linearen Mehrschrittverfahren

Bei linearen MSV läßt sich eine Konsistenzbedingung leicht angeben. Zunächst ergibt sich der lokale Diskretisierungsfehler hier als:

$$d_{j+m} = \frac{1}{h}\sum_{k=0}^{m} a_k y(x_{j+k}) - \sum_{k=0}^{m} b_k f(x_{j+k}, y(x_{j+k})). \tag{7.41}$$

Mit den Koeffizienten des Verfahrens definiert man zwei Polynome:

$$\begin{aligned} \text{1. charakteristisches Polynom:} \quad \rho(\zeta) &= \sum_{k=0}^{m} a_k \zeta^k \\ \text{2. charakteristisches Polynom:} \quad \sigma(\zeta) &= \sum_{k=0}^{m} b_k \zeta^k. \end{aligned}$$

Mit ihnen läßt sich Konsistenz leicht überprüfen, denn es gilt:

Satz 7.9 *Ein MSV ist konsistent, falls die Startrechnung mit einem konsistenten Verfahren durchgeführt wird, und falls gilt:*

$$\rho(1) = 0 \quad \textit{und} \quad \rho'(1) = \sigma(1). \tag{7.42}$$

Die Stabilität von MSV muß durch zusätzliche Bedingungen gesichert werden, auf die wir hier nicht eingehen wollen. Generell gilt wieder, daß die impliziten Verfahren stabiler sind als die expliziten Verfahren. Deshalb hat sich eine Verfahrenskombination als besonders effektiv gezeigt, bei der ein implizites mit einem expliziten Verfahren so gekoppelt wird, daß eine Auflösung des nichtlinearen Gleichungssystems beim impliziten Verfahren vermieden wird.

7.3.3 Prädiktor-Korrektor-Methoden

Die Idee soll an einem einfachen Beispiel veranschaulicht werden. Seien **P** ein explizites Prädiktorverfahren

$$\mathbf{P}: \quad y_{j+m}^{[0]} = -\sum_{k=0}^{m-1} a_k^* \, y_{j+k} + h\sum_{k=0}^{m-1} b_k^* \, f_{j+k}, \tag{7.43}$$

E eine Auswertung der rechten Seite (Evaluation)

$$\mathbf{E}_s: \quad f_{j+m} = f(x_{j+m}, y_{j+m}^{[s]}) \tag{7.44}$$

und **C** ein implizites Korrektorverfahren

$$\mathbf{C}: \quad y_{j+m}^{[1]} = hb_m f_{j+m} - \sum_{k=0}^{m-1} a_k \, y_{j+k} + h\sum_{k=0}^{m-1} b_k \, f_{j+k}, \tag{7.45}$$

dann symbolisiert

$$\mathbf{P\ E_0\ C}$$

ein Verfahren, bei dem (nach der Startrechnung) für jeden Wert y_{j+m} zunächst eine Näherung mit dem expliziten Prädiktorverfahren berechnet wird, dann wird die rechte Seite an der Stelle x_{j+m} berechnet, und dann wird der Näherungwert mit einem impliziten Korrektorverfahren verbessert. Dabei wird kein Gleichungssystem gelöst, sondern auf der rechten Seite der mit dem Prädiktor vorberechnete Näherungswert eingesetzt.

Dieses Verfahren kann man variieren. Es ist sinnvoll, mit dem verbesserten Korrektorwert die rechte Seite für den nächsten Verfahrensschritt neu zu berechnen. Das führt zu dem Verfahren

$$\mathbf{P\ E_0\ C\ E_1}\ .$$

Auswertung und Korrektorschritt können iterativ wiederholt werden

$$\mathbf{P\ (\ E\ C)^r\ E}$$

mit einer festen Wiederholungszahl r. Dabei wächst der Index von **E** mit jeder Auswertung um 1. Wir wollen jedoch auf weitere Einzelheiten verzichten. Die Prädiktor-Korrektor-Methoden sind jedenfalls sehr beliebt, da sie die Einfachheit expliziter Verfahren mit (fast) der Stabilität impliziter Verfahren verbinden.

7.3.4 Start- oder Anlaufrechnung

Da ein MSV m zurückliegende, bereits berechnete Funktionswerte benötigt, läßt sich für $m > 1$ z.B. y_1 nicht aus y_0 berechnen. Deshalb muß eine *Start- oder Anlaufrechnung* durchgeführt werden. Hierzu kann ein ESV verwendet werden, dessen Konsistenzordnung mindestens so hoch ist wie die des sich anschließenden MSV.

$$\text{Berechne mit einem ESV } y_1, y_2, \cdots, y_{m-1}. \tag{7.46}$$

Die Startrechnung mit einem ESV kann durch Verwendung einer MSV-Klasse mit wachsender Stufe und Ordnung ersetzt werden. Um dabei nicht am Anfang schon an Genauigkeit zu verlieren, sollte eine Kombination mit Schrittweitensteuerung und negativen Schrittweiten verwendet werden. Hierfür wollen wir als Beispiel eine Kombination von Adamsverfahren wachsender Ordnung angeben:

$$\begin{aligned}
P: \quad & y_{-1}^{[0]} := y_0 - hf_0 \quad y_1^{[0]} := y_0 + hf_0, \\
C: \quad & y_{\pm 1}^{[l]} = y_0 \pm \frac{h}{2}(f_0 + f_{\pm 1}^{[l-1]}), \quad l = 1,2,3, \\
& \text{mit } f_{\pm 1}^{[l]} := f(x_0, y_{\pm 1}^{[l]}).
\end{aligned} \tag{7.47}$$

Für die dritten Korrektornäherungen gilt dann

$$y_{\pm 1}^{[3]} - y(x_{\pm 1}) = O(h^4), \tag{7.48}$$

für ein MSV 4. Ordnung genügt also diese Anlaufrechnung.

Für ein Verfahren 6. Stufe bekommt man auf dieselbe Weise, allerdings mit acht verschiedenen Startverfahren, die benötigten fünf Startwerte

$$y_{-2},\ y_{-1},\ y_0,\ y_1,\ y_2,$$

siehe [36]. Auch die Anlaufrechnung sollte schon mit einer Schrittweitensteuerung gerechnet werden.

7.3.5 Steuerung von Schrittweite und Ordnung

Die Verfahren vom Adamstyp können mit variabler Schrittweite formuliert werden. Zur Steuerung der Schrittweite werden Schätzungen des lokalen Fehlers verwendet. Darüber hinaus kann die Ordnung gesteuert werden. Die Darstellung der entstehenden Verfahren ist komplexer als die der entsprechenden BDF-Verfahren, die im nächsten Abschnitt vorgestellt werden. Den interessierten Leser verweisen wir auf [38].

7.4 Differentiationsverfahren (BDF)

7.4.1 Idee und Verfahrenskonstruktion

Für steife DGL-Systeme eignen sich die Prädiktor-Korrektor-Verfahren vom Adamstyp nicht, weil das explizite Prädiktorverfahren dann zu schlechte Näherungen liefert und die Iteration ($\mathbf{E}_0$ $\mathbf{C}$)^r eventuell nicht konvergiert.

Eine Klasse von stabileren impliziten MSV, die auch für steife Systeme geeignet sind, sind die Rückwärtsdifferentiationsverfahren (backward differentiation formulae).

Hier wird zunächst zu äquidistanten Stützstellen x_k mit Abstand h ein Interpolationspolynom q durch die Punkte

$$(x_k, y_k), \qquad k = j, j+1, \cdots, j+m \tag{7.49}$$

gebildet. Dabei sind wieder die Werte y_k für $k = j, j+1, \cdots, j+m-1$, bekannt, y_{j+m} ist gesucht. Das Interpolationspolynom wird mit Rückwärtsdifferenzen von y_{j+m} definiert :

$$q(x) = q(x_{j+m-1} + sh) = \sum_{k=0}^{m} (-1)^k \begin{pmatrix} -s+1 \\ k \end{pmatrix} \nabla^k y_{j+m}. \tag{7.50}$$

Der unbekannte Wert y_{j+m} wird jetzt nicht durch Integration (wie etwa bei den Verfahren vom Adamstyp), sondern durch Einsetzen des Interpolationspolynoms in die Differentialgleichung bestimmt:

$$\left.\frac{\partial q}{\partial x}\right|_{x_{j+m}} = f(x_{j+m}, y_{j+m}). \tag{7.51}$$

Das ergibt implizite m-Schritt-Verfahren der Form

$$\sum_{k=0}^{m} \delta_k \nabla^k y_{j+m} = h f_{j+m} \tag{7.52}$$

mit den Koeffizienten

$$\delta_k = (-1)^k \frac{d}{ds} \left(\begin{array}{c} -s+1 \\ k \end{array} \right) \Bigg|_{s=1}, \tag{7.53}$$

die man durch direkte Differentiation von

$$(-1)^k \left(\begin{array}{c} -s+1 \\ k \end{array} \right) = \frac{1}{k!}(s-1)s(s+1)\cdots(s+k-2)$$

erhält:

$$\delta_0 = 0 \qquad \delta_k = \frac{1}{k} \qquad \text{für} \quad k = 1, \cdots, m. \tag{7.54}$$

7.4.2 Konsistenz der BDF-Verfahren

Die impliziten BDF-Verfahren sind definiert durch:

$$\sum_{k=1}^{m} \frac{1}{k} \nabla^k y_{j+m} = h f(x_{j+m}, y_{j+m}). \tag{7.55}$$

Sie sind konsistent mit der Ordnung $p = m$.

Es ergeben sich folgende Formeln:

$$
\begin{aligned}
m = 1: \quad y_{j+1} &= y_j + h f_{j+1} \qquad \text{(Euler implizit)} \\
m = 2: \quad y_{j+2} &= \frac{4}{3} y_{j+1} - \frac{1}{3} y_j + \frac{2}{3} h f_{j+2} \\
m = 3: \quad y_{j+3} &= \frac{18}{11} y_{j+2} - \frac{9}{11} y_{j+1} + \frac{2}{11} y_j + \frac{6}{11} h f_{j+3} \\
m = 4: \quad y_{j+4} &= \frac{48}{25} y_{j+3} - \frac{36}{25} y_{j+2} + \frac{16}{25} y_{j+1} - \frac{3}{25} y_j + \frac{12}{25} h f_{j+4} \\
m = 5: \quad y_{j+5} &= \frac{300}{137} y_{j+4} - \frac{300}{137} y_{j+3} + \frac{200}{137} y_{j+2} \\
&\quad - \frac{75}{137} y_{j+1} + \frac{12}{137} y_j + \frac{60}{137} h f_{j+5} \\
m = 6: \quad y_{j+6} &= \frac{360}{147} y_{j+5} - \frac{450}{147} y_{j+4} + \frac{400}{147} y_{j+3} - \frac{225}{147} y_{j+2} \\
&\quad + \frac{72}{147} y_{j+1} - \frac{10}{147} y_j + \frac{60}{147} h f_{j+6}
\end{aligned}
$$

BDF-Verfahren mit $m > 6$ werden aus Stabilitätsgründen nicht verwendet, [38].

7.4.3 BDF-Verfahren mit variabler Schrittweite

Die Grundidee der BDF-Verfahren kann man unmittelbar auf variable Schrittweiten übertragen. Die Punkte (7.49) sind jetzt nicht mehr äquidistant. Rückwärtsdifferenzen können deshalb nicht mehr verwendet werden. Stattdessen wird mit den rekursiv definierten dividierten Differenzen

$$
\begin{aligned}
y[x_j] &:= y_j \\
y[x_j, \cdots, x_{j-k}] &:= \frac{y[x_j, \cdots, x_{j-k+1}] - y[x_{j-1}, \cdots, x_{j-k}]}{x_j - x_{j-k}}
\end{aligned}
\tag{7.56}
$$

das Newtonsche Interpolationspolynom für die Punkte (x_k, y_k), mit $k = j, j+1, \cdots, j+m$, bestimmt:

$$
q(x) = \sum_{k=0}^{m} \left[\prod_{i=0}^{k-1} (x - x_{j+m-i}) \right] y[x_{j+m}, x_{j+m-1}, \cdots, x_{j+m-k}]. \tag{7.57}
$$

Die Forderung

$$
\left. \frac{\partial q}{\partial x} \right|_{x_{j+m}} = f(x_{j+m}, y_{j+m}). \tag{7.58}
$$

führt dann zu dem BDF-Verfahren mit variabler Schrittweite

$$
\sum_{k=1}^{m} \left[\prod_{i=1}^{k-1} (x_{j+m} - x_{j+m-i}) \right] y[x_{j+m}, x_{j+m-1}, \cdots, x_{j+m-k}] = f_{j+m}, \tag{7.59}
$$

wenn $h_k := x_{k+1} - x_k, \quad k = j, \cdots, j+m-1$, die Schrittweiten sind. Aus dieser Formel können die Koeffizienten $\gamma_k = \gamma_k(j+m)$ des BDF-Verfahrens

$$
\sum_{k=0}^{m} \gamma_k y_{j+k} = h_{j+m-1} f_{j+m} \tag{7.60}
$$

(für einen Schritt!) leicht berechnet werden, leichter als z.B. bei den Adamsmethoden mit variabler Schrittweite. Einen Prädiktorwert für y_{j+m} bekommt man, indem man das Interpolationspolynom $\tilde{p}$ durch die Punkte (x_{j+k-1}, y_{j+k-1}) für $k = 0, \cdots, m$, bestimmt und

$$
y_{j+m}^{[0]} := \tilde{p}(x_{j+m}) \tag{7.61}
$$

setzt.

Als *Startrechnung* für ein m-stufiges BDF-Verfahren nimmt man die BDF-Verfahren 1., 2. bis $(m-1)$-ter Stufe. Um dabei nicht schon wesentliche Genauigkeitsverluste zu erleiden, sollte man die Schrittweite steuern, siehe 7.4.4. Noch naheliegender ist es, Schrittweite und Ordnung zu steuern, siehe 7.4.5, und dabei mit der Ordnung $m = 1$ zu beginnen.

7.4.4 Schrittweitensteuerung

Der lokale Diskretisierungsfehler für die Prädiktor-Korrektor-Form der BDF-Verfahren, (7.59–61),

$$d_{j+m} = C_{m+1}\, h_{j+m-1}^{m}\, y^{(m+1)}(x_{j+m}) \tag{7.62}$$

mit bekannten Fehlerkoeffizienten C_{m+1} kann geschätzt werden durch

$$h_{j+m-1}\, d_{j+m} \approx T := \frac{y_{j+m} - y_{j+m}^{[0]}}{x_{j+m} - x_j}. \tag{7.63}$$

Mit dieser Schätzung T kann die Schrittweite gesteuert werden. Es ist bei den BDF-Methoden aber leicht möglich und sehr empfehlenswert, Schrittweite und Ordnung kombiniert zu steuern, siehe 7.4.5.

7.4.5 Steuerung von Schrittweite und Ordnung

Die großen Softwarepakete arbeiten mit Steuerung sowohl der Schrittweite als auch der Ordnung des Verfahrens. Die Ordnung kann folgendermaßen kontrolliert werden: Man ersetzt in der Schätzung (7.63) des lokalen Diskretisierungsfehlers die Ableitungen $y^{(m)}, y^{(m+1)}, y^{(m+2)}$ durch

$$\begin{aligned}
y^{(m)} &\approx y[x_{j+m}, \cdots, x_j], \qquad (7.64)\\
y^{(m+1)} &\approx \nabla y[(x_{j+m})] := \frac{y[x_{j+m}, \cdots, x_j] - y[x_{j+m-1}, \cdots, x_{j-1}]}{h_{j+m-1}},\\
y^{(m+2)} &\approx \nabla^2 y[(x_{j+m})] := \frac{\nabla y[(x_{j+m})] - \nabla y[(x_{j+m-1})]}{h_{j+m-1}}.
\end{aligned}$$

Dann berechnet man zu den Verfahren der Ordnungen $m-1, m, m+1$ die Zahlen

$$\begin{aligned}
q_{m-1} &:= \frac{1}{1.3}\left[\frac{\varepsilon}{C_m y[x_{j+m}, \cdots, x_j]}\right]^{\frac{1}{m-1}},\\
q_m &:= \frac{1}{1.2}\left[\frac{\varepsilon}{C_{m+1} \nabla y[(x_{j+m})]}\right]^{\frac{1}{m}}, \qquad (7.65)\\
q_{m+1} &:= \frac{1}{1.4}\left[\frac{\varepsilon}{C_{m+2} \nabla^2 y[(x_{j+m})]}\right]^{\frac{1}{m+1}},
\end{aligned}$$

wenn ε die geforderte Genauigkeit ist, und rechnet mit der Ordnung weiter, die das größte q liefert. Die Faktoren erschweren die Änderung der Ordnung. Bei Wiederholung eines oder mehrerer Schritte wird nicht gleichzeitig auch die Ordnung geändert. In der Anlaufphase ist die Ordnung durch die Anzahl schon vorhandener Werte beschränkt. Eine Anlaufrechnung entsprechend (7.47) wie bei den Adamsmethoden ist möglich. Das durch diese Kombination entstehende Verfahren variabler Schrittweite und variabler Ordnung ist genau und stabil und für schwach steife Systeme gut geeignet.

7.5 Vier NAG-Routinen

7.5.1 Die NAG-Routine D02PAF

Die NAG-Routine

D02PAF (X,XEND,N,Y,CIN,TOL,FCN,COMM,CONST,COUT,W,IW,IW1,IFAIL)

löst das System (7.1) von N Differentialgleichungen mit gegebenen Anfangswerten mit dem Runge-Kutta-Merson-Verfahren, dessen Dreiecksschema wir in Abschnitt 7.2.3 vorgestellt haben. Dabei wird die Schrittweite mit der lokalen Fehlerschätzung (7.30) über den Parameter TOL gesteuert. Die rechten Seiten müssen durch die SUBROUTINE FCN gegeben sein. Die DGL wird gelöst vom Punkt X bis zum Punkt XEND. Eine Reihe von Parametern erlauben dem erfahrenen Benutzer eine Kontrolle der Routine während der Rechnung durch

- Entscheidung zwischen unterschiedlichen oberen Schranken für die Fehlerschätzung,

- Festlegung der Anfangs- sowie der minimalen und maximalen Schrittweite,

- Unterbrechung der Rechnung nach jedem Schritt oder abhängig vom Wert der Variablen oder von der Anzahl der Funktionsaufrufe von FCN.

Wir wollen einen einfachen und einen im Detail gesteuerten Aufruf von D02PAF unterscheiden, wie in unserem Programm KAP7_AWA[3], siehe 7.6. Für einen einfachen Aufruf muß zunächst das Unterprogramm FCN, das die rechte Seite der DGL definiert, geschrieben werden. Dann müssen die Größe des Systems N, der Anfangszustand (X,Y) und der Endpunkt XEND gegeben sein. Zusätzlich muß eine Genauigkeit TOL zur Steuerung der Schrittweite eingegeben werden. Setzt man noch die Parameter IFAIL=0 oder =-1 und CIN(1)=0, so werden alle anderen Steuerungsparameter von der Routine selbst gesetzt. Setzt man CIN(1)=1.0 vor Aufruf von D02PAF, so müssen eine Reihe von Steuerungsparametern selbst gesetzt werden. Die Bedeutung dieser Parameter beim Aufruf und nach Durchlauf durch D02PAF soll im folgenden beschrieben werden.

[3]Für die Verwendung in diesem Programm haben wir D02PAF in Absprache mit NAG leicht geändert und direkt an das Programm AWA als Unterprogramm D02PAG angehängt.

X	real	Start- und aktueller Wert der Variablen x.
XEND	real	Endpunkt der Rechnung.
N	integer	Anzahl DGL im System (7.1).
Y	array	Anfangs- und aktuelle Werte der Variablen y: Y(N).
CIN	array	Feld zur Rechnungskontrolle: CIN(6). Bei CIN(1) = 0 setzt die Routine alle wichtigen Kontrollparameter selbst, für andere Werte s.u.
TOL	real	Toleranz für Schrittweitensteuerung.
FCN	subroutine	Berechnungsroutine für die rechten Seiten $f_i(x, y)$. Parameter : real T,Y(n),F(n), wo T und n die aktuellen Werte für X und N sind.
COMM	array	Feld zur Abbruchkontrolle, s.u.: COMM(5).
CONST	array	Konstanten zur SWS, s.u.: CONST(3).
COUT	array	Ausgabeparameter, s.u.: COUT(14).
W	array	Arbeitsspeicher, s.u.: W(IW,IW1).
IW	integer	Erste Dimension von W, IW $\geq$ N.
IW1	integer	Zweite Dimension von W, IW1 $\geq$iz, iz abhängig von COMM(3) und CIN(2), 7 $\leq$ iz $\leq$ 11
IFAIL	integer	Fehlerparameter. Vor Aufruf der Routine IFAIL = –1 setzen.
	Folgende Fehlermeldungen sind möglich: IFAIL=1 Ein Parameter falsch gesetzt, Informationen in CIN(1). IFAIL=2 SWS liefert zu kleine Schrittweite. IFAIL=3 Wegen Auslöschung keine Fehlerschätzung. IFAIL=4 TOL ist zu klein für Anfangsschrittweite. IFAIL=5 Mehr als COMM(1) Funktionsaufrufe. Weiterrechnen möglich. IFAIL=6 Fehlertest CIN(2)=3 versagte, s.u. IFAIL=7 Mehr als COMM(1) Funktionsaufrufe. Weiterrechnen nicht sinnvoll.	

Tabelle 7.1: **Die Parameter der Routine D02PAF**

CIN: Steuerungsparameter.

- CIN(1)
  Vor Aufruf entscheidet CIN(1) über das automatische Besetzen der Parameterwerte (CIN(1)=0.0) oder die Benutzereingabe (CIN(1)=1.0).

Nach Durchlauf enthält CIN(1) Informationen über die Art der Beendigung der Rechnung. CIN(1)=2.0 zeigt eine erfolgreiche Rechnung bis zum Punkt XEND an. Bei einem normalen Abbruch vor XEND hat CIN(1) die Werte 3.0, 4.0, 5.0 oder 6.0 je nach der Benutzung der Parameter COMM(2), COMM(3) oder COMM(4), siehe dort. Alle anderen Werte bedeuten einen Fehlerabbruch der Rechnung und beinhalten zusätzliche Informationen; hier verweisen wir auf das NAG-Manual.

In vielen Fällen kann die Rechnung an der erreichten Stelle fortgesetzt werden, indem man XEND und IFAIL neu setzt. Nach einem normalen Abbruch muß außerdem mindestens einer der Parameter COMM(2), COMM(3) oder COMM(4) neu gesetzt werden.

- CIN(2)
  Kontrolle der Art der oberen Schranke für die Fehlerschätzung (7.30) mit den Komponenten $T_i, i = 1, \cdots, n$:

CIN(2) = 0.0 → Gemischt relativ/absolute Schranke:
$$\max_{1\leq i\leq n} |T_i| \leq TOL \cdot \max\{1.0, \max_i |Y_i|\}$$

CIN(2) = 1.0 → Absolute Schranke:
$$\max_{1\leq i\leq n} |T_i| \leq TOL$$

CIN(2) = 2.0 → Relative Schranke:
$$\max_{1\leq i\leq n} |T_i| \leq TOL \cdot \max\left\{\max_i\{|Y_i|\}, \frac{\text{COUT(12)}}{\text{COUT(11)}}\right\}$$

CIN(2) = 3.0 → Gemischte Schranke komponentenweise:
$$|T_i| \leq TOL \cdot W(i,7) \cdot \max\{W(i,8), \max_i |Y_i|\},$$
$$i = 1, \cdots, n$$

CIN(2) = 4.0 → Absolute Schranke komponentenweise:
$$|T_i| \leq TOL \cdot W(i,7), \quad i = 1, \cdots, n$$

- CIN(3)
  Minimale Schrittweite.
  Für CIN(3)=0.0 wird diese auf 2 · |XEND–X| · COUT(11) gesetzt, ebenso, wenn |CIN(3)| kleiner als diese Schranke ist.

- CIN(4)
  Maximale Schrittweite.
  Für CIN(4)=0.0 wird diese auf COUT(14)=0.5 · |XEND–X | gesetzt, ebenso,

wenn |CIN(4)| größer als diese Schranke ist. Ist CIN(1)≥2.0, so wird der doppelte Wert genommen, also |XEND–X |.

- CIN(5)
  Anfangschrittweite.
  Für CIN(5)=0.0 oder wenn CIN(5) nicht zwischen minimaler und maximaler Schrittweite liegt, wird ein Wert von D02PAF errechnet.

- CIN(6)
  Anfangschrittweite bei Fortsetzung der Rechnung, also bei CIN(1)≥2.0. CIN(6) enthält die Schätzung für die Schrittweite des nächsten Schrittes und sollte nicht geändert werden.

COMM: Abbruchparameter.

- COMM(1)
  Maximal erlaubte Anzahl an Aufrufen von FCN.
  Bei COMM(1)=0.0 wird nicht mitgezählt, sonst enthält COMM(1) nach Durchlauf von D02PAF die nicht verbrauchte Aufrufzahl. Wird die Anzahl überschritten, so wird die Routine mit IFAIL=5 oder 7 und mit COMM(1)=–1.0 verlassen. Für IFAIL=5 kann ein neuer Aufruf von D02PAF sinnvoll sein; dazu müssen CIN(1)=2.0 und COMM(1) auf einen nichtnegativen Wert gesetzt werden.

- COMM(2)
  Maximal erlaubter Wert für $\max(|Y_1|, \cdots, |Y_n|)$.
  Wird der Wert überschritten, so wird die Rechnung mit IFAIL=0, CIN(1)=4.0 und COMM(2)=0.0 abgebrochen und kann durch Wiederaufruf von D02PAF fortgesetzt werden.

  Bei COMM(2)=0.0 wird der Wert oben nicht kontrolliert.

- COMM(3)
  Vorzeichenkontrolle. Der Benutzer kann im Feld W(I,9) Werte vorgeben. Ist COMM(3)≠0, so wird geprüft, ob eine Komponente der Differenz Y(I)–W(I,9) beim letzten Schritt ihr Vorzeichen gewechselt hat. Ist dies der Fall, so wird die Rechnung mit IFAIL=0, CIN(1)=3.0 und COMM(3)=0.0 abgebrochen, kann also fortgesetzt werden.

  Bei COMM(3)=0.0 wird das Vorzeichen oben nicht kontrolliert.

- COMM(4)
  Schrittweise Rechnung. Ist COMM(4)>0, so wird die Rechnung nach jedem Schritt mit IFAIL=0 und CIN(1)=5.0 unterbrochen und kann fortgesetzt werden. Am Anfang werden zwei Schritte durchgeführt, um Interpolation zu

ermöglichen.
Ist COMM(4)<0, so wird die Rechnung mit IFAIL=0, CIN(1)=6.0 und COMM(4)=0.0 nach dem Schritt unterbrochen, bei dem das Vorzeichen von X−COMM(5) wechselt. COMM(5) muß vom Benutzer gesetzt werden. Nach Neusetzen dieser Parameter kann die Rechnung fortgesetzt werden. COMM(4)=0.0 hat keinen Effekt.

- COMM(5)
  COMM(5) muß nur besetzt werden, wenn COMM(4)<0, siehe dort. Für CIN(1) =1.0 sollte COMM(5) zwischen X und XEND liegen, sonst zwischen COUT(5) und XEND.

CONST: Schrittweitenkontrolle.

- CONST(1)
  Für CONST(1)=0.0 wird angenommen, daß das System $y' = f(x, y)$ nichtlinear ist. Für CONST(1)=1.0 hingegen wird angenommen, daß $f(x, y) = a \cdot y + b$. Lineare Systeme werden von D02PAF effektiver integriert, siehe auch 7.2.3.

- CONST(2)
  Schrittweitenfaktor: Bei Änderung der Schrittweite von H zu h wird die Bedingung
  $$H/\mathrm{CONST}(2) \leq h \leq H \cdot \mathrm{CONST}(2)$$
  eingehalten. Ist CONST(2)=0, so wird CONST(2):=2.0 gesetzt.

- CONST(3)
  Skalierungsfaktor zwischen 0.0 und 1.0 für die Festlegung einer neuen Schrittweite. Es muß CONST(3)≥ 1/CONST(2) sein. Ein größerer Wert beschleunigt die Rechnung, ein kleinerer macht sie sicherer und eventuell genauer.

COUT: Ausgabeparameter.

- COUT(1): Minimale Schrittweite.

- COUT(2): Maximale Schrittweite.

- COUT(3)
  Anzahl erfolgreicher Schritte mit der maximalen Schrittweite.

- COUT(4)
  Der letzte Integrationspunkt vor dem aktuellen Wert von X.

- COUT(5)
  Der letzte Integrationspunkt vor dem aktuellen Wert von COUT(4). COUT(4) und COUT(5) werden bei Interpolation mit D02XAF oder D02XBF benutzt, insbesondere bei Wiederaufruf von D02PAF, sollten also nicht vom Benutzer verändert werden.

- COUT(6)
  Der maximale Wert von max $|Y_i|$ bis zum aktuellen Punkt X.

- COUT(7)
  Der minimale Wert von max $|Y_i|$ bis zum aktuellen Punkt X.

- COUT(8)
  Die Anzahl erfolgreicher Schritte bis zum aktuellen Punkt X.

- COUT(9)
  Die Anzahl wiederholter Schritte bis zum aktuellen Punkt X.

- COUT(10)
  Index der Komponente, die zum Fehlerabbruch bei IFAIL=3 führte.

- COUT(11): Maschinengenauigkeit (Routine X02AAF).

- COUT(12)
  Kleinste positive darstellbare Maschinenzahl (Routine X02AKF).

COUT(13) und COUT(14) sind interne Größen, die für den Benutzer normalerweise nicht von Bedeutung sind, siehe NAG-Manual.

W: Arbeitsspeicher und Ein/Ausgabeparameter.
Der Index I bezieht sich auf die entsprechende Lösungskomponente.

- W(I,1) bis W(I,5)
  Lösungswerte und Ableitungswerte: Y′(X), Y(COUT(4)), Y′(COUT(4)), Y(COUT(5)) und Y′(COUT(5)). Sie werden von den Interpolationsroutinen D02XAF und D02XBF benutzt.

- W(I,7) und W(I,8)
  Vom Benutzer zu setzende Werte für die Genauigkeitsschranken im Fall CIN(2) =3.0 (beide) oder CIN(2)=4.0 (nur W(I,7)).

- W(I,9)
  Vom Benutzer zu setzende Werte für die Vorzeichenkontrolle, falls COMM(3) ≠0.0.

- W(I,10)
  Falls COMM(3)≠0.0, enthält W(I,10) die Werte der Lösungskomponente Y(I), die am nächsten an den Vorgabewerten W(I,9) lagen während der Rechnung bis zum aktuellen Punkt X.

Im NAG-Manual findet man auch eine lange Liste der möglichen Kombinationen von Werten der obigen Parameter mit solchen von IFAIL, wenn die Rechnung vor Erreichen des Punktes XEND abgebrochen wurde.

7.5.2 Die NAG-Routine D02QAF

Diese NAG-Routine

D02QAF (X,XEND,N,Y,CIN,TOL,FCN,COMM,CONST,COUT,W,IW,IW1,IFAIL)

löst das System (7.1) von N Differentialgleichungen mit gegebenen Anfangswerten mit einem Adamsverfahren. Dabei werden Schrittweite *und* Ordnung gesteuert. Der Aufbau und die Bedeutung der Parameter von D02QAF und D02PAF sind weitgehend identisch. Wir wollen deshalb nur die unterschiedlichen oder zusätzlichen Parameter beschreiben.

CONST: Schrittweitenkontrolle.

- CONST(1) und CONST(2)
  Diese Konstanten begrenzen Schrittweitenänderungen.
  Ist die Anfangsschrittweite H, so ist die neue Schrittweite h für den zweiten Schritt begrenzt auf CONST(2)·H. Für die restlichen Schritte gilt diese Ungleichung mit CONST(1). Für CONST(1)=0.0 wird dieser Wert mit 2.0 besetzt, CONST(2) mit 10.0.

- CONST(3) bis CONST(5)
  Skalierungsfaktor für den Wechsel von Ordnung oder Schrittweite. Je größer diese Werte sind, umso unwahrscheinlicher ist die Wahl der entsprechenden Ordnung. Sie entsprechen damit den Konstanten für die BDF-Methode in (7.65). Sind diese Konstanten mit 0.0 vorbesetzt, so werden sie auf 1.2, 1.3 und 1.4 gesetzt.

COUT(15): Ausgabeparameter.
  Die Ordnung des zuletzt gerechneten Schrittes.

7.5.3 Die NAG-Routine D02QDF

Die NAG-Routine

D02QDF (X,XEND,N,Y,CIN,RTOL,ATOL,FCN,COMM,CONST,COUT,
  JACSTR,MBANDS,PEDERV,W,IW,IWK,IFAIL)

löst das System (7.1) mit einem BDF-Verfahren. Dabei werden Schrittweite *und* Ordnung gesteuert.

D02QDF wird hauptsächlich zur Integration steifer oder schwach steifer Systeme benutzt. Die Routine sollte aber auch "normale" Systeme zufriedenstellend integrieren. Das NAG-Paket enthält seit Mark 12 ein eigenes Unterkapitel D02N zur Integration steifer DGL-Systeme. Die Routinen dieses Unterkapitels sind nach dem Paket SPRINT, [6], entwickelt worden.

RTOL	array	Relative Toleranz : RTOL(1) oder RTOL(N).
ATOL	array	Absolute Toleranz : ATOL(1) oder ATOL(N). Dimensionierung der Toleranzen: siehe CIN(2).
JACSTR	character*1	Charakterisiert die Jacobimatrix. JACSTR='F' : Voll besetzte Jacobimatrix, JACSTR='B' : Jacobimatrix ist Bandmatrix, Bandbreiten in MBANDS, JACSTR='D' : Default-Wert. 'D'≡'F'.
MBANDS	int.array	MBANDS(1): Anzahl Subdiagonalen. MBANDS(2): Anzahl Superdiagonalen. Bedeutungslos im Fall JACSTR='F' oder 'D'.
PEDERV	subroutine	Berechnung der Ableitungen f_y. Parameter: real T,Y(n),PW(p,n), p=n oder im Fall JACSTR='B' : p=MBANDS(1)+MBANDS(2)+1. PW(i,j) = $\frac{\partial f_i}{\partial y_j}$ für JACSTR='F'. PW(k,j) = $\frac{\partial f_i}{\partial y_j}$ für JACSTR='B' mit k:= MIN(MBANDS(1)-i+1,0) + j.
W	array	Arbeitsspeicher, s.u.: W(IW). W enthält Werte zur Interpolation mit D02XJF (stetig) oder D02XKF (differenzierbar).
IW	integer	Dimension von W, abhängig von COMM(3) und JACSTR, siehe Text.
IWK	int.array	Arbeitsspeicher: IWK(N).

Tabelle 7.2: **Zusätzliche Parameter der Routine D02QDF**

Aufbau und Bedeutung der Parameter von D02QDF und D02QAF sind weitgehend identisch. Wesentliche Zusatzbedingung ist die Verwendung der Jacobimatrix der Funktion f, d.h. der Ableitungen $\partial f_i/\partial y_j$. Diese können in der SUBROUTINE

PEDERV vom Benutzer gestellt oder von der Routine selbst berechnet werden. Im letzteren Fall muß statt PEDERV im Programm die NAG-Routine D02EJY als EXTERNAL deklariert werden, die allerdings nicht in allen NAG-Versionen implementiert ist.

Es sollen die unterschiedlichen oder zusätzlichen Parameter von D02QDF gegenüber D02QAF beschrieben werden. Zunächst gehen wir auf die Parameter für den einfachen Fall, CIN(1)=0.0, ein:

CIN: Steuerungsparameter.

- CIN(2)
  Kontrolle der Art der oberen Schranke für die Fehlerschätzung (7.63–65) mit den Komponenten $T_i, i = 1, \cdots, n$. Der Fehlertest ist bestanden, wenn

$$\frac{1}{N}\sqrt{\sum_{I=1}^{N}\left(\frac{T_I}{Z(I)}\right)^2} \leq 1.0.$$

  Dabei ist $Z(I)$ wie folgt definiert:

$$\begin{aligned}
\text{CIN}(2) = 0.0 \quad &\rightarrow \quad Z(I) := RTOL(1) * |Y(I)| + ATOL(1),\\
\text{CIN}(2) = 1.0 \quad &\rightarrow \quad Z(I) := RTOL(1) * |Y(I)| + ATOL(I),\\
\text{CIN}(2) = 2.0 \quad &\rightarrow \quad Z(I) := RTOL(I) * |Y(I)| + ATOL(1),\\
\text{CIN}(2) = 3.0 \quad &\rightarrow \quad Z(I) := RTOL(I) * |Y(I)| + ATOL(I).
\end{aligned}$$

  RTOL und ATOL müssen entsprechend dimensioniert sein.

- CIN(7)
  Ordnung für den nächsten Schritt, die bei Unterbrechung und Fortsetzung der Rechnung gewählt wird.

COMM: Abbruchparameter.

- COMM(1)
  Beim Zählen der Funktionsaufrufe werden die Aufrufe von PEDERV mitberücksichtigt, und zwar mit dem Faktor N bei voll besetzter Jacobimatrix bzw. mit dem Faktor (MBANDS(1)+MBANDS(2)+1) im Bandmatrixfall.

- COMM(3)
  Für COMM(3)≠0.0 wird das Vorzeichen von Y(I)–CHK(I) geprüft. CHK(I) muß vom Benutzer vorbesetzt werden, und es muß vor dem Aufruf von D02QDF die Routine D02QQF(COMM,CHK,N,W,IW,IFAIL) aufgerufen werden. D02QQF stellt die Werte für D02QDF über den Arbeitsspeicher W zur Verfügung. IW

ist die Dimension von W und muß erfüllen:
JACSTR='F' : IW $\geq$ N $\cdot$(N+14) + 50
JACSTR='B' : IW $\geq$ N$\cdot$(MBANDS(1)+2$\cdot$MBANDS(2)+14) + 50

CONST: Schrittweitenkontrolle.

- CONST(1) bis CONST(3)
  Wie D02QAF, aber CONST(2) für den zweiten und CONST(3) für weitere Schritte.

- CONST(4) bis CONST(6)
  Skalierungsfaktor wie CONST(3) bis CONST(5) in D01QAF. Sie entsprechen den Faktoren in (7.65).

COUT: Ausgabeparameter.

- COUT(16): Anzahl der Aufrufe von PEDERV bzw. von D02EJY.

D02QDF ist eine sehr effektive Routine. Dem unerfahrenen Benutzer kann sie aber bei kleinen Fehlern auch manchmal Rätsel aufgeben. Sorgfältiger Umgang und Testläufe sind hier unbedingt anzuraten. Hat man oft mit stark steifen Systemen zu tun, sollte man sich mit speziellen Paketen wie dem Unterkapitel D02N beschäftigen.

7.5.4 Die NAG-Routine D02BDF

Die NAG-Routine

D02BDF (X,XEND,N,Y,TOL,IRELAB,FCN,STIFF,YNORM,
W,IW,M,OUTPUT,IFAIL)

löst wie D02PAF das System (7.1) mit dem Runge-Kutta-Merson-Verfahren. Dabei wird eine globale Fehlerschätzung berechnet, und es ist ein Steifheitstest möglich. Auf diese letzten beiden Möglichkeiten soll die Beschreibung von D02BDF ausgerichtet sein, ansonsten sei auf D02PAF verwiesen, 7.5.1. D02BDF sollte im Normalfall nicht zur Lösung eines DGL-Systems benutzt werden, da das D02PAF und andere Routinen schneller können.

STIFF:

- STIFF=0.0:
  Kein Steifheitstest.

- STIFF>0.0:
  Es werden parallel zwei Lösungen des DGL-Systems berechnet. Mit ihrer Hilfe wird nach jedem Integrationsschritt ein Wert 0.0 $\leq$ STIFF$\leq$1.0 bestimmt. Je

IRELAB	integer	Art der Fehlerkontrolle. entspricht CIN(2) in D02PAF: 0: Gemischter Fehlertest, 1: Absoluter Fehlertest, 2: Relativer Fehlertest.
STIFF	real	Steifheitstest und -wert, s.o.
YNORM	real	Schranke für Lösungskomponenten, YNORM = 0.0 normalerweise.
W	array	Arbeitsspeicher : W(N,IW). W(I,1) : Globale Fehlerschätzung, W(I,2) : Betragsmaximum der Schätzung bis X, W(I,3) : Anzahl Vorzeichenwechsel der Schätzung bis X, W(I,3)=-1.0 bei Monotonie.
IW	integer	Zweite Dimension von W, IW $\geq$ 14.
M	integer	Alle M Schritte wird OUTPUT aufgerufen.
OUTPUT	subroutine	Ausgaberoutine OUTPUT(X,Y,W,STIFF). Parameter : real X,Y(N),W(N,IW),STIFF. OUTPUT muß vom Benutzer erstellt und als EXTERNAL deklariert werden.
IFAIL	integer	Fehlerparameter. Vor Aufruf der Routine IFAIL = –1 setzen.
	Folgende Fehlermeldungen sind möglich: IFAIL=1 Ein Parameter falsch gesetzt, IFAIL=2 SWS liefert zu kleine Schrittweite. IFAIL=3 Wegen Auslöschung keine Fehlerschätzung. IFAIL=4 TOL ist zu klein für Anfangsschrittweite. IFAIL=5 Zu viele Funktionsaufrufe. IFAIL=6 Integrationsintervall zu klein für TOL. IFAIL=7 YNORM von Hilfslösung überschritten. IFAIL=8 Ernster Fehler beim Aufruf von D02PAF. IFAIL=9 YNORM von Lösungswert überschritten. IFAIL=12-18 entspricht IFAIL=2-8 für zweite Lösung bei STIFF>0.0.	

Tabelle 7.3: **Zusätzliche Parameter der Routine D02BDF**

größer dieser Wert ist, umso steifer ist das zu lösende System. Dieser Wert kann nach je M Schritten mit Hilfe der selbst zu schreibenden Routine OUTPUT ausgegeben werden. Wird der Endpunkt XEND erreicht, so wird ein zusätzlicher Steifheitswert errechnet und der Durchschnittswert mit dem Parameter STIFF übergeben. Bei einem steifen System wird der Wert von STIFF mit X wachsen. Übersteigt STIFF den Wert 0.75, so sollte das System mit einem BDF-Verfahren (D02QDF) oder einer der Routinen aus dem Unterkapitel D02N gelöst werden. Ist der Durchschnittswert von STIFF am Ende der Integration aber wesentlich kleiner als die Einzelwerte vorher, so ist das System vielleicht nicht steif und sollte weiter untersucht werden durch Variation von TOL. STIFF ist normalerweise größer für kleinere Werte von TOL.

- STIFF<0.0:
  Hier wird kein Durchschnittswert für STIFF berechnet. Die Berechnung von STIFF wird nach je 1000 Schritten neu gestartet. Ist der Wert 100 Schritte nach dem (Neu-) Start größer als 0.9, so wird die Rechnung abgebrochen.

- Bei einem Fehlerabbruch wird D02BDF mit STIFF=0.0 verlassen.

7.6 Programm

Das Programm KAP7_AWA, Anhang A, Seite 336, löst Anfangswertaufgaben bei Systemen von gewöhnlichen Differentialgleichungen, (7.1), mit den in diesem Kapitel geschilderten Verfahren. Es benutzt die NAG-Routinen D02PAF, D02QAF und D02QDF, d.h., es bietet die Entscheidung zwischen dem Runge-Kutta-Merson-Verfahren, einem Adamsverfahren variabler Ordnung und einem BDF-Verfahren variabler Ordnung. Für jedes dieser Verfahren überläßt es dem Benutzer die Entscheidung zwischen einem "einfachen" Durchlauf (CIN(1)=0, s.o.) oder einem zusätzlichen Dialog, in dem der Benutzer alle Parameter, die die Rechnung, die Schrittweiten- und Ordnungsstrategie und die Abbruchkriterien bestimmen bzw. kontrollieren, selbst einzugeben hat.

Das Programm enthält auch die Möglichkeit eines Steifheitstests mit D02BDF, siehe 7.5.4. Während des Steifheitstestlaufs wird alle m Schritte und bei Erreichen des Endpunktes das Unterprogramm OUTPUT aufgerufen. m muß vom Benutzer eingegeben werden. OUTPUT gibt die Stelle x, den Steifheitsparameter STIFF, die Lösungskomponenten y_i, zu jeder Komponente eine globale Fehlerschätzung, das Betragsmaximum dieser Schätzungen über alle Integrationsschritte und die Anzahl der Vorzeichenwechsel der Fehlerschätzungen aus. Der Wert von STIFF liegt im Intervall $[0, 1]$. Bei Werten größer als 0.5 ist die Anwendung des BDF-Verfahrens ratsam, bei Werten größer 0.75 sollte dieses nur noch verwendet werden. Bei Erreichen des Wertes STIFF=1 muß überlegt werden, ob nicht eine Routine aus dem Abschnitt D02N, der speziell für steife Systeme erstellt wurde, verwendet werden sollte. An dem Kernreaktor-Beispiel im nächsten Abschnitt sieht man aber, daß die Steuerung der drei Verfahren des Programms KAP7_AWA so perfekt ist, daß selbst steife Systeme von allen drei Verfahren gut integriert werden, allerdings mit riesigen Unterschieden im Rechenaufwand.

Der Benutzer muß die rechte Seite $f(x, y)$ des Systems (7.1) im Unterprogramm FCN programmieren. Beim BDF-Verfahren muß er außerdem die Funktionalmatrix f_y im Unterprogramm PEDERV definieren.

Einen Dialogablauf werden wir bei den Anwendungen schildern.

7.7 Anwendungen

Für Anfangswertaufgaben bei gewöhnlichen Differentialgleichungen gibt es eine reizvolle Vielfalt von Anwendungen. Aus der Reaktionskinetik in der Chemie, bei der steife und nicht-steife Systeme gelöst werden müssen, haben wir schon in 7.1.7 ein Beispiel kennengelernt. Weitere Anwendungsgebiete findet man in den Wirtschaftswissenschaften mit Wettbewerbs- und Bevölkerungsentwicklungsmodellen, in der Medizin, Pharmakologie und Biologie mit physiologischen Indikatormodellen (z.B. Dopingtests), Epidemieverlauf oder Artenverhalten (z.B. Schädlingsbekämpfung oder Symbiosemodelle). Man kann die Wettrüstungsspirale oder die Flugzeugabwehr mit Boden-Luft-Raketen als gewöhnliche Differentialgleichungen modellieren.

Viele kontinuierliche, zeitabhängige technische Prozesse lassen sich durch gewöhnliche Differentialgleichungssysteme beschreiben, z.B. das mathematische Pendel oder die Temperaturentwicklung von Kernbrennstäben. Oft müssen solche Prozesse optimal gesteuert werden, d.h., die Differentialgleichung wird "gespeist" von einer Input-Funktion, die selbst abhängig von der sich in der Zeit entwickelnden Lösungsfunktion ist. Damit kommen wir zum wichtigen Gebiet der *Kontrolltheorie*, bei dem Optimierung und die Lösung von Differentialgleichungen zusammenfließen. Klassisches Beispiel ist der Flug einer Rakete von der Erde zum Stern $\aleph$. Die Linie ihrer Bahn läßt sich als Lösung eines gewöhnlichen Differentialgleichungssystems darstellen. Sie hängt aber vom Beschleunigungsverhalten ab. Das soll so gestaltet werden, daß $\aleph$ in kürzester Zeit erreicht wird. Ergebnis ist das "bang-bang"-Prinzip, das man nicht auf deutsche Autobahnen übertragen sollte, denn es bedeutet: Zeit-optimal ist der Wechsel von Vollgas zum Abschalten an zu berechnenden Zeitpunkten.

Viele der angeführten Beispiele werden in [39] ausführlicher beschrieben, weitere findet man in [12], [15] oder in [76].

Beispiel 1: Lotka–Volterra's Wettbewerbsmodell

Das Lotka–Volterra'sche System besteht aus autonomen[4] Differentialgleichungen mit quadratischer, also nichtlinearer rechter Seite. Es beschreibt sowohl das Räuber-Beute-Modell als auch das Wettbewerbsmodell, siehe [39], für das wir ein Beispiel

[4]Die rechte Seite ist nicht explizit von x abhängig.

aus [15] durchrechnen wollen.

Zwei Populationen des Bestandes P_1 und P_2 leben von derselben Ressource R. Ihre Anfangsbestände seien P_{10} und P_{20}. Ihre Bestandsentwicklung verhalte sich nach dem System:

$$\begin{aligned} P_1' &= 0.004\,P_1\,(50 - P_1 - 0.75\,P_2), \\ P_2' &= 0.001\,P_2\,(100 - P_2 - 3\,P_1). \end{aligned}$$

Auf der rechten Seite modellieren die Anteile $\alpha_i P_i - \beta_i P_i^2$ das Wachstum der entsprechenden Population ohne Konkurrenz, also z.B. $0.2\,P_1 - 0.004\,P_1^2$ in der ersten Gleichung. Der Einfluß der Konkurrenz steckt in den gemischten Termen $\gamma_i P_i P_j$, $0.003\,P_1\,P_2$ in der ersten Gleichung. Hier ist es zunächst interessant, die sogenannten ***stationären*** Punkte zu bestimmen. Das sind die Gleichgewichtszustände der Populationen, in denen die Lösung der Differentialgleichung zeitunabhängig ist, also konstant bleibt:

Ist $P_2 = 0$, so gilt $P_1' = 0.004\,P_1\,(50 - P_1)$, d.h., die erste Population wächst oder schrumpft bis zum Grenzwert $P_1 = 50$ und bleibt dann konstant.

Ist $P_1 = 0$, so gilt $P_2' = 0.001\,P_2\,(100 - P_2)$, und der entsprechende Grenzwert für die zweite Population ist $P_2 = 100$.

Ein stationärer Punkt ist offensichtlich auch der Trivialzustand $(P_1, P_2) = (0, 0)$. Einen weiteren stationären Punkt findet man, indem man die Klammerausdrücke der rechten Seite Null setzt:

$$\begin{aligned} P_1 + 0.75\,P_2 &= 50, \\ 3\,P_1 + P_2 &= 100. \end{aligned}$$

Das ergibt den Punkt (20,40). Es ist wichtig zu wissen, ob diese stationären Punkte ***lokal stabil*** sind, d.h., ob sie die Lösung anziehen oder abstoßen (instabil). ***Lokal stabil*** ist ein stationärer Punkt, wenn die Jacobimatrix f_y negativ definit ist, im symmetrischen Fall müssen also ihre Eigenwerte negativ sein. Es ist hier

$$f_y = \begin{pmatrix} 0.2 - 0.008P_1 - 0.003P_2 & -0.003P_1 \\ -0.003P_1 & 0.1 - 0.003P_1 - 0.002P_2 \end{pmatrix}.$$

Zur Überprüfung der negativen Definitheit in den stationären Punkten müssen wir also vier kleine Eigenwertprobleme – quadratische Gleichungen – lösen. Wir wollen nur die Ergebnisse wiedergeben:

Punkt	λ_1	λ_2	lokal stabil?
(0,0)	0.2	0.1	Nein
(0,100)	-0.1	-0.1	Ja
(20,40)	0.027	-0.14	Nein
(50,0)	-0.2	-0.05	Ja

Diese Verhältnisse lassen sich folgendermaßen interpretieren:
Es werden weder beide Populationen aussterben noch beide überleben, weil sowohl der stationäre Punkt (0,0) als auch (20,40) instabil ist. Welcher der anderen stationären Punkte von der Lösung des Systems angesteuert wird, hängt von den Anfangswerten – hier den Anfangspopulationen P_{10} und P_{20} – ab.

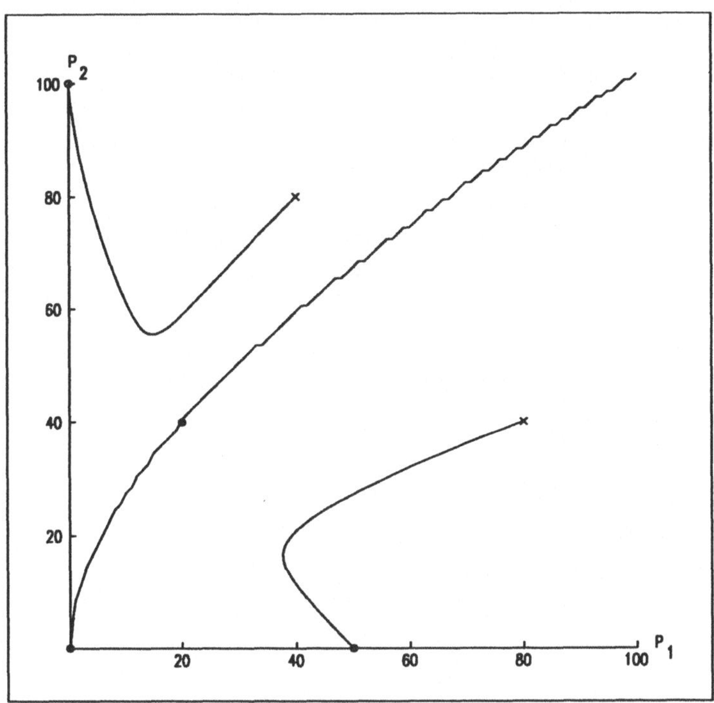

Zeichnung 7.2: **Lösungen des Wettbewerbsmodells**

In Zeichnung 7.2 haben wir die stationären Punkte durch kleine Kreise gekennzeichnet, und wir haben die "Bahnlinien" zweier Lösungen mit den Anfangswerten (40,80) und (80,40) eingezeichnet. Sie laufen in die beiden lokal stabilen stationären Punkte (0,100) bzw. (50,0). Zur Berechnung der ersten Bahnlinie haben wir folgende Eingabedatei für das Runge-Kutta-Verfahren erstellt:

```
Wettbewerbsmodell fuer KAP7_AWA (RK -Verfahren)
2                                    Anzahl Differentialgleichungen
0                                    Anfangspunkt x_0
40 80                                Anfangswerte P_10, P_20
0                                    Keine detaillierte Steuerung
10.0                                 Auswertungspunkt
1                                    weiter auswerten
```

```
20.0                                Auswertungspunkt
1                                   weiter auswerten
.....                               .....
150.0                               Auswertungspunkt
0                                   Ende der Auswertung
```

Den zugehörigen Dialog für diese Lösung wollen wir wiedergeben:

```
Sie haben das Programm AWA gestartet. AWA loest Anfangwert-
probleme mit Systemen gewoehnlicher Differentialgleichungen
n. Ordnung der Form:
  dy/dt=f(t,y) mit y aus R^n, t aus R.
Die Funktion f und eventuell die Jacobimatrix muessen
programmiert werden (siehe Programmtext).
Soll die Eingabe vom File AWA_IN erfolgen ?
```

[y]

```
Wettbewerbsmodell fuer KAP7_AWA (RK -Verfahren)
Bitte waehlen sie das Verfahren:
(Naeheres hierzu siehe Programmtext)
  1: Runge-Kutta
  2: Adams
  3: Rueckwaerts-Differenzen-Formel
  4: Abschaetzung der Steifheit und des
     globalen Fehlers beim Verfahren 1
```

[1]

```
Sollen die Steuerungsmoeglichkeiten der Integrations-
routinen ausgenutzt werden ?
```

[n]

```
t=    10.0000000000000
y( 1)=     17.061207671227
y( 2)=     56.409155270703

t=     20.000000000000
y( 1)=     13.075516574250
y( 2)=     56.305986852702
        ..............
t=     150.00000000000
y( 1)=     1.0911178525683D-03
y( 2)=     99.970507732260
```

Außerdem haben wir in Zeichnung 7.2 die Trennlinie zwischen den Anfangswerten eingezeichnet, die nach unten rechts oder oben links konvergiert. Diese haben wir durch eine Massenrechnung bestimmt, daraus erklärt sich die gezackte Linie.

Beispiel 2: Erhitzung von Brennstäben in Kernreaktoren

Wir betrachten ein typisches Kontrollproblem: Die Brennstäbe eines Kernreaktors werden vor Überhitzung durch gesteuertes Eintauchen in ein Kühlaggregat geschützt. Andererseits sollen sie optimal ausgenutzt werden. Wir wollen dieses komplizierte Kontrollproblem in einer einfachen Form behandeln, idealisiert und *ohne* Kontrolle. Dann gehorcht das Problem dem folgenden System:

$$\begin{array}{rcl} y_1'(x) & = & a(y_2(x) - y_1(x)) \\ y_2'(x) & = & (b-d)y_1(x) - (c-d)y_2(x) + \alpha x(y_2(x)+1) \\ \text{mit der Anfangsbedingung} & & y_1(0) = y_2(0) = 0. \end{array} \tag{7.66}$$

Dabei sind α, a, b, c, d Parameter mit

$$0 < \alpha \ll 1, \quad ab = cd, \quad 0 < d < a \ll b < c. \tag{7.67}$$

Für die Funktionalmatrix des Systems (7.66) ergibt sich

$$f_y(x) = \begin{pmatrix} -a & a \\ b-d & d-c+\alpha x \end{pmatrix}.$$

$f_y(x)$ ist singulär für $x = T$ mit

$$T := \frac{c-b}{\alpha}.$$

Eine mögliche Parameterwahl für dieses System ist

$$\alpha = \frac{1}{8}, \quad d = \frac{1}{30}, \quad a = \frac{1}{5}, \quad b = 10, \quad c = 60 \quad \Longrightarrow T = 400. \tag{7.68}$$

Damit ergibt sich für die Eigenwerte $\lambda_1(x), \lambda_2(x)$ von

$$f_y(x) = \begin{pmatrix} -\frac{1}{5} & \frac{1}{5} \\ \frac{299}{30} & -\frac{1799}{30} + \frac{x}{8} \end{pmatrix}:$$

x	$\lambda_1(x)$	$\lambda_2(x)$	S (7.25)
0	-0.167	-60.0	359
50	-0.163	-53.754	330
100	-0.158	-47.509	301
200	-0.143	-35.024	245
300	-0.111	-22.556	203
350	-0.076	-16.340	215
390	-0.022	-11.395	518
395	-0.012	-10.780	898
399	-0.002	-10.289	10289
T=400	0	-10.167	∞
410	0.028	-8.945	
500	3.132	-0.798	
600	15.163	-0.330	
1000	65.064	-0.231	

Das Abklingen der beiden Lösungsanteile klafft von $x = 0$ bis $x = T$ immer stärker auseinander, d.h., das Problem wird immer steifer. Interessant ist der Punkt $x = T$, an dem die Funktionalmatrix singulär ist. Hier wird der Reaktor kritisch. Für $x > T$ steigt dann die erste Lösungskomponente dramatisch an. Wir wollen versuchen, dieses Differentialgleichungssytem mit den drei Verfahren unseres Programms KAP7_AWA bis zum kritischen Punkt T=400 zu integrieren. Zunächst unterwerfen wir das System dem Steifheitstest, der für alle $x \in [0, T]$ den Wert STIFF = 1 liefert. Wir rechnen deshalb beim Runge-Kutta-Verfahren und beim Adamsverfahren mit der bescheidenen Toleranz

$$\text{TOL} = 1.0_{10} - 4. \tag{7.69}$$

Das BDF-Verfahren wird dreimal ausgeführt, und zwar mit den Toleranzen

$$\text{ATOL} = \text{RTOL} = 1.0_{10} - 4, \tag{7.70}$$
$$\text{ATOL} = \text{RTOL} = 1.0_{10} - 6, \tag{7.71}$$
$$\text{ATOL} = \text{RTOL} = 1.0_{10} - 14. \tag{7.72}$$

Erstaunlicherweise liefern alle Verfahren gute Näherungswerte, die sich auch beim BDF-Verfahren mit wachsender Genauigkeit kaum verbessern. Deswegen soll hier nur die Näherungslösung des BDF-Verfahrens mit der Genauigkeit (7.72) angegeben werden.

t	$y_1(t)$	$y_2(t)$
100	0.3063181209997	0.3275684571339
200	0.9346894323791	0.9811061733918
300	2.6977079160828	2.8642836368416
350	5.6427971170904	6.1585731116124
400	22.277688574201	27.161974146808

Große Unterschiede ergeben sich allerdings bei der Anzahl der Funktionsauswertungen und damit auch in der benötigten Rechenzeit.

Verfahren (Toleranz)	Aufrufe von FCN	Aufrufe von PEDERV	Rechenzeit in Sekunden
RKV, (7.69)	22012	–	15.8
Adams, (7.69)	31860	–	49.9
BDF, (7.70)	159	36	0.92
BDF, (7.71)	291	50	1.90
BDF, (7.72)	2657	169	17.90

Dieses Beispiel zeigt deutlich die Überlegenheit des BDF-Verfahrens.

Wir haben das Beispiel noch mit einem anderen Parametersatz gerechnet, der den kritischen Punkt auf $T = 800$ verschiebt und das System noch steifer macht. Auch hier kommen alle Verfahren mit mäßiger Genauigkeitsforderung bis T, aber der Unterschied im Rechenaufwand wird noch erheblicher, er macht im Extremfall den Faktor 2270 aus.

7.8 Anfangswertaufgaben bei IMSL

In IMSL gibt es für Anfangswertaufgaben die drei Routinen IVPRK, IVPAG und IVPBS.

IVPRK verwendet das Runge-Kutta-Verner-Verfahren (Ordung fünf und sechs) und ist mit der NAG-Routine D02PAF vergleichbar, die ja das Runge-Kutta-Merson-Verfahren benutzt. IVPRK hat im Gegensatz zu D02PAF nicht die Möglichkeit, die rechte Seite f als linear anzunehmen.

IVPAG rechnet wahlweise mit dem Gearverfahren (für steife Differentialgleichungen) oder dem Adams-Moulton-Verfahren variabler Ordnung (max. zwölf bei Adams–Moulton, fünf bei Gear).

Diese Routine verwendet, falls erwünscht, die Jacobimatrix; diese kann man entweder selbst programmieren, numerisch berechnen oder durch eine Diagonalmatrix approximieren lassen. IVPAG kann auch implizite Differentialgleichungen der Form

$Ay' = f(x,y)$ lösen. A kann dabei entweder als Einheitsmatrix, als konstante Matrix oder als Matrix abhängig von x gewählt werden. Der Typ der Jacobimatrix muß mit dem Typ von A identisch sein; dieser kann gewählt werden zwischen

- voll besetzt
- Bandmatrix
- voll, symmetrisch positiv-definit
- symmetrisch positiv-definite Bandmatrix

Im NAG-Paket gibt es ebenfalls Routinen zum Lösen impliziter Differentialgleichungen der Form $A(x,y)y' = f(x,y)$.
IVPBS verwendet die Bulirsch-Stoer-Methode, welche rationale Extrapolation benutzt. Sie ist geeignet für hohe Genauigkeitsanforderungen. Hier wird ebenfalls mit variabler Ordnung gerechnet (max. sieben).
Die IMSL-Routinen besitzen keinen komponentenweisen Fehlertest. Man kann jedoch selbst eine Fehlerbewertungsroutine schreiben, die den Integrationsroutinen übergeben wird und die Norm eines Fehler(abschätzungs)vektors berechnet. Dies erlaubt natürlich auch einen komponentenweisen Fehlertest.
Die Steuerungsmöglichkeiten der IMSL-Routinen gleichen denen der NAG-Routinen D02PAF, D02QAF und D02QDF sehr. Bei IMSL gibt es aber weniger Möglichkeiten, auf die Schrittweitenwahl Einfluß zu nehmen; man kann nur die Anfangs-, Maximal- und Minimalschrittweite festlegen.

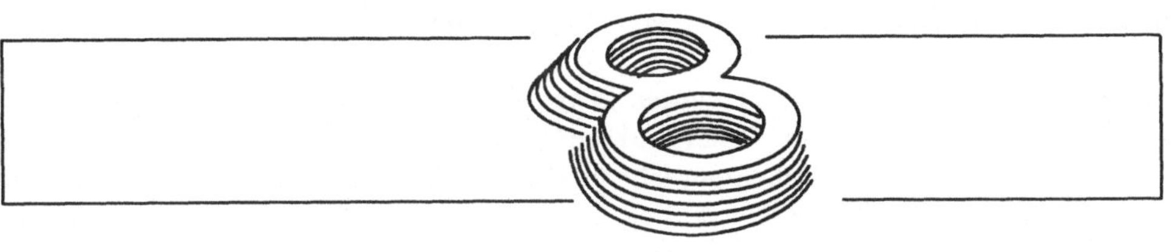

Rand- und Eigenwertprobleme bei gewöhnlichen Differentialgleichungen

Für Rand- und Eigenwertprobleme gibt es keine so einheitliche Theorie wie für Anfangswertaufgaben, obwohl auch sie in den Anwendungen eine bedeutende Rolle spielen. Da kann es sogar passieren, daß ein Anwendungsproblem numerisch gelöst werden muß, ohne daß die theoretische Frage nach Existenz und Eindeutigkeit einer Lösung positiv beantwortet werden kann.

Aus der Vielzahl der möglichen Verfahren sollen zwei wichtige Klassen dargestellt werden, die Differenzenmethode und das Schießverfahren. Randwertprobleme können auch als eindimensionale partielle Differentialgleichungen (PDE) aufgefaßt werden. Sind sie dann einem entsprechenden PDE-Typ zuzuordnen, so können die numerischen Lösungsmöglichkeiten für PDEs diesen Typs in eindimensionaler Form zur Lösung benutzt werden. Ein wichtiger solcher Verfahrenstyp sind die Variationsmethoden, siehe Kapitel 9.

8.1 Problemstellung und Beispiel

Bei Randwertaufgaben (RWA) werden neben den zu lösenden Differentialgleichungen Bedingungen an *beiden* Randpunkten des betrachteten Lösungsintervalls vorgegeben. Zu lösen sind dementsprechend einzelne Differentialgleichungen höherer als erster Ordnung oder DGL-Systeme mit mehr als einer Gleichung. Äquivalente Umformung in ein System 1. Ordnung ist mit Lemma 7.1 möglich.

Eigenwertprobleme sind hier als Randwertprobleme zu verstehen, die zusätzlich einen Parameter λ in der Problemstellung enthalten. Als Lösung wird dann ein Eigensystem gesucht, das aus einem abzählbar unendlichen System $(\lambda_i, y_i(x))$ von Eigenwerten und zugeordneten Eigenfunktionen besteht. Wir wollen zwei typische Probleme 2. Ordnung mit einfachen Randbedingungen betrachten:

Randwertaufgabe

Gegeben seien eine stetige Funktion $f(x, y, z)$ und reelle Zahlen α und β.

Gesucht ist eine im Intervall (a, b) zweimal stetig differenzierbare Funktion $y(x)$, die erfüllt:

$$\begin{array}{ll} \text{DGL} & y'' = f(x, y, y'), \\ \text{RB} & y(a) = \alpha \quad y(b) = \beta. \end{array} \tag{8.1}$$

Eigenwertaufgabe

Gegeben sei eine stetige Funktion $f(x, y, z)$.

Gesucht sind Eigenwerte λ und zugeordnete, im Intervall (a, b) zweimal stetig differenzierbare Funktionen $y(x)$, für die gilt:

$$\begin{array}{ll} \text{DGL} & y'' = \lambda\, f(x, y, y'), \\ \text{RB} & y(a) = 0 \quad y(b) = 0. \end{array} \tag{8.2}$$

Komplexere Problemstellungen ergeben sich durch:

1. Höhere Ableitungen bzw. Systeme von Differentialgleichungen.
2. Differentialgleichungen, die implizit in der höchsten Ableitung und nicht direkt nach dieser auflösbar sind.
3. Randbedingungen in allgemeinerer Form, z.B. für Problem (8.1):

$$r_j(y(a), y'(a), y(b), y'(b)) = 0, \quad j = 1, 2. \tag{8.3}$$

Auf die schwierige theoretische Frage nach der Existenz und Eindeutigkeit von Lösungen wollen wir nur in Beispielen eingehen. Es soll eine Problemklasse erwähnt werden, für die die Voraussetzungen zur Existenz einer eindeutigen Lösung leicht anzugeben sind.

STURM - LIOUVILLE - Probleme

Gegeben seien auf dem reellen Intervall (a,b) stetige Funktionen q und g sowie eine stetig differenzierbare Funktion p mit $p(x) > 0 \;\; \forall x \in [a,b]$, außerdem zwei reelle Zahlen α und β sowie reelle Zahlen $a_1, b_1, \cdots, a_4, b_4$ mit

$$\text{Rang}\begin{pmatrix} a_1 & a_2 & a_3 & a_4 \\ b_1 & b_2 & b_3 & b_4 \end{pmatrix} = 2.$$

Gesucht ist eine im Intervall (a,b) zweimal stetig differenzierbare Funktion $y(x)$, die erfüllt:

$$\begin{array}{ll} \text{DGL} & -(p(x)\cdot y'(x))' + q(x)\cdot y(x) = g(x), \\ \text{RB} & a_1\, y(a) + a_2\, y'(a) + a_3\, y(b) + a_4\, y'(a) = \alpha, \\ & b_1\, y(a) + b_2\, y'(a) + b_3\, y(b) + b_4\, y'(b) = \beta. \end{array} \tag{8.4}$$

Beispiel 8.1 Durchbiegung eines Balkens ([12])

Ein homogener, ideal elastischer Balken sei an seinen Enden frei beweglich gestützt. Seine Länge sei 2, seine Biegesteifigkeit $E\cdot J(x)$, $-1 \le x \le 1$, mit dem Elastizitätsmodul E und dem Flächenträgheitsmoment $J(x)$. $J(x)$ ist proportional zu $D^4(x)$, wenn D der Durchmesser des Balkens ist. Er unterliege einer axialen Druckkraft P und der transversalen Belastung $h(x)$.

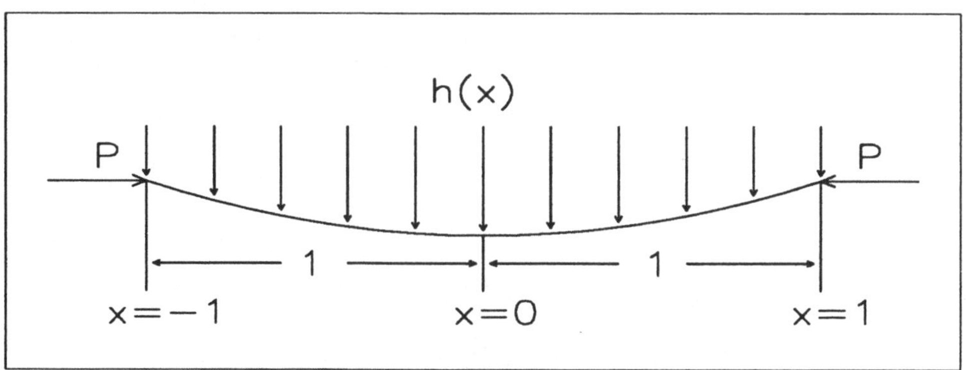

Zeichnung 8.1: **Durchbiegung eines Balkens**

Dann ergibt sich für das Biegemoment M die Differentialgleichung

$$M''(x) + \frac{P}{E\cdot J(x)} M(x) = -h(x).$$

An den Randpunkten muß das Biegemoment wegen der freien Beweglichkeit verschwinden:

$$M(-1) = M(1) = 0.$$

Die Aufgabenstellung wird durch folgende Festlegungen vereinfacht:
Sei $h(x) \equiv h$, $J(x) := \dfrac{J_0}{1+x^2}$, $P := E \cdot J_0$, d.h., der Balken, der an den Enden geringeren Querschnitt als in der Mitte hat, unterliegt konstanten Kräften. Jetzt liefert die Transformation $y = -\dfrac{M}{h}$ das STURM-LIOUVILLE-Problem:

$$\begin{array}{ll} \text{DGL} & -y''(x) - (1+x^2)\cdot y(x) = 1, \\ \text{RB} & y(-1) = y(1) = 0. \end{array} \tag{8.5}$$

8.2 Differenzenverfahren

Das Intervall $[a, b]$ wird in $n+1$ gleichlange Intervalle $[x_i, x_{i+1}]$ aufgeteilt mit

$$\begin{aligned} x_i &:= a + i \cdot h, \quad i = 0, 1, \cdots, n+1, \quad \text{mit} \\ h &:= \frac{b-a}{n+1}. \end{aligned} \tag{8.6}$$

Jetzt ersetzt man für jeden inneren Punkt x_i dieses Gitters die Differentialgleichung durch eine algebraische Gleichung mit Näherungen der Funktionswerte $y(x_i)$ als Unbekannte, indem man alle Funktionen in x_i auswertet und die Ableitungswerte durch dividierte Differenzen approximiert. So bekommt man statt einer Differentialgleichung ein System von n Gleichungen mit den n unbekannten Werten der Lösungsfunktion $y(x_i)$. Die gegebenen Randwerte können dabei eingesetzt werden. Wir werden dies für ein Beispiel gleich durchführen. Zunächst wollen wir für die ersten vier Ableitungen der Funktion y Differenzenapproximationen angeben, die alle eine Genauigkeit $O(h^2)$ besitzen:

$$\begin{aligned} y'(x_i) &= \frac{y(x_{i+1}) - y(x_{i-1})}{2h} + O(h^2), \\ y''(x_i) &= \frac{y(x_{i+1}) - 2y(x_i) + y(x_{i-1})}{h^2} + O(h^2), \\ y'''(x_i) &= \frac{y(x_{i+2}) - 3y(x_{i+1}) + 3y(x_{i-1}) - y(x_{i-2})}{2h^3} + O(h^2), \\ y^{(4)}(x_i) &= \frac{y(x_{i+2}) - 4y(x_{i+1}) + 6y(x_i) - 4y(x_{i-1}) + y(x_{i-2})}{h^4} + O(h^2). \end{aligned} \tag{8.7}$$

Andere – insbesondere genauere – Differenzenapproximationen der Ableitungen sind möglich, siehe z.B. [12].

Zur Veranschaulichung der Differenzenverfahren wollen wir die folgende Differentialgleichung diskretisieren:

$$\begin{aligned} -y''(x) + q(x)y(x) &= g(x) \\ y(a) = \alpha \qquad & y(b) = \beta. \end{aligned} \tag{8.8}$$

Mit den Funktionswerten $q_i := q(x_i)$ und $g_i := g(x_i)$ ergeben sich für die Näherungswerte $y_i \approx y(x_i)$ die linearen Gleichungen

$$\begin{aligned} y_0 &= \alpha, \\ \frac{-y_{i+1} + 2y_i - y_{i-1}}{h^2} + q_i y_i &= g_i, \quad i = 1, \cdots, n, \\ y_{n+1} &= \beta. \end{aligned} \tag{8.9}$$

Multipliziert man die Gleichungen mit h^2 durch und bringt die Randwerte auf die rechte Seite, so bekommt man das lineare Gleichungssystem

$$Ay = k \quad \text{mit} \tag{8.10}$$

$$\begin{aligned} A &= \begin{pmatrix} 2+q_1h^2 & -1 & 0 & \cdots & 0 \\ -1 & 2+q_2h^2 & -1 & 0 & \\ 0 & \ddots & \ddots & \ddots & \ddots \\ \vdots & \ddots & \ddots & \ddots & -1 \\ 0 & \cdots & 0 & -1 & 2+q_nh^2 \end{pmatrix}, \\ y &= (y_1, y_2, \cdots, y_n)^T, \\ k &= (h^2g_1 + \alpha, h^2g_2, \cdots, h^2g_{n-1}, h^2g_n + \beta)^T. \end{aligned}$$

Das ist ein symmetrisches Dreibandsystem, das für $q_i \geq 0$ positiv-definit ist und dann mit einem Dreiband-Cholesky-Verfahren mit dem Aufwand $O(n)$ gelöst werden kann.

Satz 8.1 Fehlerabschätzung
Besitzt die Randwertaufgabe (8.8) eine viermal stetig differenzierbare Lösung y mit

$$|y^{(4)}| \leq M \quad \forall x \in [a, b],$$

und ist $q(x) \geq 0$, dann gilt

$$|y(x_i) - y_i| \leq \frac{Mh^2}{24}(x_i - a)(b - x_i). \tag{8.11}$$

Den Beweis findet man z.B. in [76].

Bemerkung 8.2 *1. Es ist auch hier wieder sehr empfehlenswert, mit zwei Schrittweiten h und $q \cdot h$ zu rechnen und auf $h = 0$ zu extrapolieren. Für $q = 1/2$ gilt:*

$$\frac{1}{3}(4y_{2i}^{[qh]} - y_i^{[h]}) - y(x_i) = O(h^4). \tag{8.12}$$

2. *Bei nichtlinearen Randwertaufgaben, wie z.B.*

$$
\begin{aligned}
-y''(x) + f(x,y) &= 0 \\
y(a) = \alpha \qquad & y(b) = \beta
\end{aligned}
\tag{8.13}
$$

entstehen bei entsprechender Diskretisierung nichtlineare Gleichungssysteme, für die letzte Gleichung von der Form

$$By + F(y) = 0$$

mit einer Dreibandmatrix B und einer nichtlinearen Vektorfunktion F. Diese können mit dem Newtonverfahren oder mit speziellen Relaxationsmethoden gelöst werden. Konvergiert das gewählte Iterationsverfahren, so bekommt man dieselbe Fehlerordnung wie bei den linearen Problemen.

Bei der Diskretisierung einer DGL-Eigenwertaufgabe entsteht ein Matrix-Eigenwertproblem:

$$
\begin{aligned}
-y''(x) + \lambda\, q(x) y(x) &= 0 \\
y(a) = 0 \qquad & y(b) = 0
\end{aligned}
\tag{8.14}
$$

ergibt mit der Diskretisierung wie oben

$$
\begin{aligned}
y_0 &= 0, \\
\frac{-y_{i+1} + 2y_i - y_{i-1}}{h^2} + \lambda\, q_i y_i &= 0, \quad i = 1, \cdots, n, \\
y_{n+1} &= 0.
\end{aligned}
\tag{8.15}
$$

Sind alle Werte $q_i = q(x_i) \neq 0$, so bekommt man das spezielle Eigenwertproblem

$$(A - \lambda I)\, y = 0 \quad \text{mit} \tag{8.16}$$

$$
A = \frac{1}{h^2} \begin{pmatrix}
\frac{-2}{q_1} & \frac{1}{q_1} & 0 & \cdots & 0 \\
\frac{1}{q_2} & \frac{-2}{q_2} & \frac{1}{q_2} & 0 & \\
0 & \ddots & \ddots & \ddots & \\
\vdots & \ddots & \frac{1}{q_{n-1}} & \frac{-2}{q_{n-1}} & \frac{1}{q_{n-1}} \\
0 & \cdots & 0 & \frac{1}{q_n} & \frac{-2}{q_n}
\end{pmatrix}.
$$

Dies ist ein Dreiband-Eigenwertproblem, das normalerweise unproblematisch zu lösen ist. In Kapitel 5 haben wir ein solches DGL-Eigenwertproblem als Anwendung zur Bestimmung von Eigenwerten von Matrizen behandelt.

8.3 Das Schießverfahren

Die Idee des Schießverfahrens ist einfach:
Löse anstelle einer Randwertaufgabe eine Anfangswertaufgabe. Ersetze dabei den rechten Randwert durch einen zusätzlichen Anfangswert, der als Parameter aufgefaßt wird. Passe dann diesen Parameter an die geforderte Randbedingung an. Das sieht aus wie ein trial&error-Spielchen. Die erfolgreiche Durchführung und mathematische Ausformulierung ist aber viel komplizierter als die Idee, da die Konvergenz der Parameteranpassung und die Stabilität der Lösung über das ganze Intervall hinweg nicht leicht zu erreichen sind.

Die erste Ausführung dieser Idee führt zum *Einfach-Schießverfahren*, das unter den genannten Nachteilen leidet. Wirklich erfolgreich ist aber in vielen Fällen nur das *Mehrfach-Schießverfahren*. Wir wollen beide für eine einfache DGL-Form kennenlernen.

8.3.1 Das Einfach-Schießverfahren ("Shooting")

Wir betrachten wieder das Randwertproblem (8.1):

$$\begin{array}{ll} \text{DGL} & y'' = f(x, y, y'), \\ \text{RB} & y(a) = \alpha \quad y(b) = \beta. \end{array}$$

Dieser Randwertaufgabe ordnen wir eine Anfangswertaufgabe zu:

$$\begin{array}{ll} \text{DGL} & y'' = f(x, y, y'), \\ \text{AB} & y(a) = \alpha \quad y'(a) = s. \end{array} \tag{8.17}$$

Diese Anfangswertaufgabe hat als Parameter den zusätzlichen Anfangswert s. Seine Lösung bezeichnen wir deshalb mit $y(x, s)$. Durch mehrfaches Lösen der Anfangswertaufgabe soll jetzt s so angepaßt werden, daß für $s = \bar{s}$ gilt:

$$y(b, \bar{s}) = \beta. \tag{8.18}$$

Dann ist die Lösung $y(x, \bar{s})$ der Anfangswertaufgabe (8.17) auch Lösung der Randwertaufgabe (8.1). Dieser Prozeß wird in Zeichnung 8.2 verdeutlicht. Das Anfangswertproblem (8.17) wurde für die drei Werte s_1, s_2 und $\bar{s}$ durchgerechnet. Die Lösungskurve $y(x, \bar{s})$ erreicht den gewünschten rechten Randwert $y(b) = \beta$ (in der Zeichnung c).

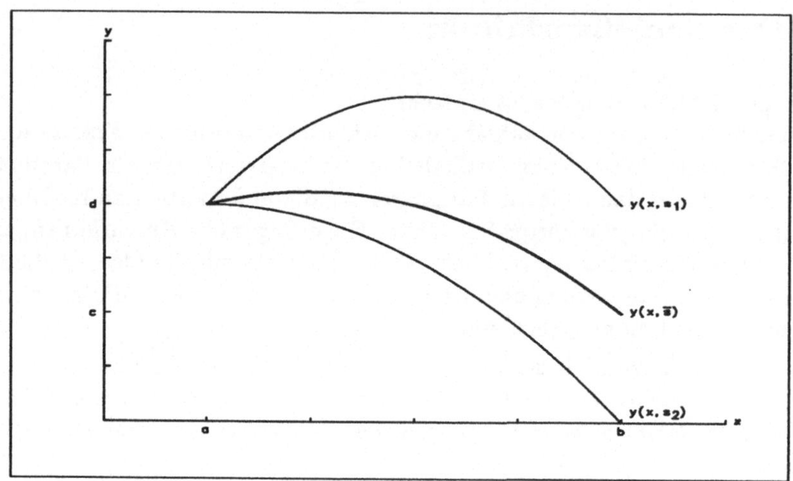

Zeichnung 8.2: **Das Schießverfahren**

Die vom Parameter s abhängigen Anfangswertprobleme sind unter milden Voraussetzungen eindeutig lösbar, siehe 7.1.1. Dies gilt für das Randwertproblem (8.1) nicht in so einfacher Weise.

Die Aufgabe der Anpassung des Parameters s an den gesuchten Wert $\bar{s}$ kann man als Nullstellenproblem schreiben:
Bestimme $\bar{s}$ so, daß

$$F(\bar{s}) = 0, \quad \text{wenn} \quad F(s) := y(b,s) - \beta. \tag{8.19}$$

Jede Auswertung dieser Funktion bedeutet eine Lösung der Anfangswertaufgabe (8.17) über das Intervall $[a,b]$ für den entsprechenden Wert des Parameters s.

Die Berechnung der Nullstelle von $F(s)$ versucht man mit einem *modifizierten Newtonverfahren* (siehe (4.24)):

$$\begin{aligned} s^{(0)} & \quad \text{gegeben} \\ s^{(i+1)} &= s^{(i)} - \lambda\left(\Delta F(s^{(i)})\right)^{-1} \cdot F(s^{(i)}) \quad \text{mit} \\ \Delta F(s^{(i)}) &:= \frac{F(s^{(i)} + \Delta s^{(i)}) - F(s^{(i)})}{\Delta s^{(i)}}. \end{aligned} \tag{8.20}$$

Es müssen also zwei Anfangswertaufgabe pro Newtonschritt gelöst werden, eine für $s = s^{(i)}$, die andere für $s = s^{(i)} + \Delta s^{(i)}$. Dabei ist $\Delta s^{(i)}$ ein "kleiner" Wert, damit ΔF die Ableitung von F gut annähert. Auf die Ausformulierung des Schießverfahrens für den allgemeineren Fall (F Vektorfunktion, allgemeinere Randbedingungen) soll hier verzichtet werden, siehe etwa [76].

Unter milden Voraussetzungen gilt, daß die Anzahl der Nullstellen von F mit der der Lösungen der Randwertaufgabe (8.1) übereinstimmt, wie etwa im folgenden Beispiel:

Beispiel 8.2

$$\begin{array}{ll} \text{DGL} & y'' = y^5 - 10\,y + 1/2 \quad \text{für } x \in (0,1), \\ \text{RB} & y(0) = 0 \quad y'(1) = -3. \end{array}$$

Gegenüber (8.1) ist hier die Ableitung von y am rechten Randpunkt vorgegeben, was keinen Unterschied macht. Die entsprechende Anfangswertaufgabe lautet dann:

$$\begin{array}{ll} \text{DGL} & y'' = y^5 - 10\,y + 1/2 \quad \text{für } x \in (0,1), \\ \text{AB} & y(0) = 0 \quad y'(0) = s. \end{array}$$

Die Funktion

$$F(s) = y'(1,s) + 3$$

haben wir (durch Lösung vieler Anfangswertprobleme) von $s = -4$ bis $s = 4.5$ ausgewertet und dabei die zwei Nullstellen $s_1 = 3.03$ und $s_2 = 4.15$ gefunden (siehe Zeichnung 8.3, aber auch 8.6, wo wir das Beispiel noch genauer betrachten).

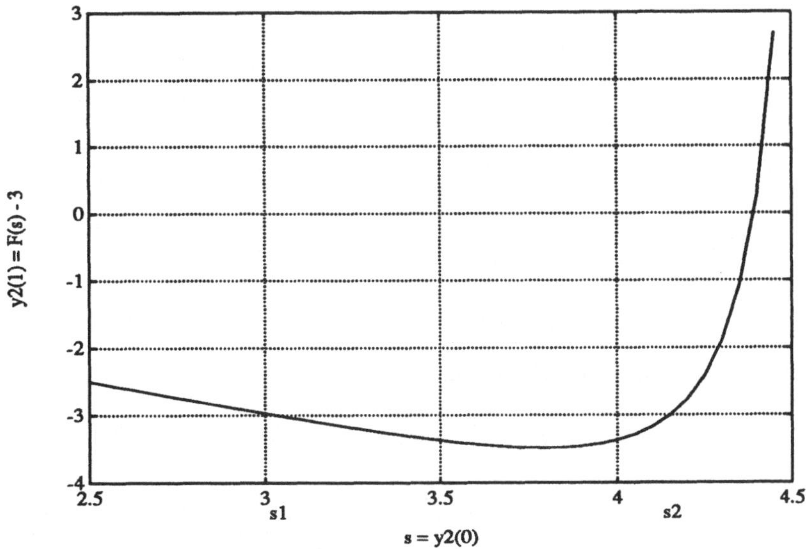

Zeichnung 8.3: **Beispiel 8.2:** $y'(1,s)$

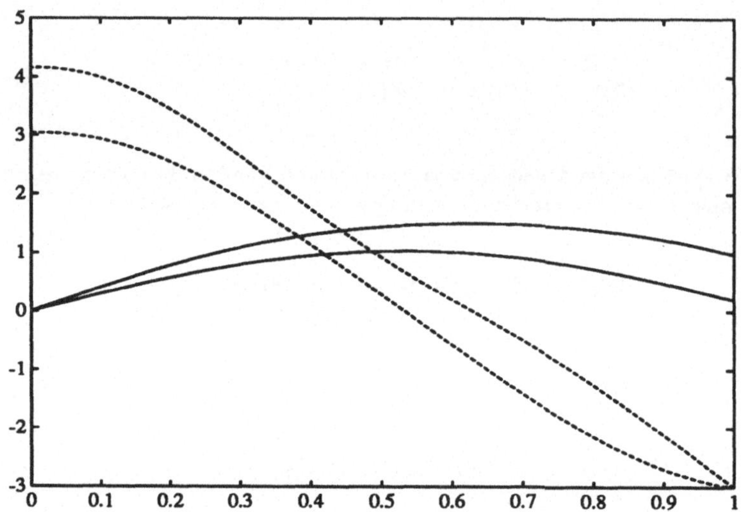

Zeichnung 8.4: **Die Lösungen $y(x, s_1)$, $y(x, s_2)$ und ihre Ableitungen**

Sie entsprechen zwei Lösungen der Randwertaufgaben, die in Zeichnung 8.4 zusammen mit ihren Ableitungen (gestrichelt) zu sehen sind. Für verschiedene Startwerte liefert auch das Schießverfahren diese beiden Lösungen.

Trotz der guten Ergebnisse dieses Beispiels ist die Einfach-Schießmethode in vielen Fällen nicht genau genug. Sind die Intervallänge $|b - a|$ und die Lipschitz-konstante der zugeordneten Anfangswertaufgabe groß, siehe (7.7), (7.21), (7.22), so kann eine kleine Abweichung in s zu einem großen Fehler in y führen:

$$|y(x, s_1) - y(x, s_2)| \leq |s_1 - s_2| e^{L(x-a)}. \tag{8.21}$$

Deshalb empfiehlt sich in jedem Fall die Mehrzielmethode.

8.3.2 Die Mehrzielmethode ("Multiple or Parallel Shooting")

Wegen der Streugefahr beim einfachen Schießen, (8.21), muß es das Ziel des Jägers sein, nur aus kurzer Entfernung zu schießen. Das kann er mit einer Aufteilung des Intervalls $[a, b]$ in mehrere Teilintervalle erreichen: Sei

$$a = x_1 < x_2 < \cdots < x_{m-1} < x_m = b \tag{8.22}$$

und

$$r_k := y(x_k), \quad s_k := y'(x_k), \quad k = 1, \cdots, m. \tag{8.23}$$

In jedem Teilintervall wird eine Anfangswertaufgabe gelöst:
Sei $y(x, x_k, r_k, s_k)$ Lösung von

$$\begin{aligned} y'' &= f(x, y, y') \quad \text{in} \quad (x_k, x_{k+1}) \\ y(x_k) = r_k, & \qquad y'(x_k) = s_k. \end{aligned} \tag{8.24}$$

Die Näherungslösung für das Intervall $[a, b]$ wird dann aus den Teillösungen zusammengesetzt:

$$\tilde{y}(x) := y(x, x_k, r_k, s_k) \quad \text{für} \quad x \in [x_k, x_{k+1}). \tag{8.25}$$

Die Anfangswerte faßt man zu einem Vektor

$$s := (r_1, s_1, r_2, s_2, \cdots, r_{m-1}, s_{m-1}, r_m, s_m)^T$$

zusammen. Für seine $2m$ Komponenten bekommt man die $2m$ Gleichungen:

$$\begin{aligned} F_1(s) &:= y(x_2, x_1, r_1, s_1) - r_2 = 0, \\ F_2(s) &:= y'(x_2, x_1, r_1, s_1) - s_2 = 0, \\ & \ldots \\ F_{2m-3}(s) &:= y(x_m, x_{m-1}, r_{m-1}, s_{m-1}) - r_m = 0, \\ F_{2m-2}(s) &:= y'(x_m, x_{m-1}, r_{m-1}, s_{m-1}) - s_m = 0, \\ F_{2m-1}(s) &:= r_1 - \alpha = 0, \\ F_{2m}(s) &:= r_m - \beta = 0. \end{aligned} \tag{8.26}$$

Für die Lösung dieses nichtlinearen Gleichungssystems kann man wieder das modifizierte Newtonverfahren mit angenäherter Ableitung verwenden:

$$s^{(i+1)} = s^{(i)} - \lambda[\Delta F(s^{(i)})]^{-1} \cdot F(s^{(i)}). \tag{8.27}$$

Nun hat man allerdings pro Newtonschritt $m - 1$ Anfangswertaufgaben zu lösen in den $m - 1$ Teilintervallen, also über kleinere Intervalle. Zusätzlich sind in jedem Teilintervall 2 Anfangswertaufgaben zur Berechnung der Näherung ΔF der Funktionalmatrix DF zu lösen. Zusammen sind also $3m - 3$ "kleine" Anfangswertaufgaben zu lösen.

(0) Wähle einen Startwert $s^{(0)} \in \mathbb{R}^{2m}$.
Wähle eine Genauigkeit ε.
Setze $i := 0$.
(1) Für $k = 1, 2, 3, \cdots, m-1$:
Berechne $y(x_{k+1}, x_k, r_k, s_k)$ und $y'(x_{k+1}, x_k, r_k, s_k)$
durch Lösen der Anfangswertaufgabe
$y'' = f(x, y, y'), \quad y(x_k) = s_k, \quad y'(x_k) = s_k$
und berechne daraus $F(s)$, (8.26).
(2) Berechne eine Näherung ΔF der Funktionalmatrix DF
durch Lösen zweier Anfangswertaufgaben
pro Teilintervall $[x_k, x_{k+1})$:
$y'' = f(x, y, y'),\ y(x_k) = r_k + \delta r_k,\ y'(x_k) = s_k,$
$y'' = f(x, y, y'),\ y(x_k) = r_k,\ y'(x_k) = s_k + \delta s_k.$
(3) Löse das lineare Gleichungssystem ((m-1) 2×2-Systeme)
$\Delta F \cdot \Delta s = -F$.
(4) $s^{(i+1)} := s^{(i)} + \Delta s$.
(5) Ist $\|s^{(i+1)} - s^{(i)}\| < \varepsilon$, so gehe nach (7).
(6) $i := i + 1$.
Gehe nach (1).
(7) Ende.

Der Algorithmus läßt sich leicht auf allgemeinere Probleme übertragen. Bei seiner Realisierung nutzt man noch die spezielle Form des Systems (8.26) aus, siehe [76].

8.4 Zwei einfache NAG-Routinen

NAG stellt für Differenzen- und Shooting-Verfahren je drei Routinen zur Verfügung.

D02GAF ist eine einfache Routine, die das Differenzenverfahren bei gegebenen Randwerten anwendet. Bei nichtlinearen Randwertaufgaben wird D02GAF unter Umständen schlecht konvergieren. Dann sollte D02RAF verwendet werden, um eine gute Startnäherung eingeben zu können. D02GBF schließlich löst speziell das lineare Randwertproblem.

Bei den Schießverfahren berücksichtigen die Routinen Parameter, die im einfachsten Fall (D02HAF) gerade die fehlenden Randwerte sind. Allgemeinere Randbedingungen und eine verallgemeinerte Parameterstruktur erlaubt D02HBF. Hier können die Parameter auch Eigenwerte sein oder die Länge des Integrationsintervalls. Dies bedingt natürlich eine kompliziertere Struktur. D02SAF erweitert die Möglichkeiten von D02HBF noch und wendet statt des einfachen das mehrfache Schießverfahren an. Darüber hinaus erlaubt D02SAF eine detaillierte Steuerung der Rechnung und die Ausgabe von Zwischenergebnissen.

Wir wollen nur die einfachen Versionen vorstellen.

Die NAG-Routinen gehen von einer Umformung der Differentialgleichung in ein System 1. Ordnung aus, so wie wir es auch bei den Anfangswertaufgaben (7.1) vorausgesetzt haben:

$$y_i'(x) = f_i(x, y_1(x), y_2(x), \cdots, y_n(x)), \quad i = 1, \cdots, n. \tag{8.28}$$

Dadurch ist die Lösung von Differentialgleichungen höherer Ordnung wie die von Systemen möglich, siehe Lemma 7.1.

8.4.1 Die NAG-Routine D02GAF

Die NAG-Routine

D02GAF (U,V,N,A,B,TOL,FCN,MNP,X,Y,NP,W,LW,IW,LIW,IFAIL)

verwendet das Differenzenverfahren, um das System (8.28) von N Differentialgleichungen im Intervall (A,B) mit insgesamt N Randbedingungen zu lösen. Die rechte Seite der Differentialgleichung wird in der SUBROUTINE FCN berechnet. Die Randbedingungen sind in U(i,1) = y_i(A) und U(i,2) = y_i(B) einzugeben. Die Werte V(i,1) bzw. V(i,2) indizieren, ob U einen gegebenen Randwert oder einen Schätzwert enthält:

$$\begin{array}{lcllll} \mathrm{U}(i,1) & = & \text{Randwert} & y_i(a)\,, & \text{falls} & \mathrm{V}(i,1) = 0.0, \\ \mathrm{U}(i,1) & = & \text{Schätzwert} & y_i(a)\,, & \text{falls} & \mathrm{V}(i,1) = 1.0, \\ \mathrm{U}(i,2) & = & \text{Randwert} & y_i(b)\,, & \text{falls} & \mathrm{V}(i,2) = 0.0, \\ \mathrm{U}(i,2) & = & \text{Schätzwert} & y_i(b)\,, & \text{falls} & \mathrm{V}(i,2) = 1.0. \end{array} \tag{8.29}$$

Über die absolute Genauigkeitsschranke TOL wird die Feinheit des Gitters gesteuert, d.h., für ein kleines TOL muß die maximale Gitterpunktanzahl MNP groß genug sein. Wenn die Newtoniteration nicht konvergiert (IFAIL=3), so ist die Anzahl der Gitterpunkte zu klein oder es ist die Anfangslösung zu schlecht. Ist dies nicht zu verbessern, so sollten die Möglichkeiten der Routine D02RAF ausgenutzt werden.

Wird die Warnung "Jacobian matrix is singular" ausgedruckt, so kann es sein, daß die geschätzten Randwerte Null sind, und dies sollte in einem weiteren Versuch geändert werden. Die Jacobimatrix $\dfrac{\partial f_i}{\partial y_j}$ wird mit Hilfe numerischer Differentiation berechnet.

Wird die Lösung an bestimmten Punkten verlangt, so sollten diese in dem Anfangsgitter enthalten sein, denn das Endgitter ist eine Verfeinerung des Anfangsgitters.

U	array	Randwerte in A und B: U(N,2).
V	array	Randwertkennziffer: V(N,2).
N	integer	Anzahl DGL im System (8.28).
A	real	Linker Randpunkt.
B	real	Rechter Randpunkt.
TOL	real	Absolute Fehlertoleranz.
FCN	subroutine	Berechnungsroutine für die rechten Seiten $f_i(x,y)$. Parameter : real T,Y(n),F(n), wo T und n die aktuellen Werte für X und N sind.
MNP	integer	Maximalzahl von Gitterpunkten, MNP $\geq$ 32.
X	array	Gitterpunktfeld: X(MNP), s.o.
Y	array	Lösung auf dem Endgitter: Y(N,MNP).
NP	integer	Aktuelle Gitterpunktzahl. Bei Eingabe: NP=0 : Äquidistantes Gitter, oder NP$\geq$4: A=X(1) $<$ X(2) $< \cdots <$ X(NP)=B.
W	array	Arbeitsspeicher: W(LW).
LW	integer	Dimension von W, LW $\geq$ MNP $\cdot$ (3 N^2+ 6N+ 2) + $4N^2$ + 4N.
IW	int.array	Arbeitsspeicher: IW(LIW).
LIW	integer	Dimension von IW, LIW $\geq$ MNP $\cdot$ (2N+ 1) + N^2 + 4N + 2.
IFAIL	integer	Fehlerparameter. Vor Aufruf der Routine IFAIL = 111 setzen.
	Folgende Fehlermeldungen sind möglich: IFAIL=1 Ein Parameter falsch gesetzt, IFAIL=2 Newtoniteration konvergiert nicht. IFAIL=3 Zu hohe Genauigkeitsforderung. IFAIL=4 TOL oder MNP ist zu klein. IFAIL=5 Ernster Fehler. Feldgrenzen überprüfen.	

Tabelle 8.1: **Die Parameter der Routine D02GAF**

8.4.2 Die NAG-Routine D02HAF

Die NAG-Routine

D02HAF (U,V,N,A,B,TOL,FCN,SOLN,M1,W,IW,IFAIL)

löst das System (8.28) im Intervall (A,B) mit N Randbedingungen. Es benutzt das einfache Schießverfahren. Die Parameter dieser Routine entsprechen denen von D02GAF. Die Lösung wird allerdings hier immer auf äquidistanten Gittern berechnet. Die beim Schießverfahren zu lösenden Anfangswertaufgaben werden mit der Runge-Kutta-Merson-Methode gelöst, siehe 7.2.3.

U	array	Randwerte in A und B: U(N,2).
V	array	Randwertkennziffer: V(N,2).
N	integer	Anzahl DGL im System (8.28).
A	real	Linker Randpunkt.
B	real	Rechter Randpunkt.
TOL	real	Kombinierte Toleranz, s.o.
FCN	subroutine	Berechnungsroutine für die rechten Seiten $f_i(x,y)$. Parameter : real T,Y(n),F(n), wo T und n die aktuellen Werte für X und N sind.
SOLN	array	Lösung: SOLN(N,M1).
M1	integer	Anzahl Gitterpunkte.
W	array	Arbeitsspeicher: W(N,IW).
IW	integer	Zweite Dimension von W, IW $\geq$ 3N + 17 + max(11,N).
IFAIL	integer	Fehlerparameter. Vor Aufruf der Routine IFAIL = 111 setzen.

	Folgende Fehlermeldungen sind möglich:	
	IFAIL=1	Ein Parameter falsch gesetzt.
	IFAIL=2	Schrittweite zu klein.
	IFAIL=3	Anfangsschrittweite zu klein.
	IFAIL=4	Genauigkeitsfehler bei der Berechnung der Jacobi-Matrix.
	IFAIL=5	Fehler beim Berechnen der Ableitung nach den Parametern.
	IFAIL=6	Die Jacobi-Matrix hat eine insignifikante Spalte.
	IFAIL=7	Anfangswertschätzungen ändern.
	IFAIL=8	Newtoniteration konvergiert nicht.
	IFAIL=9–13	Ernster Fehler. Experten rufen!

Tabelle 8.2: **Die Parameter der Routine D02HAF**

Die Genauigkeitsschranke TOL hat hier eine dreifache Funktion:

- Sie steuert die Schrittweite der Anfangswertmethode über die lokale Fehlerschätzung (7.28) in der gemischten Form.
- Sie testet die Konvergenz der y_i am rechten Randpunkt B.

- Sie steuert die Abweichung in y_i zur Berechnung der angenäherten Ableitungen für das modifizierte Newtonverfahren (8.20).

Ist TOL zu klein, so kann es sein, daß die Rechnung mit IFAIL=2 oder 3 abbricht. Ein größeres TOL oder eine bessere Anfangsnäherung kann dann vielleicht Abhilfe schaffen.

Bei einem Fehlerabbruch können die zuletzt berechneten Lösungswerte im Arbeitsspeicher W(I,1) und der Abbruchpunkt in W(1,2) nachgesehen werden.

Die Lösung wird im Feld SOLN an M1 äquidistanten Punkten berechnet.

8.5 Programm

Das Programm KAP8_RWA, Anhang A, Seite 344, löst Randwertaufgaben 1. Ordnung mit dem einfachen Schießverfahren oder dem Differenzenverfahren. Die Differentialgleichungen müssen in die Form (8.28) gebracht werden, wie bei den NAG-Routinen beschrieben.

Die Lösung von nichtlinearen Randwertaufgaben ist empfindlich gegenüber dem Einfluß von Parametern wie geschätzten Randwerten. Da wir die einfacheren Routinen eingesetzt haben, ist es besonders wichtig, nach guten Eingabewerten auch für die unbekannten Randwerte zu suchen oder einige Parametersätze auszuprobieren.

Beide Verfahren arbeiten mit dem Newtonverfahren mit angenähert berechneter Ableitung. Die eingegebene Toleranz dient sowohl zur Schätzung des lokalen Fehlers während der Rechnung als auch zur Berechnung der angenäherten Ableitung für das Newtonverfahren.

Beim Schießverfahren wird die Lösung in äquidistanten Punkten ausgegeben. Beim Differenzenverfahren muß der Benutzer ein Gitter angeben, das äquidistant gewählt werden kann. Zusätzlich muß eine maximale Verfeinerung angegeben werden. Wird das Gitter während der Rechnung aus Konvergenzgründen verfeinert, so wird die Lösung auch auf dem feineren Gitter ausgegeben.

Ausgegeben werden die NAG-Zwischeninformationen entsprechend der Eingabe von IFAIL=110. Will man diese unterdrücken, so muß nur diese Anweisung geändert werden. Sie steht zwei Zeilen vor dem Aufruf der beiden Routinen. IFAIL=0 unterdrückt die Zwischenergebnisse. Die Lösungen werden an den Gitterpunkten zeilenweise unformatiert ausgegeben. Hier ist für spezielle Beispiele eine formatierte Ausgabe sehr sinnvoll. Dazu muß man die PRINT-Anweisung in der DO 60-Schleife entsprechend abändern.

8.6 Anwendungen

Wir wollen hier ausnahmsweise nur eine Anwendung, aber eine Reihe von mathematisch interessanten Beispielen vorführen. Damit soll die Vielfalt und Schwierigkeit der Lösung von Randwertaufgaben gegenüber den Anfangswertaufgaben noch einmal verdeutlicht werden. Für die Eigenwertaufgabe findet man in den Anwendungen von Kapitel 5 ein Beispiel. Zu einigen der Anwendungen findet man weitere Einzelheiten in dem Beitrag von L. Fox in [31].

8.6.1 Keine oder unendlich viele Lösungen

Die Randwertaufgabe

$$\begin{array}{ll} \text{DGL} & y'' + \pi^2 y = 0, \\ \text{RB} & y(0) = 0 \quad y(1) = 1 \end{array} \tag{8.30}$$

hat keine Lösung, während für

$$\begin{array}{ll} \text{DGL} & y'' + \pi^2 y = 0, \\ \text{RB} & y(0) = 0 \quad y(1) = 0 \end{array} \tag{8.31}$$

unendlich viele Lösungen existieren.

8.6.2 Mehrere Lösungen

$$\begin{array}{ll} \text{DGL} & y'' = k\,y^5 - \lambda y + \mu, \\ \text{RB} & y(0) = \alpha \quad y(1) = \beta, \\ \text{oder} & y(0) = \alpha \quad y'(1) = \gamma \end{array} \tag{8.32}$$

kann für $k > 0$ und $\lambda > 0$ mehrere Lösungen haben, umso mehr, je größer λ ist. Die Lösung ist eindeutig, wenn im Intervall $(0,1)$: $5\,k\,y^4 > \lambda$ gilt, aber das kann man vor der Rechnung nicht nachprüfen. Für die Behandlung mit unserem Programm müssen wir die DGL noch umformen in

$$\begin{aligned} y_1' &= y_2, \\ y_2' &= k\,y_1^5 - \lambda y_1 + \mu \end{aligned} \tag{8.33}$$

mit den möglichen Randbedingungen wie oben.

In Beispiel 8.2 haben wir diese Differentialgleichung schon kennengelernt, mit der zweiten Form der Randbedingungen und den Parameterwerten

$$k = 1, \quad \lambda = 10, \quad \mu = \frac{1}{2}, \quad \alpha = 0, \quad \gamma = -3.$$

Daß die Eindeutigkeit bzw. die Anzahl existierender Lösungen auch noch von den Randbedingungen abhängt, kann man an Zeichnung 8.3 vorn sehen. Wir wollen diese Zeichnung durch eine weitere für die erste Form der Randbedingungen ergänzen:

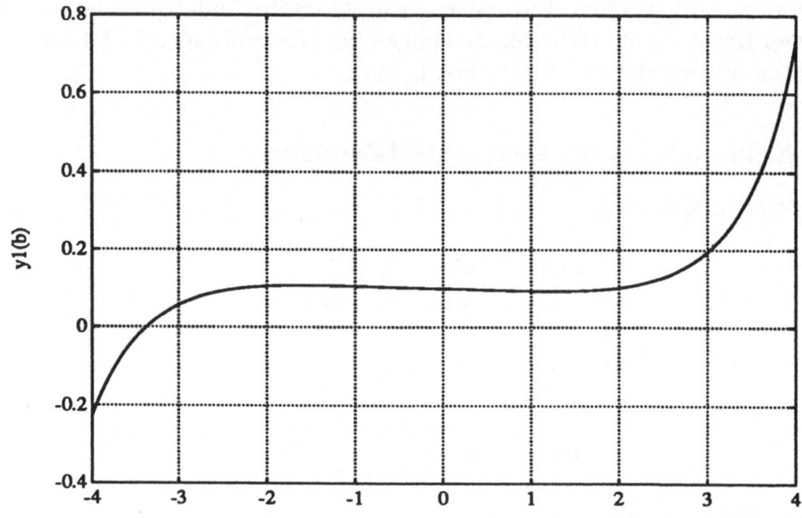

Zeichnung 8.6: **Beispiel 8.2: s = y2(a)**

Man sieht an der Zeichnung, daß für einen sehr schmalen Bereich möglicher Randwerte, z.B. $y_1(b) = 0.1$, mindestens drei Lösungen existieren.

Wir haben das Beispiel 8.2 mit vielen verschiedenen Schätzwerten für die nicht gegebenen Randwerte durchgerechnet. Dabei ergaben sich erstaunliche Ergebnisse: Obwohl das Differenzenverfahren in fast allen Fällen aufwendiger war als die Schießmethode, kam es immer zu einer Lösung, ja es fand eine dritte Lösung, die uns bei unserer Untersuchung von $F(s)$ noch verborgen geblieben war. Beide Verfahren können bei gleichen Daten zu unterschiedlichen Lösungen gelangen, wie die folgende Tabelle zeigt:

Schätzwerte $y_2(0)$	$y_1(1)$	Ergebnisse Shooting	Ergebnisse Differenzenverf.
-5	-5	IFAIL=2	Lösung 3
-1	-1	Lösung 1	Lösung 1
0	0	Lösung 1	Lösung 1
0	5	Lösung 1	Lösung 2
1	1	Lösung 1	Lösung 1
3	-3	Lösung 1	Lösung 3
4	-3	Lösung 2	Lösung 3
4.5	0	Lösung 2	Lösung 1
5	0	IFAIL=2	Lösung 3

Es sollen noch eine typische Eingabedatei und der Dialog mit dem Programm wiedergegeben werden: RWA_IN:

```
KAP8_RWA: Beispiel mit mehreren Loesungen
2               n
0 1             a   b
0               y1(a)
0               sicher
-1.0            y2(a)
1               geschaetzt
-1.0            y1(b)
1               geschaetzt
-3              y2(b)
0               sicher
```

Den Dialog für das Schießverfahren wollen wir wiedergeben:

```
Sie haben das Programm KAP8_RWA gestartet.
RWA loest Randwertprobleme (RWP) mit Systemen
gewoehnlicher Differentialgleichungen der Form
dy/dx = f(x,y) mit x aus [a,b], y aus R^n, n>1
wahlweise mit dem Schiess- oder mit dem Differenzenverfahren.
Von den insgesamt 2n Randwerten der Loesungsfunktion
y=(y_1,..,y_n) in den Randpunkten muessen n bekannt sein.
Fuer die restlichen n Randwerte muessen Schaetzungen
angeben werden.

Welches Verfahren moechten Sie benutzen?
1: Schiessverfahren
2: Differenzenverfahren

[1]

Soll die Eingabe aus der Datei RWA_IN gelesen werden?

[1]

KAP8_RWA: Beispiel mit mehreren Loesungen
Geben Sie die Fehlerschranke TOL ein.
TOL wird benutzt zur Schaetzung des lokalen Fehlers waehrend
der Integration, zum Konvergenztest fuer die Loesung im
Punkt b und zur Berechnung der Ableitung fuer die
Newtoniteration.

[0.000001]
```

```
Fuer wieviel Gitterpunkte m soll die Naeherungsloesung
ausgegeben werden? (2<=m<=  20)
```

[11]

```
TOL=     1.0000000000000D-06
       x         y_1(x)        y_2(x)        ...
    0.000     0.000000     3.034229
    0.100     0.300871     2.932991
    0.200     0.576930     2.543086
    0.300     0.801545     1.916179
    0.400     0.955091     1.136951
    0.500     1.026663     0.288409
    0.600     1.012321    -0.574173
    0.700     0.912783    -1.407265
    0.800     0.733981    -2.146012
    0.900     0.489673    -2.702409
    1.000     0.202174    -3.000000
```

Der entsprechende Dialog für das Differenzenverfahren sieht folgendermaßen aus:

```
Sie haben das Programm KAP8_RWA gestartet.
RWA loest Randwertprobleme (RWP) mit Systemen
gewoehnlicher Differentialgleichungen der Form
dy/dx = f(x,y) mit x aus [a,b], y aus R^n, n>1
wahlweise mit dem Schiess- oder mit dem Differenzenverfahren
Von den insgesamt 2n Randwerten der Loesungsfunktion
y=(y_1,..,y_n) in den Randpunkten muessen n bekannt sein.
Fuer die restlichen n Randwerte muessen Schaetzungen
angeben werden.

Welches Verfahren moechten Sie benutzen?
1: Schiessverfahren
2: Differenzenverfahren
```

[2]

```
Soll die Eingabe aus der Datei RWA_IN gelesen werden?
```

[ja]

```
KAP8_RWA: Beispiel mit mehreren Loesungen
Geben Sie die Fehlerschranke TOL ein.
Die Naeherungsloesung z des RWP soll die Bedingung
| z_j(x_i) - y_j(x_i) | < TOL erfuellen fuer alle
Gitterpunkte x_1,..,x_np, und fuer alle j=1,..,n
```

```
0.000001
```

```
Wieviel Punkte mnp soll das Gitter hoechstens enthalten?
(32<=mnp<=  128)
```

```
101
```

```
Soll ein aequidistantes Gitter benutzt werden?
```

```
1
```

```
Aus wieviel Punkten np soll es bestehen?
(4<=np<=  128)
```

```
11
```

```
Loesung auf einem Gitter mit  30 Punkten.
TOL=      1.0000000000000D-06
        x          y_1(x)        y_2(x)        ...
    0.000      0.000000      3.034229
    0.100      0.200871      2.932990
    0.200      0.576930      2.543085
    0.300      0.801546      1.916177
    0.400      0.955091      1.136950
    0.500      1.026663      0.288407
    0.600      1.012321     -0.574175
    0.700      0.912782     -1.407267
    0.800      0.733980     -2.146013
    0.900      0.489672     -2.702410
    1.000      0.202173     -3.000000
```

Dabei wurden hier zusätzlich ausgegebene Zwischenwerte weggelassen.

8.6.3 Hängelinie eines elastischen Taus

Elastische Taue, die z.B. zum Schleppen oder Vertäuen von Schiffen benutzt werden, unterliegen der Kraft ihres eigenen Gewichts und dem Auftrieb und Zug des Wassers. Das Problem, die Hängelinie eines solchen Taus zu berechnen, ist zweidimensional, läßt sich aber mit der Bogenlänge s als Variable als gewöhnliches Differentialgleichungssystem schreiben. Sind $(y(s), z(s))$ die Koordinaten in der Ebene, in der das Tau hängt, ist $\Phi(s)$ der Winkel zwischen der Tangente an das Tau und der y-Achse, und ist $T(s)$ die Spannung im Tau, so müssen diese Funktionen den Differentialgleichungen

$$\begin{aligned} \frac{dy}{ds} &= \cos\Phi, & \frac{dz}{ds} &= \sin\Phi, \\ T\frac{d\Phi}{ds} &= \cos\Phi - a\sin\Phi|\sin\Phi|, & \frac{dT}{ds} &= \sin\Phi - b\cos\Phi|\cos\Phi| \end{aligned} \qquad (8.34)$$

mit den Randbedingungen

$$s = 0: \quad y(0) = z(0) = 0,$$
$$s = 1: \quad y(1) = p, \quad z(1) = q$$

genügen. Dabei sind a, b, p und q Parameter. Die Länge des Taus ist auf 1 normiert. Dementsprechend ist $p < 1$ der (relative) horizontale Abstand zwischen den Endpunkten des Taus und $q < 1$ die (relative) Höhe des Endpunktes und es muß $\sqrt{p^2 + q^2} < 1$ gelten. Dieses harmlos aussehende Problem ist dann numerisch schlecht lösbar, wenn man bei den zu schätzenden Parametern sehr danebengreift. Und die gute Schätzung dieser Parameter wird bei "schlaffem" Tau, also großem Unterschied zwischen $\sqrt{p^2 + q^2}$ und 1 wichtiger als bei "straffem" Tau. Mit ein wenig Analysis, siehe [31], kann man zu guten Schätzungen kommen. Wir wollen nur einige Rechenergebnisse wiedergeben. Generell versagt bei diesem Beispiel die Differenzenmethode häufiger als das Schießverfahren, im Gegensatz zum letzten Beispiel. Wir haben in unseren Beispielen $a = b = 1$ gesetzt und wollen zwei Situationen anschauen:

"Schlaffes" Tau

Das Tau werde rechts auf gleicher Höhe festgemacht und der Abstand zwischen Anfangs- und Endpunkt sei 3/4 der Länge. Also ist $p = 0.75$ und $q = 0$. Zusätzliche Informationen wollen wir nicht berücksichtigen, wir setzen als Schätzwerte $\Phi = 0$ und $T = 1$ an beiden Enden ein. Das Schießverfahren benötigt 13 Newtoniterationen für die Toleranz $_{10} - 6$, um die entsprechende Hängelinie zu berechnen.

Beim Differenzenverfahren konvergiert die Newtoniteration nicht (IFAIL=2), auch nicht bei einer auf 0.1 abgeschwächten Toleranz. Erst wenn man die zu schätzenden Parameter in mindestens einer Stelle mit den beim Schießverfahren erhaltenen Werten übereinstimmen läßt, konvergiert auch die Differenzenmethode gegen eine gute Näherungslösung. Dazu wird das Gitter von 11 auf 73 Punkte verfeinert. Der Rechenaufwand ist also hier erheblich höher als beim Schießverfahren. Die Ergebnisse sind in formatierter Form:

s	y	z	Phi	T
0.000	0.000000	0.000000	-1.156636	0.846533
0.100	0.047116	-0.088087	-0.998804	0.736085
0.200	0.108424	-0.166914	-0.816286	0.619500
0.300	0.183928	-0.232195	-0.603850	0.497050
0.400	0.272346	-0.278331	-0.349243	0.372623
0.500	0.370044	-0.297456	-0.020210	0.258016
0.600	0.467431	-0.278529	0.409975	0.182037
0.700	0.550586	-0.223701	0.716867	0.167486

```
0.800   0.621199   -0.152972   0.834592   0.188297
0.900   0.686578   -0.077314   0.874954   0.221204
1.000   0.750000    0.000000   0.890356   0.258292
```

"Straffes" Tau

Ein Tau von 100 m Länge soll zwischen zwei Punkten vertäut werden, die 85 m horizontalen Abstand und 50 m Höhendifferenz haben. Das führt zu der Parameterwahl $p = 0.85$ und $q = 0.5$. Hier liefern beide Verfahren gute Näherungswerte, wenn auch das Differenzenverfahren mit mehr Iterationen und höherem Aufwand. Die resultierende Hängelinie ist in der Zeichnung 8.7 wiedergegeben.

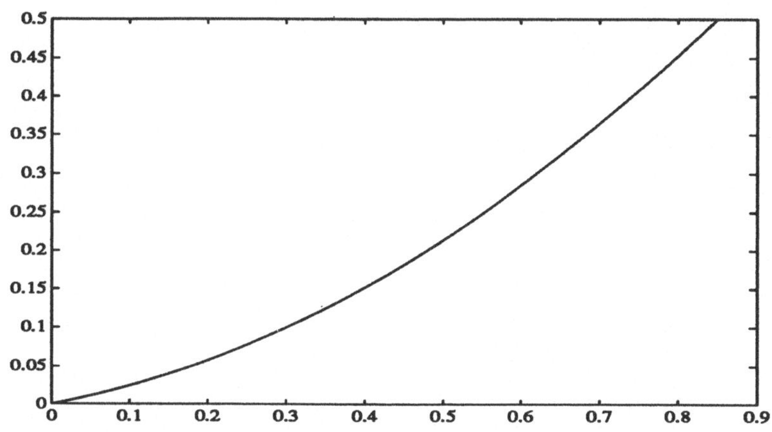

Zeichnung 8.7: **Hängelinie eines elastischen Taues**

8.7 Randwertaufgaben bei IMSL

Die IMSL-Bibliothek enthält die Routinen BVPFD zum Differenzenverfahren und BVPMS mit dem Mehrfach-Schießverfahren. Ein Nachteil dieser beiden Routinen gegenüber den NAG-Routinen ist, daß man die Jacobimatrix stets programmieren muß.

8.7.1 Finite-Differenzen-Verfahren

Zur Lösung von Randwertaufgaben mit finiten Differenzen gibt es die IMSL-Routine BVPFD. Diese Routine ist jedoch weitaus aufwendiger und für allgemeinere Probleme geeignet als die von uns verwendete NAG-Routine D02GAF. Die NAG-Routinen, die BVPFD entsprechen, lauten D02GBF (lineare Differentialgleichung und Randbedingung) und D02RAF (nichtlineare Differentialgleichung und Randbedingung). Diese Routinen verwenden das gleiche Verfahren (Routine PASVA3 von M. Lentini und V. Pereyra).

8.7.2 Schießverfahren

Die IMSL-Bibliothek enthält keine Routine, die wie die NAG-Routine D02HAF mit dem Einfachschießverfahren arbeitet. Es existiert jedoch im IMSL-Paket die Routine BVPMS, die das Mehrfachschießverfahren anwendet und am ehesten der NAG-Routine D02SAF entspricht. Letztere kann jedoch wesentlich allgemeinere Probleme lösen und ist bedeutend komplizierter als BVPMS.

Partielle Differentialgleichungen

Partielle Differentialgleichungen gehören zu den wichtigsten Anwendungen der Mathematik in Naturwissenschaft und Technik. Entsprechend wichtig ist die Behandlung der numerischen Verfahren zu ihrer Lösung. Trotzdem soll ihnen hier nur ein kurzes Kapitel gewidmet werden, weil allein die Behandlung der wichtigsten Algorithmen einen eigenen Band füllen könnte. Dasselbe gilt für die Softwaresysteme, die zur Lösung partieller Differentialgleichungen erhältlich sind.

In den großen allgemeinen Bibliotheken wie NAG oder IMSL findet man wenig oder nichts, dafür gibt es eine unübersehbare Zahl von speziellen Programmsammlungen zur Lösung von mehr oder weniger großen Klassen von partiellen Differentialgleichungen.

Wir wollen in diesem Kapitel eine allgemeine partielle Differentialgleichung definieren, die wichtigsten Typen und Lösungsverfahren an Hand von Beispielen erklären, und einige Softwarepakete zu ihrer Lösung angeben.

In unserer Problemlöseumgebung PAN, die wir im Anhang C beschrieben haben, gibt es auch ein Kapitel 9. Dies dient aber nur zum Anbinden von PAN an eine Problemlöseumgebung SPADE, die sich ausschließlich mit partiellen Differentialgleichungen befaßt und zur Zeit entsteht. Sie benutzt mehrere Programmsammlungen, die es ermöglichen, eine Reihe von linearen und nichtlinearen partiellen Differentialgleichungen mit verschiedenen Verfahren zu lösen. Die Suchhilfen und Entscheidungsbäume gehen dabei nicht nur von mathematischen Begriffen aus, sondern berücksichtigen auch eine große Zahl von Anwendungsbezeichnungen. Dadurch ist die Eingrenzung eines Programms für das zu lösende Problem mit formalen oder mit strukturellen Begriffen möglich. Das sollte die Benutzung für nicht-mathematische Anwender erheblich erleichtern.

9.1 Problemstellung und Typeneinteilung

Gesucht ist eine Funktion $u : \mathbb{R}^d \to \mathbb{R}^m$, in einem Gebiet $\Omega \subset \mathbb{R}^d$ die eine Beziehung der allgemeinen Form

$$F(x, u(x), \frac{\partial u}{\partial x_1}, \cdots, \frac{\partial u}{\partial x_d}, \frac{\partial^2 u}{\partial x_1^2}, \frac{\partial^2 u}{\partial x_1 x_2}, \cdots, \frac{\partial^p u}{\partial x_d^p}) = 0 \tag{9.1}$$

und einige zusätzliche Bedingungen erfüllt. Dabei ist $x = (x_1, \cdots, x_d)^T$. Ist die höchste auftretende Ableitungsordnung p, so heißt die Gleichung (9.1) partielle Differentialgleichung p-ter Ordnung. Eine partielle Differentialgleichung beschreibt meistens technische oder naturwissenschaftliche Vorgänge in einem ebenen ($d = 2$) oder räumlichen Gebiet ($d = 3$). Dabei erhöht sich die Dimension des Problems auf $d = 3$ bzw. $d = 4$, wenn eine der unabhängigen Variablen die Zeit ist. Solche zeitabhängigen Probleme heißen *instationär*.

Mit den folgenden drei Kategorien erfaßt man einen großen Teil der in der Natur auftretenden Vorgänge, die zu partiellen Differentialgleichungen führen:

- Gleichgewichtsprobleme (stationär)
- Ausbreitungsvorgänge (instationär)
- Charakteristische Systemzustände (Eigenwertprobleme)

9.1.1 Lineare partielle Differentialgleichungen 2. Ordnung

Wir wollen uns für den Rest dieses Kapitels auf die linearen Standardprobleme zweiter Ordnung in der Ebene beschränken und eine skalare Funktion suchen, also:

$$d = 2\,, \qquad m = 1\,, \qquad p = 2 \tag{9.2}$$

voraussetzen. Das führt mit der bequemeren Schreibweise $x := x_1$, $y := x_2$ und

$$u_{xy} \quad \text{statt} \quad \frac{\partial^2 u}{\partial x \partial y}$$

zu der weniger allgemeinen partiellen Differentialgleichung

$$Au_{xx} + 2Bu_{xy} + Cu_{yy} + Du_x + Eu_y + Fu = G \quad \forall (x, y) \in \Omega\,. \tag{9.3}$$

Dabei können die Koeffizienten A, B, C, D, E, F, G noch Funktionen von x und y sein, die im allgemeinen stückweise stetig sein sollten. Für diese Form läßt sich die übliche Typeneinteilung leicht angeben:

Definition 9.1 *Eine lineare partielle Differentialgleichung zweiter Ordnung der Form (9.3) mit* $A^2 + B^2 + C^2 \neq 0$ *heißt*

$$\begin{aligned} &\text{elliptisch}, && \textit{falls} \quad AC - B^2 > 0 \quad \forall (x,y) \in \Omega && (9.4)\\ &\text{parabolisch}, && \textit{falls} \quad AC - B^2 = 0 \quad \forall (x,y) \in \Omega && (9.5)\\ &\text{hyperbolisch}, && \textit{falls} \quad AC - B^2 < 0 \quad \forall (x,y) \in \Omega && (9.6) \end{aligned}$$

Damit die partielle Differentialgleichung eindeutig lösbar ist, müssen zusätzliche Bedingungen auf dem Rand des Gebiets $\partial\Omega$ erfüllt werden. Diese *Randbedingungen* können verschiedene Formen haben, z.B. :

$$u(x,y) = \phi(x,y) \text{ auf } \partial\Omega_1 \subset \partial\Omega \qquad \text{(Dirichletbedingung)} \qquad (9.7)$$

$$\frac{\partial u}{\partial n}(x,y) = \gamma(x,y) \text{ auf } \partial\Omega_2 \subset \partial\Omega \qquad \text{(Neumannbedingung)} \qquad (9.8)$$

$$\frac{\partial u}{\partial n}(x,y) + \alpha u(x,y) = \beta(x,y) \text{ auf } \partial\Omega_3 \subset \partial\Omega \qquad \text{(Cauchybedingung)} \qquad (9.9)$$

Dabei ist $\partial u/\partial n$ die Ableitung in Richtung der äußeren Normalen und ϕ, γ, α, β sind gegebene Funktionen.

Bei instationären (zeitabhängigen) Problemen kommen zu den Randbedingungen noch *Anfangsbedingungen* hinzu. Sie schreiben die Funktion u oder ihre Ableitung u_t auf dem Gebiet Ω zum Anfangszeitpunkt $t = 0$ vor.

Die Existenz und Eindeutigkeit von Lösungen und ihre stetige Abhängigkeit von den Koeffizienten und den Rand- und Anfangsbedingungen sind schwierige mathematische Probleme, auf die wir hier nicht eingehen können.

Wir wollen nur die drei klassischen Beispiele für die drei Typen beschreiben und anschließend die wichtigsten numerischen Verfahren am Beispiel der einfachsten elliptischen Differentialgleichung demonstrieren.

9.1.2 Poisson- und Laplace-Gleichung

Der *Laplaceoperator* Δ ist definiert als

$$\Delta u := u_{xx} + u_{yy}. \qquad (9.10)$$

Mit ihm wird die *Potentialgleichung* formuliert

$$-\Delta u = f \quad \text{in } \Omega \qquad (9.11)$$

Diese Gleichung wird auch als *Poissongleichung* bezeichnet. Mit ihr kann man z.B. ein Gravitationspotential u berechnen, wenn f eine Massendichte ist, oder ein elektrisches Potential u, wenn f die elektrische Ladung ist.

Ist die rechte Seite $f = 0$, so kommt man zur *Laplacegleichung*, die z.B. gelöst werden muß, wenn man die Wärmeverteilung ohne Quellen und Senken in einem homogenen Körper bei fest bleibender Randtemperatur g berechnen will:

$$\begin{aligned} -\Delta u &= 0 \quad \text{in } \Omega \\ u &= g \quad \text{auf } \partial\Omega . \end{aligned} \tag{9.12}$$

Lösungen der Laplacegleichungen heißen auch *harmonische Funktionen.* Poisson- und Laplace-Gleichung sind elliptische Differentialgleichungen.

9.1.3 Instationäre Wärmeleitung

Zu einer parabolischen Gleichung kommt man, wenn die Wärmeverteilung zeitabhängig ist. Die Temperatur $u(x, y, t)$ muß dann die partielle Differentialgleichung

$$\begin{aligned} \Delta u &= \frac{1}{\kappa}\frac{\partial u}{\partial t} \quad \text{in } \Omega\,, \ \forall t > 0 \\ u(x,y,0) &= u_0(x,y) \quad \text{in } \Omega \\ u(x,y,t) &= g(x,y) \quad \text{auf } \partial\Omega\,, \ \forall t > 0. \end{aligned} \tag{9.13}$$

mit den angegebenen Rand- und Anfangsbedingungen (oder anderen) erfüllen. Dabei ist κ die Wärmeleitfähigkeit.

Mit derselben Gleichung kann man auch die Diffusion (Ausbreitung eines gasförmigen Stoffes) beschreiben. Dann sind u die Konzentration dieses Stoffes und κ der Diffusionskoeffizient.

9.1.4 Die Wellengleichung

Will man Schallwellen, elektromagnetische Potentiale oder instationäre Schwingungsvorgänge beschreiben, so kommt man zu der hyperbolischen Wellengleichung

$$\begin{aligned} \Delta u &= \frac{1}{c^2}\frac{\partial^2 u}{\partial t^2} \quad \text{in } \Omega\,, \ \forall t > 0 \\ u(x,y,0) &= u_0(x,y) \quad \text{in } \Omega \\ u_t(x,y,0) &= u_1(x,y) \quad \text{in } \Omega \\ u(x,y,t) &= g(x,y) \quad \text{auf } \partial\Omega\,, \ \forall t > 0. \end{aligned} \tag{9.14}$$

Dabei sind z.B. c die Schallgeschwindigkeit und u die Luftdichte.

9.2 Diskretisierung elliptischer Probleme

Für die Beschreibung der numerischen Verfahren wollen wir von folgender einfacher elliptischer Differentialgleichung ausgehen:

$$\begin{aligned} -\Delta u &= f \quad \text{in } \Omega \\ u &= 0 \quad \text{auf } \partial\Omega . \end{aligned} \tag{9.15}$$

Als Anwendung kann man sich hier eine ideal elastische Membran vorstellen, die am Rand des Gebiets Ω fest eingespannt ist. Ein Eigenwertproblem mit der Membran haben wir schon in Abschnitt 5.6.1 kennengelernt.

9.2.1 Differenzenverfahren

Das zweidimensionale Gebiet Ω wird mit einem Gitter überdeckt. Dann muß der Rand $\partial\Omega$ durch Gitterlinien approximiert werden. Der Einfachheit halber soll die Gitterweite h in x- und y-Richtung gleich sein. Dann kann man ein quadratisches Gitter über das Gebiet legen und die Gitterpunkte (x_i, y_j) zweidimensional indizieren:

$$\begin{aligned} x_i &:= x_0 + i \cdot h, \quad i = 0, 1, \cdots, N, \\ y_j &:= y_0 + j \cdot h, \quad j = 0, 1, \cdots, N. \\ \Omega &\subset [x_0, x_N] \times [y_0, y_N] \end{aligned}$$

Betrachtet werden müssen nur Indizes zu inneren Punkten. In Zeichnung 9.1 ist diese Situation dargestellt, dabei sind Randpunkte durch Kreise und innere Punkte durch Kreuze symbolisiert.

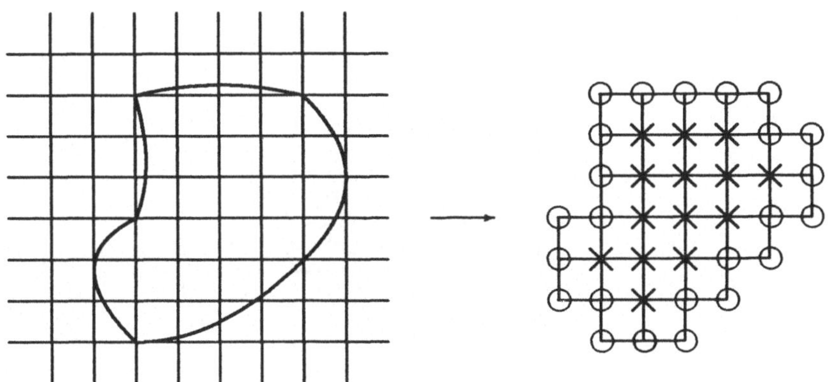

Zeichnung 9.1: **Diskretisierung eines Gebietes Ω**

Jetzt werden Näherungswerte für die Werte der Funktion u in den inneren Gitterpunkten gesucht:

$$u_{ij} \approx u(x_i, y_j)\,.$$

In jedem dieser Punkte bekommt man statt der partiellen Differentialgleichung eine lineare Gleichung, wenn man die Ableitungen durch dividierte Differenzen ersetzt:

$$\begin{aligned} u_{xx}(x_i, y_j) &\approx \frac{1}{h^2}(u_{i+1,j} - 2u_{ij} + u_{i-1,j}) \\ u_{yy}(x_i, y_j) &\approx \frac{1}{h^2}(u_{i,j+1} - 2u_{ij} + u_{i,j-1}) \end{aligned} \tag{9.16}$$

Das führt mit $f_{ij} := f(x_i, y_j)$ zu den Gleichungen

$$- u_{i+1,j} - u_{i,j+1} + 4u_{ij} - u_{i-1,j} - u_{i,j-1} = h^2 f_{ij}\,, \tag{9.17}$$

wo die Indizes (i, j) alle Kombinationen durchlaufen müssen, die zu inneren Punkten gehören. Die Werte innerhalb einer Gleichung, die zu Randpunkten gehören, können einfach weggelassen werden, da ja am Rand $u = 0$ sein muß. Das ergibt zusammen ein großes, dünn besetztes lineares Gleichungssystem, dessen Ordnung mit der Anzahl innerer Gitterpunkte übereinstimmt. Beispiele für ein solches Gitter und die Besetzung des entstehenden Systems haben wir schon in 1.4.1 (Beispiel 1.6, Zeichnung 1.2, Seite 38) und 5.6.1 kennengelernt. Ein einfaches Beispiel wollen wir hier noch anschauen:

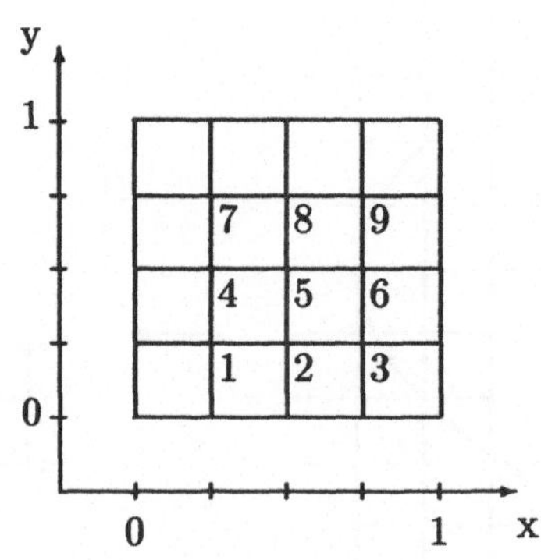

Zeichnung 9.2: **Das diskretisierte Einheitsquadrat**

Beispiel 9.1 Sei $\Omega = (0,1) \times (0,1)$, also das Einheitsquadrat, sei weiter $h = 1/4$ und $f \equiv 16$. Dann ergibt sich das lineare Gleichungssystem

$$\begin{pmatrix} 4 & -1 & 0 & -1 & 0 & 0 & 0 & 0 & 0 \\ -1 & 4 & -1 & 0 & -1 & 0 & 0 & 0 & 0 \\ 0 & -1 & 4 & 0 & 0 & -1 & 0 & 0 & 0 \\ -1 & 0 & 0 & 4 & -1 & 0 & -1 & 0 & 0 \\ 0 & -1 & 0 & -1 & 4 & -1 & 0 & -1 & 0 \\ 0 & 0 & -1 & 0 & -1 & 4 & 0 & 0 & -1 \\ 0 & 0 & 0 & -1 & 0 & 0 & 4 & -1 & 0 \\ 0 & 0 & 0 & 0 & -1 & 0 & -1 & 4 & -1 \\ 0 & 0 & 0 & 0 & 0 & -1 & 0 & -1 & 4 \end{pmatrix} \begin{pmatrix} u_1 \\ u_2 \\ u_3 \\ u_4 \\ u_5 \\ u_6 \\ u_7 \\ u_8 \\ u_9 \end{pmatrix} = \begin{pmatrix} 1 \\ 1 \\ 1 \\ 1 \\ 1 \\ 1 \\ 1 \\ 1 \\ 1 \end{pmatrix} \tag{9.18}$$

Dabei wurden jetzt die Gitterpunkte im Einheitsquadrat eindimensional indiziert, und zwar zeilenweise von links nach rechts und von unten nach oben, siehe Zeichnung 9.2.

Die Matrix des entstehenden Gleichungssystems ist – nicht nur in diesem Beispiel – symmetrisch und positiv-definit, und wir könnten deshalb das Choleskyverfahren zur Lösung anwenden. Andererseits liegt im Beispiel ein sehr kleines Problem vor, bei wirklichkeitsnahen Anwendungen kommt man schnell auf einige tausend Gleichungen, und deshalb muß bei der Lösung des Gleichungssystems unbedingt die spezielle Struktur ausgenutzt werden. Zwei solche Verfahren haben wir in Abschnitt 1.4 kurz geschildert.

9.2.2 Die Methode der finiten Elemente

Dieses Verfahren gehört zu den Variationsmethoden. Bei ihnen wird statt der partiellen Differentialgleichung ein Variationsproblem gelöst, das man in einem Funktionenraum betrachtet. Beschränkung auf einen endlich dimensionalen Unterraum dieses Funktionenraums liefert dann wieder ein numerisches Verfahren, bei dem ein großes, dünn besetztes Gleichungssystem gelöst werden muß. Wir wollen versuchen, dieses Verfahren pragmatisch ohne die vielen mathematischen Voraussetzungen zu schildern.

Die Lösung von (9.15) wird ersetzt durch die Variationaufgabe

$$\min_{\substack{u \in H \\ u=0 \text{ auf } \partial\Omega}} \int_\Omega \left\{ \left(\frac{\partial u}{\partial x}\right)^2 + \left(\frac{\partial u}{\partial y}\right)^2 - 2uf \right\} dx dy\,. \tag{9.19}$$

Der Funktionenraum H, in dem diese Minimierung geschehen muß, wird nun durch endlich viele Ansatzfunktionen approximiert, die alle auf dem Rand $\partial\Omega$ verschwinden. Sei U_n der Unterraum von H, der durch die Funktionen

$$\{\phi_1, \phi_2, \cdots, \phi_n\} \tag{9.20}$$

aufgespannt wird. In ihm suchen wir eine Näherungslösung u_n:

$$u_n(x,y) = \sum_{i=1}^{n} d_i\,\phi_i(x,y)\,. \tag{9.21}$$

Um u_n zu berechnen, müssen die Koeffizienten d_i bestimmt werden.

Jetzt seien definiert:

$$s_{ij} := \int_\Omega \left\{ \frac{\partial\phi_i}{\partial x}\frac{\partial\phi_j}{\partial x} + \frac{\partial\phi_i}{\partial y}\frac{\partial\phi_j}{\partial y} \right\} dx dy \quad \text{und} \tag{9.22}$$

$$t_i := \int_\Omega \phi_i\, f\, dx dy\,. \tag{9.23}$$

Dann bekommt man die Koeffizienten d_i als Lösung des Gleichungssystems

$$\begin{aligned} S\,d &= t \quad \text{mit} \\ S &:= (s_{ij})_{i,j=1}^{n} \\ t &:= (t_1, \cdots, t_n)^T \\ d &:= (d_1, \cdots, d_n)^T \end{aligned} \tag{9.24}$$

Die Methode der finiten Elemente entsteht nun durch spezielle Festlegung der Ansatzfunktionen ϕ_i. Von den vielen Möglichkeiten hierzu, siehe etwa [71], wollen wir nur eine schildern.

Dazu zerlegen wir das Gebiet Ω möglichst gleichmäßig in Dreiecke T_k, siehe Zeichnung 9.3. Die Ecken der Dreiecke, die im Inneren des Gebietes Ω liegen, nennt man *Knotenpunkte*.

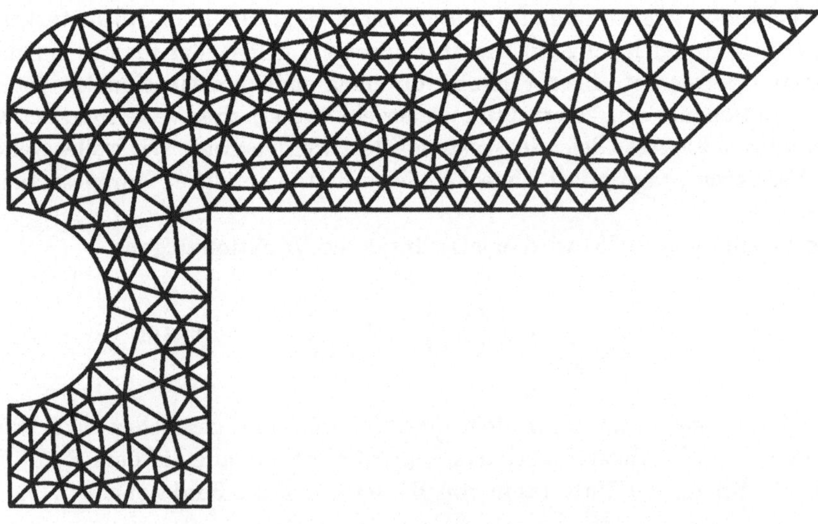

Zeichnung 9.3: **Finite–Elemente–Triangulierung**

Die Ansatzfunktionen sollen jetzt in jedem Dreieck T_k lineare Polynome

$$\phi_i(x,y)\Big|_{T_k} = a_{ik}x + b_{ik}y + c_{ik} \tag{9.25}$$

sein. Dabei wählt man die Koeffizienten so, daß jede Funktion ϕ_i in genau einem Knotenpunkt den Wert 1 und in allen anderen Knotenpunkt den Wert 0 annimmt. Damit ergeben sich genau so viele Ansatzfunktionen ϕ_i wie innere Dreiecks-Eckpunkte $P_i = (x_i, y_i)$ mit

$$\phi_i(x_j, y_j) = \begin{cases} 1 & \text{für} \quad i = j \\ 0 & \text{für} \quad i \neq j \end{cases} . \tag{9.26}$$

Das Verfahren, das bei dieser Konstruktion ensteht, ist nicht leicht zu programmieren, aber es ist sehr effektiv aus folgenden Gründen:

- Die Integrale (9.22) und (9.23) sind leicht auszuwerten.
- Die meisten Matrixelemente s_{ij} sind Null, da die Ansatzfunktionen nur in wenigen Dreiecken ungleich Null sind. Die entstehende Matrix ist also wieder dünn besetzt.
- Man kann kleine Elementmatrizen definieren, die zu der Matrix des Gesamtproblems zusammengesetzt werden. Das erleichtert ihren sukzessiven Aufbau von Element zu Element.

Die Schwierigkeit bei komplizierten Problemen ist die Organisation der Daten:

- Gleichmäßige Zerlegung des Gebiets in Dreiecke
- Numerierung der Dreiecke und der Eckpunkte
- Aufstellung von Koordinaten- und Elementetabellen, die den sukzessiven Aufbau der Matrix S aus Elementmatrizen über Indexrechnung ermöglichen.

Die Methode der finiten Elemente kann auch in technischen Termini formuliert werden, wenn man das Gebiet Ω aus gewissen technischen Einheitselementen wie Platten, Scheiben oder Stäben zusammensetzen kann, siehe [71].

9.2.3 Mehrgittermethoden

Das Differenzenverfahren und die Methode der finiten Elemente stellen verschiedene Möglichkeiten dar, von dem kontinuierlichen Problem der partiellen Differentialgleichung durch Diskretisierung auf ein Gleichungssystem zu kommen.

Bei der praktischen Behandlung partieller Differentialgleichungen stellt der Aufwand zur Lösung der entstehenden großen, dünn besetzten linearen Gleichungssysteme die Hauptarbeit dar. Deshalb ist dies ein wichtiges numerisches Forschungsgebiet. Eine der schnellsten Methoden, die hier entwickelt wurden, sind die Mehrgitterverfahren. Da wir im nächsten Abschnitt auf ein Softwaresystem hinweisen wollen, das diese Verfahren benutzt, wollen wir wenigstens die Idee kurz schildern.

Sie geht von einer Zusammensetzung auch der endlich-dimensionalen Lösung aus nieder- und hochfrequenten Anteilen aus, also aus Funktionen bzw. Vektoren, die weniger oder mehr Nullstellen bzw. Vorzeichenwechsel haben. Man kann beobachten, daß bei vielen Problemen der Hauptlösungsanteil niederfrequent ist. Eine grobe Diskretisierung mit nur wenigen Punkten liefert deshalb zwar eine schlechte Approximation der partiellen Differentialgleichung, aber doch schon einen wesentlichen Lösungsanteil. Aus dieser Idee wird ein Verfahren konstruiert.

Nehmen wir an, wir haben zwei verschieden feine Gitter und eine beliebige Näherungslösung (z.B. $u \equiv 0$). Diese Lösung wird auf dem feinen Gitter mit Hilfe eines Relaxationsverfahrens verbessert, d.h. es muß eine Matrix-Vektor-Multiplikation mit einer dünn besetzten Matrix ausgeführt werden. Dann wird das Residuum dieser Lösung berechnet und auf das grobe Gitter eingeschränkt. Auf dem groben Gitter wird dann ein Gleichungssystem mit dem Residuum als rechter Seite gelöst wie bei einer Nachiteration, siehe 1.1.6. Dann wird mit Interpolation auf das feine Gitter zurückgewechselt und dort wieder ein Schritt Relaxation ausgeführt. Diese Verfahrensschritte werden iteriert. Das Verfahren wird dann auf mehr als zwei Gitter verallgemeinert.

Wir wollen einen Schritt eines Dreigitterverfahrens zur Lösung von $Su = t$ algorithmisch grob darstellen: u_0 liegt als Näherungslösung vor.

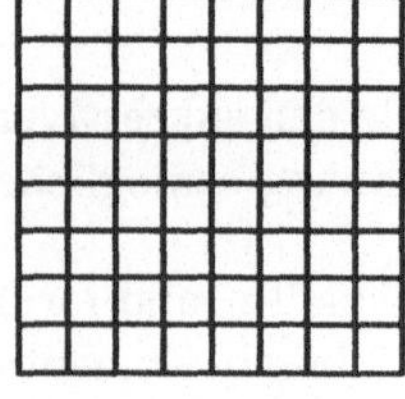

(1) **Relaxation** auf dem feinsten Gitter:
$u_0^R = Ru_0$ und Berechnung des Residuums:
$r_0 := t - Su_0^R$.

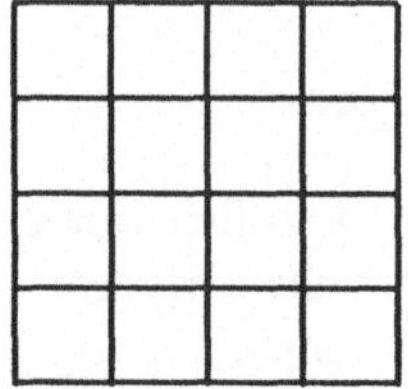

(2) **Restriktion und Relaxation:**
r_0 wird auf das mittelfeine Gitter restringiert. Dort wird wieder ein Schritt Relaxation ausgeführt: $r_0^R = Rr_0$.

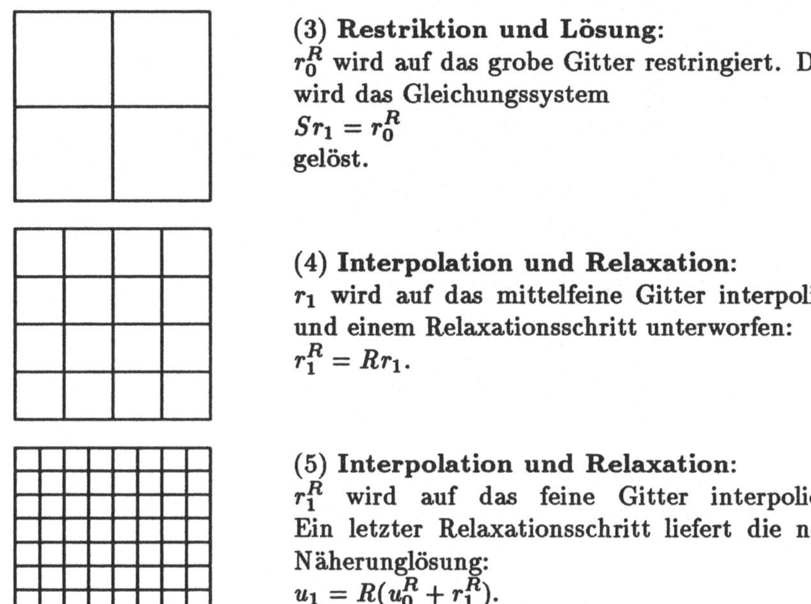

(3) Restriktion und Lösung:
r_0^R wird auf das grobe Gitter restringiert. Dort wird das Gleichungssystem
$Sr_1 = r_0^R$
gelöst.

(4) Interpolation und Relaxation:
r_1 wird auf das mittelfeine Gitter interpoliert und einem Relaxationsschritt unterworfen:
$r_1^R = Rr_1$.

(5) Interpolation und Relaxation:
r_1^R wird auf das feine Gitter interpoliert. Ein letzter Relaxationsschritt liefert die neue Näherunglösung:
$u_1 = R(u_0^R + r_1^R)$.

Um die Effizienz der Mehrgitterverfahren aufzuzeigen, wollen wir die Rechenzeiten für ein Standardproblem wie in 9.1 – allerdings mit viel mehr Gitterpunkten – für verschiedene Verfahren auflisten. Dabei wurde ein Gitter mit 255 Linien in x- und in y-Richtung über das Einheitsquadrat gelegt, also $h = 1/256$ gewählt. Das führt bei der Differenzenmethode zu einem linearen Gleichungssystem mit $n = 65025$ Unbekannten. Die Rechenzeiten (sec) beziehen sich auf eine IBM 370/158.

Verfahren	Rechenaufwand	Rechenzeit
Gauß–Seidel	$\sim n^2$	100 000
Überrelaxation	$\sim n^{3/2}$	1 200
Bunemann	$\sim n \log n$	16
Fouriertransformation	$\sim n \log \log n$	8
Mehrgittermethode	$\sim n$	7

Die beiden ersten Methoden sind allgemeine Iterationsverfahren, die nächsten beiden Verfahren gehören zur Gruppe der "rapid elliptic solver", die nicht auf allgemeine Gebiete angewendet werden können, sondern die Rechteckform des Gebietes voraussetzen.

9.3 Softwaresysteme

Für partielle Differentialgleichungen gibt es eine unübersehbare Zahl von Programmsammlungen und Bibliotheken. Die Mehrzahl basiert auf der Methode der finiten Elemente. Es gibt zu dieser Methoden-Klasse Referenzbände mit Adressen und Preisen, die mehrere hundert Seiten füllen. So enthält der Katalog [28] schon 1976 Angaben über etwa 250 Programmsysteme. Eine Schilderung ist immer unvollständig, eine Auswahl subjektiv und von den Möglichkeiten vor Ort abhängig. Wir wollen uns deshalb auf die drei Systeme beschränken, die in unserer Problemlöseumgebung SPADE, die an PAN angebunden ist, siehe Anhang C, benutzt werden:

- NAG: Kapitel D03: 10 Routinen für elliptische und parabolische Differentialgleichungen.
- PLTMG: Ein Programm für lineare und nichtlineare partielle Differentialgleichungen, das die Methode der finiten Elemente mit der Mehrgittermethode kombiniert.
- QHARM: Ein eigenes Programm für quasiharmonische Differentialgleichungen, das auf der Programmsammlung von Hinton and Owen, [41], [42], aufbaut.

Die Möglichkeiten solch kleinerer Programmsammlungen lassen sich im Rahmen dieses Textes am ehesten schildern. Die Problemlöseumgebung SPADE macht überdies die Benutzung dieser drei Programmsammlungen erheblich einfacher, übersichtlicher und bequemer, als dies mit den Programmen allein möglich ist.

Trotzdem soll noch einmal betont werden, daß die Lösung einer einigermaßen realistischen partiellen Differentialgleichung immer eine gute Kenntnis des Anwenders über das zugrundeliegende Problem, das benutzte Software-System und die notwendige Datenorganisation erfordert.

9.3.1 Die NAG-Routinen

Die NAG-Bibliothek verfügt über 10 Routinen im Kapitel D03, die für die Gleichung (9.3) im elliptischen und im parabolischen Fall mit einer Raumdimension eingesetzt werden können.

Für elliptische Probleme ist allerdings nur die Routine D03EAF als vollständiger "Löser" anzusprechen. D03EAF löst die Laplacegleichung (9.12) mit Dirichlet- oder Neumann-Bedingungen.

Die Routine D03MAF erzeugt ein Gitter für beliebige Gebiete, auch mehrfach zusammenhängende (also mit Löchern).

Die Routine D03PAF löst die im allgemeinen nichtlineare parabolische Differentialgleichung

$$\frac{\partial u}{\partial t} = \frac{1}{x^m} \frac{\partial}{\partial x} \left(x^m g(x,t,u) \frac{\partial u}{\partial x} \right) + f(x,t,u,\frac{\partial u}{\partial x}) \tag{9.27}$$

in einer Raumdimension, also $x \in \mathbb{R}$. D03PBF und D03PGF lösen Systeme solcher Gleichungen.

Die restlichen Routinen des Kapitels D03 sind Gleichungssystemlöser, wobei sie auf die speziellen Gleichungssysteme beschränkt sind, die bei der Anwendung des Differenzenverfahrens auf elliptische Probleme entstehen. Bei der Benutzung dieser Routinen muß also der Anwender die Diskretisierungsmethode zusätzlich selbst programmieren.

9.3.2 PLTMG: Finite Elemente und Mehrgitterverfahren

Das Programmpaket PLTMG löst Randwertprobleme mit der im allgemeinen nichtlinearen partiellen Differentialgleichung

$$-\nabla\left(a(x,y,u,\nabla u,\lambda)\right) + f(x,y,u,\text{grad}u,\lambda) = 0 \quad \text{in } \Omega \tag{9.28}$$

und den Randbedingungen

$$\begin{aligned} u &= g_1(x,y,\lambda) \quad \text{auf } \partial\Omega_1 \\ a \cdot n &= g_2(x,y,\lambda) \quad \text{auf } \partial\Omega_2 \\ \text{mit} \quad & \partial\Omega_2 = \partial\Omega - \partial\Omega_1 \end{aligned} \tag{9.29}$$

Dabei ist Ω ein zusammenhängendes Gebiet des $\mathbb{R}^2$, n der äußere Normaleneinheitsvektor, a der Vektor (a_1, a_2), a_1, a_2, f, g_1 und g_2 sind skalare Funktionen, und λ ist ein reeller Parameter.

PLTMG bedeutet "piecewise linear triangle multigrid method". Es wird also die Methode der finiten Elemente mit einem linearen Ansatz auf Dreiecken verwendet, wie wir es im Abschnitt 9.2.2 geschildert haben. Das entstehende Gleichungssystem wird mit einer Mehrgittermethode gelöst.

PLTMG ist durch die Allgemeinheit der Differentialgleichung und die Effizienz des Verfahrens mathematisch sehr anspruchsvoll. Mit Hilfe des Parameters λ und der Definition zusätzlicher Funktionale der Lösung können nichtlineare Fortsetzungsprobleme und Verzweigungsprobleme gelöst werden. Eine Dreieckszerlegung des Gebiets kann automatisch erzeugt und graphisch ausgegeben werden. Zeichnung 9.3 wurde von PLTMG erzeugt.

PLTMG ist gegen Einsendung eines Computerbandes bei

Randolph R. Bank
Department of Mathematics
University of California at San Diego
La Jolla, California 92093, U.S.A

erhältlich und in der beiliegenden Broschüre mit vielen Beispielen gut beschrieben.

9.3.3 QHARM: Quasiharmonische Randwertaufgabe

Das Programm QHARM löst stationäre Randwertprobleme, die durch die quasiharmonische Differentialgleichung

$$\frac{\partial}{\partial x}\left(K_1\frac{\partial u}{\partial x}\right)+\frac{\partial}{\partial y}\left(K_2\frac{\partial u}{\partial y}\right)+Q=0 \qquad (9.30)$$

beschrieben werden. Dabei ist u die gesuchte Funktion und die Funktionen K_1, K_2 und Q sind gegebene Funktionen.

Das Programm erlaubt Randbedingungen der Form

$$\begin{aligned} u &= u_p && \text{auf } \partial\Omega_1 \\ K_1\frac{\partial u}{\partial x}L_x + K_2\frac{\partial u}{\partial y}L_y + q + \alpha(u-u_a) &= 0 && \text{auf } \partial\Omega_2 \\ \text{mit} &\quad && \partial\Omega_2 = \partial\Omega - \partial\Omega_1 \end{aligned} \qquad (9.31)$$

Dabei sind $L_x = \cos(n, e_x)$ und $L_y = \cos(n, e_y)$, n ist der äußere Normalenvektor, e_x und e_y sind die Einheitsvektoren in x- bzw. y-Richtung.

Eine große Zahl von linearen Anwendungsproblemen werden von der quasiharmonischen Differentialgleichung beschrieben. Typische Probleme sind Wärmeleitung, Sickerströmung, Torsion prismatischer Balken, drehungsfreie Strömung idealer Fluide, elektrische Potentialverteilung sowie elektrostatische oder magnetostatische Feldprobleme. Die Bedeutung der Funktionen $K1$, $K2$ und Q hängen dann jeweils vom betrachteten physikalischen Problem ab.

QHARM benutzt auch die Methode der finiten Elemente, aber mit der Möglichkeit eines quadratischen Polynomansatzes in Dreiecken zusätzlich zum linearen Ansatz. QHARM enthält kein Netzerzeugungsprogramm, der Benutzer muß also eine Dreieckszerlegung mit Dreiecks- und Knotenpunktnumerierung, Koordinatentabelle für die Knotenpunkte und Zuordnung von Funktionswerten und Randbedingungen selbst vorbereiten. Die Erstellung einer Eingabedatei nimmt QHARM ihm aber wieder ab. Die Daten können bequem in einem Dialog eingegeben werden und stehen dann für weitere Rechenläufe mit leichter Möglichkeit der Änderung weiter zur Verfügung.

Anhang A

Die FORTRAN-Programme

In diesem Anhang-Kapitel findet man die ersten 40 – 200 Zeilen der FORTRAN-Programme, die für dieses Buch geschrieben wurden und auch von der Problemlösungsumgebung PAN, siehe Anhang C, benutzt werden. Außerdem sind zu jedem Programm die NAG-Routinen-Aufrufe wiedergegeben. Damit bekommt man ausführliche Informationen über den Anwendungsbereich des Programms, der im Kommentar-Block am Anfang zu finden ist, über PARAMETER-Anweisungen, Variablenspezifizierung und über die benutzten aktuellen Parameter bei den Aufrufen. Es sollte sich so ein gutes Bild der Programme ergeben, die man vollständig auf der beiliegenden Diskette findet.

Bei der FORTRAN-Programmierung und bei der Kommentierung der Programme und des Eingabedialogs haben wir versucht, uns an folgende Standards zu halten:

1. Im Kommentarblock sind der Programmname und Zweck zu finden. Der erklärende Text wurde in deutscher Sprache mit der üblichen Groß/Kleinschrift geschrieben. Indizes sind durch einen Unterstrich "_" gekennzeichnet, Potenzen durch " ^ ".

2. Bei der Eingabe kann man in den meisten Programmen eine Datei zu Hilfe nehmen. Sie soll den Namen des Programms ohne KAP-Vorspann und mit der Fortsetzung "_IN" tragen, also GAUSS_IN für das Programm KAP1_GAUSS. In der Eingabedatei befinden sich nur feste Beispielgrößen. Parameter, die unabhängig vom Beispiel geändert werden können, wie Verfahrensauswahl, Toleranz oder Ausgabeform, werden immer am "Terminal" eingegeben, also im direkten Dialog.

3. Für die Eingabedateien wurde der Kanal 10 reserviert, also z.B.
   READ(10,*) N.

4. Bei der Beschreibung der Eingabe in den Kommentarzeilen kann man die wahlweise über eine Datei einzugebenden Größen an dem abschließenden "<RETURN>" erkennen. Die anderen Daten sind direkt im Dialog einzugeben.

5. Alle Rechnungen werden doppelt genau durchgeführt. Als Anfangsbuchstabenkonvention der Variablen sind mit wenigen Ausnahmen folgende Spezifizierungen eingehalten worden:

   IMPLICIT INTEGER (I–N)
   IMPLICIT DOUBLE PRECISION (A–H,O–Z)

6. Konstanten sind überwiegend über PARAMETER-Anweisungen definiert.

7. Bedingte Anweisungen haben immer die Form

   IF — THEN (— ELSE) — ENDIF.

8. Ein- und Ausgabeanweisungen sind maschinenunabhängig, also z.B.

   PRINT *,··· oder
   PRINT 6000, ··· bei formatierter Ausgabe.

9. Vermieden haben wir

   ASSIGN-Anweisungen
   computed GOTO
   arithmetische IF-Anweisungen.

10. In den meisten Programmen wurden die Parameter so festgelegt, daß der Speicherplatzbedarf 64 kByte nicht übersteigt. Dieses ist aber leicht durch Änderung der PARAMETER-Anweisungen zu verändern.

Es bleibt noch anzumerken, daß man bei Rechenzeit-intensiven Programmen einige Punkte beachten sollte, die die Laufzeit wesentlich beeinflussen können:

- Eliminieren Sie arrays variabler Dimension !
- Benutzen Sie arrays derselben Größe !
- Übergeben Sie Unterprogramm-Parameter in COMMON-Blöcken !
- Vermeiden Sie EQUIVALENCE-statements !
- Ersetzen Sie Divisionen möglichst durch Multiplikationen !
- Erzeugen Sie keine sehr kurzen Unterprogramme !

A.1 Lineare Gleichungssysteme

A.1.1 GAUSS

```
C       Programm KAP1_GAUSS
C
C       Dieses Programm loest das lineare Gleichungssystem Ax=b
C       mit dem Gauss-Verfahren.
C       A ist eine nxn-Matrix, x,b sind nxl-Matrizen.
C       Beim Programmablauf sind einzugeben:
C         - Ob Eingabe vom File GAUSS_IN oder vom Terminal.
C         - n <RETURN>
C         - l <RETURN>
C         - Fuer i=1 bis n:
C         -- i. Zeile von A <RETURN>
C         -- i. Zeile von b <RETURN>
C
        PARAMETER (NMAX=30)
C       NMAX = maximales n bzw. l.
        IMPLICIT INTEGER (I-N)
        IMPLICIT DOUBLE PRECISION (A-H,O-Z)
        LOGICAL IFILE,FRAGE
C       IFILE = Eingabe vom File, FRAGE = Funktion (Ja/Nein - Abfrage)
        DIMENSION A(NMAX,NMAX), B(NMAX,NMAX), X(NMAX,NMAX)
        DIMENSION H1(NMAX,NMAX), H2(NMAX,NMAX), WORK(NMAX)
                     :
        CALL F04AEF(A,NMAX,B,NMAX,N,L,X,NMAX,WORK,H1,NMAX,
       *            H2,NMAX,IFAIL)
                     :
```

A.1.2 CHOLES

```
C       Programm KAP1_CHOLES
C
C       Dieses Programm loest das lineare Gleichungssystem Ax=b
C       mit dem Cholesky-Verfahren.
C       A ist eine symmetrisch-positiv-definite nxn-Matrix,
C       x,b sind nxl-Matrizen.
C       Beim Programmablauf sind einzugeben:
C         - Ob Eingabe vom File CHOLES_IN oder vom Terminal.
C         - n <RETURN>
C         - l <RETURN>
C         - Fuer i=1 bis n:
C         -- i. Zeile von A <RETURN> (ab der Diagonalen)
C         -- i. Zeile von b <RETURN>
```

```
C
      PARAMETER (NMAX=40)
      IMPLICIT INTEGER (I-N)
      IMPLICIT DOUBLE PRECISION (A-H,O-Z)
      DOUBLE PRECISION MANT
      INTEGER EXPO
      LOGICAL IFILE,FRAGE
C     IFILE = Eingabe vom File, FRAGE = Funktion (Ja/nein - Abfrage)
C     NMAX = Maximales n bzw. l.
      DIMENSION A(NMAX,NMAX), B(NMAX,NMAX), X(NMAX,NMAX)
      DIMENSION R(NMAX,NMAX), P(NMAX)
                 :
C     Cholesky-Zerlegung
      CALL F03AEF(N,A,NMAX,P,MANT,EXPO,IFAIL)
                 :
C     Loesung des Gleichungssystems
      CALL F04AFF(N,L,A,NMAX,P,B,NMAX,EPS,X,NMAX,R,NMAX,IT,IFAIL)
```

A.1.3 BAND

```
C     Programm KAP1_BAND
C
C     Dieses Programm loest das lineare Gleichungssystem Ax=b.
C     A ist eine nxn-Bandmatrix mit m1 Sub- und m2 Superdiagonalen
C     bzw. im Fall symmetrisch-positiv-definiter Matrizen mit m
C     Sub/Superdiagonalen oder variabler Bandbreite nrow_i (i=1..n).
C     x,b sind nxl-Matrizen.
C     Beim Programmablauf sind einzugeben:
C       - Ob Eingabe vom File BAND_IN oder Terminal
C       - Art der Matrix
C       - n <RETURN>
C       - l <RETURN>
C       - Im Falle A nicht symm.-pos.-def:
C       -- m1,m2 <RETURN>
C       -- Fuer i=1..n:
C       --- i. Zeile von A <RETURN>
C           (alle Elemente in den Nichtnullbaendern)
C       --- i. Zeile von b <RETURN>
C       - Im Falle A symm.-pos.-def. mit fester Bandbreite:
C       -- m <RETURN>
C       -- Fuer i=1..n:
C       --- i. Zeile von A <RETURN>
C           (alle Elemente in den Nichtnullbaendern bis zur Haupt-
C            diagonalen)
C       --- i. Zeile von b <RETURN>
```

```
C         - Im Falle A symm.-pos.-def. mit variabler Bandbreite:
C         -- Fuer i=1..n:
C         --- Kleinster Spaltenindex, bei dem in der i. Zeile von A
C             ein Nichtnullelement auftritt <RETURN>
C         --- i. Zeile von A <RETURN>
C             (Vom obigen Spaltenindex bis zur Hauptdiagonalen)
C         --- i. Zeile von b <RETURN>
C
      PARAMETER (MMAX=1600,LNMAX=800,NMAX=400)
C     NMAX = maximales n bzw. l.
C     LNMAX = maximales l*n.
C     MMAX = maximaler Wert fuer (m1+m2+1)*n im Falle A nicht
C                symmetrisch-positiv definit
C            = maximaler Wert fuer (m+1)*n im Falle A symmetrisch-
C                positiv definit mit fester Bandbreite
C            = maximale Anzahl der abzuspeichernden Elemente von A
C                im Falle A symmetrisch-positiv-definit mit variabler
C                Bandbreite.
      IMPLICIT INTEGER (I-N)
      IMPLICIT DOUBLE PRECISION (A-H,O-Z)
      DOUBLE PRECISION LL
      LOGICAL IFILE,FRAGE
C     IFILE = Eingabe vom File, FRAGE = Funktion (Ja/nein - Abfrage)
      DIMENSION A(MMAX),B(LNMAX),X(LNMAX)
      DIMENSION LL(MMAX),IN(NMAX),NROW(NMAX),D(NMAX)
                  :
C     ***** SPD, variable Bandbreite *****
      CALL F01MCF(N,A,MMAX,NROW,LL,D,IFAIL)
                  :
      CALL F04MCF(N,LL,MMAX,D,NROW,L,B,N,ISELCT,
     *                  X,N,IFAIL)
                  :
C     ***** SPD, feste Bandbreite *****
      CALL F04ACF(A,N,B,N,N,M,L,X,N,LL,N,M+1,IFAIL)
                  :
C     ***** Nicht SPD *****
      CALL F01LBF(N,M1,M2,A,M1+M2+1,LL,M1+M2+1,IN,IV,IFAIL)
                  :
```

```
      CALL  F04LDF(N,M1,M2,L,A,M1+M2+1,LL,M1+M2+1,IN,B,N,IFAIL)
                    :
```

A.1.4 DUENN

```
C     Programm KAP1_DUENN
C
C     Dieses Programm loest das lineare Gleichungssystem Ax=b
C     fuer duenn besetzte Matrizen A.
C     A ist eine nxn-Matrix, x,b sind Vektoren.
C     Beim Programmablauf sind einzugeben:
C       - Ob Eingabe vom File DUENN_IN oder Terminal.
C       - Art der Matrix.
C       - n <RETURN>
C       - Wiederholte Eingabe: i j x <RETURN>
C         (Bewirkt: A(i,j)=x; Ist A symmetrisch-positiv-definit,
C         so muss i<=j gelten).
C         (i=j=x=0 bewirkt Abschluss des Eingabevorgangs von A).
C       - b <RETURN>
C
      PARAMETER(MMAX=600,NMAX=150,LICN=4*MMAX,LIRN=2*MMAX)
C     MMAX-1=Maximale Anzahl von Matrixelementen ungleich 0.
C     NMAX=Maximales n.
      IMPLICIT INTEGER (I-N)
      IMPLICIT DOUBLE PRECISION (A-H,O-Z)
      LOGICAL  GROW,LBLOCK,ABORT,FRAGE,ISPD,IFILE
C     GROW,LBLOCK,ABORT : Logische Parameter.
C     FRAGE = Funktion (Ja/Nein - Abfrage).
C     ISPD = Matrix ist symmetrisch-positiv-definit
C     IFILE = Eingabe vom File.
      DIMENSION  A(4*MMAX),ICN(4*MMAX),IRN(2*MMAX)
C     ICN(I) bzw. IRN(I) ist Spalten- bzw. Zeilenindex des Elementes
C     A(I). A,ICN,IRN muss groesser dimensioniert sein als MMAX,
C     weil in den NAG-Prozeduren zusaetzliche Matrixelemente
C     ungleich 0 entstehen koennen.
      DIMENSION  B(NMAX),WKEEP(NMAX,3),IKEEP(NMAX,5)
      DIMENSION  IWORK(NMAX,8),WORK(NMAX,3)
      DIMENSION  ABORT(4),INFORM(4),NOITS(2),ACC(2),IDISP(10)
      DATA  GROW,LBLOCK /.TRUE., .TRUE./
      DATA  U,DENSW,DROPTL /1.0D-1,8.0D-1,5.0D-1/
C     U,DENSW,DROPTL: Routinenparameter
                    :
C     ***** symmetrisch-positiv-definit *****
      CALL  F01MAF(N,NZ,A,LICN,IRN,LIRN,ICN,DROPTL,DENSW,
```

```
     *                  WKEEP,IKEEP,IWORK,ABORT,INFORM,IFAIL)
                          :
      CALL F04MAF(N,NZ,A,LICN,IRN,LIRN,ICN,B,ACC,
     *                  NOITS,WKEEP,WORK,IKEEP,INFORM,IFAIL)
                          :
C     ***** nicht symmetrisch-positiv-definit *****
      CALL F01BRF(N,NZ,A,LICN,IRN,LIRN,ICN,U,
     *         IKEEP,IWORK,WKEEP,LBLOCK,GROW,ABORT,IDISP,IFAIL)
                          :
      CALL F04AXF(N,A,LICN,ICN,IKEEP,B,WKEEP,MODUS,IDISP,RESID)
                          :
```

A.1.5 LSS

```
C     Programm KAP1_LSS
C
C     Das Programm LSS loest homogene und inhomogene lineare
C     Gleichungssysteme A*x=b mit der Methode der kleinsten Quadrate
C     (least squares solution) auch fuer den Fall unter- oder
C     ueberbestimmter Systeme.
C     A ist eine mxn-Matrix, x und b sind n- bzw. m- komponentige
C     Vektoren.
C
C     Beim Programmablauf sind einzugeben :
C       - Ob ein homogenes Gleichungssystem geloest werden soll
C       - Ob Eingabe vom File LSS_IN oder vom Terminal
C       - m: Zahl der Gleichungen <RETURN>
C       - n: Zahl der Unbekannten <RETURN>
C       - Fuer i=1 bis m:
C       -- i. Zeile von A <RETURN>
C       - Fuer inhomogene Gleichungssysteme: Eingabe von b <RETURN>
C       - Eine relative Toleranz zur Bestimmung von Rang(A)
C
C     Bei homogenen Systemen wird eine Basis des Loesungsraumes und
C     der Rang der Matrix A ausgegeben; bei inhomogenen Systemen die
C     least squares solution, der Standardfehler und der Rang von A.
C
      IMPLICIT INTEGER (I-N)
      IMPLICIT DOUBLE PRECISION (A-H,O-Z)
      LOGICAL HOM,IFILE,FRAGE
C     HOM = Homogenes Gleichungssystem
C     FRAGE = Funktion (Ja/nein - Abfrage)
```

```
C     IFILE = Eingabe vom File
      PARAMETER (NMAX=50,LWORK=NMAX*(NMAX+4))
C     NMAX = Max. Anzahl der Gleichungen = Max. Anzahl der Unbekannten
C     LWORK = Feldlaenge des NAG-internen Feldes WORK
      DIMENSION A(NMAX,NMAX), B(NMAX), WORK(LWORK)
                    :
C     ***** Homogenes Gleichungssystem *****
      CALL F04JDF(M,N,A,NMAX,B,TOL,SIGMA,IRANK,WORK,
     *            LWORK,IFAIL)
                    :
      CALL F04JAF(M,N,A,NMAX,B,TOL,SIGMA,IRANK,WORK,
     *            LWORK,IFAIL)
                    :
C     ***** nicht homogenes Gleichungssystem *****
      CALL F04JAF(MHOM,N,A,NMAX,B,TOL,SIGMA,IRANK,WORK,
     *          LWORK,IFAIL)
                    :
```

A.2 Lineare Optimierung

A.2.1 LOPT

```
C       Programm KAP2_LOPT
C
C       Das Programm LOPT loest lineare Optimierungsprobleme der Form :
C       Minimiere die lineare Funktion z(x)=b_1*x_1+..+b_n*x_n
C       unter folgenden Nebenbedingungen :
C       1. Definitionsbereich der Variablen : l_i<=x_i<=u_i , 1<=i<=n
C       2. Lineare Restriktionen : l_i<=(A*x)_i<=u_i , n+1<=i<=n+m
C       A ist dabei eine m*n-Matrix. m=0 ist zulaessig.
C       l_i<=-1D20 bzw. u_i>=1D20 realisiert unbeschraenkte Laufbereiche
C       fuer x_i oder (A*x)_i.
C       Die Minimierungsbedingung kann weggelassen werden; in diesem
C       Fall wird ein Vektor x gesucht, der 1. und 2. erfuellt.
C       Beim Programmablauf sind einzugeben:
C         - Ob Eingabe vom File LOPT_IN oder vom Terminal
C         - n: Zahl der Komponenten der Loesung x <RETURN>
C         - m: Zahl der Zeilen von A <RETURN>
C         - Gegebenenfalls:
C         -- Fuer i=1..m:
C         --- i. Zeile von A <RETURN>
C         - Fuer i=1..n+m:
C         -- Untere Schranken fuer x_i und dann gegebenenfalls untere
C            Schranken fuer die linearen Restriktionen <RETURN>
C         -- Obere Schranken fuer x_i und dann gegebenenfalls obere
C            Schranken fuer die linearen Restriktionen <RETURN>
C         - Ob eine obere Schranke fuer die Zahl der Iterationen
C           gewuenscht wird
C         -- Gegebenenfalls:
C         --- Maximale Anzahl der Iterationsschritte
C         - Ob eine lineare Funktion minimiert werden soll
C         -- Gegebenfalls:
C         --- die Koeffizienten b_i der Funktion, i=1..n <RETURN>
C         - Ob ein kurzes oder langes Ergebnisprotokoll ausgegeben werden soll
C
      IMPLICIT INTEGER (I-N)
      IMPLICIT DOUBLE PRECISION (A-H,O-Z)
      LOGICAL LINOBJ, IFILE, FRAGE
C      LINOBJ = Lineare Funktion minimieren
C      IFILE = Eingabe vom File
C      FRAGE = Funktion (Ja/nein - Abfrage)
      PARAMETER (NMAX=40, MMAX=40, NCTOTM=NMAX+MMAX)
      PARAMETER (NROWA=MMAX, LIWORK=2*NMAX)
      PARAMETER (LWORK=2*(MMAX+1)**2+4*MMAX+6*NMAX+NROWA)
```

```
C         NMAX = Maximale Anzahl der Komponenten von x
C         MMax = Maximale Anzahl der linearen Restriktionen
          DIMENSION A(NROWA,NMAX), BL(NCTOTM), BU(NCTOTM)
          DIMENSION X(NMAX), CLAMDA(NCTOTM), WORK(LWORK)
          DIMENSION IWORK(LIWORK), ISTATE(NCTOTM), CVEC(NMAX)
                    ⋮
          CALL E04MBF(ITMAX,MSGLVL,N,M,NCTOTL,NROWA,A,BL,BU,CVEC,
         * LINOBJ,X,ISTATE,OBJLP,CLAMDA,IWORK,LIWORK,WORK,LWORK,
         * IFAIL)
                    ⋮
```

A.3 Interpolation und Approximation

A.3.1 INTERDIM1

```
C       Programm KAP3_INTERDIM1
C
C       Dieses Programm interpoliert die Wertetabelle (x_i,y_i), i=0 bis n,
C       wahlweise mit Polynomen, Splines oder rationalen Funktionen.
C       Bei Spline- und Polynominterpolation koennen auch Ableitungen
C       und Integrale der interpolierenden Funktion berechnet werden.
C       Approximation mit Splines und Polynome sind ebenfalls moeglich.
C       Genaueres siehe Beschreibung der Eingabe.
C       Die x_i muessen streng monoton steigen.
C       Sei im folgenden xmin die untere, xmax die obere Grenze des Inter-
C       polationsintervalls.
C
C       Einzugeben sind:
C       ( <CR> bedeutet <RETURN>)
C         - Eingabe vom File INTERDIM1_IN oder Terminal
C         - n <CR> (Anzahl der Punkte+1, n>=3 bei den Splines)
C         - Art der Interpolation:
C         -- 1 fuer Polynominterpolation, Auswertung an einem Punkt.
C         -- 2 fuer Polynominterpolation/approximation.
C         -- 3 fuer Splineinterpolation/approximation.
C         -- 4 fuer rationale Interpolation.
C
C         - Bei 1,3 und 4:
C         -- Fuer i=0 bis n:x_i,y_i <CR>
C
C         - Bei 2:
C         -- Sollen als x_i die Tschebyscheffpunkte verwendet werden,
C            d.h. soll x_i = ((xmax-xmin)*cos(pi*i/n)+xmin+xmax)/2 sein
C            Dann ist Polynominterpolation besonders stabil.
C
C         --- Falls ja:
C         ---- xmin,xmax <CR>
C         ---- Falls Eingabe vom File: ! <CR>
C              (Das "!" dient als Kontrollzeichen)
C         ----- Sollen die y_i durch die Funktion F ausgewertet werden.
C              Es ist dann y_i=F(x_i).
C         ------ Falls nein:
C         ------- Fuer i=0 bis n: y_i <CR>
C
C         --- Falls nein:
C         ---- Sollen Ableitungen mit eingegeben werden ?
C         ----- Falls ja:
```

```
C       ------ Fuer i=0 bis n:
C       ------- k <CR> (k ist die hoechste Ableitung im Punkt x_i).
C       ------- x_i,y_i,y^(1)_i,y^(2)_i,..,y^(k)_i <CR>
C       ----- Falls nein:
C       ------ Fuer i=0 bis n: x_i,y_i <CR>
C
C       -- Soll approximiert werden ?
C       --- Falls ja:
C       ---- m=Grad des approximierenden Polynoms (<=n) <CR>
C
C       - Bei 3:
C       -- Soll approximiert werden ?
C       --- Falls ja:
C       ---- ka <CR> (Anzahl der inneren Knoten, 0<=ka<=n-3)
C            Die inneren Knoten sind die Unstetigkeitsstellen der
C            3. Ableitung.
C       ---- Sollen aequidistante Knotenpunkte verwendet werden ?
C       ----- Falls nein:
C       ------ Fuer i=1 bis ka:
C       ------- Den i. inneren Knoten. <CR>
C             Die Folge der inneren Knoten muss (nicht streng)
C             monoton steigen und in ]xmin,xmax[ liegen.
C             Man beachte: Ein doppelter innerer Knoten ist eine
C             Unstetigkeitsstelle in der 2. Ableitung, ein
C             dreifacher in der 1. Ableitiung und ein vierfacher
C             in der Funktion selbst.
C
C       ( Auswertung der interpolierenden Funktion und ggf. ihrer
C         Ableitungen)
C
C       - Bei 1: Auswertungspunkt <CR>
C
C       - Bei 2: Menue, wiederholte Eingabe.
C       -- 1 <CR> x <CR> wertet f(x) aus.
C       -- 2 <CR> leitet Funktion ab.
C            Zur Auswertung der Ableitung wieder Menuepunkt 1 waehlen.
C       -- 3 <CR> integriert Funktion
C            Integrationskonstante = 0
C            Zur Auswertung der Integralfunktion wieder Menuepunkt 1 waehlen.
C       -- 0 <CR> : Ende des Menues.
C
C       - Bei 3: Menue, wiederholte Eingabe:
C       -- 1 <CR> x <CR> wertet f(x) aus.
C       -- 2 <CR> x <CR> wertet f^(1)(x) aus.
C       -- 3 <CR> x <CR> wertet f^(2)(x) aus.
C       -- 4 <CR> x <CR> wertet f^(3)(x) linksseitig aus.
C       -- 5 <CR> berechnet Integral ueber Definitionsbereich.
```

```
C        -- 0 <CR> : Ende des Menues.
C
C        - Bei 4: Menue, wiederholte Eingabe:
C        -- 1 <CR> x <CR> wertet f(x) aus.
C        -- 0 <CR> : Ende des Menues.
C
      PARAMETER (NMAX=100,IPMAX=(NMAX*(NMAX+1))/2)
C     NMAX=Maximales n.
      PARAMETER (LWORK=8*NMAX+58,LIWORK=2*NMAX+4)
      PARAMETER (NMAX1=NMAX+1,NMAX4=NMAX+4,NMAX5=NMAX+5)
      IMPLICIT INTEGER (I-N)
      IMPLICIT DOUBLE PRECISION (A-H,O-Z)
      INTEGER ABL,ABLMAX,IPMAX,WAHL
      LOGICAL IFILE,FRAGE,MONTON
C     MONTON ist Funktion (Test auf strenge Monotonie).
C     IFILE = Eingabe vom File; FRAGE = Ja/Nein - Abfrage.
      CHARACTER CON
C     CON ist Kontrollzeichen fuer Eingabe.
      DIMENSION X(0:NMAX),Y(0:NMAX),ABL(0:NMAX),W(0:NMAX)
      DIMENSION TRANS1(NMAX5),TRANS2(NMAX5)
      DIMENSION P(IPMAX),IWORK(LIWORK),YYA(4),WORK(LWORK)
                  :
C     ***** Polynominterpolation fuer einen Punkt *****
      CALL E01BAF(N+1,X,Y,TRANS1,TRANS2,NMAX5,WORK,
     *                      LWORK,IFAIL)
                  :
      CALL E02BBF(N+5,TRANS1,TRANS2,XX,YY,IFAIL)
                  :
      CALL E01AAF(X,Y,P,N+1,((N+1)*N)/2,N,XX)
                  :
C     ***** Polynominterpolation *****
      CALL E02AFF(N+1,Y,TRANS1,IFAIL)
                  :
      CALL E01AEF(N+1,XMIN,XMAX,X,Y,ABL,IB,ITMIN,ITMAX,
     *                    TRANS1,WORK,LWORK,IWORK,LIWORK,IFAIL)
                  :
      CALL E02AKF(IB,XMIN,XMAX,TRANS1,1,NMAX5,XX,YY,IFAIL)
                  :
      CALL E02AHF(IB,XMIN,XMAX,TRANS1,1,NMAX5,DUMMY,TRANS1,1,
     *                    NMAX5,IFAIL)
                  :
      CALL E02AJF(IB,XMIN,XMAX,TRANS1,1,NMAX5,CINT,TRANS1,1,
```

```
     *                NMAX5,IFAIL)
                        :
C       ***** Splineinterpolation *****
        CALL E02BAF(N+1,NI7,X,Y,W,TRANS1,WORK,WORK(N+1),TRANS2,
     *                SS,IFAIL)
                        :
        CALL E01BAF(N+1,X,Y,TRANS1,TRANS2,NMAX5,WORK,LWORK,IFAIL)
                        :
        CALL E02BBF(NI7,TRANS1,TRANS2,XX,YY,IFAIL)
                        :
        CALL E02BCF(NI7,TRANS1,TRANS2,XX,1,YYA,IFAIL)
                        :
        CALL E02BDF(NI7,TRANS1,TRANS2,YY,IFAIL)
                        :
C       ***** Rationale Interpolation *****
        CALL E01RAF(N+1,X,Y,M,TRANS1,TRANS2,IWORK,IFAIL)
                        :
        CALL E01RBF(M,TRANS1,TRANS2,XX,YY,IFAIL)
                        :
```

A.3.2 APPROX

```
C       Programm KAP3_APPROX
C
C       Dieses Programm berechnet die Fourier- bzw. Tschebyscheff-
C       koeffizienten einer reellen Funktion F und wertet die Reihen aus.
C       Seien x_i, i=0 bis n aquidistante Stuetzstellen in einem
C       Intervall [xmin,xmax], also x_i=xmin+(xmax-xmin)*i/n.
C       Approximiert wird anhand der Wertetabelle (x_i,F(x_i)).
C       Einzugeben sind:
C       - Ob Eingabe der Auswertungspunkte vom File APPROX_IN
C          oder vom Terminal ?
C       - xmin,xmax
C       - Soll Fourier- oder Tschebyscheffapproximation genommen werden ?
C         Im Falle der Fourierapproximation wird F approximiert durch:
C            a_0/2+a_1*cos(y)+...+a_i*cos(i*y)+...+a_m*cos(m*y)+
C                 +b_1*sin(y)+...+b_i*sin(i*y)+...+b_m*sin(m*y).
C            Dabei ist y=2*Pi*(x-xmin)/(xmax-xmin) die lineare
C            Transformation von [xmin,xmax] auf [0,2*Pi].
C         Im Falle der Tschebyscheffapproximation wird F approximiert
```

```
C           durch:c_0*T_0(z)/2+c_1*T_1(z)+...+c_m*T_m(z).
C           Dabei ist T_i(z)=cos(i*arccos(z)) das i. Tschebyscheffpolynom
C           und z=((x-xmin)+(x-xmax))/(xmax-xmin) die lineare
C           Transformation von [xmin,xmax] auf [-1,1].
C       - n=Anzahl der Stuetzstellen in Intervall [xmin,xmax[
C       - m=Grad des (eventuell trigonometrischen) Polynoms
C         Es muss m<=n/2 sein !
C         Waehlt man m=[n/2], so erhaelt man eine interpolierende
C         Funktion.
C       - Menue, wiederholte Eingabe:
C       -- 1 <RETURN> x <RETURN>: Gibt F(x) aus.
C       - 0 <RETURN>: Ende.
C
C       Die Funktion F muss vom Benutzer selbst programmiert werden.
C       Spezifikation:
C         DOUBLE PRECISION FUNCTION F(X)
C         DOUBLE PRECISION X
C         Der Wert von X darf in F nicht veraendert werden.
C
        PARAMETER (NMAX=512,NMAXH=NMAX/2)
C       NMAX=maximales n, muss gerade sein !
        IMPLICIT INTEGER (I-N)
        IMPLICIT DOUBLE PRECISION (A-H,O-Z)
        INTEGER WAHL
        LOGICAL IFILE,FRAGE
C       IFILE = Eingabe vom File, FRAGE = Funktion (Ja-Nein - Abfrage).
        DIMENSION FX(0:NMAX),C(0:NMAX),A(0:NMAXH),B(0:NMAXH)
        DIMENSION X(0:NMAX),WORK1(3,0:NMAX),WORK2(2,0:NMAX)
        DIMENSION W(0:NMAX),AUSGAB(NMAX)
        DIMENSION RES(0:NMAX)
        PI = X01AAF(PI)
                  :
C       ***** Fourier-Approximation *****
        CALL C06FAF(FX,N,WORK1,IFAIL)
                  :
C       ***** Polynom-Approximation *****
        CALL E02ADF(N+1,MPLUS1,MPLUS1,X,FX,W,WORK1,WORK2,AUSGAB,
       *                  RES,IFAIL)
                  :
        CALL E02AFF(N+1,FX,C,IFAIL)
                  :
```

```
      CALL E02AKF(MPLUS1,XMIN,XMAX,C,1,NMAX+1,XX,FF,IFAIL)
                    :
```

A.3.3 INTERDIM2

```
C     Programm KAP3_INTERDIM2
C
C     Dieses Programm
C     -- berechnet zu einer Wertetabelle (x_i,y_j,f_i_j), i=1,..,n,
C        j=1,..,l definiert auf einem rechteckigen Gitter in der x-y-
C        Ebene mit streng monoton steigenden Folgen x_i und y_j eine
C        glatte interpolierende Flaeche und wertet diese Flaeche fuer
C        Stuetzstellen (A,B) im Gitter aus.
C     -- berechnet zu einer Wertetabelle (x_i,y_i,f_i), i=1,..,m, mit
C        beliebigen Stuetzstellen (x_i,y_i) eine glatte Flaeche S so,
C        dass die euklidische Norm des Residuenvektors mit Komponenten
C        S(x_i,y_i)-f_i, i=1,..,m minimal wird (im nicht-eindeutigen
C        Fall wird die Flaeche ausgewaehlt, fuer die zusaetzlich die
C        euklidische Norm der Koeffizienten in der B-Splinedarstellung
C        minimal wird).
C        Der Benutzer muss ein rechteckiges Gitter vorgeben, dass durch
C        Parallelen zur y-Achse mit x-Koordinaten LAMDA(5) bis
C        LAMDA(PX-4) und Parallelen zur x-Achse mit y-Koordinaten MU(5)
C        bis MU(PY-4) konstruiert wird. In den so entstehenden Faechern
C        wird jeweils ein bikubisches Polynom konstruiert, sodass die
C        Uebergaenge an den Faechergrenzen glatt sind. Die Wahl dieser
C        Faecher beeinflusst das Ergebnis. In Bereichen, in denen sich
C        die Werte f_i stark aendern, sollten mehr Faecher gewaehlt
C        werden, als in Bereichen mit geringen Schwankungen.
C        Die Auswertungspunkte muessen im Bereich der Faecher liegen.
C
C     Beim Programmablauf sind einzugeben:
C        - Ob Eingabe vom File INTERDIM2_IN oder vom Terminal.
C        - Ob die Stuetzstellen ein rechteckiges Gitter aufspannen.
C        - Ob die Funktionswerte an den Stuetzstellen eingelesen oder
C          aus einer vorgegebenen Funktion berechnet werden sollen.
C          Im 2. Fall muss der Benutzer die Funktion in dem FUNCTION-
C          Unterprogramm G programmieren.
C          Spezifikation von G :
C             DOUBLE PRECISION G(Q,R)
C             DOUBLE PRECISION Q,R
C          Q und R duerfen im FUNCTION-Unterprogramm nicht veraendert
C          werden.
C
C       Falls die Stuetzstellen ein rechteckiges Gitter aufspannen:
```

```
C       - n l <RETURN>
C       - x_i, i=1..n, streng monoton steigend <RETURN>
C       - y_j, j=1..l, streng monoton steigend <RETURN>
C       - Falls die Funktionswerte eingelesen werden sollen zusaetzlich:
C       -- Fuer j=1..l
C       --- f_i_j, i=1,..,n <RETURN>
C
C       Falls die Stuetzstellen kein rechteckiges Gitter aufspannen:
C       - PX1 : Zahl der Parallelen zur y-Achse <RETURN>
C       - PY1 : Zahl der Parallelen zur x-Achse <RETURN>
C         Diese Parallelen muessen im Bereich der Stuetzstellen liegen und
C         monoton wachsend angeordnet sein. Ferner muss gelten:
C           PX1,PY1 >= 0
C           max{PX1,PY1} <= max{IPXMAX,IPYMAX} -8 und
C           min{PX1,PY1} <= min{IPXMAX,IPYMAX} -8 (Parameterliste)
C       - x-Koordinaten der Parallelen zur y-Achse, monoton steigend
C         und im Bereich der Stuetzstellen <RETURN>
C       - y-Koordinaten der Parallelen zur x-Achse, monoton steigend
C         und im Bereich der Stuetzstellen <RETURN>
C       - Falls die Funktionswerte eingelesen werden sollen:
C       -- Fuer i=1..m
C       --- x_i y_i f_i <RETURN>
C       - sonst:
C       -- Fuer i=1,..,m
C       --- x_i y_i <RETURN>
C       - ENDE <RETURN> beendet das Einlesen der Wertetabelle
C       - EPS
C         Sind Betraege von Zahlen, die bei der Rangbestimmung des ent-
C         stehenden Gleichungssystemes auftreten < EPS, so werden sie
C         vernachlaessigt.
C         EPS sollte einen moeglichst kleinen Wert fuer den Ausgabepara-
C         meter SIGMA = Summe der Quadrate der Komponenten
C         S(x_i,y_i)-f_i, i=1,..,m liefern.
C         Grober Richtwert: EPS=10^^-t, wo t die Anzahl der Dezimal-
C         stellen in der Darstellung von Double Precision- Groessen ist.
C
C       In beiden Faellen:
C       - Wiederholte Eingabe:
C       - 1 <RETURN>
C       -- A B <RETURN> : berechnet S(A,B)
C       - 2 <RETURN>
C       -- NN LL <RETURN> : wertet S auf einem aequidistanten Gitter mit
C          NN Stuetzpunkten auf der x-Achse und LL Stuetzpunkten auf der
C          y-Achse aus, NN,LL>=2
C          NN,LL >= 2
C       - 0 <RETURN> : Ende
C
```

```
      PARAMETER (NMAX=60, LMAX=56, IPXMAX=12, IPYMAX=11)
      PARAMETER (MMAX=LMAX)
      PARAMETER (NPOINT=MMAX+(IPXMAX-7)*(IPYMAX-7))
      PARAMETER (NADRE=(IPXMAX-7)*(IPYMAX-7))
      PARAMETER (NCMAX=(IPXMAX-4)*(IPYMAX-4))
      PARAMETER (NP=3*(IPYMAX-4)+4, NWSMAX=2*NCMAX*(NP+2)+NP)
      PARAMETER (IG1MAX=NMAX)
C
C     NMAX = maximales n (Gitter)
C     LMAX = maximales l (Gitter)   , NMAX >= LMAX
C     IPXMAX = maximale Anzahl der Parallelen zur y-Achse +8 (nicht Gitter)
C     IPYMAX = maximale Anzahl der Parallelen zur x-Achse +8 (nicht Gitter)
C              IPXMAX >= IPYMAX
C     MMAX = maximales m (nicht Gitter),
C     MMAX = LMAX = min {NMAX,LMAX}
C     L > N und PY > PX ist erlaubt; in diesem Fall werden die
C     Koordinatenachsen vertauscht.
C
      IMPLICIT INTEGER (I-N)
      IMPLICIT DOUBLE PRECISION (A-H,O-Z)
      INTEGER ADRES,POINT,PX,PX1,PY,PY1,RANK,WAHL
      DOUBLE PRECISION LAMDA,MU
      CHARACTER PUNKT*80,WEITER*1
      LOGICAL FUN,FRAGE,GITTER,IFILE,MONOT,SMONOT,TAUSCH
C
C     FUN    = Die Funktionswerte an den Stuetzstellen werden im
C              FUNCTION-Unterprogramm G(Q,R) berechnet
C     FRAGE  = Funktion (Ja/Nein - Abfrage)
C     Gitter = Die Stuetzstellen spannen ein rechteckiges Gitter auf
C     IFILE  = Eingabe vom File INTERDIM2_IN
C     MONOT  = Eine endliche Folge ist monoton wachsend
C     SMONOT = Eine endliche Folge ist streng monoton wachsend
C     TAUSCH = Die x- und y- Achse werden vertauscht
C
      DIMENSION POINT(NPOINT), ADRES(NADRE), LAMDA(IPXMAX)
      DIMENSION MU(IPYMAX), X(NMAX), Y(LMAX), F(NMAX*LMAX)
      DIMENSION W(MMAX), DL(NCMAX)C(NCMAX), WS(NWSMAX)
      DIMENSION XX(IG1MAX), WORK(IG1MAX), AM(IG1MAX), D(IG1MAX)
                 :
      CALL E02ZAF (PX,PY,LAMDA,MU,M,X,Y,POINT,NPOINT,
     *             ADRES,NADRES,IFAIL)
                 :
      CALL E02DAF (M,PX,PY,X,Y,F,W,LAMDA,MU,POINT,NPOINT,
     *             DL,C,NC,WS,NWS,EPS,SIGMA,RANK,IFAIL)
                 :
```

```
      CALL E01ACF (A,B,X,Y,F,VAL,FF,IFAIL,XX,WORK,AM,D,IG1,L,N)
                :
      CALL E02ZAF (PX,PY,LAMDA,MU,MP,A,B,POINT,NPOINT,
     *                 ADRES,NADRES,IFAIL)
                :
      CALL E02DBF (MP,PX,PY,A,B,FF,LAMDA,MU,POINT,NPOINT,
     *                 C,NC,IFAIL)
                :
      CALL E01ACF (A,B,X,Y,F,VAL,FF,IFAIL,XX,WORK,AM,D,IG1,L,N)
                :
      CALL E02ZAF (PX,PY,LAMDA,MU,MP,A,B,POINT,NPOINT,ADRES,
     *                      NADRES,IFAIL)
                :
      CALL E02DBF (MP,PX,PY,A,B,FF,LAMDA,MU,POINT,NPOINT,C,NC,
     *                      IFAIL)
                :
```

A.3.4 INTERPAR

```
C     Programm KAP3_INTERPAR
C
C     Dieses Programm interpoliert fuer m>=2 die Punkte
C         (x1_k,x2_k,..,xm_k) aus R^m, k=0,...,n
C     durch eine glatte Kurve.
C     Dazu wird von einem Parametrisierungsansatz x1=x1(t),..,xm=xm(t)
C     der gesuchten Kurve durch
C        t_0=0,
C        t_k = t_(k-1) + ((x1_k-x1_(k-1))^2+..+(xm_k-xm_(k-1))^2)^0.5
C                (k=1,...,n)
C     ausgegangen und die m Wertetabellen (t_k,x1_k),...,(t_k,xm_k)
C     durch die m kubischen Spline x1,...,xm interpoliert.
C
C     Beim Programmablauf sind einzugeben:
C        - Ob Eingabe vom File INTERPAR_IN oder Terminal.
C        - n <RETURN>    3<=n<=NMAX
C        - m <RETURN>    2<=m<=MMAX
C        - Fuer i=0,..,n:
C        -- x1_i,x2_i,...xm_i <RETURN>
C      Wiederholte Auswertung:
C        - 1 <RETURN>
C        -- t <RETURN>  0<=t<=1, berechnet x1(t*t_n),..,xm(t*t_n)
C        - 0 <RETURN> Ende.
```

```
C
      PARAMETER (MMAX=3,NMAX=350,IWKMAX=6*NMAX+22)
      PARAMETER (NMAX5=NMAX+5)
C     MMAX=maximales m, NMAX = maximales n.
      IMPLICIT DOUBLE PRECISION (A-H,O-Z)
      IMPLICIT INTEGER (I-N)
      LOGICAL IFILE,FRAGE
      INTEGER WAHL
C     IFILE = Eingabe vom File, FRAGE = Funktion (Ja/Nein - Abfrage)
      DIMENSION T(0:NMAX),X(0:NMAX,MMAX),WORK(IWKMAX),XX(MMAX)
C     T=Kurvenparameter, XX=Ergebnis.
      DIMENSION TRANS1(NMAX5,MMAX),TRANS2(NMAX5,MMAX)
                :
      CALL E01BAF(N+1,T,X(0,I),TRANS1(1,I),TRANS2(1,I),NMAX5,WORK,
     *            IWKMAX,IFAIL)
                :
      CALL E02BBF(N+5,TRANS1(1,I),TRANS2(1,I),TT*T(N),XX(I),IFAIL)
                :
```

A.4 Nichtlineare Gleichungen

A.4.1 DIRECT

```
C       Programm KAP4_DIRECT
C
C       Das Programm DIRECT berechnet iterativ eine einfache reelle
C       Nullstelle einer stetigen reellen Funktion f:R->R.
C       Die Iteration endet wenn eine der folgenden Bedingungen
C       erfuellt ist:
C          |x^i-s| <= EPS   oder |f(x^i)| < ETA.
C       Dabei ist x^i die Approximation an die Nullstelle s nach dem
C       i. Iterationsschritt.
C       Beim Programmablauf sind einzugeben:
C          - EPS
C          - ETA
C          - ob ein Intervall [a,b] mit f(a)*f(b) <= 0 bekannt ist
C          -- falls ja:
C          --- a, b
C          -- falls nein:
C          --- ob ein guter Startwert x^0 fuer die Iteration bekannt ist
C          ---- falls ja:
C          ----- x^0
C          ----- maximale Anzahl Anzahl von Funktionsauswertungen
C          ---- falls nein:
C          ----- eine Zahl t fuer die f wohldefiniert ist
C                (t wird zur groben Schaetzung der Nullstelle verwendet)
C          ----- Faktor H zur Bestimmung eines Intervalls [a,b] mit
C                f(a)*f(b) < 0 (Das groesste Intervall in dem nach einem
C                Vorzeichenwechsel gesucht wird ist [t-256*H,t+256*H])
C
C       Der Benutzer muss selbst eine FUNCTION F programmieren, die die
C       Funktion f an der Stelle x auswertet.
C       Spezifikation:
C          DOUBLE PRECISION FUNCTION F(X)
C          DOUBLE PRECISION X
C       Der Wert von X darf in F nicht veraendert werden.
C
        IMPLICIT INTEGER (I-N)
        IMPLICIT DOUBLE PRECISION (A-H,O-Z)
        LOGICAL FRAGE
C       FRAGE = Funktion (ja/nein - Abfrage)
        EXTERNAL F
                        :
C       ***** Intervall ist bekannt *****
```

```
      CALL C05ADF(A,B,EPS,ETA,F,X,IFAIL)
                 :
C     ***** Startwert wird vorgegeben *****
      CALL C05AJF(X,EPS,ETA,F,NFMAX,IFAIL)
                 :
C     ***** sonst *****
      CALL C05AGF(X,H,EPS,ETA,F,A,B,IFAIL)
                 :
```

A.4.2 NLIN

```
C     Programm KAP4_NLIN
C
C     Das Programm NLIN berechnet iterativ eine Nullstelle s eines
C     Systems von n nichtlinearen Funktionen F=(f_1,..,f_n) in n
C     Variablen (x_i,..,x_n).
C     Beim Programmablauf sind einzugeben:
C       - n: Anzahl der Gleichungen
C       - x^0: Schaetzung fuer den n-komponentigen Loesungsvektor s
C       - Genauigkeit fuer die Loesung
C       - ob die Jacobi-Matrix (dF/dX) vom Benutzer gestellt wird
C       -- falls ja:
C       --- ob die Jacobi-Matrix ueberprueft werden soll
C       - ob die einfache Fassung des Programms benutzt werden soll
C       -- falls nein:
C       --- maximale Anzahl von Funktionsaufrufen
C       --- auf Wunsch Skalierungsfaktoren fuer die Variablen
C       --- Faktor zur Bestimmung der Anfangsschrittweite
C       --- nach jeweils wievielen Iterationen Zwischenergebnisse
C           ausgegeben werden sollen
C       --- falls die Jacobi-Matrix vom Programm berechnet wird:
C       ---- ob die Jacobi-Matrix eine Band-Matrix ist
C       ----- falls ja:
C       ------ Anzahl der Subdiagonalen
C       ------ Anzahl der Superdiagonalen
C       --- Maximaler relativer Fehler EPSFCN fuer Funktionsberechnungen
C           h=EPSFCN^0.5 wird zur Berechnung der dividierten
C           Differenzen verwendet.
C
C     Der Benutzer muss selbst die Unterprogramme FO und FM schreiben.
C     FO berechnet die Funktion F. FM berechnet die Funktion F und auch
C     deren Ableitung. Wenn die Jacobi-Matrix (dF/dX) vom Programm
C     berechnet wird, genuegt es FM als dummy-Funktion zu deklarieren.
```

```
C      Im anderen Fall kann FO als dummy-Funktion deklariert werden.
C      1.Fall: Jacobi-Matrix wird vom Programm berechnet
C        Spezifikation:
C          SUBROUTINE FO(N,X,FVEC,IFLAG)
C          INTEGER N, IFLAG
C          DOUBLE PRECISION FVEC(N), X(N)
C        N: Beim Aufruf enthaelt N die Anzahl der Gleichungen.
C        X: Beim Aufruf enthaelt X den Punkt in dem die Funktion F
C           berechnet werden soll
C         N und X duerfen in FO nicht veraendert werden
C        FVEC: Beim Verlassen muss FVEC(I) den Wert der i. Funktion f_i
C              im Punkt X enthalten
C        IFLAG: Wenn nicht die einfache Fassung des Programms benutzt
C               und IFLAG=0 ist, dann koennen X und FVEC ausgeben werden.
C               Fuer diesen Fall sind Ausgabeanweisungen vorzusehen.
C      2.Fall: Jacobi-Matrix wird vom Benutzer gestellt
C          SUBROUTINE FM(N,X,FVEC,FJAC,LDFJAC,IFLAG)
C          INTEGER N, IFLAG, LDFJAC
C          DOUBLE PRECISION FVEC(N), X(N), FJAC(LDFJAC,N)
C        N: Beim Aufruf enthaelt N die Anzahl der Gleichungen
C        X: Beim Aufruf enthaelt X den Punkt, in dem die Funktion F
C           oder deren Ableitung berechnet werden soll
C         N und X duerfen in F nicht veraendert werden
C        FVEC: Falls IFLAG=1 beim Aufruf, muss FVEC(I) beim Verlassen den
C              Wert der i. Funktion im Punkt X enthalten
C        FJAC: Falls IFLAG=2 beim Aufruf, muss FJAC(I,J) beim Verlassen
C              den Wert der Ableitung der i. Funktion f_i nach der
C              Variable X^j im Punkt X enthalten
C        LDFJAC: Darf nicht veraendert werden
C        IFLAG: Falls beim Aufruf IFLAG=2 bzw. =1, dann muss FJAC bzw.
C               FVEC neu gesetzt werden. Falls IFLAG=0 und nicht die
C               einfache Fassung des Programms benutzt wird, dann koennen
C               X und FVEC ausgegeben werden. Fuer diesen Fall sind
C               Ausgabeanweisungen vorzusehen.
C
       IMPLICIT INTEGER (I-N)
       IMPLICIT DOUBLE PRECISION (A-H,O-Z)
       LOGICAL FRAGE, JACOBI
C      JACOBI = Jacobi-Matrix wird vom Benutzer gestellt
       PARAMETER (NMAX=20)
C      NMAX = Maximale Anzahl der Gleichungen bzw. Variablen
       PARAMETER (LWA = 20*(3*NMAX+13), LDFJAC = NMAX)
       PARAMETER (LR = 20*(NMAX+1))
       DIMENSION FVEC(NMAX), X(NMAX), WA(LWA), DIAG(NMAX)
       DIMENSION FJAC(LDFJAC,NMAX), R(LR), QTF(NMAX), W(NMAX*4)
       DIMENSION FVECP(NMAX), XP(NMAX), ERR(NMAX)
```

```
      EXTERNAL FO, FM
                  :
C     ***** Ueberpruefung der Jacobi-Matrix *****
      CALL C05ZAF(N,N,X,FVEC,FJAC,LDFJAC,XP,FVECP,1,ERR)
                  :
      CALL C05ZAF(N,N,X,FVEC,FJAC,LDFJAC,XP,FVECP,2,ERR)
                  :
C     ***** einfache Fassung *****
      CALL C05PBF(FM,N,X,FVEC,FJAC,LDFJAC,XTOL,WA,LWA,IFAIL)
                  :
      CALL C05NBF(FO,N,X,FVEC,XTOL,WA,LWA,IFAIL)
                  :
C     ***** komplizierte Fassung *****
      CALL C05PCF(FM,N,X,FVEC,FJAC,LDFJAC,XTOL,MAXFEV,DIAG,
     *       MODE,FACTOR,NPRINT,NFEV,NJEV,R,LR,QTF,W,IFAIL)
                  :
      CALL C05NCF(FO,N,X,FVEC,XTOL,MAXFEV,ML,MU,EPSFCN,DIAG,
     *       MODE,FACTOR,NPRINT,NFEV,FJAC,LDFJAC,R,LR,QTF,W,IFAIL)
                  :
```

A.5 Eigenwertprobleme

A.5.1 STDEW

```
C       Programm KAP5_STDEW
C
C       Dieses Programm loest das Eigenwertproblem Ax=lambda x mit
C       A nxn-Matrix, x aus C^n, lambda komplex.
C       Beim Programmablauf ist einzugeben:
C       - Eingabe vom File STDEW_IN oder vom Terminal ?
C         (Immer vom Terminal)
C       - n <RETURN>
C       - Fuer i=1 bis n:
C       -- i. Zeile von A <RETURN>
C
        IMPLICIT INTEGER (I-N)
        IMPLICIT DOUBLE PRECISION (A-H,O-Z)
        PARAMETER (NMAX=55)
        LOGICAL IFILE,FRAGE
C       IFILE = Eingabe vom File, FRAGE = Funktion (Ja/nein - Abfrage)
        INTEGER X02BAF
        DIMENSION A(NMAX,NMAX),V(NMAX,NMAX),EWR(NMAX),EWI(NMAX)
C       V=Eigenvektoren, EWR/EWI=Real/Imaginaerteile der Eigenwerte
        DIMENSION IND(NMAX),D(NMAX)
                      :
        CALL F01ATF(N,IB,A,NMAX,K,L,D)
                      :
        CALL F01AKF(N,K,L,A,NMAX,IND)
                      :
        CALL F01APF(N,K,L,IND,A,NMAX,V,NMAX)
                      :
        CALL F02AQF(N,K,L,EPS,A,NMAX,V,NMAX,EWR,EWI,IND,IFAIL)
                      :
        CALL F01AUF(N,K,L,N,D,V,NMAX)
                      :
C       Programm KAP5_STDEW
C
C       Dieses Programm loest das Eigenwertproblem Ax=lambda x mit
C       A nxn-Matrix, x aus C^n, lambda komplex.
C       Beim Programmablauf ist einzugeben:
C       - Eingabe vom File STDEW_IN oder vom Terminal ?
C         (Immer vom Terminal)
```

```
C       - n <RETURN>
C       - Fuer i=1 bis n:
C       -- i. Zeile von A <RETURN>
C
        IMPLICIT INTEGER (I-N)
        IMPLICIT DOUBLE PRECISION (A-H,O-Z)
        PARAMETER (NMAX=55)
        LOGICAL IFILE,FRAGE
C       IFILE = Eingabe vom File, FRAGE = Funktion (Ja/nein - Abfrage)
        INTEGER X02BAF
        DIMENSION A(NMAX,NMAX),V(NMAX,NMAX),EWR(NMAX),EWI(NMAX)
C       V=Eigenvektoren, EWR/EWI=Real/Imaginaerteile der Eigenwerte
        DIMENSION IND(NMAX),D(NMAX)
                    :
C       **** Balancing                                              ****
        CALL F01ATF(N,IB,A,NMAX,K,L,D)
                    :
C       **** Transformation auf Hessenbergform                      ****
        CALL F01AKF(N,K,L,A,NMAX,IND)
                    :
C       **** Akkumulation der Transformation                        ****
        CALL F01APF(N,K,L,IND,A,NMAX,V,NMAX)
                    :
C       **** QR-Verfahren                                           ****
        CALL F02AQF(N,K,L,EPS,A,NMAX,V,NMAX,EWR,EWI,IND,IFAIL)
                    :
C       **** Ruecktransformation                                    ****
        CALL F01AUF(N,K,L,N,D,V,NMAX)
                    :
```

A.5.2 SYMEW

```
C       Programm KAP5_SYMEW
C
C       Dieses Programm loest das Eigenwert-/Eigenvektorproblem
C       Ax=lambda*x fuer symmetrische nxn-Matrizen A.
C       Einzugeben sind:
C         - Eingabe vom File SYMEW_IN oder Terminal ? (immer vom Terminal).
C         - n <RETURN>
C         - Fuer i=1 bis n:
C         -- i. Zeile von A ab der Hauptdiagonale <RETURN>
C
```

```
      IMPLICIT INTEGER(I-N)
      IMPLICIT DOUBLE PRECISION (A-H,O-Z)
      LOGICAL IFILE,FRAGE
C     IFILE = Eingabe vom File, FRAGE = Funktion (Ja/Nein - Abfrage)
      DOUBLE PRECISION NORM,NORMMIN
      PARAMETER (NMAX=45)
      DIMENSION A(NMAX,NMAX),U(NMAX,NMAX)
      DIMENSION D(NMAX),E(NMAX),NORM(NMAX),IPERM(NMAX)
C     IPERM speichert die Permutationen beim Balancieren von A
                  :
      CALL F01AJF(N,TOL,A,NMAX,D,E,U,NMAX)
                  :
      CALL F02AMF(N,EPS,D,E,U,NMAX,IFAIL)
                  :
```

A.5.3 AEW

```
C     Programm KAP5_AEW
C
C     Dieses Programm loest das Eigenwertproblem Ax=lambda*Bx mit
C     A,B nxn-Matrix, x aus C^n, lambda komplex.
C     Beim Programmablauf ist einzugeben:
C     - Eingabe vom File AEW_IN oder vom Terminal ?
C       (Immer vom Terminal)
C     - Sollen die Eigenvektoren berechnet werden ?
C       (Immer vom Terminal)
C     - Soll der Spezialfall
C         A symmetrisch, B symmetrisch positiv definit
C       geloest werden ? (0=Nein, 1=Ja) <RETURN>
C     - n <RETURN>
C     - Fuer i=1 bis n:
C     -- Falls der Spezialfall geloest werden soll:
C     --- i. Zeile von A ab Hauptdiagonale <RETURN>
C     -- Falls der Spezialfall nicht geloest werden soll:
C     --- i. Zeile von A <RETURN>
C     - Fuer i=1 bis n:
C     -- Falls der Spezialfall geloest werden soll:
C     --- i. Zeile von B ab Hauptdiagonale <RETURN>
C     -- Falls der Spezialfall nicht geloest werden soll:
C     -- i. Zeile von B <RETURN>
C
      PARAMETER (NMAX=45)
C     NMAX = maximales n.
```

```
      IMPLICIT INTEGER (I-N)
      IMPLICIT DOUBLE PRECISION (A-H,O-Z)
      LOGICAL IFILE,FRAGE,WANTQ
C     IFILE = Eingabe vom File, FRAGE = Funktion (Ja/nein - Abfrage)
C     WANTQ = Eigenvektoren erwuenscht.
      INTEGER SPEZ
C     SPEZ = Spezialfall wird geloest.
      DOUBLE PRECISION NORM,NORMMIN
      DIMENSION A(NMAX,NMAX),Q(NMAX,NMAX),B(NMAX,NMAX)
C     Q=Eigenvektoren
      DIMENSION ALFR(NMAX),ALFI(NMAX),D(NMAX),E(NMAX),DL(NMAX)
      DIMENSION NORM(NMAX),IPERM(NMAX)
C     ALFR/ALFI=Real/Imaginaerteile der Eigenwerte
      DIMENSION ITER(NMAX),BETA(NMAX)
C     BETA=Sklalierungsfaktoren fuer ALFR,ALFI:
C     lambda_j=(ALFR(j)+i*ALFI(j))/BETA(j).
            :
      CALL F02BJF(N,A,NMAX,B,NMAX,EPS,ALFR,ALFI,BETA,WANTQ,Q,
     *            NMAX,ITER,IFAIL)
            :
C     **** QZ-Verfahren                                    ****
      CALL F01AEF(N,A,NMAX,B,NMAX,DL,IFAIL)
            :
C     **** Transformation auf das spezielle EW-Problem ****
      CALL F01AJF(N,TOL,A,NMAX,D,E,Q,NMAX)
            :
C     **** Transformation auf Dreibandgestalt              ****
      CALL F02AMF(N,EPS,D,E,Q,NMAX,IFAIL)
            :
C     **** Loesung des Dreiband-EW-Problems                ****
      CALL F01AFF(N,1,N,B,NMAX,DL,Q,NMAX)
            :
```

A.5.4 DUENNEW

```
C     Programm KAP5_DUENNEW
C
C     Dieses Programm findet m Eigenwerte lambda_i mit den zugehoerigen
C     Eigenvektoren x_i fuer die Probleme
C     1. Ax=lambda x
C     2. Ax=lambda Bx
```

```
C      3. ABx=lambda x
C      Dabei ist A eine symmetrische nxn-Matrix, B ist eine
C      symmetrisch-positiv-definite nxn-Matrix.
C      A,B sind duenn besetzt; sie werden nicht explizit gespeichert,
C      sondern ueber die Funktion DOT und Prozedur IMAGE programmiert:
C      Die m Eigenwerte koennen dabei:
C      a) die grossten
C      b) die kleinsten
C      c) die am weitesten von SIG gelegenen
C      d) die am naechsten an SIG gelegenen
C      sein.
C      ACHTUNG:
C      Im Fall b) wird 1/lambda_i ausgegeben, im Fall c) lambda_i-SIG,
C      im Fall d) 1/(lambda_i-SIG).
C      Naeheres siehe bei diesen Funktionen.
C      Dieses Programm hat keine Datei-Eingabe.
C
       IMPLICIT INTEGER (I-N)
       IMPLICIT DOUBLE PRECISION (A-H,O-Z)
       LOGICAL FRAGE
C      FRAGE = Funktion (Ja - Nein Abfrage)
       EXTERNAL MONIT,DOT,IMAGE,F02FJZ
       PARAMETER (NMAX=200,MAXI=1900)
C      NMAX = Maximales N
C      MAXI = Dimension von WORK, MAXI >= 3K+max(K^2,2N),
C      wobei K = MIN(N , Anzahl erwuenschter Eigenwerte + 4)
       DIMENSION D(NMAX),X(MAXI),WORK(MAXI),RWORK(MAXI)
       DIMENSION IWORK(MAXI)
       COMMON /SIG/ SIG
                 :
       CALL F02FJF(N,M,K,NOITS,TOL,DOT,IMAGE,MONIT,0,X,N,D,
      *            WORK,MAXI,RWORK,MAXI,IWORK,MAXI,IFAIL)
                 :
```

A.5.5 EDUENN

```
C      Programm KAP5_EDUENN
C      Dieses Programm berechnet m Eigenwerte und die dazugehoerigen
C      Eigenvektoren einer symmetrischen nxn-Matrix A fuer die folgenden
C      vier Faelle:
C
C        1. Gesucht sind die betragsmaessig groessten Eigenwerte
C        2. Gesucht sind die betragsmaessig kleinsten Eigenwerte
C        3. Gesucht sind die Eigenwerte, die am weitesten von
C           einem einzugebenden Wert sigma liegen.
```

```
C        4. Gesucht sind die Eigenwerte, die am dichtesten an
C           einem einzugebenden Wert sigma liegen.
C
C     Einzugeben sind
C     - Eingabe vom File EDUENN_IN oder vom Terminal ?
C     - n (n>=2) <RETURN>
C     - Welcher der vier Faelle soll geloest werden <RETURN>
C     - Eingabe aller von 0 verschiedenen Matrixelemente in der Form
C     -- i j w <RETURN>
C        (i/j = Indices, w = Wert)
C        Diese Eingabe setzt das Element in der i. Zeile und j. Spalte
C        sowie das Element in der i. Spalte und j. Zeile von A auf w.
C        Es muss i<=j gelten !
C        Wird ein Matrixelement mehrfach eingegeben, so werden saemtliche
C        Eingaben addiert.
C     - 0 0 0 <RETURN> markiert Ende der Eingabe von Matrixelementen
C     - Falls Fall 3 oder 4 gewaehlt wurde:
C     -- sigma <RETURN>
C     - m (= Anzahl gesuchter Eigenwerte) <RETURN>
C     - k (= Anzahl der simultan iterierten Eigenvektoren) <RETURN>
C       Es muss m<k<=n sein !
C     - tol (= Fehlertoleranz) <RETURN>
C       Wird 0.0 eingegeben, so waehlt sich das Programm
C       einen passenden Wert.
C     - Maximale Anzahl von Iterationen <RETURN>
C       Wird 0 eingegeben, so waehlt das Programm den Wert 100.
C
      PARAMETER (NMAX=250,NZMAX=2000,KMAX=20,NKMAX=1500,
     *   MMAX=KMAX-1,LRWORK=1+5*NMAX,LIWORK=6*NMAX,
     *   LWORK=2*NMAX+KMAX*KMAX+3*KMAX)
C     NMAX = maximales n
C     NZMAX = maximale Anzahl von Matrixeintraegen
C     KMAX = maximales k
C     NKMAX= Maximalwert fuer n*k
C     MMAX = maximales m
C                         !!! ACHTUNG !!!
C     Beim Aendern des Parameter NZMAX diesen Parameter
C     auch in der Routine IMAGE und APROD anpassen !
C
      IMPLICIT DOUBLE PRECISION (A-H,O-Z)
      IMPLICIT INTEGER (I-N)
      DIMENSION A(NZMAX),WORK(LWORK),D(KMAX),X(NKMAX),
     *   RWORK(LRWORK),IRN(NZMAX),ICN(NZMAX),IWORK(LIWORK)
C     Die Matrizenspeicherung erfolgt durch die drei Felder A,IRN
C     und ICN. A(I) enthaelt den Wert, IRN(I) den Zeilen- und ICN(I)
C     den Spaltenindex eines Matrixelements (I=1 bis NZ). Es werden
C     nur Elemente<>0 und nur Elemente, die nicht unterhalb der
```

```
C      Hauptdiagonalen stehen, gespeichert.
       LOGICAL FRAGE
C      Ja/Nein-Abfrage
       EXTERNAL MONIT,DOT,IMAGE
       COMMON NZ,A,IRN,ICN,ICASE,SIG
                  :
       CALL F02FJF(N,M,K,NOITS,TOL,DOT,IMAGE,MONIT,0,X,N,D,
      *             WORK,LWORK,RWORK,LRWORK,IWORK,LIWORK,IFAIL)
                  :
       CALL F04MBF(N,Z,W,APROD,APROD,.FALSE.,SIG,RTOL,
      *   ITNLIM,MSGLVL,ITN,ANORM,ACOND,RNORM,XNORM,
      *   RWORK(1),RWORK(5*N+1),LRWORK-5*N,IWORK,LIWORK,
      *   INFORM,IFAIL)
                  :
```

A.5.6 SVD

```
C      Programm KAP5_SVD
C
C      Dieses Programm berechnet die Singulaerwertzerlegung einer
C      reellen mxn-Matrix A in U*SIG*V(transp).
C      Sei k=min(m,n). Dann enthalten die k Spalten von U die
C      linksseitigen Singulaervektoren, die ersten k Zeilen von
C      V(transp) die rechtsseitigen Singulaervektoren. SIG ist
C      eine kxk - Diagonalmatrix.
C      Beim Programmablauf ist einzugeben:
C      - Eingabe vom File SVD_IN oder vom Terminal ?
C        (Immer vom Terminal)
C      - m,n <RETURN>
C      - Fuer i=1 bis m:
C      -- i. Zeile von A <RETURN>
       IMPLICIT INTEGER (I-N)
       IMPLICIT DOUBLE PRECISION (A-H,O-Z)
       PARAMETER (NMAX=100,MATMAX=2000)
C      NMAX = maximales min(n,m), MATMAX=maximale n*m.
       LOGICAL IFILE,FRAGE
C      IFILE = Eingabe vom File, FRAGE = Funktion (Ja/nein - Abfrage)
       DIMENSION A(MATMAX),U(MATMAX),SIG(NMAX)
       DIMENSION VT(MATMAX),WORK(NMAX*3)
C      VT=V(transp)
                  :
       CALL F02WCF(M,N,K,A,M,U,M,SIG,VT,K,WORK,3*NMAX,IFAIL)
                  :
```

A.6 Numerische Integration

A.6.1 ADAPT

```
C     Programm KAP8_ADAPT
C
C     Das Programm ADAPT berechnet adaptiv das Integral I einer Funktion
C     f:R->R ueber ein endliches,halbunendliches oder unendliches Inter-
C     vall [a,b]. Falls das Intervall [a,b] endlich ist, werden die 10-
C     Punkte Formel von Gauss und die 21-Punkte Formel von Kronrod ange-
C     wendet. In den anderen Faellen werden die entsprechenden 7- und 15
C     -Punkte Formeln benutzt.
C
C     Der Benutzer muss selbst eine FUNCTION F schreiben, die die Funk-
C     tion f im Punkt X berechnet. Spezifikation:
C        DOUBLE PRECISION FUNCTION F(X)
C        DOUBLE PRECISION X
C
C     Beim Programmablauf sind einzugeben:
C        - EPS: absolute Geanauigkeit
C        - DELTA: relative Genauigkeit
C        - ob das Integrationsintervall [a,b] endlich ist
C        -- wenn ja:
C        --- a,b: Integrationsgrenzen
C        -- wenn nein:
C        --- Art des Integrationsintervalls
C        --- gegebenenfalls eine endliche Grenze des Intervalls
C
      IMPLICIT INTEGER (I-N)
      IMPLICIT DOUBLE PRECISION (A-H,O-Z)
      PARAMETER (LW=5000,LIW=650)
C     LW/4 ist die obere Schranke fuer die Anzahl der Teilintervalle, in
C     das Integrationsintervall unterteilt wird. Beachte: LIW >= LW/8+2.
      DIMENSION W(LW), IW(LIW)
      EXTERNAL F
                    :
      CALL D01AJF(F,A,B,EPS,DELTA,RESULT,ABSERR,W,LW,IW,LIW,IFAIL)
                    :
      CALL D01AMF(F,BOUND,INF,EPS,DELTA,RESULT,ABSERR,W,LW,IW,
     *            LIW,IFAIL)
                    :
```

A.6.2 PATT

```
C       Programm KAP8_PATT
C
C       Das Programm berechnet nach der Methode von Patterson bestimmte
C       und unbestimmte Integrale einer Funktion f:R->R ueber ein end-
C       liches Intervall [a,b]. Diese Integrationsmethode beruht auf einer
C       erweiterten Gauss-Quadraturformel. Wenn das Integral noch zusaetz-
C       lich ueber Teilintervalle [c,d] von [a,b] berechnet werden soll,
C       so wird der Integrand nach Legendre-Polynomen entwickelt und die
C       Integrale ueber [c,d] werden dann analytisch geloest.
C
C       Der Benutzer muss selbst eine FUNCTION F schreiben, die die Funk-
C       tion f im Punkt X berechnet. Spezifikation:
C         DOUBLE PRECISION FUNCTION F(X)
C         DOUBLE PRECISION X
C
C       Beim Programmablauf sind einzugeben:
C         - a,b: Integrationsgrenzen
C         - EPS: absolute Genauigkeit
C         - DELTA: relative Genauigkeit
C         - ob das Integral auch fuer Teilintervalle geloest werden soll
C         -- wenn ja:
C         -- Anzahl der Teilintervalle
C         -- Teilintervalle [c,d]
C
        IMPLICIT INTEGER (I-N)
        IMPLICIT DOUBLE PRECISION (A-H,O-Z)
        LOGICAL FRAGE
C       Frage = Funktion (Ja/nein - Abfrage)
        DIMENSION ALPHA(390)
        COMMON /PARAM/ KOUNT
        EXTERNAL F
                  :
        CALL D01ARF(A,B,F,DELTA,EPS,MAXRUL,0,ACC,ANS,N,ALPHA,IFAIL)
                  :
        CALL D01ARF(A,B,F,DELTA,EPS,MAXRUL,1,ACC,ANS,N,ALPHA,IFAIL)
                  :
        CALL D01ARF(C,D,F,DELTA,EPS,MAXRUL,2,ACC,ANS,N,ALPHA,IFAIL)
                  :
```

A.6.3 MULTIPATT

```
C       Programm KAP8_MULTIPATT
C
C       Das Programm MULTIPATT versucht das Doppelintegral I einer
C       Funktion f(x,y):R^2->R durch wiederholte Anwendung der Methode von
C       Patterson,die auf der Gauss-Quadraturformel basiert, zu berechnen.
C       Dabei wird das Doppelintegral aufgespalten in zwei einfache Inte-
C       grale: I entspricht dem Integral von F(y) ueber dem Intervall
C       [a,b], wobei F(y) gleich dem Integral von f(x,y) ueber den Inte-
C       grationsbereich von PHI1(y) bis PHI2(y) ist.
C
C       Der Benutzer muss selbst drei FUNCTION-Unterprogramme schreiben:
C       1. DOUBLE PRECISION FUNCTION F(X,Y)
C            DOUBLE PRECISION X,Y
C          F berechnet die Funktion f im Punkt (X,Y).
C       2. DOUBLE PRECISION FUNCTION PHI1(Y)
C            DOUBLE PRECISION Y
C          PHI1 berechnet die Funktion PHI1 im Punkt Y.
C       3. DOUBLE PRECISION FUNCTION PHI2(Y)
C            DOUBLE PRECISION Y
C          PHI2 berchnet die Funktion PHI2 im Punkt Y.
C
C       Beim Programmablauf sind einzugeben:
C         - a,b: Integrationsgrenzen des auesseren Integrals
C         - EPS: absolute Genauigkeit
C
      IMPLICIT INTEGER (I-N)
      IMPLICIT DOUBLE PRECISION (A-H,O-Z)
      EXTERNAL F, PHI1, PHI2
                 :
      CALL D01DAF(A,B,PHI1,PHI2,F,EPS,ANS,N,IFAIL)
                 :
```

A.6.4 SIMPLEX

```
C       Programm KAP8_SIMPLEX
C
C       Das Programm SIMPLEX berechnet eine Folge von Approximationen
C       fuer das Integral einer Funktion F:R^n->R ueber ein durch n+1
C       Eckpunkte beschriebenes Simplex S.
```

```
C
C      Der Benutzer muss selbst eine FUNCTION F schreiben, die die Funk-
C      tion F im Punkt X=(x_1,..,x_n) berechnet. Spezifikation:
C         DOUBLE PRECISION FUNCTION F(N,X)
C         INTEGER N
C         DOUBLE PRECISION X(N)
C       N gibt die Dimension n des Integrals an.
C       N und X duerfen in F nicht veraendert werden.
C
C      Beim Programmablauf sind einzugeben:
C         - bis zu welcher Ordnung Approximationen berechnet werden sollen
C         - Eingabe vom File SIMPLEX_IN oder vom Terminal
C         - n: Dimension des Integrals <RETURN>
C         - fuer i=1 bis n+1
C         -- die n Komponenten des i.Eckpunktes des Simplex S <RETURN>
C
      IMPLICIT INTEGER (I-N)
      IMPLICIT DOUBLE PRECISION (A-H,O-Z)
      LOGICAL FRAGE, IFILE
      PARAMETER (NMAX=20,ORDMAX=30,IV1=NMAX+1,IV2=2*IV1)
C      NMAX = maximale Dimension des Integrals
C      ORDMAX = maximale Ordnung der Approximation
      DIMENSION FINVLS(10), VERTEX(IV1,IV2)
      EXTERNAL F
               :
      CALL D01PAF(N,VERTEX,IV1,IV2,F,MINORD,MAXORD,FINVLS,
     *               ESTERR,IFAIL)
               :
```

A.7 Anfangswertaufgaben: AWA

```
C       Programm KAP7_AWA
C
C       Dieses Programm loest Anfangswertaufgaben mit Systemen
C       gewoehnlicher Differentialgleichungen der Form
C
C              dy/dx=f(x,y) mit x aus R, y aus R^n,
C              y(x0)=y0.
C
C       Dabei stehen 4 Verfahren zur Verfuegung:
C       1) Runge-Kutta-Verfahren
C       2) Adams-Verfahren
C          Dieses Verfahren ist bei hoeheren Genauigkeitsanfor-
C          -derungen, bei groesseren Systemen oder bei laengeren
C          Intervallen zu empfehlen.
C       3) Rueckwaerts-Differenzen-Formel
C          Dieses Verfahren ist bei schwach steifen Differential-
C          gleichungen zu empfehlen.
C       4) Schaetzung, wie steif ein System ist und wie gross
C          der globale Fehler beim Verfahren 1) etwa ist.
C          Hier wird alle m Integrationsschritte (m ist vom Benutzer
C          einzugeben) das Unterprogramm OUTPUT aufgerufen.
C          Ist m<=0, so wird OUTPUT nicht aufgerufen.
C          OUTPUT gibt x, den Parameter STIFF und die Komponenten y_i
C          des Loesungsvektors y(x) aus. Ferner wird fuer jedes
C          y_i eine globale Fehlerschaetzung, das betragsmaessige
C          Maximum der globalen Fehlerschaetzung ueber alle
C          bisherigen Integrationspunkte sowie die Anzahl der
C          Vorzeichenwechsel der Fehlerschaetzung ausgegeben.
C          Ist x am Endpunkt angekommen, wird noch einmal OUTPUT
C          aufgerufen (auch fuer m<=0).
C          Diesem Schaetzverfahren liegt das Runge-Kutta-Merson-
C          Verfahren (Verfahren 1) zugrunde.
C          Zum Wert STIFF:
C          Dieser liegt in [0,1]. Je groesser er ist, desto steifer
C          ist das System.
C          Ist er im Endpunkt oder in einem Punkt der letzten Haelfte
C          des Integrationsintervalls groesser 0.75, so sollte
C          Verfahren 3) angewendet werden. Bei einem Wert groesser 0.5
C          am Endpunkt kann die Verwendung von Verfahren 3) auch schon
C          Rechenzeit ersparen.
C          Ist der Wert von STIFF klein genug, so kann man das
C          von dieser Routine berechnete Ergebnis verwenden,
C          da dieses Verfahren die gleiche Integrationsmethode
C          benutzt wie Verfahren 1).
```

```
C
C     Die rechte Seite f der Differentialgleichung muss im
C     Unterprogramm FCN in diesem Programm implementiert werden
C     (siehe unten). Wird Verfahren 3) verwendet, muss zusaetzlich
C     im Unterprogramm PEDERV die Jacobimatrix (df_i/dy_j) implemen-
C     tiert werden (siehe unten), es sei denn, man entscheidet sich
C     fuer die numerische Berechnung derselben (siehe Eingabe).
C
C     Spezifikation der Routine FCN:
C        SUBROUTINE FCN(X,Y,F)
C        DOUBLE PRECISION X,Y,F
C        INTEGER N,NB,COUNT
C        COMMON N,NB,COUNT
C        DIMENSION Y(N),F(N)
C        FCN muss f=dy/dx berechnen.
C        Die Variable N enthaelt n, die Variable X enthaelt x,
C        das Feld Y enthaelt y(x).
C        Am Ende dieser Routine muss F f enthalten.
C
C     Spezifikation der Routine PEDERV:
C        SUBROUTINE PEDERV(X,Y,PW)
C        DOUBLE PRECISION X,Y,PW
C        INTEGER N,NB,COUNT
C        COMMON N,NB,COUNT
C        DIMENSION Y(N),PW(NB,N)
C        PEDERV berechnet die Jacobimatrix.
C        Der Benutzer kann waehlen, ob die Jacobimatrix als vollbesetzte
C        oder als Bandmatrix behandelt werden soll. Im Hauptprogramm
C        wird dann JACSTR='F' bzw. JACSTR='B' gesetzt.
C        Die Variable N enthaelt n, die Variable NB enthaelt die
C        Anzahl der Baender (falls JACSTR='B') oder n (falls
C        JACSTR='F'), die Variable X enthaelt x, das Feld Y enthaelt y.
C        Am Ende dieser Routine muss PW die Jacobimatrix enthalten.
C        Lautet das System dy/dx=f(x,y) mit y aus R^n, x aus R, so
C        muss, falls JACSTR='F' ist, PW(i,j)=df_i/dy_j sein.
C        Falls JACSTR='B' ist, so muss PW(k,i)=df_i/dy_j sein,
C        wobei k=min(Anzahl der Subdiagonalen-i+1,0)+j.
C
C     Zur Fehlerkontrolle:
C     ====================
C     Die Integrationsroutinen bestimmen ihre Schrittweite,
C     indem sie den lokalen Fehler in Abhaengigkeit
C     von der Schrittweite berechnen und diese so waehlen, dass
C     der lokale Fehler vorgegebene Schranken nicht uebersteigt.
C     Sei z_i die i. Komponente des lokalen Fehlers.
C     Es sind tol, rtol, atol, RTOL_i und ATOL_i (1<=i<=n) evtl.
C     einzugebende Fehlertoleranzen und w1_i, w2_i (1<=i<=n) evtl.
```

```
C       einzugebende Gewichtsfaktoren.
C       Sei kps die kleinste positive im Rechner darstellbare Zahl
C       und mg die Maschinengenauigkeit.
C
C       Es stehen folgende Fehlertests zur Verfuegung:
C       Verfahren 1:
C       0: Gemischter Fehlertest
C          max(|z_1|,...,|z_n|) <= tol*max(|y_1|,...,|y_n|,1)
C       1: Absoluter Fehlertest
C          max(|z_1|,...,|z_n|) <= tol
C       2: Relativer Fehlertest
C          max(|z_1|,...,|z_n|) <= tol*max(|y_1|,...,|y_n|,kps/mg)
C       3: Gemischter Fehlertest komponentenweise
C          |z_i|<=tol*w1_i*max(w2_i,|y_i|)
C       4: Absoluter Fehlertest komponentenweise
C          |z_i|<=tol*w1_i
C
C       Verfahren 2:
C       0: Gemischter Fehlertest
C          (((z_1)^2+...+(z_n)^2)/n)^(1/2) <=
C          tol*max(1,((y_1)^2+...+(y_n)^2)/n)^(1/2)
C       1: Absoluter Fehlertest
C          (((z_1)^2+...+(z_n)^2)/n)^(1/2) <= tol
C       2: Relativer Fehlertest
C          (((z_1)^2+...+(z_n)^2)/n)^(1/2) <=
C          tol*max(((y_1)^2+...+(y_n)^2)/n,kps/mg)^(1/2)
C       3: Gemischter Fehlertest komponentenweise
C          ((  (z_1/(w1_1*max(w2_1,|y_1|)))^2 + ...
C             +(z_n/(w1_n*max(w2_n,|y_n|)))^2        )/n)^(1/2) <= tol
C       4: Absoluter Fehlertest komponentenweise
C          (( (z_1/w1_1)^2 + ... + (z_n/w1_n)^2) )/n)^(1/2) <= tol
C
C       Verfahren 3:
C       Die Schrittweite wird so gewaehlt, dass
C       (((z_1/w_1)^2 +...+ (z_n/w_n)^2)^(1/2))/n <= 1 mit
C       0: w_i = rtol*|y_i| + atol
C          (Fehlertest nicht komponentenweise)
C       1: w_i = rtol*|y_i| + ATOL_i
C          (Nur der absoluter Fehlertest ist komponentenweise)
C       2: w_i = RTOL_i*|y_i| + atol
C          (Nur der relativer Fehlertest ist komponentenweise)
C       3: w_i = RTOL_i*|y_i| + ATOL_i
C          (Fehlertest komponentenweise)
C
C       Verfahren 4:
C       0: Gemischter Fehlertest wie bei Verfahren 1.
C
```

```
C       Einzugeben sind:
C       ==========
C       - Soll die Eingabe vom File AWA_IN erfolgen ?
C         (Immer vom Terminal)
C       - Welches Verfahren soll genommen werden ?
C         (Immer vom Terminal)
C       - n (= Ordung des Systems) <RETURN>
C       - Falls Verfahren 1)-3) gewaehlt wurde:
C       -- Startpunkt t0 <RETURN>
C       - Falls Verfahren 4) gewaehlt wurde:
C       -- Anfangs- und Endpunkt <RETURN>
C       -- m (=Anzahl der Integrationsschritte zwischen zwei Aufrufen
C             von OUTPUT) <RETURN>
C         (m=0: OUTPUT wird nur einmal am Intervallende aufgerufen)
C       - Anfangsvektor y0 <RETURN>
C       - Falls Verfahren 3) gewaehlt wurde:
C       -- Ist die Jacobimatrix Bandmatrix (0=Nein, 1=Ja) <RETURN>
C          (ACHTUNG: Wollen sie dieses Programm mit unveraendertem
C           FCN und PEDERV testen, bitte "1" eingeben !)
C       --- Falls ja:
C       ----- Anzahl der Sub- und Superdiagonalen der Jacobimatrix
C             <RETURN>
C             (ACHTUNG: Wollen sie dieses Programm mit unveraendertem
C             FCN und PEDERV testen, bitte "1 0" eingeben !
C             (Falls n=1, dann "0 0" eingeben))
C       -- Soll die Jacobimatrix numerisch berechnet werden
C          (0=Nein, 1=Ja) <RETURN>
C
C       **** Eingabe der Steuerparameter ****
C
C       - Falls Verfahren 1)-3) gewaehlt wurde:
C       -- Sollen die Steuerungsmoeglichkeiten der Integrations-
C          routinen ausgenutzt werden ? (immer vom Terminal)
C       --- Falls ja:
C       ---- Nummer des Fehlertests <RETURN>
C             (siehe oben)
C       ---- Minimale Schrittweite <RETURN>
C             Bei Eingabe von 0.0 waehlt sich die Routine einen
C             passenden Wert.
C       ---- Maximale Schrittweite <RETURN>
C             Bei Eingabe von 0.0 waehlt sich die Routine einen
C             passenden Wert.
C       ---- Anfangsschrittweite <RETURN>
C             Bei Eingabe von 0.0 waehlt sich die Routine einen
C             passenden Wert.
C       ---- Falls Verfahren 1 oder 2 gewaehlt wurde:
C       ----- Maximale Anzahl von Auswertungen von f <RETURN>
```

```
C            Wird 0.0 eingegeben, so wird diese Anzahl nicht
C            beschraenkt.
C      ---- Falls Verfahren 3 mit Option "vollbesetzte Jacobimatrix"
C           gewaehlt wurde:
C      ----- Maximale Anzahl fuer
C            (Auswertungen von f)+n*(Auswertungen der Jacobimatrix)
C            <RETURN>
C            Wird 0.0 eingegeben, so wird diese Anzahl nicht
C            beschraenkt.
C      ---- Falls Verfahren 3 mit Option "Band-Jacobimatrix"
C           gewaehlt wurde:
C      ----- Maximale Anzahl fuer
C            (Auswertungen von f)+
C            (1 + Anzahl der Sub- + 2*Anzahl der Superdiagonalen)*
C            (Auswertungen der Jacobimatrix)
C            <RETURN>
C            Wird 0.0 eingegeben, so wird diese Anzahl nicht
C            beschraenkt.
C      ---- Obere Grenze fuer max(|y_1|,...,|y_n|) <RETURN>
C           Wird diese ueberschritten, so bricht die Integrations-
C           routine mit einer Meldung ab.
C      ---- Soll ein komponentenweiser Begrenzungstest
C           durchgefuehrt werden ? (0=Nein, 1=Ja) <RETURN>
C           Das Programm stoppt, falls fuer ein i chk_i - y_i das
C           Vorzeichen wechselt.
C           Die chk_i sind dann noch einzugeben (s.u.).
C      ---- Unterbrechungsmodus <RETURN>
C           Dabei bedeutet:
C           -1: Die Routine bricht ab, falls das Vorzeichen von
C               x-COMM_5 wechselt. COMM_5 ist dann noch einzugeben.
C           0: Keine (zusaetzlichen) Unterbrechungsbedingungen
C           1: Die Routine unterbricht nach jedem Integrationsschritt
C      ---- Falls Unterbrechungsmodus = -1:
C      ----- COMM_5 <RETURN>
C            COMM_5 sollte dabei im aktuellen Integrationsintervall
C            liegen.
C      ---- Falls Verfahren 1 gewaehlt wurde:
C      ----- Hat f die Form f(x,y) = A(x)y+B(x) ? <RETURN>
C            Dabei ist A(x) Matrix, B(x) Vektor (0=Nein, 1=Ja).
C
C          **** Eingabe der Schrittweitenparameter ****
C           Fuer alle diese Parameter gilt: Gibt man 0.0 ein, so
C           waehlt sich das Programm einen passenden Defaultwert.
C      ----- Bei Verfahren 1:
C      ------ CONST_2 <RETURN>
C             Ist H die alte Schrittweite, so gilt:
C             H/CONST_2 <= neue Schrittweite <= H*CONST_2
```

```
C            Default = 2. Es muss CONST_2 > 1 sein !
C      ------ CONST_3 <RETURN>
C            Skalierungsfaktor zur Berechnung der neuen Schrittweite.
C            Je kleiner dieser Wert, desto langsamer und vorsichtiger
C            die Schrittweitenbestimmung.
C            Es muss 1 > CONST_3 >= 1/CONST_2 sein !
C            Default = 0.6+0.4/CONST_2
C      ----- Bei Verfahren 2:
C      ------ CONST_1 <RETURN>
C            Es gilt:
C            | neue Schrittweite | <= CONST_1*| alte Schrittweite |
C            Es muss CONST_1 > 1 sein !
C            Default = 2.
C      ------ CONST_2 <RETURN>
C            Es gilt:
C            | Schrittweite im 2. Schritt | <=
C            CONST_2*| Schrittweite im 1. Schritt |
C            Es muss CONST_2 > CONST_1 sein !
C            Default = 5*CONST_1
C      ------ CONST_3 CONST_4 CONST_5 <RETURN>
C            Je kleiner einer dieser Zahlen, desto wahrscheinlicher
C            die Wahl der entsprechnenden Ordnung.
C            Es muss CONST_3,CONST_4,CONST_5 > 1 sein !
C            Default: CONST_3=1.2, CONST_4=1.3, CONST_5=1.4 .
C      ----- Bei Verfahren 3:
C      ------ CONST_1 <RETURN>
C            Es gilt:
C            Falls die alte Schrittweite H zu gross ist, so gilt
C            | neue Schrittweite | <= CONST_1*|H|
C            Default = 2.
C            Es muss CONST_1 > 0 sein.
C      ------ CONST_2 <RETURN>
C            Es gilt:
C            | neue Schrittweite | <= CONST_2*| alte Schrittweite |
C            Es muss CONST_2 > max(1,CONST_1) sein !
C            Default = 2+4*CONST_2
C      ------ CONST_3 <RETURN>
C            Es gilt:
C            | Schrittweite im 2. Schritt | <=
C            CONST_3*| Schrittweite im 1. Schritt |
C            Es muss CONST_3 > CONST_2 sein !
C            Default = 100*CONST_2.
C      ------ CONST_4 CONST_5 CONST_6 <RETURN>
C            Je kleiner einer dieser Zahlen, desto wahrscheinlicher
C            die Wahl der entsprechnenden Ordnung.
C            Es muss CONST_4,CONST_5,CONST_6 > 1 sein !
C            Default: CONST_4=1.2, CONST_5=1.3, CONST_6=1.4 .
```

```
C
C      **** Eingabe der Fehlertoleranzen ****
C      Hier gilt: Wurde auf die Eingabe der Steuerparameter verzichtet,
C      so wird Fehlertest Nummer 0 angenommen.
C      Wird 0.0 eingegeben, so wird der Wert 100*Maschinengenauigkeit
C      angenommen (ausser bei den w1_i und w2_i).
C
C      - Falls Verfahren 3) nicht gewaehlt wurde:
C      -- Fehlertoleranz <RETURN>
C      -- Falls aufgrund des Fehlertests benoetigt:
C      --- w1_1, ... , w1_n <RETURN>
C      -- Falls aufgrund des Fehlertests benoetigt:
C      --- w2_1, ... , w2_n <RETURN>
C
C      - Falls Verfahren 3) gewaehlt wurde:
C      -- Bei Fehlertest 0: atol rtol <RETURN>
C      -- Bei Fehlertest 1:
C      --- ATOL_1, ... ,ATOL_n <RETURN>
C      --- rtol <RETURN>
C      -- Bei Fehlertest 2:
C      --- atol <RETURN>
C      --- RTOL_1, ... ,RTOL_n <RETURN>
C      -- Bei Fehlertest 3:
C      --- ATOL_1, ... ,ATOL_n <RETURN>
C      --- RTOL_1, ... ,RTOL_n <RETURN>
C
C      **** Eingabe fuer komponentenweise Grenzen
C      - Falls Verfahren 1)-3) mit komponentenweisen Begrenzungstest
C        gewaehlt wurde:
C      -- chk_1, ..., chk_n <RETURN>
C
C      **** Eingabe der Auswertungspunkte:
C      - Falls Verfahren 1)-3) gewaehlt wurde
C      -- Wiederholte Eingabe:
C      --- x <RETURN>
C          Integriert bis zum Wert x.
C      --- Soll noch eine Auswertungspunktspunkte eingegeben
C          werden ? (1=Ja, 0=Nein) <RETURN>
C
C        Die Folge bestehend aus dem Startpunkt und allen
C        eingegeben Auswertungspunkten sollte streng monoton
C        steigen oder fallen, denn die Routine integriert
C        jeweils von einem Punkt dieser Folge zum naechsten.
C
       PARAMETER (NMAX=40,IW=5320)
C      NMAX=maximales n, IW=max(22*NMAX,(12+3*NMAX)*NMAX+50)
       IMPLICIT INTEGER (I-N)
```

```
      IMPLICIT DOUBLE PRECISION (A-H,O-Z)
      LOGICAL IFILE,FRAGE
C     IFILE = Eingabe vom File, FRAGE=Ja/nein - Abfrage.
      INTEGER VER,BAND,NUM,COUNT
C     VER = Nummer des gewaehlten Verfahrens.
C     BAND = Jacobimatrix ist Bandmatrix (0/1)
C     NUM = Jacobimatrix wird numerisch berechnet (0/1)
      CHARACTER*6 JACSTR
C     JACSTR = Typ der Jacobimatrix ('F' oder 'B')
      EXTERNAL OUTPUT,PEDERV,D02EJY,FCN
      COMMON N,NB,COUNT
C     NB = Gesamtanzahl der Baender der Jacobimatrix.
      DIMENSION Y(NMAX)
      DIMENSION ATOL(NMAX),RTOL(NMAX),CHK(NMAX)
C     ATOL bzw. RTOL = Absolute bzw. relative Fehlertoleranz
      DIMENSION CIN(7),COMM(5),CONST(6),COUT(16),MBANDS(2)
      DIMENSION CIN1(7),COMM1(5),CONST1(6)
C     MBANDS(1) bzw. MBANBS(2) = Anzahl der Sub- bzw.
C     Superdiagonalen.
C     CIN, CIN1, COMM, COMM1, CONST, CONST1 = Steuerparameter
      DIMENSION W(IW),IWK(NMAX)
                 :
C     ***** Runge-Kutta-Verfahren *****
      CALL D02PAF(X,XEND,N,Y,CIN,TOL,FCN,COMM,CONST,
     *                 COUT,W,N,22,IFAIL)
                 :
C     ***** Adams-Verfahren *****
      CALL D02QAF(X,XEND,N,Y,CIN,TOL,FCN,COMM,CONST,
     *                 COUT,W,N,22,IFAIL)
                 :
C     ***** BDF-Verfahren *****
      CALL D02QDF(X,XEND,N,Y,CIN,RTOL,ATOL,FCN,COMM,CONST,
     *                 COUT,JACSTR,MBANDS,D02EJY,W,IW,IWK,IFAIL)
                 :
      CALL D02QDF(X,XEND,N,Y,CIN,RTOL,ATOL,FCN,COMM,CONST,
     *                 COUT,JACSTR,MBANDS,PEDERV,W,IW,IWK,IFAIL)
                 :
C     ***** Steifheitstest *****
      CALL D02BDF(X,XEND,N,Y,TOL,IRELAB,FCN,STIFF,YNORM,
     *                 W,22,M,OUTPUT,IFAIL)
```

A.8 Rand- und Eigenwertprobleme: RWA

```
C
C      Programm KAP8_RWA
C
C      Das Programm RWA loest Randwertprobleme (RWP) mit Systemen
C      gewoehnlicher Differentialgleichungen der Form
C
C        dy/dx = f(x,y) mit x aus [a,b], y aus R^n, n>1
C
C      Von den insgesamt 2n Randwerten der Loesungsfunktion
C      y=(y_1,..,y_n) in den Randpunkten muessen n bekannt sein. Fuer die
C      restlichen n Randwerte muss der Benutzer Schaetzungen angeben.
C      Es stehen zwei Verfahren zur Verfuegung:
C
C      1. Schiessverfahren
C       Die vom Benutzer anzugebende Fehlerschranke TOL wird hier benutzt
C       zur Schaetzung des lokalen Fehlers waehrend der Integration, zum
C       Konvergenztest fuer die Loesung im Punkt b und zur Berechnung der
C       Ableitung fuer die Newton-Iteration. Die Loesung wird ausgegeben
C       in den aequidistanten Punkten a + i*(b-a)/(m-1), i=0,..,m-1, m¿1.
C       Die Zahl m muss der Benutzer eingeben.
C
C      2. Differenzenverfahren
C       Beim Differenzenverfahren wird das RWP auf einen Gitter
C       a=x_1<x_2<..<x_np=b geloest. Der Benutzer kann ein eigenes Gitter
C       vorgeben oder aber auch ein aequidistantes Gitter waehlen. Bei
C       Bedarf wird das Gitter veraendert. Die Naeherungsloesung z wird
C       fuer das zuletzt verwendete Gitter ausgegeben. z soll folgende
C       Bedingung fuer alle i=1,..,np und fuer alle j=1,..,n erfuellen:
C
C         | z_j(x_i) - y_j(x_i) | < TOL
C
C      Wie beim Schiessverfahren muss der Benutzer TOL vorgeben.
C
C      Der Benutzer muss selbst eine Subroutine FCN zur Berechnung der
C      rechten Seite f implementieren. Spezifikation:
C        SUBROUTINE FCN(X,Y,F)
C        PARAMETER (N= )
C        N muss die Dimension des DGL-Systems angeben
C        DOUBLE PRECISION X, Y(N), F(N)
C        Die Variable X enthaelt das Argument x, das Feld Y enthaelt
C        y_1(x),..,y_n(x). Beim Verlassen der Routine muss F(i) die Werte
C        f_i(x,y), i=1,..,n , enthalten.
C
C      Beim Programmablauf sind einzugeben:
```

```
C       – Verfahren: 1 fuer Schiessverfahren, 2 fuer Differenzenverfahren
C       – Soll die Eingabe vom File RWA_IN erfolgen ?
C       –– Falls ja: Kopfzeile (max. 80 Zeichen) <RETURN>
C       – n: Dimension des DGL–Systems <RETURN>
C       – a,b: Randpunkte <RETURN>
C       – fuer i=1,..,n
C       –– Randwerte y_i(a) <RETURN>
C       –– 0 falls y_i(a) bekannter Randwert,
C          1 falls nur geschaetzter Randwert <RETURN>
C       – fuer i=1,..,n
C       –– Randwerte y_i(b) <RETURN>
C       –– 0 falls y_i(b) bekannter Randwert,
C          1 falls nur geschaetzter Randwert <RETURN>
C       – Fehlerschranke TOL
C       – falls das Schiessverfahren gewaehlt wurde:
C       –– m: Parameter zur Ausgabenkontrolle. Siehe oben.
C       – falls das Differenzenverfahren gewaehlt wurde:
C       –– maximale Anzahl der Gitterpunkte (>=32)
C       –– Soll ein aequidistantes Gitter benutzt werden ?
C       –– falls ja:
C       ––– np: Anzahl der Gitterpunkte
C       –– falls nein:
C       ––– np: Anzahl der Gitterpunkte <RETURN>
C       ––– fuer i=1,..,np
C       –––– Gitterpunkt x_i <RETURN>
C
      IMPLICIT INTEGER (I–N)
      IMPLICIT DOUBLE PRECISION (A–H,O–Z)
      LOGICAL FRAGE, IFILE
      CHARACTER*80 HEAD
C     Kopfzeile fuer File
C     Dimensionierungsfaktor, bei Bedarf vergroessern
      PARAMETER (NMAX=4, MNPMAX=128, M1MAX=20)
      PARAMETER (LW=MNPMAX*(3*NMAX*NMAX+6*NMAX+2)
     *     +4*NMAX*NMAX+4*NMAX)
      PARAMETER (LIW=MNPMAX*(2*NMAX+1)+NMAX*NMAX+4*NMAX+2)
      PARAMETER (IWMAX=3*NMAX+17+11)
C     Wenn NMAX>11, dann muss IWMAX=4*NMAX+17 gesetzt werden!
      DIMENSION U(2*NMAX), V(2*NMAX)
C     U enthaelt Randwerte, V gibt an ob Randwert exakt oder geschaetzt
      DIMENSION X(MNPMAX), Y(NMAX*MNPMAX), WGAF(LW), IW(LIW)
C     Felder der Routine D02GAF: X enthaelt die Gitterpunkte, Y die
C     Loesung. WGAF und LIW sind Arbeitsfelder.
      DIMENSION SOLN(NMAX*M1MAX), WHAF(NMAX*IWMAX)
C     Felder der Routine D02HAF: SOLN enthaelt die Loesung,
C     WHAF ist ein Arbeitsfeld
      EXTERNAL FCN
```

```
C
C       Vorstellung des Programms
                  :
C       ***** Differenzenverfahren *****
        CALL D02GAF(U,V,N,A,B,TOL,FCN,MNP,X,Y,NP,WGAF,LW,IW,LIW,IFAIL)
                  :
C       ***** Schiessverfahren *****
        CALL D02HAF(U,V,N,A,B,TOL,FCN,SOLN,M,WHAF,IWMAX,IFAIL)
```

Anhang B

Die NAG-GS Graphik Bibliothek

Wir wollen einen kurzen Überblick über das NAG Graphical Supplement J06 geben. Dies ist ein Ergänzungspaket zur NAG-Bibliothek, das es ermöglicht, numerische (und andere) Ergebnisse graphisch auf einem Bildschirm, einem Plotter oder einem Drucker wiederzugeben. Diese Ergänzung gehört nicht zum normalen Lieferumfang der NAG-Bibliothek, sie muß also zusätzlich bestellt und bezahlt werden. Nun sind auf den meisten Rechnern graphische Systeme wie GKS oder CALCOMP vorhanden. Der Vorteil der NAG-Routinen gegenüber diesen Systemen besteht darin, daß sie die vielen elementaren Anweisungen, die notwendig sind, um z.B. eine dreidimensionale Fläche zu zeichnen, schon in eine FORTRAN-Routine umgesetzt haben.

Die Installation des Pakets und die graphischen Darstellungen sind stark abhängig von der Rechnerkonfiguration, stärker als die der NAG-Bibliothek. Es gibt verschiedene Filter für verschiedene Graphik-Basissysteme. Diese wollen wir nicht eingehender schildern. Auf unserer SUN-Konfiguration bekommen wir sehr schöne schwarz-weiß-Pixel-Bilder auf den Graphik-Bildschirmen der SUN3-Workstations. Mit einigen Umwegen über Metafile-Verarbeitung auf GKS-Grundlage bekommen wir auch PostScript-Bilder auf einem Laserdrucker. So sind die meisten Graphiken dieses Bandes erstellt worden. An diesen zwei Anwendungen kann man sehen, daß die mit den J06-Routinen entstehenden FORTRAN-Programme mit nur wenigen Anpassungen auf verschiedene Systeme portierbar sind. Es fehlt aber ein PostScript-Treiber im NAG GS-Paket, der die zuletzt genannte Anwendung wesentlich vereinfachen könnte.

Wir wollen im folgenden die Struktur eines Graphikprogramms und die verschiedenen Gruppen von J06-Routinen schildern, um dann in einem Beispielprogramm eine Anwendung ausführlicher kennenzulernen.

B.1 Der Programmaufbau

Ein Programm, das das NAG GS benutzt, muß folgende Elemente in der angegebenen Reihenfolge enthalten:

1. Initialisierung des NAG GS durch Aufruf von J06WAF,
2. Definition der Graphik-Oberfläche (Bildgröße etc.) mit J06WBF,
3. Aufruf der Graphik-Routinen zur Erstellung der gewünschten Zeichnung,
4. *entweder* : Schließen der Graphik-Schnittstelle durch Aufruf von J06WZF,
oder : Fortschaltung zum nächsten Bild mit J06WDF und Neustart bei 2.

Das NAG GS wird geöffnet durch J06WAF. Dann muß ein Rechteck als Datenbereich definiert werden. Das NAG-Konzept hierfür ist die Unterscheidung zwischen den *Benutzer-Koordinaten* und den *Welt-Koordinaten* des NAG GS. Der Benutzer muß seinen Datenbereich in *kartesischen Koordinaten* durch Aufruf von J06WBF festlegen. Dabei hat er noch die Wahl zwischen einem zusätzlichen Randstreifen (MARGIN=1), damit die Zeichnung z.B. nicht an die Kanten des Bildschirms grenzt, und keinem solchen Randstreifen (MARGIN=0).

Wir wollen jetzt den Rumpf eines typischen Graphik-Programmes, das neben den genannten notwendigen noch einige typische andere Aufrufe enthält, ansehen:

```
C       Initialisiere das NAG GS
        CALL JO6WAF
C       Definiere den Datenbereich mit etwas freiem Rand
        MARGIN = 1
        XMIN =   0.0
        XMAX =  10.0
        YMIN =   1.0
        YMAX =   5.0
        CALL JO6WBF (XMIN,XMAX,YMIN,YMAX,MARGIN)
C       Definiere Farben, Linienstil, Textfont, Flaechenfueller, ...
C       Hier nur:
C       Definiere hohe Text- und Markerqualitaet
        CALL JO6XFF (2)
C       Zeichne x- und y-Achsen ein
        CALL JO6AAF
C       Zeichne eine glatte Kurve durch eine Datentabelle (xx,yy)
C       mit 6 Werten mit der Methode 1 (Bessel)
        METHOD=1
        N = 6
        IFAIL = 10
```

```
      CALL J06CAF (XX,YY,N,METHOD,IFAIL)
C     Markiere die Datenpunkte mit Marker Nr.2 (Kreise),
C     ohne die Datenpunkte zu verbinden
      LINE = 0
      MARKER = 2
      IFAIL = 10
      CALL J06BAF (XX,YY,N,LINE,MARKER,IFAIL)
C     Setze einen Text an den Kopf der Zeichnung
      CALL J06AHF ('Bessel - Kurve durch Datenpunkte')
C     Schliesse das NAG GS
      CALL J06WZF
```

Dieses Programm erzeugt mit korrektem Kopf und Fuß zur Datentabelle

0.0	2.0	3.0	7.0	8.0	10.0
2.0	1.1	4.0	4.3	4.5	2.4

die folgende Zeichnung (ohne den Rahmen)

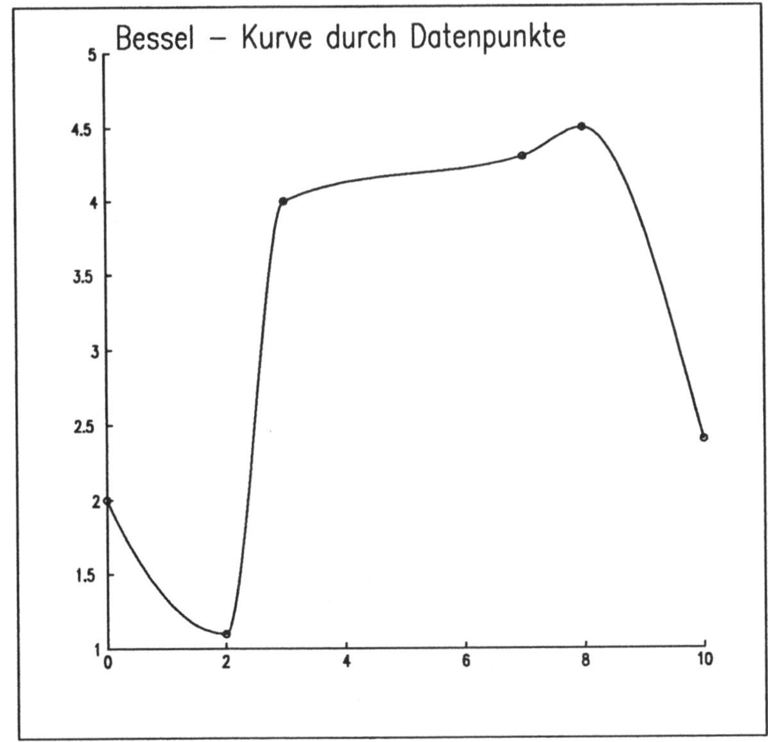

Das NAG GS ist nicht zwangsläufig in derselben Genauigkeit (einfach/doppelt) implementiert wie die NAG-Bibliothek. Eine Information über die NAG-Implementation auf dem benutzten Rechner kann man durch Aufruf der Routine J00AAF bekommen, z.B. erzeugt

```
      CALL J00AAF(IFACE)
```

bei unserer Konfiguration den Ausdruck

```
 *** NAG GRAPHICAL SUPPLEMENT IMPLEMENTATION ***
  SUN WORKSTATION VERSION
  FORTRAN-77 SINGLE PRECISION
  (IMPLEMENTATION CODE GRSUN02SA)
  MARK 2B
  using SUNCGI (v3.2) interface
  (double to single precision)
  Mark 2b
```

Das bedeutet, daß unsere Graphik-Programme auch in doppelter Genauigkeit geschrieben werden müssen, daß das System aber eine Konversion in einfache Genauigkeit beim Aufruf des NAG GS vornimmt. Verstöße gegen die Norm wie ein Aufruf `J06YJF(0.5)` statt `J06YJF(0.5D0)` können zu schwer verständlichen Fehlern führen.

B.2 Die J06-Routinen

B.2.1 J06A – Achsen, Gitter, Ränder, Titel

Dieser Abschnitt enthält 13 Routinen, die folgendes können:

- Achsen zeichnen,
- die Achsen mit Marken versehen,
- ein Gitter über den Datenbereich legen,
- einen skalierten Rand um den Datenbereich zeichnen,
- einen zentrierten Zeichnungstitel und Achsentexte schreiben,
- eine logarithmische Achseneinteilung markieren.

B.2.2 J06B – Punkte und Geraden

Dieser Abschnitt enthält 4 Routinen mit den folgenden Möglichkeiten:

- Punkte markieren mit gewähltem Marker, nach Wahl auch mit Geraden verbinden,
- Regressionsgerade zeichnen mit Einzeichnen des 95%-Konfidenz-Intervalls,
- Tabelle der möglichen Stifttypen zeichnen,
- Tabelle der möglichen Linien- und Markertypen zeichnen.

B.2.3 J06C – Kurven

Dieser Abschnitt enthält 4 Routinen, die Kurven durch ein- oder mehrwertige Tabellendaten zeichnen.

B.2.4 J06E/J06F – Funktionen

Der Abschnitt J06E enthält 2 Routinen, die eine vom Benutzer als function zur Verfügung gestellte Funktion zeichnen. Der Abschnitt J06F enthält 2 Routinen, die eine kubische Splinefunktion oder ein Tschebyscheff-Polynom zeichnen, wenn die Koeffizienten der entsprechenden Reihendarstellungen gegeben sind, siehe 3.4.3 bzw. 3.2.4.

B.2.5 J06G – Höhenlinien

Dieser Abschnitt enthält 7 Routinen, die Höhenlinien (Konturen, engl. contours) aufgrund unterschiedlicher Daten zeichnen:

- Daten auf regulärem Gitter gegeben,
- Daten auf unregelmäßigem Gitter gegeben,
- Kontur als Benutzerfunktion gegeben.

Für jede dieser Möglichkeiten gibt es einfache Routinen und solche mit detaillierteren Steuerungsmöglichkeiten. Außerdem gibt es die Routine J06GZF, die eine Tabelle der benutzten Konturhöhen zeichnet.

B.2.6 J06H – Dreidimensionale Flächen

Dieser Abschnitt enthält 9 Routinen für das Zeichnen dreidimensionaler Graphik, und zwar:

- Isometrische Projektion einer Fläche $z(x,y)$,

- perspektivischer Blick auf eine solche Fläche, Daten auf orthogonalem Gitter gegeben,
- perspektivischer Blick, Daten in Abschnitten parallel zur x- und/oder y-Achse gegeben,
- perspektivischer Blick auf dreidimensionales Histogramm.

Für einige dieser Möglichkeiten gibt es einfache Routinen und solche mit detaillierteren Steuerungsmöglichkeiten. Außerdem gibt es die Routinen J06HHF und J06HJF, die an die perspektivische Fläche bzw. an die Blöcke des Histogramms Kommentare anfügen.

B.2.7 J06J – Datendarstellungen

Dieser Abschnitt enthält 15 Routinen mit verschiedenen Möglichkeiten der Datenpräsentation, und zwar:

- Balkendiagramme, vertikal oder horizontal angeordnet,
- Histogramme variabler Balkenbreite,
- Blockdiagramme,
- Verteilungs-(Frequenz-)diagramme, d.h. Marker für Elemente, die verschiedenen Klassen zugeordnet werden nach vorherigem Sortieren, zweidimensional oder dreidimensional auf ganzzahligem Gitter,
- Tortendiagramme,
- Tabellen der Numerierung oder der Flächenfüllmuster.

B.2.8 J06W-J06Z – Elementare Routinen

Die J06W-Routinen haben wir schon im ersten Abschnitt behandelt außer J06WCF, mit der man ein Sichtfenster auf neue Gerätekoordinaten umstellen kann.

Die J06X- und J06Y-Routinen sind elementare Routinen, die etwa den Routinen eines Graphik-Basispaketes wie GKS entsprechen. Wir wollen einige ihrer Möglichkeiten aufzählen:

- Farben-, Linienstil- und Textattribute allgemein setzen oder an einen spezifischen Stift vergeben (verschiedene Stifte sind möglich),
- Toleranzfaktoren für Geradenapproximationen festlegen,
- Buchstaben- und Markerqualität setzen,

- Skalierungsfaktoren für Buchstaben und Marker festlegen,
- Stift setzen, bewegen oder eine Linie damit ziehen,
- einzelne Elemente zeichnen oder setzen wie Buchstabe, Abstand, Marker, Markergröße, Stift, Flächenfüllung, Linienstil, Textfont.

In J06Z finden wir 4 Text-Routinen zum "Zeichnen"

- eines Strings,
- einer ganzen Zahl in einem FORTRAN integer-Format,
- einer reellen Zahl in einem FORTRAN Gleitpunkt-Format,
- einer reellen Zahl in einem FORTRAN Festpunkt-Format.

B.3 Zeichnung 7.2 zum Wettbewerbsmodell

Wir wollen das Programm zur Erstellung von Zeichnung 7.2 näher untersuchen.

```
C Programm lotka.f
C
C       Zeichnung 7.2 zum Lotka-Volterraschen
C                             Wettbewerbsmodell
C
      IMPLICIT DOUBLE PRECISION (A-H, O-Z)
      IMPLICIT INTEGER (I-N)
C     (X,Y) enthaelt die Punkte der zu zeichnenden Funktionen
      DIMENSION X(403), Y(403)
C     XACHS und YACHS enthalten die Achsenbeschriftungen
      CHARACTER*3 XACHS(6)
      CHARACTER*3 YACHS(6)
      DATA XACHS /'0','20','40','60','80','100'/
      DATA YACHS /'0','20','40','60','80','100'/
C
C     -----------------------------------------------------
C     Initialisierung der NAG-Graphik
      CALL J06WAF
C     Festlegen des Graphik-Fensters in Benutzer-Koordinaten
      CALL J06WBF(0.0D0, 105.0D0, -2.0D0, 105.0D0, 1)
C     Zeichnen der x-Achse
      CALL J06AGF(0,0.0D0,100.0D0,0,20.0D0,-1,0.0D0, XACHS, 6)
C     Zeichnen der y-Achse
```

```
      CALL J06AGF(2,0.0D0,100.0D0,0,20.0D0,-1,0.0D0, YACHS, 6)
C     ------------------------------------------------------
C     Zeichnen der Trennlinie aus Geradenstuecken (Polylines)
      OPEN(UNIT=10,FILE='wett_out')
C     J06YRF: Wahl des Linientyps, 1 = durchgezogene Linie
      CALL J06YRF(1)
      DO 10 I=1, 102
        READ(10,*) X(I), Y(I)
   10 CONTINUE
      IFAIL = -1
C     J06YAF setzt den Zeichenstift auf den angegebenen Punkt
      CALL J06YAF(0.0D0, 0.0D0)
      DO 15 I=1, 102
C     J06YCF zeichnet eine Linie vom aktuellen zum angegebenen Punkt
        CALL J06YCF(X(I), Y(I))
   15 CONTINUE
      CLOSE(10)
C     ------------------------------------------------------
C     Zeichnen der oberen Funktion
      OPEN(UNIT=11,FILE='lotka_1')
      DO 20 I=1, 402
        READ(11,*) X(I), Y(I)
   20 CONTINUE
      N = 402
      METHOD = 2
      IFAIL = -1
C     J06CAF legt eine glatte Bessel-Kurve (Methode 2) durch die
C            Wertetabelle (X,Y) der Laenge N
      CALL J06CAF(X,Y,N,METHOD,IFAIL)
      CLOSE(11)
C     ------------------------------------------------------
C     Zeichnen der unteren Funktion
      OPEN(UNIT=12,FILE='lotka_2')
      DO 30 I=1, 403
        READ(12,*) X(I), Y(I)
   30 CONTINUE
      IFAIL = -1
      CALL J06CCF(X,Y,403,2,IFAIL)
      CLOSE(12)
C     ------------------------------------------------------
C     J06YGF: Zeichnen eines Markers vom Typ i im aktuellen Punkt
      CALL J06YAF(0.0D0, 0.0D0)
```

```
      CALL J06YGF(2)
      CALL J06YGF(3)
      CALL J06YAF(20.0D0, 40.0D0)
      CALL J06YGF(2)
      CALL J06YGF(3)
      CALL J06YAF(0.0D0, 100.0D0)
      CALL J06YGF(2)
      CALL J06YAF(50.0D0, 0.0D0)
      CALL J06YGF(2)
      CALL J06YAF(40.0D0, 80.0D0)
      CALL J06YGF(1)
      CALL J06YAF(80.0D0, 40.0D0)
      CALL J06YGF(1)
C     Beschriften der x-Achse
      CALL J06YAF(103.0D0, 0.0D0)
C     J06ZAF: Textausgabe
      CALL J06ZAF('P')
      CALL J06YAF(105.0D0, -2.0D0)
      CALL J06ZAF('1')
C     Beschriften der y-Achse
      CALL J06YAF(0.0D0, 103.0D0)
      CALL J06ZAF('P')
      CALL J06YAF(2.0D0, 101.0D0)
      CALL J06ZAF('2')
C     ------------------------------------------------------
C     Schliessen der NAG-Graphik
      CALL J06WZF
      STOP
      END
```

Das Programm besteht aus sieben Teilen, die durch gestrichelte Kommentarzeilen getrennt sind:

1. Der Programmkopf enthält die impliziten Typdeklarationen, Festlegung der Felder und Vorbesetzung der Achsenbeschriftungs-Felder mit zwei `DATA`-Anweisungen. Hierzu können `CHARACTER`-Felder mit beliebiger String-Länge genommen werden.

2. Im zweiten Abschnitt wird das NAG GS initialisiert und es werden zwei Achsen eingezeichnet mit expliziter Beschriftung über die String-Felder `XACHS` und `YACHS`. Dies geschieht mit der Subroutine

   J06AGF (IAXIS,AMIN,AMAX,MAXI,DINT,ILABS,THRU,CHARS,NCH).

Sie zeichnet eine x- (IAXIS$\leq$1) oder y-Achse von AMIN bis AMAX durch den Punkt THRU der anderen Achse mit maximal MAXI Markierungen. Ist MAXI < 1, so werden Markierungen im Abstand DINT gesetzt. Mit ILABS wird die Art dieser Markierungen angegeben. ILABS=–1 bedeutet, daß anstelle der Markierungen Texte geschrieben werden, die der Benutzer über das Feld CHARS der Länge NCH zur Verfügung stellt.

3. Die Massenrechnung mit dem Programm KAP7_AWA hat eine Datei `wett_out` ergeben, in der die (P_1, P_2)-Werte der Trennlinie zwischen dem Überleben der einen und der anderen Population stehen. Die dadurch definierte Linie wird mit den Basisroutinen des Abschnitts J06Y gezeichnet. Zunächst wird mit `J06YRF(1)` der Linientyp "durchgezogene Linie" festgelegt. Dann wird der Zeichenstift auf den Ursprung gesetzt mit J06YAF. Danach werden in einer Schleife die 102 Werte der Trennlinie mit Geraden verbunden. Das ergibt zusammen die leicht gezackte Linie in Zeichnung 7.2.

4. Zwei weitere Rechnungen mit AWA haben die Bahnlinien der zwei Lösungen mit den Anfangswerten (40,80) und (80,40) als Zahlenpaare in den Dateien lotka_1 und lotka_2 ergeben. Durch die Daten der ersten Datei wird mit der Routine J06CAF eine glatte stetig differenzierbare Interpolationsfunktion gezeichnet, die stückweise aus kubischen Polynomen besteht. Dies entspricht der Methode 2 von `J06CAF(X,Y,N,METHOD,IFAIL)`.

5. Die letzte Methode kann auf die zweite Bahnlinie nicht angewendet werden, da diese monotone x-Werte voraussetzt. J06CCF konstruiert aber eine parametrische Interpolationskurve mit den gleichen Eigenschaften.
Bei `J06CCF(X,Y,N,METHOD,IFAIL)` hat man noch zusätzlich die Möglichkeit, durch einen negativen Wert für `METHOD` eine geschlossene Kurve zu erzeugen.

6. Im sechsten Teil werden die verschiedenen Marker gezeichnet. Zunächst wird jeweils der Zeichenstift auf die richtige Position gesetzt mit `J06YAF(X,Y)`, dann werden an diese Position ein oder zwei Marker mit `J06YGF(IMARK)` gezeichnet. Es gibt neun mögliche Marker, deren Erscheinungsbild allerdings implementations-abhängig sind. Die Kennzeichnung der verschiedenen Stellen (stationäre Punkte, lokal stabile stationäre Punkte und Startwerte) sind leicht unterscheidbar. Anschließend wird nach Positionierung mit J06ZAF die Achsenbeschriftung ausgegeben.

7. Im siebten Teil wird mit J06WZF die NAG GS-Ausgabe abgeschlossen.

Anhang C

PAN — der schnelle Zugriff zu NAG

C.1 Was ist PAN ?

PAN ist ein Software-System, das dem Benutzer eine Problemlöseumgebung bietet. Zunächst einmal stellt es ihm einen graphischen Zugriff auf alle in diesem Buch beschriebenen Algorithmen mit den dazugehörigen NAG-Routinen zur Verfügung. Alle gängigen numerischen Probleme finden hier über die fortschreitende Eingrenzung des Problems eine effiziente Lösungsmöglichkeit. Andererseits kann man mit Hilfe eines Schlüsselwortes und eines Suchmechanismus ein spezielles Programm direkt anwählen. So kann der Leser dieses Buches die beschriebenen Algorithmen erproben und testen, PAN also als eine Test- und Experimentierhilfe für dieses Buch benutzen. Aber auch der Anwender, der das Buch nicht kennt und nur ein konkretes Problem schnell und bequem lösen möchte, kann die Vorzüge von PAN nutzen.

PAN ist strukturell wie dieses Buch gegliedert. Dabei ruft man mit dem neunten Kapitel eine eigene Problemlöseumgebung SPADE für partielle Differentialgleichungen auf, die nur unter SUNVIEW läuft und zusätzlich zur NAG-Bibliothek noch andere kleine Programmsysteme benutzt, siehe Kapitel 9.

Die Programmadministration von PAN ist nicht auf numerische Programme beschränkt. Deshalb gibt es zusätzlich zu den neun Kapiteln ein Kapitel 10 "Verschiedenes", das hauptsächlich für Benutzer-eigene Programme gedacht ist, die aus dem Kapitelrahmen hinausfallen.

Die graphische Oberfläche von PAN kommuniziert mit dem Benutzer über verschiedene funktionelle Fenster und ist durch die Maus-gesteuerte Eingabe schnell und komfortabel. In den fünf Fenstern erscheinen Kontrollelemente wie Buttons, Toggle- und Choice-Items, es werden Informationen dargeboten, Eingaben angenommen und Programmläufe dokumentiert. Mit PAN kann man Programme steuern, Informationen einholen und weiterverarbeiten. So ist PAN ein universelles

Tool, um Mittel zur Problembearbeitung und -lösung gezielt einzusetzen. In Zeichnung C.1 sehen wir, wie sich PAN mit seinen fünf Fenstern direkt nach dem Aufruf dem Benutzer darbietet, wobei die zwei leeren Fenster rechts verkürzt wurden.

C.2 Die Benutzeroberfläche von PAN

Im folgenden wird die graphische Oberfläche mit ihren Möglichkeiten kurz beschrieben. Dazu zunächst ein kleines Beispiel:

Es soll ein homogenes Gleichungssystem mit zwei Gleichungen und drei Unbekannten der Form

$$\begin{aligned} 3x_1 - 3x_2 + 65x_3 &= 0 \\ 5x_1 + 6x_2 + 2x_3 &= 0 \end{aligned}$$

gelöst werden. Dazu selektiert man das Kapitel "Lineare Gleichungssysteme" aus dem Inhaltsmenü und aus diesem das Programm LSS, siehe Zeichnung C.2.

Jetzt startet man mit dem RUN-Button das Programm, das dann im Shell-Fenster abläuft (mit Ein- und Ausgabe). Das ergibt im Shell-Fenster den folgenden Programmablauf :

```
runge!norbert 4> /euler/user/gemein/PAN/.panlib/LSS
Sie haben das Programm LSS gestartet.
LSS loest (auch unter- oder ueberbestimmte) lineare
Gleichungssysteme Ax=b.
Im Fall homogener Systeme wird eine Basis des Loesungs-
raumes und der Rang von A ausgegeben. Im Fall inhomo-
gener Systeme wird die least squares solution, der
Standardfehler und der Rang von A mitgeteilt.
Wollen Sie ein homogenes Gleichungssystem loesen?
ja
Wollen Sie die Daten der Matrix A
aus dem File LSS_IN lesen?
nein
Wieviele Zeilen hat die Koeffizientenmatrix A?
2
Wieviele Spalten hat die Koeffizientenmatrix A?
3
Geben Sie die Matrix A zeilenweise ein.
Zeile  1
3 -3 65
Zeile  2
5 6 2
```

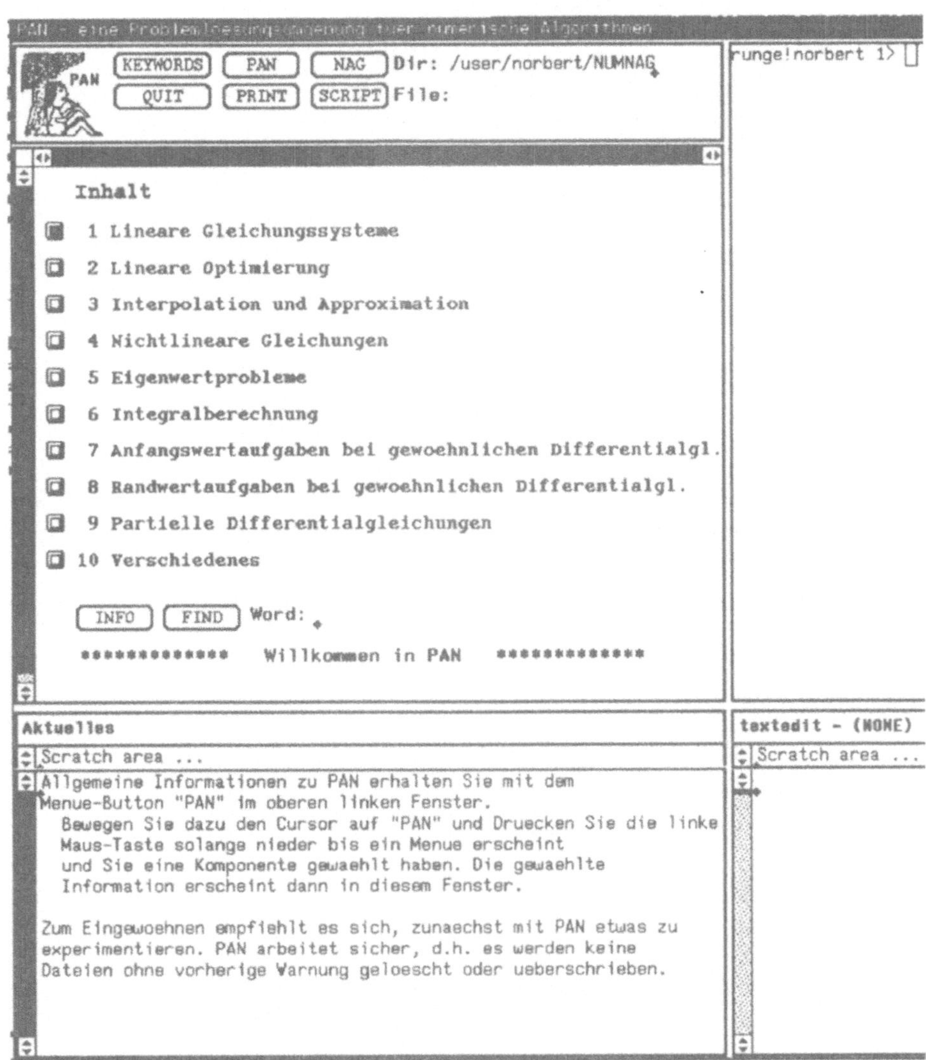

Zeichnung C.1: Die PAN-Benutzeroberfläche

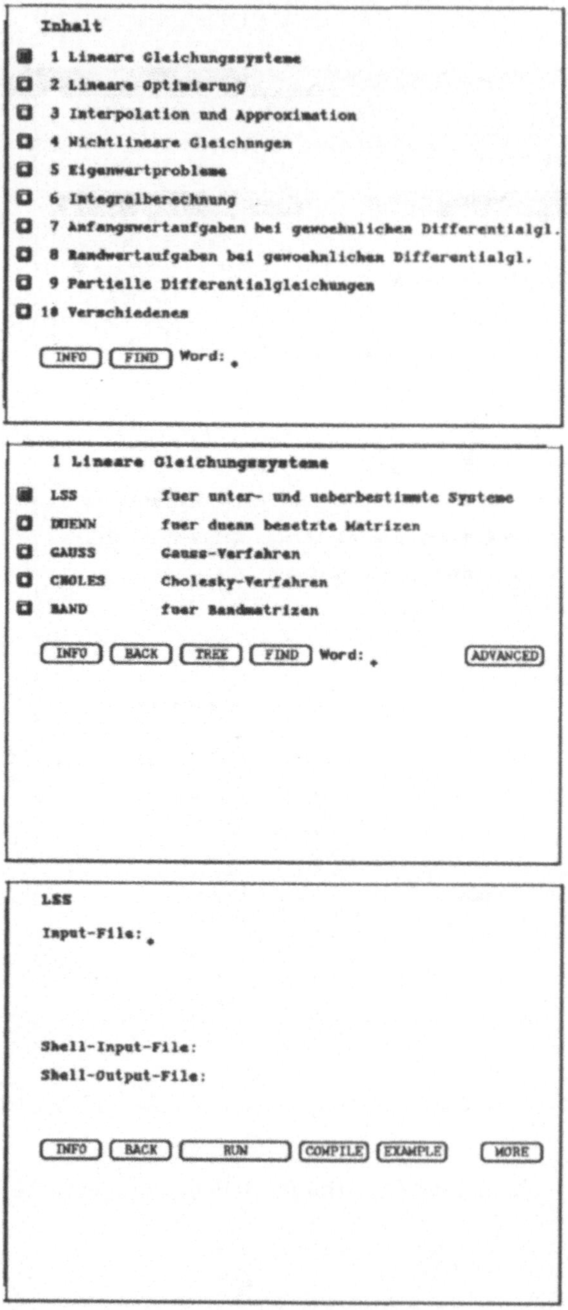

```
Inhalt
■ 1 Lineare Gleichungssysteme
□ 2 Lineare Optimierung
□ 3 Interpolation und Approximation
□ 4 Nichtlineare Gleichungen
□ 5 Eigenwertprobleme
□ 6 Integralberechnung
□ 7 Anfangswertaufgaben bei gewoehnlichen Differentialgl.
□ 8 Randwertaufgaben bei gewoehnlichen Differentialgl.
□ 9 Partielle Differentialgleichungen
□ 10 Verschiedenes

[INFO] [FIND] Word:
```

```
1 Lineare Gleichungssysteme
■ LSS      fuer unter- und ueberbestimmte Systeme
□ DUENN    fuer duenn besetzte Matrizen
□ GAUSS    Gauss-Verfahren
□ CHOLES   Cholesky-Verfahren
□ BAND     fuer Bandmatrizen

[INFO] [BACK] [TREE] [FIND] Word:          [ADVANCED]
```

```
LSS
Input-File:


Shell-Input-File:
Shell-Output-File:

[INFO] [BACK] [   RUN   ] [COMPILE] [EXAMPLE]    [MORE]
```

Zeichnung C.2: Die Abfolge der Menüs bis zum Programm LSS

```
Geben Sie eine relative Toleranz TOL zur Rangbe-
stimmung der Matrix A ein. Sind die Eingaenge der
Matrix auf 1 Stellen exakt, so wird TOL = 5*10**(-1)
empfohlen. Geben Sie einen Wert ausserhalb
    (Maschinengenauigkeit,1)
ein, so wird TOL = Maschinengenauigkeit gesetzt.
(Dieser Wert ist oft zu klein).
0.000001
Das Gleichungssystem besitzt einen Loesungsraum
der Dimension   1
Dieser Loesungsraum wird durch die folgenden Vektor-
en aufgespannt :

Basisvektor Nr.   1

   0.77711920519742
  -0.62601269307570
   -6.4759933766452D-02

Rang der Matrix A =  2
runge!norbert 5>
```

Über die Info-Buttons lassen sich jederzeit Informationen einholen über das aktuell gewählte Programm, über die Programme eines Kapitels oder über PAN im allgemeinen. Um einen Programmablauf im Shell-Fenster zu protokollieren, steht eine Script-Funktion zur Verfügung. Mit Print druckt man Quelltexte und Hilfsdateien aus. Ein graphischer Editor kann zum Erstellen und Verändern von Programmen genutzt werden.

Im Shell-Fenster läuft als eigenständiger Prozess eine Unix-Shell. Hier kann man jeden beliebigen Shell-Befehl absetzen, den die C-Shell bietet, also Dateien editieren, Programme und Prozesse aufrufen usw..

Das Menü-Fenster, der Teil von PAN, der sozusagen "die Fäden zieht", gibt dem Benutzer hierarchischen Zugriff zu den eingebundenen Programmen und den Features, mit denen sie gestartet, gesteuert und verwaltet werden. Es stellt die Schaltzentrale und das wichtigste Instrument von PAN dar.

C.3 PAN und seine Möglichkeiten

PAN bietet noch mehr. Es stellt dem Benutzer alle Möglichkeiten zur Verfügung, um eigene Anwendungen zu erstellen und sie unter den Zugriff der PAN-Benutzeroberfläche einzubinden. So sind eigene Programme genauso schnell und effektiv erreichbar, wie die numerischen Standardprogramme.

Zu jedem der Programme des Buches stehen Beispiele in Form von FORTRAN-Funktionen und Eingabedateien zur Verfügung. Zu den PAN-Standardprogrammen gehören außer den in diesem Buch beschriebenen FORTRAN-Programmen mehrere Graphikprogramme zur Interpolation, Approximation und zur Lösung von Anfangswertaufgaben. Zwei dieser Programme benutzen auch – aufsetzend auf GKS – graphische Eingabe mit der Maus.

PAN besteht implementatorisch aus vier Elementen, dem Steuerprogramm pan.c und den beigefügten Hilfsdateien, die sich wiederum aufteilen in Info-Dateien (Textdateien mit Informationen zu den einzelnen Topics von PAN), den Dateien für die Beispiele und den FORTRAN-Programmen. Es läuft unter einem UNIX-Betriebssystem. Es gibt zur Zeit zwei Versionen, von denen die eine unter einer suntools-Umgebung läuft, die andere unter dem X Window System™. Für eine Installation des PAN-Systems im normalen Umfang ist natürlich das Vorhandensein der NAG-Library erforderlich, deren Routinen vom System automatisch angebunden werden. PAN bezieht optional den Coprozessor 68881 bei Programmübersetzungen mit ein. Ist eine Installation unter einer X-Umgebung vorgesehen, so ist der XView-Toolkit erforderlich (der ab Release 4 in X11 enthalten ist) . Die Implementation unter dem X Fenstersystem bietet darüberhinaus die Möglichkeit der netzwerkweiten Anwendung, d.h. Ein- und Ausgabe können auf einem anderen Rechner des Netzwerkes erfolgen als auf dem, auf dem PAN läuft.

C.4 PAN in der Praxis

An einem Beispiel wollen wir die weitergehenden Möglichkeiten kennenlernen, mit PAN ein neues Programm zu erstellen und in die Benutzeroberfläche einzubinden.

Stellen wir uns also vor, wir wollen im Kapitel "Verschiedenes" ein Programm einbinden, das folgende Aufgabe erfüllt: Es soll als Eingabe eine Liste annehmen, in der Namen von Programmen mit einer zugehörigen Zahl aufgeführt werden, die angibt, wie oft dieses Programm in einem gewissen Zeitraum aufgerufen wurde. Das neue Programm soll diese Liste dann nach der Größe der Aufrufzahl sortieren und auf dem Bildschirm ausgeben.

Dazu schreiben wir ein FORTRAN-Programm `callsort`, das diese Aufgabe mit Hilfe geeigneter NAG-Routinen erfüllt:

```
C       Programm CALLSORT
C
C       Dieses Programm sortiert eine Funktionsaufrufliste
C       nach der Anzahl der Aufrufe.
C
      PARAMETER (NMAX=400)
      IMPLICIT INTEGER (I-N)
      IMPLICIT DOUBLE PRECISION (A-H,O-Z)
```

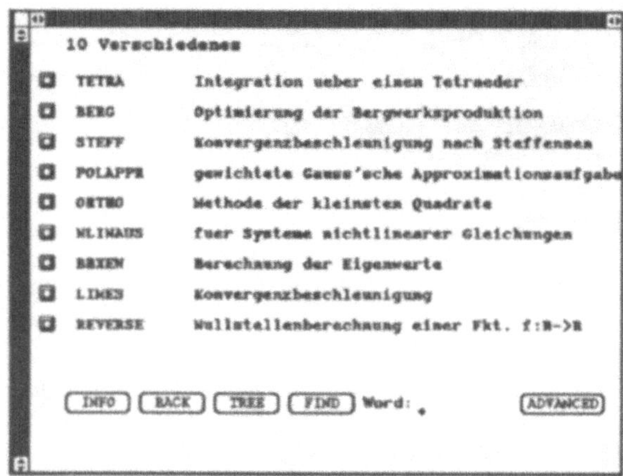

Zeichnung C.3: Das Menü des Kapitels "Verschiedenes"

```
      DIMENSION IFREQ(NMAX), IRANK(NMAX)
      CHARACTER*12 CH(NMAX)
C
      EXTERNAL M01DBF, M01EBF, M01ECF
C
      PRINT *,'Die Eingabe erfolgt vom File CALLSORT_IN'
        OPEN(UNIT=10,FILE='CALLSORT_IN')
      READ (10,*) N
      DO 20 I=1,N
        READ (10,1000) CH(I),IFREQ(I)
   20 CONTINUE
      IFAIL = -1
      CALL M01DBF (IFREQ,1,N,'DESCENDING',IRANK,IFAIL)
      CALL M01EBF (IFREQ,1,N,IRANK,IFAIL)
      CALL M01ECF (CH,1,N,IRANK,IFAIL)
      WRITE (*,2000)
      DO 40 I=1,N
      WRITE (*,2010) CH(I), IFREQ(I) , IRANK(I)
   40 CONTINUE
      CLOSE (10)
      STOP
 1000 FORMAT(A12,I6)
 2000 FORMAT(' Programme, nach Aufrufhaeufigkeit sortiert')
 2010 FORMAT(2X,A12,2(2X,I6))
      END
```

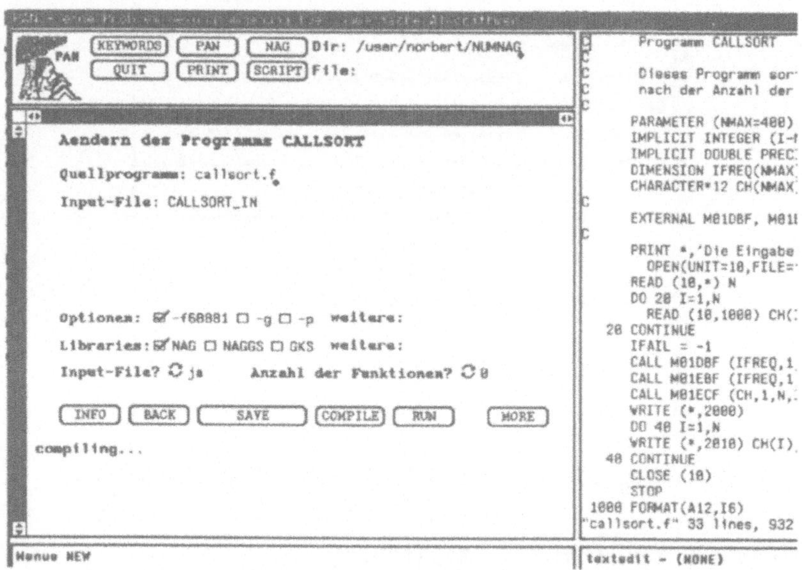

Zeichnung C.4: NEW-Menü und Shell-Fenster mit dem Programm CALLSORT

Wir können das Programm mit dem Texteditor im PAN-Fenster schreiben oder mit jedem anderen Editor, der im Shell-Fenster aufzurufen ist. Dann wählen wir im Menü-Fenster das Kapitel "Verschiedenes" an und dort mit dem "Advanced"-Button die Option "New".

Nun können wir die nötigen Angaben machen bis hin zu den erforderlichen Compileroptionen. Mit "Compile" wird das neue Programm im Shell-Fenster übersetzt, ein ausführbares File mit dem Namen CALLSORT wird automatisch erzeugt. Mit der Aktivierung des Buttons "SAVE" leiten wir nun alle Prozesse ein, um das neue Programm unter PAN einzubinden. Im Verlauf dieser Prozesse wird PAN uns einiges zur Installation fragen über Zugriffsrechte und ähnliches.

Als Ergebnis erhalten wir ein voll integriertes Programm CALLSORT, das wir jetzt genauso wie die übrigen Programme aufrufen und verwalten können.

In Bild C.6 sehen sie das Run-Menü von CALLSORT und im Shell-Fenster einen Beispiellauf. Wir haben dazu eine Datei CALLSORT_IN geschrieben, in der die PAN-Standardprogramme aufgelistet sind, und die durch CALLSORT sortiert wurde. Ihre ersten Zeilen sind im Editier-Fenster unten rechts zu sehen. Im INFO-Fenster erscheint nach Einbinden des Programms automatisch der Kommentar-Kopf des Programms. Alternativ hätte der PAN-Verwalter hier eine zusätzlich geschriebene Informationsdatei einbinden lassen können.

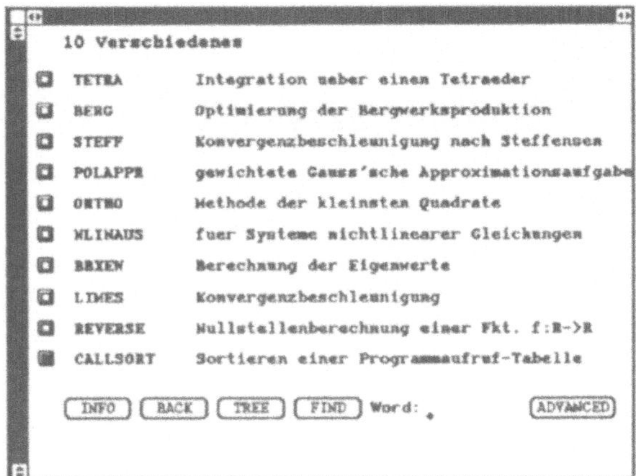

Zeichnung C.5: Das neue "Verschiedenes"-Menü mit dem Programm CALLSORT

PAN unterstützt konkrete Anwendungen ebenso wie Programmentwicklung, Modifizierung bestehender Programme und Dateiverwaltung. Es bietet dem Benutzer die Möglichkeit, PAN auf seine individuellen Bedürfnisse zuzuschneiden, "seine" Programme schnell und komfortabel erreichbar zu machen und flexibel auf neue Aufgaben und veränderte Problemstellungen zu reagieren. PAN ist damit im eigentlichen Sinne des Wortes *Problemlöseumgebung*, ein klassisches Interface zu den Utilities jeglicher Problemgruppe, eine Benutzeroberfläche, die den Einsatz beliebiger Software-Werkzeuge erleichtert und rationalisiert.

Diesem Buch ist eine Demo-Diskette für PCs beigefügt. Sie führt Ihnen PAN vor und gibt Einblick in seine Arbeitsweise. Sie gibt reichhaltige allgemeine Informationen zu PAN und demonstriert und erläutert an Beispielen, wie PAN eingesetzt werden kann. Zusätzlich sind die numerischen Standardprogramme und alle Informationsdateien zu den verschiedenen PAN-Features enthalten, wie sie auch im PAN-System implementiert sind.

Das System selbst kann vom Autor auf einer Band-Kassette bezogen werden. Anfragen hierzu richten Sie bitte an die Adresse:

Prof. Dr. Norbert Köckler
FB 17 – Mathematik/Informatik
Universität – GH – Paderborn
Warburgerstr. 100
D 4790 Paderborn

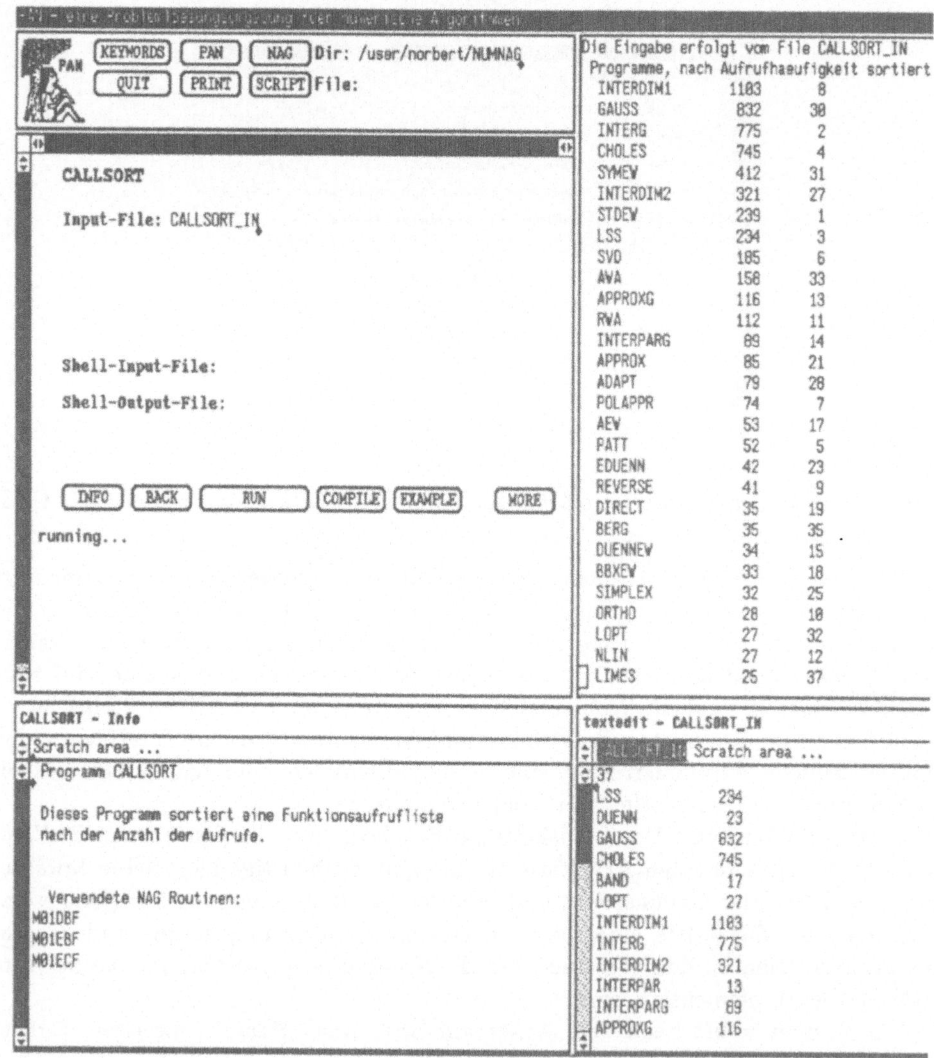

Zeichnung C.6: Das “RUN”-Menü von CALLSORT und ein Beispiellauf

Anhang D

Der Aufbau der NAG-Bibliothek

D.1 Die NAG-Systematik

Die NAG-Bibliothek besteht aus etwa 1400 Routinen, von denen ungefähr die Hälfte im NAG-Manual beschrieben sind und ca. 100 in den Programmen dieses Bandes benutzt wurden. Der Name einer Routine besteht (mit ganz wenigen Ausnahmen) aus 6 Zeichen, die wiederum drei Teilen bilden, also z.B. $\underbrace{\text{E 0 2}}_{(1)}\ \underbrace{\text{A K}}_{(2)}\ \underbrace{\text{F}}_{(3)}$

Diese drei Teile haben die folgenden Bedeutungen:

1. Die ersten drei Zeichen ordnen die Routine einem *Kapitel* zu, also im Beispiel oben "Chapter E02". Diese Kapitel stellen eine Unterteilung der Bibliothek nach mathematischen oder Software-technischen Gebieten dar. Sie werden in Abschnitt D.3 angegeben.

2. Die zwei Ziffern definieren die Routine innerhalb eines Kapitels eindeutig.

3. Der letzte Buchstabe ist in der von uns verwendeten "NAG FORTRAN LIBRARY" fast immer ein F. Ausnahmen sind die nicht im Manual beschriebenen Routinen und einige Systemroutinen.

D.2 Eine Beispielroutine

Wir wollen eine Beispielroutine im Original wiedergeben und die Beschreibungsabschnitte auf der Nebenseite kommentieren. Wir haben die Routine E02AKF ausgewählt, da ihre Beschreibung aus dem Minimum von drei Seiten besteht. E02AKF wurde im Abschnitt 3.2.6 beschrieben.

E02AKF – NAG FORTRAN Library Routine Document

NOTE: before using this routine, please read the appropriate implementation document to check the interpretation of bold ***italicised*** terms and other implementation–dependent details. The routine name may be precision–dependent.

1. Purpose

E02AKF evaluates a polynomial from its Chebyshev-series representation, allowing an arbitrary index increment for accessing the array of coefficients.

2. Specification

```
      SUBROUTINE E02AKF (NP1, XMIN, XMAX, A, IA1, LA, X, RESULT,
     1  IFAIL)
C      INTEGER NP1, IA1, LA, IFAIL
C      real XMIN, XMAX, A(LA), X, RESULT
```

---

3. Description

If supplied with the coefficients a_i, $i = 0,1,...,N$, of a polynomial $p(x)$ of degree N, where

$$p(x) = 0.5a_0 + a_1 T_1(x) + \ldots + a_N T_N(x),$$

this routine returns the value of $p(x)$ at a user-specified value of the variable X. Here $T_j(x)$ denotes the Chebyshev polynomial of the first kind of degree j with argument x. It is assumed that the independent variable x in the interval $[-1,+1]$ was obtained from the user's original variable X in the interval $[X_{min}, X_{max}]$ by the linear transformation

$$x = \frac{2X - (X_{max} + X_{min})}{X_{max} - X_{min}}.$$

The coefficients a_{ij} may be supplied in the array A, with any increment between the indices of array elements which contain successive coefficients. This enables the routine to be used in surface fitting and other applications, in which the array might have two or more dimensions.

The method employed is based upon the three-term recurrence relation due to Clenshaw [1], with modifications due to Reinsch and Gentleman (see [4]). For further details of the algorithm and its use see Cox [2] and Cox and Hayes [3].

4. References

[1] CLENSHAW, C.W.
A Note on the Summation of Chebyshev Series.
MTAC, 9, pp. 118–120, 1955.

[2] COX, M.G.
A Data–Fitting Package for the Non–Specialist User.
Report NAC40, National Physical Laboratory,
Teddington, Middlesex, 1973.

[3] COX, M.G. and HAYES, J.G.
Curve Fitting: a Guide and Suite of Algorithms for the Non–Specialist User.
Report NAC26, National Physical Laboratory,
Teddington, Middlesex, 1973.

[4] GENTLEMAN, W.M.
An Error Analysis of Goertzel's (Watt's) Method for Computing Fourier Coefficients.
Comp. J., 12, pp. 160–165, 1969.

5. Parameters

NP1 – INTEGER.

On entry, NP1 must specify $N+1$, where N is the degree of the given polynomial $p(x)$.
NP1 $\geq$ 1.

Unchanged on exit.

XMIN – ***real.***
XMAX – ***real.***

On entry, XMIN and XMAX must specify the lower and upper endpoints respectively of the interval $[X_{min}, X_{max}]$. The Chebyshev-series representation is in terms of the normalised variable x, where

$$x = \frac{2X - (X_{max} + X_{min})}{X_{max} - X_{min}}.$$

XMIN < XMAX.
Unchanged on exit.

1. **Purpose**

   Der Zweck der Routine wird mit einem prägnanten Satz beschrieben.

2. **Specification**

   Die Kopfzeile der Routine wird wiedergegeben und die Parameter werden spezifiziert. Dabei muß man sich das Wort *real* durch REAL*8 oder das gleichbedeutende DOUBLE PRECISION ersetzt denken, wenn man eine doppelt genaue Version der Bibliothek benutzt.

3. **Description**

   Jetzt wird die Aufgabe der Routine genauer beschrieben. Dabei werden das mathematische Verfahren genannt, die wesentlichen Beziehungen in Formeln wiedergegeben, und es wird für das weitere Studium des Verfahrens auf Literatur verwiesen, siehe 4.

4. **References**

   Hier findet sich die Literatur, auf die besonders in Punkt 3. Bezug genommen wurde.

5. **Parameters**

   In kleinen Absätzen wird jeder Parameter der Routine beschrieben. Es wird erklärt, ob es sich um einen Eingabeparameter ("Before entry ..." oder "On entry ..." und "... Unchanged on exit"), einen Ausgabeparameter ("On successful exit ...") oder um beides – wie beim Fehlerparameter IFAIL – handelt. Die Beziehungen des Parameters zu anderen Parametern und seine Bedeutung werden erläutert. Bedingungen an Indexgrenzen werden angegeben.

A – ***real*** array of DIMENSION (LA).

Before entry, A must contain the Chebyshev coefficients of the polynomial $p(x)$. Specifically, element $1 + i \times \mathrm{IA1}$ must contain the coefficient a_i, $i = 0,1,...,\mathrm{NP1}-1$. Only these NP1 elements will be accessed.

Unchanged on exit.

IA1 – INTEGER.

On entry, IA1 must specify the index increment of A. Most frequently, the Chebyshev coefficients are stored in adjacent elements of A, then IA1 must be set to 1. However, if, for example, they are stored in A(1),A(4),A(7),..., then the value of IA1 must be 3.
$\mathrm{IA1} \geq 1$.

Unchanged on exit.

LA – INTEGER.

On entry, LA must specify the dimension of the array A as declared in the calling (sub)program.
$\mathrm{LA} \geq (\mathrm{NP1}-1) \times \mathrm{IA1} + 1$.

Unchanged on exit.

X – ***real***.

On entry, X must specify the value of the user's original variable X at which the polynomial is to be evaluated.
$\mathrm{XMIN} \leq \mathrm{X} \leq \mathrm{XMAX}$.

Unchanged on exit.

RESULT – ***real***.

On successful exit, RESULT contains the value of the polynomial corresponding to the argument X.

IFAIL – INTEGER.

Before entry, IFAIL must be assigned a value. For users not familiar with this parameter (described in Chapter P01) the recommended value is 0.

Unless the routine detects an error (see next section), IFAIL contains 0 on exit.

6. Error Indicators and Warnings

Errors detected by the routine:

IFAIL = 1

On entry,

$\mathrm{NP1} < 1$, or
$\mathrm{IA1} < 1$, or
$\mathrm{LA} \leq (\mathrm{NP1}-1) \times \mathrm{IA1}$, or
$\mathrm{XMIN} \geq \mathrm{XMAX}$.

IFAIL = 2

X does not satisfy the restriction $\mathrm{XMIN} \leq \mathrm{X} \leq \mathrm{XMAX}$.

7. Auxiliary Routines

This routine calls the NAG Library routines E02AKY, E02AKZ and P01AAF.

8. Timing

The time taken is approximately proportional to NP1.

9. Storage

There are no internally declared arrays.

10. Accuracy

The rounding errors committed are such that the computed value of the polynomial is exact for a slightly perturbed set of coefficients $a_i + \delta a_i$. The ratio of the sum of the absolute values of the δa_i to the sum of the absolute values of the a_i is less than a small multiple of $\mathrm{NP1} \times \mathrm{ETA}$ (where ETA is the relative machine precision, i.e. the value returned by NAG Library routine X02AAF.)

11. Further Comments

None.

12. Keywords

Chebyshev Polynomials, Chebyshev-series Evaluation, Polynomial Evaluation.

---

13. Example

Suppose a polynomial has been computed in Chebyshev-series form to fit data over the interval [-0.5,2.5]. The following program evaluates the polynomial at 4 equally spaced points over the interval. (For the purposes of this example, XMIN, XMAX and the Chebyshev coefficients are supplied in DATA statements. Normally a program would first read in or generate data and compute the fitted polynomial.)

WARNING: This **single precision** example program may require amendment for certain implementations. The results produced may not be the same. If in doubt, please seek further advice (see **Essential Introduction** to the Library Manual).

6. **Error Indicators and Warnings**

   Als Fehlermelder wird immer der Parameter IFAIL benutzt. Er muß bei fast allen Routinen vor ihrem Aufruf einen der Werte 0, 1 oder –1 enthalten. Sie haben die folgenden Bedeutungen:

IFAIL = 0	Hard Fail Option Die Ausführung des Programms, das die Routine aufgerufen hat, wird abgebrochen, und es wird eine Fehlermeldung ausgegeben, die den Wert von IFAIL enthält. Der Kanal, über den die Fehlermeldung geschickt wird, kann mit der Routine X04AAF festgelegt oder geändert werden.
IFAIL = –1	Soft Fail Option Die Ausführung der aufgerufenen Routine wird abgebrochen, eine Fehlermeldung wird ausgegeben, und es wird die Kontrolle an das aufrufende Programm zurückgegeben.
IFAIL = 1	Soft Fail Option wie bei IFAIL=–1, aber ohne Fehlermeldung.

   Bei einem Fehlerabbruch wird IFAIL auf den Fehlerwert gesetzt, sonst auf den Wert IFAIL=0. Bei einer "Soft Fail Option" ist es wichtig, den Wert von IFAIL nach dem Aufruf der Routine abzufragen, um nicht unkontrolliert weiterzurechnen. Wir haben mit wenigen Ausnahmen in unseren Standardprogrammen vor Aufruf einer Routine IFAIL=–1 gesetzt, und nach dem Aufruf den Wert von IFAIL abgefragt und entsprechende Aktionen veranlaßt.

7. **Auxiliary Routines**

   Hier werden alle Routinen angegeben, die von der beschriebenen Routine aufgerufen werden. Dazu gehören oft auch nicht beschriebene, interne NAG-Routinen wie in diesem Beispiel die Routinen E02AKY und E02AKZ.

8. **Timing**
   Ist eine von den Eingabeparametern abhängige Rechenzeit näherungsweise bekannt, so wird ihre proportionale Größe angegeben.

9. **Storage**
   Hier wird der Speicheraufwand abhängig von den zu vereinbarenden Feldern einschließlich des Arbeitsspeichers angegeben.

10. **Accuracy**
    Aussagen zur Genauigkeit der Ergebnisse werden in Abhängigkeit von Maschinengenauigkeit und Routine-Parametern angegeben, falls das möglich ist.

11. **Further Comments:** Kommentare

12. **Keywords:** Stichwörter

13.1. Program Text

```
C     E02AKF EXAMPLE PROGRAM TEXT
C     MARK 8 RELEASE. NAG COPYRIGHT 1979.
C     .. LOCAL SCALARS ..
      REAL P, X, XMAX, XMIN
      INTEGER I, IFAIL, M, NOUT, NP1
C     .. LOCAL ARRAYS ..
      REAL A(7)
C     .. SUBROUTINE REFERENCES ..
C     E02AKF
C     ..
      DATA XMIN, XMAX /-0.5,2.5/
      DATA A(1), A(2), A(3), A(4), A(5), A(6), A(7)
     * /2.53213,1.13032,0.27150,0.04434,0.00547,0.00054,0.00004/
      DATA NOUT /6/
      WRITE (NOUT,99999)
      NP1 = 7
      M = 4
      WRITE (NOUT,99998)
      DO 20 I=1,M
         X = (XMIN*FLOAT(M-I)+XMAX*FLOAT(I-1))/FLOAT(M-1)
         IFAIL = 1
         CALL E02AKF(NP1, XMIN, XMAX, A, 1, 7, X, P, IFAIL)
         IF (IFAIL.EQ.0) WRITE (NOUT,99997) I, X, P
         IF (IFAIL.EQ.1) WRITE (NOUT,99996) I, X
   20 CONTINUE
      STOP
99999 FORMAT (4(1X/), 31H E02AKF EXAMPLE PROGRAM RESULTS/1X)
99998 FORMAT (35H    I ARGUMENT   VALUE OF POLYNOMIAL/)
99997 FORMAT (1H , I4, F9.4, 4X, F9.4)
99996 FORMAT (1H , I4, F9.4, 24H INVALID INPUT PARAMETER)
      END
```

13.2. Program Data

None.

13.3. Program Results

```
 E02AKF EXAMPLE PROGRAM RESULTS

    I ARGUMENT   VALUE OF POLYNOMIAL

    1  -0.5000     0.3679
    2   0.5000     0.7165
    3   1.5000     1.3956
    4   2.5000     2.7183
```

13. **Example**
    Jeder Routinenbeschreibung fügt NAG ein kleines Programm bei, das den Zweck der Routine an einem einfachen Beispiel erläutert. So beginnt dieser Abschnitt mit der Erklärung eines Beispiels, für das dann in drei Unterabschnitten

    - ein FORTRAN-Programm,
    - Programmdaten zur Durchführung eines Programmlaufes
    - und die dabei entstehenden Ergebnisse angegeben werden.

D.3 Die NAG-Kapitel

Die Aufteilung der Bibliothek nach mathematischen Gebieten und Hilfsroutinen ergibt die folgenden Kapitel:

Teil A

A02: Komplexe Arithmetik

Teil C

C02: Nullstellen von Polynomen
C05: Lösungen einer oder mehrerer nichtlinearer Gleichungen
C06: Summation von Reihen

Teil D

D01: Numerische Integration
D02: Gewöhnliche Differentialgleichungen
D03: Partielle Differentialgleichungen
D04: Numerische Differentiation
D05: Integralgleichungen

Teil E

E01: Interpolation
E02: Kurven- und Flächenanpassung
E04: Minimierung und Maximierung von Funktionen

Teil F

F01: Matrix-Operationen einschließlich Inversion
F02: Eigenwerte und Eigenvektoren
F03: Determinanten
F04: Lineare Gleichungssysteme
F05: Orthogonalisierung
F06: BLAS : Elementare Routinen der linearen Algebra

Teil G

G01: Basisrechnungen mit statistischen Daten
G02: Korrelation und Regressionsanalyse
G04: Varianzanalyse
G05: Zufallszahlengeneratoren
G08: Nicht-parametrische Statistik
G11: Zufallstabellen-Analysis
G13: Zeitreihen-Analysis

Teil H

Operations Research

Teil M

M01: Sortieren

Teil P

P01: Fehlermeldungen

Teil S

Approximation spezieller Funktionen

Teil X

X01: Mathematische Konstanten
X02: Maschinenzahlen
X03: Skalarprodukte
X04: Ein/Ausgabe-Routinen

Literatur

[1] **Abaffy, J.; Spedicato, E.:** ABS Projection Algorithms. Mathematical Techniques for Linear and Nonlinear Equations. Chichester 1989 (S. 151)

[2] **Axelsson, O.:** A Survey of Preconditioned Iterative Methods for Linear Systems of Algebraic Equations. BIT 25 (1985) 166–187 (S. 39)

[3] **Bank, R.E.:** PLTMG User's Guide – Edition 5.0. Department of Mathematics, Arizona State University 1988 (S. 4)

[4] **Barsky, B.A.:** Computer Graphics and Geometric Modelling Using Betasplines. Berlin 1988 (S. 132)

[5] **Bartels, R.H.; u.a.:** An Introduction to Splines for use in Computer Graphics & Geometric Modeling. Los Altos 1987 (S. 132)

[6] **Berzins, M.; Furzeland, R.H.:** A User's Manual for SPRINT – A Versatile Software Package for Solving Systems of Algebraic, Ordinary and Partial Differential Equations: Part 1 – Algebraic and Ordinary Differential Equations. Report TNER.85.058, Shell Research Limited (S. 250)

[7] **Brent, R.P:** An Algorithm with Guaranteed Convergence for Finding a Zero of a Function. The Computer J. 14 (1971) 422-425 (S. 148)

[8] **Brigham, E.O.:** FFT: Schnelle Fourier-Transformation. 4.Auflage. München 1989 (S. 111, 114)

[9] **Broyden, C.G.:** A Class of Methods for Solving Nonlinear Simultaneous Equations. Math.Comp.J. 19(1965) 577–593 (S. 154)

[10] **Broyden, C.G.:** A New Method of Solving Nonlinear Simultaneous Equations. Comp.J. 12(1969) 94–99 (S. 149)

[11] **Bus, J.C.P.; Dekker, T.J.:** Two Efficient Algorithms with Guaranteed Convergence for Finding a Zero of a Function. ACM Trans.Math.Software 1 (1975) 330–345 (S. 155)

[12] **Collatz, L.**: The Numerical Treatment of Differential Equations. 3. Auflage, Berlin 1966 (S. 265, 266, 255)

[13] **Collatz, L.; Wetterling, W.**: Optimierungsaufgaben. Heidelberg 1966 (S. 58, 62, 65, 65)

[14] **Cox, M.G.**: An Algorithm for Spline Interpolation. J.Inst.Math.Appl. 15 (1975) 95–108 (S. 103)

[15] **Cullen, M.R.**: Linear Models in Biology. Chichester 1985 (S. 58, 69, 255)

[16] **Dahlquist, G.; Bjørck, Å.**: Numerical Methods. Englewood Cliffs, 1974 (S. 151)

[17] **De Boor, C.**: A Practical Guide to Splines. New York 1978 (S. 4, 103, 106, 123, 123)

[18] **De Doncker, E.**: New Euler MacLaurin Expansions and Their Application to Quadrature Over the s-Dimensional Simplex. Math. Comp. 33 (1979) 1003–1018 (S. 213)

[19] **Dew, P.M.; James, K.R.**: Introduction to Numerical Computation in Pascal. New York 1983 (S. 4)

[20] **Dewey, B.R.**: Computer Graphics for Engineers. New York 1988 (S. 132)

[21] **Dierckx, P.**: FITPACK User Guide. Part1: Curve Fitting Routines, Report TW 89, 1987. Part 2: Surface Fitting Routines, Report TW 122, 1989. Katholieke Universiteit Leuven, Department of Computer Science Celestijnenlaan 200A, B-3030 Leuven (Belgium). (S. 4)

[22] **Dongarra, J.J. u.a.**: LINPACK User‘s Guide. Philadelphia 1979 (S. 3)

[23] **Doubleday, W.G.**: Harvesting in Matrix Population Models. Biometrics 31 (1975) 189–200 (S. 58)

[24] **Duff, I.S.**: MA28 – a Set of Fortran Subroutines for Sparse Unsymmetric Linear Equations. A.E.R.E. Report R.8730, H.M.S.O. London 1977 (S. 41)

[25] **Engeln-Müllges, G.; Reutter, F.**: Formelsammlung zur numerischen Mathematik mit Standard-FORTRAN 77-Programmen. 6. Auflage, Mannheim 1988 (S. 4)

[26] **Fox, L.; Mayers, D.F.**: Numerical Solution of Ordinary Differential Equations. London 1987 (S. 233, 233)

[27] **Francis, J.**: The QR Transformation. A Unitary Analogue to the LR Transformation. Comp.J. 4 (1961/62) 265–271 & 332–345 (S. 48, 174)

[28] **Fredriksson, B.; Mackerle, J.**: Structural Mechanics Finite Element Computer Programs. Surveys and Availability. Department of Mechanical Engineering, Linköping University, 1976 (S. 298)

[29] **Fuchssteiner, B.**: Solitons in Interaction. Progress of Theor.Physics 78 (1987) 1022–1050 (S. 129)

[30] **Gaffney, P.**: When Things go Wrong ... in: Griffiths, D.F.; Watson, G.A. (eds.): Numerical Analysis 1987. Harlow, 1988 (S. v)

[31] **Gladwell, I.; Sayers, D.K., edts.**: Computational Techniques for Ordinary Differential Equations. London 1980 (S. 279, 284)

[32] **Golub, G.H.; Kahan, W.**: Calculating the Singular Values and Pseudoinverse of a Matrix. SIAM J.Num.Anal. 2 (1965) 205–224 (S. 46)

[33] **Golub, G.H.; Reinsch, C.**: Singular Value Decomposition and Least Squares Solution. Contribution I/10 in [81] (S. 46, 48)

[34] **Graves–Morris, P.R; Hopkins, T.R.**: Reliable Rational Interpolation. Numer.Math. 36 (1981) 111–128 (S. 97, 97, 97, 98)

[35] **Greenough, C.; Robinson, K.**: Finite Element Library. Rutherford Appleton Laboratory. NAG, siehe [57] (S. 4)

[36] **Grigorieff, R.D.**: Numerik gewöhnlicher Differentialgleichungen.
Band 1: Einschrittverfahren, Stuttgart 1972.
Band 2: Mehrschrittverfahren, Stuttgart 1977 (S. 234, 239)

[37] **Grundmann, A.; Möller, H.M.**: Invariant Integration Formulas for the n-Simplex by Combinatorial Methods. SIAM J.Num.Anal. 15 (1978) 282–290 (S. 213)

[38] **Hairer, E.; Nørsett, S.P.; Wanner, G.**: Solving Ordinary Differential Equations I: Nonstiff Problems, Berlin 1987 (S. 228, 239, 240)

[39] **Heuser, H.**: Gewöhnliche Differentialgleichungen. Stuttgart 1989. (S. 255)

[40] **Hill, D.R.**: Experiments in Computational Matrix Algebra. New York 1988 (S. 4)

[41] **Hinton, E.; Owen, D.R.J.**: An Introduction to Finite Element Computations. Swansea 1979 (S. 298)

[42] **Hinton, E.; Owen, D.R.J.**: A Simple Guide to Finite Elements. Swansea 1980 (S. 298)

[43] **Hopkins, T.; Phillips, Ch.**: Numerical Methods in Practice Using the NAG Library. Wokingham 1988 (S. vi)

[44] **Hoschek, J.; Lasser, D.**: Grundlagen der geometrischen Datenverarbeitung, Stuttgart 1989 (S. 132)

[45] **IMSL**: User's Manual. Customer Relations, 2500 ParkWest Tower One, 2500 CityWest Boulevard, Houston, Texas 77042–3020, USA (S. 2)

[46] **Kågstrøm, B.**: RGSVD – An Algorithm for Computing the Kronecker Structure and Reducing Subspaces of Singular Matrix Pencils $A - \lambda B$. SIAM J.Sci.Stat.Comp. 7 (1986) 185–211 (S. 175)

[47] **Kronecker, L.**: Monatsber.Königl.Preuss.Akad.Wiss.Berlin 535 (1881) (S. 97)

[48] **Kronrod, A.S.**: Nodes and Weights of Quadrature Formulas. Consultants Bureau, New York 1965 (S. 206)

[49] **Lamport, L.**: LaTeX. Reading 1985 (S. 132)

[50] **Lawson, C.L.; Hanson, R.J.**: Solving Least Squares Problems. Prentice-Hall 1974 (S. 44)

[51] **Lyness, J.N.**: When not to use an Automatic Quadrature Routine. SIAM Review 25 (1983) 63–87 (S. 207)

[52] **Märchy, H.P.**: On a Modification of the QZ Algorithm with Fast Givens Rotations. Computing 38 (1987) 247–259 (S. 177)

[53] **Magid, A.R.**: Applied Matrix Models. New York 1985 (S. 26, 50)

[54] **Moler, C.B.; Stewart, G.W.**: An Algorithm for Generalized Matrix Eigenvalue Problems. SIAM J. Numer.Anal. 10 (1973) 241–256 (S. 175, 176)

[55] **Moler, C.B.**: MATLAB – User's Guide. The Math Works Inc. 21 Eliot Street, South Natick, MA 01760, USA (S. 4, 56)

[56] **Munksgaard, N.**: Solving Sparse Symmetric Sets of Linear Equations by Preconditioned Conjugate Gradients. ACM Trans.Math.Software 6 (1980) 206–219 (S. 39)

[57] **NAG**: Fortran Library. The Numerical Algorithm Group Ltd. Mayfield House, 256 Banbury Road, Oxford OX2 7DE, U.K. (S. 2)

[58] **NAG**: Fortran Library. Graphical Supplement, siehe [57] (S. 2, 4)

[59] **Patterson, T.N.L.**: The Optimum Addition of Points to Quadrature Formulae. Math.Comp. 22 (1968) 847–856 (S. 206)

[60] **Phillips, J.**: The NAG Library. A Beginners' Guide. Oxford, 1986 (S. vi)

[61] **Piessens, R. u.a.**: QUADPACK. A Subroutine Package for Automatic Integration. Berlin 1980 (S. 4, 206, 208)

[62] **Prenter, P.M.**: Splines and Variational Methods. Wiley, New York, 1975 (S. 123, 123, 123)

[63] **Press, W.H. u.a.**: Numerical Recipes. Cambridge 1986 (S. 4, 5)

[64] **Rabinowitz, Ph., ed.**: Numerical Methods for Nonlinear Algebraic Equations. London, 1970 (S. 152, 164)

[65] **Rao, C.R.; Mitra, S.K.**: Generalized Inverse of Matrices and its Applications. Wiley, New York, 1971 (S. 175)

[66] **Rice, J.R.; Boisvert, R.F.**: Solving Elliptic Problems Using ELLPACK. New York 1984 (S. 4)

[67] **Runge, C.**: Über die Zerlegung empirisch gegebener periodischer Funktionen in Sinuswellen. Z.Math.Phys. 48 (1903) 443–456 (S. 112)

[68] **Runge, C.**: Über die Zerlegung einer empirischen Funktion in Sinuswellen. Z.Math.Phys. 52 (1905) 117–123 (S. 112)

[69] **Rutishauser, H.**: Computational Aspects of F.L. Bauers Simultaneous Iteration Method. Num.Math. 13 (1969) 4–13 (S. 179, 180)

[70] **Schwarz, H.R.**: Numerische Mathematik. 2. Auflage, Stuttgart 1988 (S. vi, 58, 65, 80, 87, 90, 111, 112, 114, 117, 172, 173, 174, 205, 228)

[71] **Schwarz, H.R.**: Methode der finiten Elemente. 2. Auflage, Stuttgart 1984 (S. 294)

[72] **Sewell, G.**: Analysis of a Finite Element Method; PDE/PROTRAN. New York 1985 (S. 3)

[73] **Smith, B.T. u.a.**: Matrix Eigensystem Routines – EISPACK Guide. Berlin 1976 (S. 3)

[74] **Stiefel, E.**: Note on Jordan Elimination, Linear Programming and Tschebyscheff Approximation. Num.Math. 2 (1960) 1–17 (S. 65)

[75] **Stoer, J.**: Einführung in die numerische Mathematik I. Berlin 1979 (S. 40, 77, 80, 114, 203, 226, 154)

[76] **Stoer, J.; Bulirsch, R.**: Einführung in die numerische Mathematik II. 2. Auflage, Berlin 1978 (S. 267, 270, 274, 255, 263)

[77] **Swift, A.; Lindfield, G.R.**: Comparison of a Continuation Method with Brent's Method for the Numerical Solution of a Single Nonlinear Equation. Comp.J. 21 (1978) 359–362 (S. 148, 150)

[78] **Werner, H.**: Praktische Mathematik I. Methoden der linearen Algebra. 3. Auflage, Berlin 1982

[79] **Werner, H.; Schaback, R.**: Praktische Mathematik II. Methoden der Analysis. 2. Auflage, Berlin 1979 (S. 97)

[80] **Wilkinson, J.H.**: Rundungsfehler, Berlin 1969 (S. 143)

[81] **Wilkinson, J.H.; Reinsch, C.**: Linear Algebra. Handbook for Automatic Computation II. Berlin 1971 (S. 3, 172, 174)

Index

A

B

E

J

K

L

M

O

Q

R

T

... vielleicht ist es ja eins geworden

Burg/Haf/Wille

Höhere Mathematik für Ingenieure

Band 4: Vektoranalysis und Funktionentheorie

Teil 1: Vektoranalysis
Nach allgemeiner Einführung in die Kurventheorie in n-dimensionalen Räumen werden intensiv ebene und räumliche Kurven betrachtet. Insbesondere werden viele Beispiele ebener Kurven, die für den Ingenieur wichtig sind, beschrieben. Krümmung, Torsion und der Zusammenhang mit Potentialen beschließen die Kurventheorie. Es folgt das Herzstück der Vektoranalysis: Die Integralsätze von Gauß, Stokes und Green, im Zusammenhang mit den wichtigen Differentialoperatoren grad, div, rot und deren Eigenschaften und Anwendungen. Ein kurzer Einblick in die Theorie der alternierenden Differentialformen und die Theorie der kartesischen Tensoren beschließen Teil 1.

Teil 2: Funktionentheorie
Zunächst wird der klassische Bestand der komplexen Analysis ausführlich beschrieben: Holomorphie komplexwertiger Funktionen einer komplexen Variablen, Cauchyscher Integralsatz und Cauchysche Integralformeln, Potentialgleichung, Maximum-Minimumprinzip, Potenz- und Laurentreihen, asymptotische Abschätzungen, Residuenkalkül, Gammafunktion und konforme Abbildungen. Anwendungen auf die Potentialtheorie, insbesondere bei ebenen stationären Strömungen, sowie auf die Besselsche Differentialgleichung (Besselsche, Neumannsche, Hankelsche Funktionen) und auf die Schwingungsgleichung (z. B. Membranschwingungen) zeigen die Brauchbarkeit der Methoden für Ingenieure und Naturwissenschaftler

Von Prof. Dr. **Herbert Haf**
und Prof. Dr. **Friedrich Wille**
Universität –
Gesamthochschule –
Kassel

1990. XVI, 564 Seiten mit
256 Bildern, zahlreichen
Beispielen und 157 Übungen,
zum Teil mit Lösungen.
16,2 × 22,9 cm.
Kart. DM 47,–
ISBN 3-519-02958-8

B. G. Teubner Stuttgart